高校城市规划专业指导委员会规划推荐教材

西方城市建设史纲
同济大学 张冠增 主编

中国建筑工业出版社

图书在版编目（CIP）数据

西方城市建设史纲/张冠增主编．—北京：中国建筑工业出版社，2010.6（2025.6重印）
（高校城市规划专业指导委员会规划推荐教材）
ISBN 978-7-112-12177-9

Ⅰ．①西… Ⅱ．①张… Ⅲ．①城市建设-城市史-西方国家 Ⅳ．①TU984.5

中国版本图书馆CIP数据核字（2010）第116062号

责任编辑：杨　虹　王　跃
责任设计：张　虹
责任校对：刘　钰

本教材为高校城市规划专业指导委员会规划推荐教材，主要包括绪论、古代世界的城市文明、古代西方国家的城市文明、中世纪西方国家的城市、文艺复兴与宗教改革时期的城市、近代西方的工业化与城市发展、现代西方的城市和美国城市发展过程等章节。

本教材可作为普通高校城乡规划、建筑学等相关专业教材。为更好地支持本课程的教学，我们向使用本教材的教师免费提供教学课件，有需要者请与出版社联系，邮箱：jgcabpbeijing@163.com。

高校城市规划专业指导委员会规划推荐教材
西方城市建设史纲
同济大学　张冠增　主编

*

中国建筑工业出版社出版、发行（北京西郊百万庄）
各地新华书店、建筑书店经销
北京嘉泰利德公司制版
建工社（河北）印刷有限公司印刷

*

开本：787×1092毫米　1/16　印张：25$\frac{1}{2}$　字数：660千字
2011年1月第一版　2025年6月第十六次印刷
定价：56.00元（赠教师课件）
ISBN 978-7-112-12177-9
(19456)

版权所有　翻印必究
如有印装质量问题，可寄本社退换
（邮政编码 100037）

前　言

多年来同济大学一直致力于国内外城市建设史和规划动态方面的研究，出版了一系列有关城市规划、城市建设史等城市研究方面的著作，包括董鉴泓先生主编的《中国城市建设史》。但在西方城市建设史的研究和教学方面一直比较薄弱，参考书也不多，无法满足学生对这方面知识的渴求。为此，我们特编写了《西方城市建设史纲》，希望能拓宽和加深学生在城市建设史方面的知识，特别是填补西方城市的这一空白。众所周知，很多国外的大学都开设西方城市史的课程（包括城市建设和城市研究），但各有所偏重。要从浩瀚的西方城市研究成果中选取适合中国规划专业学生的知识内容，的确不是件很容易的事情。为此，我们参照沈玉麟先生的《外国城市建设史》及其他相关教材，把内容集中在以西欧和北美为主的范围内，按照时间顺序和国别进行论述。本书的特点，是给读者以比较清晰的时空概念，凡是在某一特定的时代、某一特定的地区产生的城市现象，都有相对应的文字描述和位置图表示，从而减少了以往只知道空间结构、不知道发展过程，只知道城市本身、不知道所在何处的认识缺陷。鉴于城市规划专业的特殊需求，本书对城市建设的历史背景和社会状况花费了比较多的笔墨，目的是帮助读者理解过去发生的事情和城市建设的直接关联，而不是只描述城市的空间形态。这样，从古代到现代就有一条比较连贯的线索，可以纵剖西方城市建设的整个历史过程，给我们留下更清晰、更可辨的城市印象。

本书是一本集体研究成果。张冠增负责第一到第三章，邵甬负责第四章，王宝宇负责第五章，黄玮负责第六和第七章的编写，最后全书由张冠增统稿。在本书的编写过程中，得到了很多同事和朋友的关心和帮助，如马武定教授、周俭教授、赵民教授、黄怡副教授等；研究生王晓丽、黎南风帮助描绘了部分城市地图；研究生辜元、韩翠翠、安诣彬帮助收集了部分资料并编绘图纸；同济大学联合国遗产保护中心的李泓提供了查阅资料的便利，在此一并表示感谢。限于作者的水平和知识面，书中谬误在所难免，恳请读者们理解和支持。我们也希望从读者的回馈意见中寻找书中的不足和错误，为日后的更新和研究增添内容和刷新信息。

编者

目 录

前言
绪论 ·· 1
  第一节 研究西方城市建设发展史的方法与观点 ·································· 2
  第二节 西方城市发展的基本轨迹 ·· 4

第一章 古代世界的城市文明 ·· 5
  第一节 城市的诞生及其功能的延伸 ··· 5
    一、城市的文化属性 ··· 6
    二、城市的空间形态 ··· 6
    三、城市社会的构成 ··· 7
  第二节 古代世界的城市文明分布 ·· 8
    一、城市文明的曙光 ··· 8
    二、世界文明古国的城市概况 ·· 9
    三、古代城市文明的时间差异及特点 ·· 11
    四、东、西方城市文明的交流 ·· 11
  第三节 古代两河流域的城市 ·· 12
    一、古代两河流域的城市社会 ·· 13
    二、古代两河流域城市的基本特点 ·· 14
    三、古代两河流域的城市概况 ·· 14
  第四节 古代埃及的城市 ··· 20
    一、古代埃及的社会与文化 ··· 20
    二、古代埃及城市的基本特点 ·· 22
    三、古代埃及城市概况 ·· 23
  第五节 古代爱琴海文明——西方城市文明的起点 ···························· 30
    一、古代爱琴海的历史背景 ··· 30
    二、古代爱琴海的城市概况 ··· 31

第二章 古代西方国家的城市文明 ·· 38
  第一节 古希腊城市的哲学思想 ·· 38
    一、古代希腊的哲学思想体系 ·· 39

二、古希腊文化的特点 ··· 40
　第二节　古希腊城市的形态与社会 ································· 42
　　一、希腊城市的文化特点 ····································· 42
　　二、希腊人的城市建设 ······································· 44
　第三节　希腊化时代的殖民城市规划与建设 ························· 46
　　一、米利都（Miletus） ······································ 46
　　二、普林南（Priene） ······································· 47
　　三、雅典（Athens） ··· 48
　第四节　古罗马城市的贡献 ······································· 51
　　一、罗马人的城市文化 ······································· 52
　　二、罗马城市的社会结构 ····································· 52
　　三、罗马城市的伟大遗产 ····································· 53
　　四、古罗马城市文明的灭亡 ··································· 54
　第五节　古罗马城市的规划与建设 ································· 55
　　一、罗马城市的传统与发展 ··································· 55
　　二、罗马的城市规划 ··· 56

第三章　中世纪西方国家的城市 ·· 65
　第一节　欧洲中世纪城市的兴起 ··································· 66
　　一、地中海商业的复活 ······································· 66
　　二、中世纪欧洲城市复兴的内部条件 ··························· 67
　　三、中世纪欧洲社会结构的特点 ······························· 68
　　四、十字军时代的城市文明 ··································· 69
　第二节　欧洲中世纪城市的基本构成 ······························· 70
　　一、中世纪欧洲商业贸易的特点与城市分布 ····················· 70
　　二、中世纪欧洲城市的类型 ··································· 72
　　三、中世纪欧洲城市的构成要素 ······························· 73
　　四、中世纪城市的终结与新时代的开始 ························· 75
　第三节　中世纪西欧各国的城市 ··································· 76
　　一、意大利中世纪的城市 ····································· 76
　　二、德国中世纪的城市 ······································· 84
　　三、英国中世纪的城市 ······································· 88
　　四、法国中世纪的城市 ······································· 95
　　五、其他国家的中世纪城市 ··································· 98
　　第一章至第三章　主要参考资料 ······························· 105

第四章 文艺复兴与宗教改革时期的城市 ………………………… 107

第一节 文艺复兴时期的城市 ……………………………………… 107
一、文艺复兴之前的欧洲社会经济背景 ……………………… 107
二、文艺复兴时的意大利 ……………………………………… 108
三、文艺复兴时的意大利城市 ………………………………… 112
四、文艺复兴时期的意大利以外地区 ………………………… 138

第二节 宗教改革时期的城市动态 ………………………………… 147
一、宗教改革发生的背景 ……………………………………… 147
二、宗教改革的过程 …………………………………………… 149
三、宗教改革的影响 …………………………………………… 151
四、宗教改革时期城市的发展动态 …………………………… 152
五、宗教改革时期城市的特色 ………………………………… 157
六、结语 ………………………………………………………… 158

第三节 巴洛克时期的欧洲城市 …………………………………… 158
一、绝对君权时期的欧洲社会经济背景 ……………………… 158
二、绝对君权时期的巴洛克风格 ……………………………… 160
三、绝对君权时期的其他欧洲城市 …………………………… 168
四、绝对君权时期的城市建设小结 …………………………… 178

第四章 主要参考资料 …………………………………………… 179

第五章 近代西方的工业化与城市发展 ………………………… 181

第一节 工业革命与近代城市的产生与问题 ……………………… 181
一、工业革命的产生及影响 …………………………………… 181
二、近代城市的特点及产生的问题 …………………………… 184

第二节 19世纪城市建设的发展与贡献 …………………………… 188
一、新兴专业城镇不断涌现 …………………………………… 188
二、城市基础设施的发展 ……………………………………… 188
三、建筑的变革与发展 ………………………………………… 191
四、公园绿地的发展 …………………………………………… 193
五、城市管理 …………………………………………………… 193

第三节 近代西方重要城市的产生与发展 ………………………… 194
一、英国的城市 ………………………………………………… 194
二、法国的城市 ………………………………………………… 206
三、德国的城市 ………………………………………………… 211
四、意大利的城市 ……………………………………………… 215
五、西班牙的城市 ……………………………………………… 217

　　　　六、奥地利的城市 ………………………………………………… 218
　　第四节　城市规划理论的早期探索 ……………………………………… 221
　　　　一、空想社会主义的城市——基于社会改良的城市规划思想 …… 221
　　　　二、田园城市 …………………………………………………… 225
　　　　三、带形城市 …………………………………………………… 230
　　　　四、工业城市 …………………………………………………… 231
　　　　五、西谛的城市形态研究 ……………………………………… 232
　　第五节　现代城市规划理论的产生 ……………………………………… 233
　　　　一、英国的《城市规划法》 …………………………………… 233
　　　　二、盖迪斯的区域规划思想 …………………………………… 234
　　　　三、城市集中主义 ……………………………………………… 236
　　　　四、城市分散主义 ……………………………………………… 239
　　　　五、雅典宪章 …………………………………………………… 242
　　第五章　主要参考资料 …………………………………………………… 244

第六章　现代西方的城市 ……………………………………………………… 246
　　第一节　20世纪西方城市的发展过程和特点 ………………………… 246
　　第二节　两次世界大战之间的西方城市 ……………………………… 247
　　　　一、两次世界大战之间的英国城市建设 …………………… 247
　　　　二、两次世界大战之间的德国城市建设 …………………… 250
　　　　三、两次世界大战之间的法国城市建设 …………………… 252
　　　　四、荷兰阿姆斯特丹的扩建 ………………………………… 254
　　第三节　战后西方国家的城市重建与快速发展 ……………………… 255
　　　　一、英国城市战后重建和新城建设 ………………………… 255
　　　　二、法国区域规划和新城建设 ……………………………… 267
　　　　三、德国城市战后重建 ……………………………………… 279
　　　　四、瑞典新城建设 …………………………………………… 286
　　　　五、著名西方城市的城市总体规划 ………………………… 291
　　第四节　20世纪70~80年代的西方城市规划思潮 …………………… 296
　　　　一、马丘比丘宪章 …………………………………………… 296
　　　　二、城市旧城更新和历史保护 ……………………………… 297
　　　　三、城市环境保护运动 ……………………………………… 298
　　　　四、后现代城市规划 ………………………………………… 299
　　　　五、城市可持续发展 ………………………………………… 301
　　第五节　20世纪末的全球化与大都市区发展 ………………………… 302
　　　　一、世界城市体系 …………………………………………… 302

二、大都市区的发展和规划 …………………………………… 304
　第六章 主要参考资料 ……………………………………………… 321

第七章 美国城市发展过程 ……………………………………………… 323
　第一节 美国城市的形成和早期发展 ………………………………… 323
　　一、东部殖民地城镇 …………………………………………… 323
　　二、内河港口城市 ……………………………………………… 336
　　三、中西部工业城市 …………………………………………… 343
　　四、西部矿业城市 ……………………………………………… 349
　第二节 20世纪初的城市危机和改革 ………………………………… 353
　　一、公园运动（Parks Movement） …………………………… 354
　　二、城市美化运动（City Beautiful Movement） ……………… 358
　　三、田园城市建设 ……………………………………………… 362
　　四、区域规划兴起 ……………………………………………… 366
　第三节 二战后的美国城市发展 ……………………………………… 367
　　一、郊区城镇建设 ……………………………………………… 367
　　二、城市更新运动（Urban Renewal） ………………………… 373
　　三、城市复兴（Urban Regeneration） ………………………… 376
　　四、"阳光带"城市的崛起 ……………………………………… 381
　第四节 20世纪末美国城市发展与规划取向 ………………………… 382
　　一、大都市区发展 ……………………………………………… 382
　　二、城市蔓延及其对策 ………………………………………… 387
　第七章 主要参考资料 ……………………………………………… 398

绪论

本书作为城市建设史的基础知识读物,主要把握了两个方面的维度。首先是空间的维度,概述了世界古代城市文明的进程,特别是两河流域与埃及地区的城市文明,因为这一部分与后来西方城市的发展直接相关,然后将章节逐步缩小到西欧各国的范围之内;到了近代城市之后,研究的范围重新扩大,主要增加了北美地区,与当今世界城市发展的区域大致重合。其次是时间的维度,覆盖了地中海的古代文明、欧洲的中世纪文明,包括文艺复兴和宗教改革时期的意大利、德国等,近代工业革命时期的英国、法国等,还有近代发展期的其他主要欧洲国家城市以及城市化时期的美国。最后简要介绍当今世界城市发展的动态与趋势。这样做是为了给读者提供一种能"按图索骥"来了解城市建设史的便捷工具,使他们能比较容易地把握本书的内容。

大多数学者认为,世界上最早的城市起源是在两河流域、埃及的尼罗河以及古代亚洲的东部,如印度河流域与中国的黄河、长江流域等。通过古代陆路和海洋上的商业与文化交流,东方各国的城市文明逐渐进入爱琴海地区以及更广泛的欧洲大陆,并以古希腊和古罗马为母体,繁衍出性质有别、但同样缤纷多彩的城市文化和城市形态。不同的文化背景对城市形态和功能的理解也不同,比如两河流域的苏美尔人用象形文字⌐来表示城市,埃及人用⊕来表示,而古代的中国则用✧来表示,但都指向一种人类社会的共同现象:城市文明。希腊·罗马的文字来源于早期地中海的线形文字,后来演变成拉丁字母,所以没有象形的功能,但其传递的独特哲学思想和创造性的建筑技术同样为世界城市文明的发展作出了巨大的贡献。

在地中海、大西洋和北海·波罗的海所围绕的这块大陆上,以希腊和罗马为代表的古代文明不仅创造了不朽的城市物质基础,包括道路、建筑、基础设施和公共设施等,而且奠定了灿烂的城市非物质性基础,比如哲学、法律、商业制度以及市民权等,同时也开创了影响深远的城市文化生活典范。古代的希腊和罗马城市将理性的思想和现实的功能合理地结合在一起,比如希腊时代的建筑风格就渗透着深奥的哲学理念,罗马时代的公共设施体现出罗马法给予市民的特权,而那些遗传千年的罗马驰道、引水渠、大竞技场、大型雕塑等,极大地丰富和充实了人们的审美观与价值观,其影响力直达今天。后来罗马帝国崩溃,城市文明几乎消失殆尽。整个欧洲大陆经历了一个漫长的、500多年的"黑暗时代",大步倒退回早期的农耕社会:传统商业与产业的急剧衰退导致仅存的城市人口不断缩小,

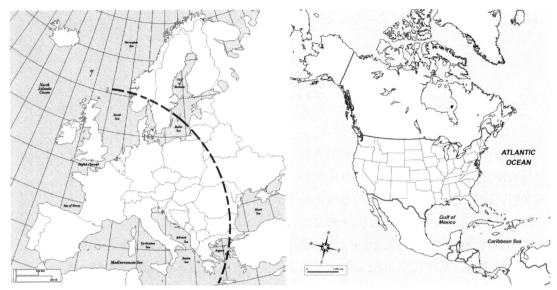

图 0-1 本书涉及的西欧国家范围　　　　图 0-2 本书涉及的北美国家

城市规模还不到古代的十分之一,其间基督教文化垄断了整个欧洲的乡村、集镇和所有的社会角落,权威而专横。大约10世纪之后,一场新的商业革命促成了中世纪城市的建立,重新演绎了古代的传统和新的城市文明,表现出更多的经济特性,而不是文化特色。随着城市法的推广、城市商工业阶级的壮大和城市同盟的建立,欧洲城市几乎成为一个巨大的生产与贸易的共同体,并不断向外探索与扩张。终于,在文艺复兴、宗教改革的洗礼之后,又经过激动人心的产业革命,欧洲成为世界殖民城市的源头和诞生现代城市文明的摇篮。

西方城市的主要特点表现为:商业化、产业化和市民社会化,基督教是最中心的文化形态。由于所在地的条件和环境不同,西方各国的城市建筑与形态也大多具有多元化的背景,体现出丰富多彩的风格与民族特色。本书力求通过不同的时代、不同的国别划分,比较客观地反映西方国家的城市建设历程,并尽可能地归纳其中的特点与规律。

本书的研究范围以西欧主要国家和北美为中心,前者代表了西方文化的过去,后者则代表了当代和新的城市发展动向(图 0-1、图 0-2)。

第一节　研究西方城市建设发展史的方法与观点

首先要提出一个问题:为什么要研究西方的城市?虽然相比起古代东方的城市文明,西方城市的历史相对较短,但对整个人类社会而言其贡献却很突出。特别是在文艺复兴运动和工业革命兴起之后,西方城市的发展迅速超越了东方文明古国的城市,为世界的城市现代化奠定了基础。另外,相比东方的城市而言,除了两次世界大战的破坏之外，很多欧洲中世纪城市的形态、街道的肌理和空间的布局，还有城墙和城堡都保留得比较完整，当然也得益于战后的大力复原，这样就为近代城市的建设和发展提供了比较可靠的参考资料。

作为历史研究，首先要选择合适的史料，探寻比较明确的发展轨迹。本书的主题是西方城市建设史，在借鉴很多学者研究成果的基础上，尽可能按照历史发展的时序，客观地反映西方城市在发展过程中的经济、社会、文化背景，并从各种文献中采集相应的城市图片进行说明。其次是要框定研究的范围，由于地域广泛，时间久远，要全面反映西欧城市的建设过程比较困难，因此，本书只能选择一些有代表性的、知名度较高的城市来进行研究。再次是任何的历史研究都不能脱离当时的社会背景和经济条件，要站在唯物主义的立场上，正确评价西方城市的先进性和对世界文明的贡献，而不是带着批评的眼光去审视。最后提出一个比较文化的观点，即任何文明的进步都需要经过历史的考验，而近代以来的先进文明离不开古代和中世纪的历史积淀，无论从今天的观点看，那个时代是多么落后；或者片面地拿古代高度发达的东方文明同西方经历的500年"黑暗时期"进行比较，从而把复杂的历史现象简单化。

社会学的研究一般分为两种：一种是研究社会的一般性或者共同性，目的是寻求某种内在的规律；另一种是研究社会的个别、独特的现象，针对这些问题来寻求答案。城市研究兼顾了这两个方面，在有的时代可以把握一定的城市发展规律，但有的时代则只能就事论事，探讨某个不具有代表性的案例。所以，本书在每个章节中都选取了个案的城市建设历程来进行描述，这些城市之间也许有不少的共同点，但绝不可以轻易下一个结论，即一个城市的发展可以代表某个时代、某个地区或者某种类型，因为城市建设史并不是一个"千城一面"的发展过程，用同一个模式来总结历史上的城市化现象，或者用来预测未来的发展都是不全面、不客观的。尽管很长时间以来人们都把"现代化"作为衡量和评判城市发展的最高标准，而且特别关注城市的经济建设和物质文化方面的进步，但实际上，城市的发展千差万别，城市既有生命也有个性，作为城市发展灵魂和动力的人又有非常不同的价值观和复杂的文化背景。因此，本书希望通过对某个时代、某些地区城市的一般性描述，提供最基本的研究视角和素材，帮助读者进一步阅读和发掘。

本书研究的是城市的建设史，其本身就是连贯的、持续的，具有很长的时间跨度。所以，即便按照时代和地理环境来划分，在不同的章节中还是可能反复出现某一个城市，但这绝不是这个城市的同一幅面孔，因为本书中涉及的每一个城市都是从四个方面来进行剖析的：地理位置、历史背景、文化特点和空间结构。古希腊哲人说过一句话：每天的太阳都是新的，因为每天总有和前一天的不同之处。同样，本书的几个章节中出现的同一个城市，也都因为其所在时代、文化和空间不同，而体现出有相当差异的变化。

第二节　西方城市发展的基本轨迹

如果把本书的主要内容简短地归纳一下，可以看到这样一条主线：西方城市的发展是从海洋开始，逐渐在大陆上繁荣，又通过海洋向外扩张，直到超越欧洲国家的界限，形成一种世界城市文明的趋势。所以，各个章节的研究范围也是由大到小，再由小到大，反复循环，螺旋上升的。

（1）古代城市的萌芽期（世界范围：文明古国、东方的城市文明）。

（2）古代西方城市的繁荣期（爱琴海范围：继承东方城市的文明并不断创新；地中海与亚平宁半岛：希腊的哲学、罗马的建筑、殖民城市体系、城市法和各种城市制度的创立）。

（3）古罗马帝国的崩溃与中世纪城市的复兴（地中海、波罗的海之间的西欧内陆，继续延伸到北海·波罗的海、大西洋：新的城市经济与市民意识抬头）。

（4）文艺复兴与宗教改革（意大利与法国南部：人的思想解放，城市文化与城市精神的飞跃发展；环大西洋城市群与世界贸易环流：大航海时代，北美殖民地的开拓，国际市场的竞争与新兴西欧的金融、贸易中心）。

（5）工业革命与近代城市的产生（英、德、法等西欧资本主义国家：产业革命与新兴资产阶级的成长，产业化城市、近代城市规划理论的诞生）。

（6）两次世界大战与现代西方城市（西方主要资本主义国家：新城建设、旧城的更新与历史保护、大都市区的形成）。

（7）美国城市的建设与发展（北美洲地区：殖民城市与现代工业，城市危机与改革，二战后的新城建设与城市更新运动）。

最后，综合各章、各节的论述，读者可以自己来总结城市发展的新思路，可以由西欧到北美乃至世界范围，思考世界城市、巨型都市区、后现代主义、新城市主义等新视角、新领域的问题，进而结合我国的城市发展与规划实践，建立自己的比较完整的城市知识体系。如果本书能发挥这样的作用，能得到广大读者的认可，那将是对我们最大的鼓励与鞭策。

第一章　古代世界的城市文明

第一节　城市的诞生及其功能的延伸

迄今为止，有关城市产生的年代尚没有确切的定论。据已有的考古资料，一般认为城市出现于公元前4000～前3000年左右的时代。最早出现城市的地区主要分布在两河流域、古埃及的尼罗河流域、古印度河流域以及中国的黄河和长江流域等。

中国古代伟大的诗人屈原曾经有篇著名的《天问》，提出了一些非常深邃的哲学思考：天是谁创造的？天是什么样的结构？天是根据什么来区划的，为什么日月星辰掉不下来？天地到底有多大？等等。同样，针对人类社会的高度文明结晶——城市，我们也可以提出很多很多的问题来：比如是谁创造了城市，为什么要创造城市？城市意味着什么？城市的规模和建筑是由谁来决定的？等等。要回答这些问题，就必然要探讨和追溯城市的起源，要研究这个由人类自己创造的文明结晶。

到今天为止，学术界对这个问题有各种各样不同的说明，但谁也不能完全解释早期城市的功能和形态之间有什么关联。我们只能够说，是劳动创造了城市文明，城市是人类在同严酷的自然环境和敌对的社会环境中创造出来的产物。从人类社会的三次大分工来看，城市文明是伴随着先民们的不断探索与追求逐渐发展起来的：第一次大分工产生了农业与畜牧业。由于农耕经济是不能随意移动的，所以这个时代的居住形态是村落，且为固定的和长期的；第二次大分工是农业与手工业的分离。当时生产的主要是奢侈品和部分劳动工具，需要有固定的空间和一定技能的人才，于是就出现了和村落结构不同的居住形态，考古发现经常会展示远古时代的作坊或类似的生产区域，城市的萌芽逐渐显现；第三次大分工是手工业与商业。人们可以通过交换从很远的地方得到精美的奢侈品及必需品，私有制开始出现，聚落的功能随之增加，有了储存、祭祀、享乐的场所和保护私有财产所有者的设施，如城墙和堡垒。聚落内部有了明确的空间形态分化和各个阶层的生活范围，城市逐渐成长起来，变成一个大容器，开始包含更多生产、教育、管理和创新的功能。

当然，任何城市发展的前提都离不开自然条件、社会分工、文化活动、战争与灾难等必要的因素。下面分几个方面来探讨城市起源的机制与特点。

一、城市的文化属性

很多学者主张，最早的城市并不是简单的物质生产与消费的地方，而是某种独特的文化活动场所，特别是进行宗教活动的场所。当远古的人类还不能解释很多的自然现象时，他们往往把所有的自然现象和物种起因都归于某种神秘力量的存在——天神或者上帝。为了表达对神的敬畏，人们往往在某个特定的地方修建起当时人力所及的最高大建筑，并逐渐以此为中心形成不同等级地位的社会形态。所以，凯文·林奇认为："随着文明的发展，城市的作用也比原来增加了很多，成为仓储、碉堡、作坊、市场以及宫殿。但是，无论如何发展，城市首先是一个宗教圣地。"但城市功能的完善还需要更多的内容和更复杂的机制，所以不能简单地认为，凡是具有宗教或文化的场所就一定会诞生城市。

另外一种说法是，城市本身就是人类社会活动的结果。因为人需要交流，相互吸引、相互学习、共同创造，这样才最终有了城市。刘易斯·芒福德认为："城市发展的一个关键因素便很明白——它在于社交圈子的扩大，以致最终使所有的人都能参加对话"。城市为这样的文化活动与经济活动提供了一个空间，而且与村落文化相比较，其规模更大、人口更多、文化具有更大的开放性和多样性。聚集到城市里来的各种人群进一步打破了血缘和地缘的界限，可以在不同宗教、不同种族、不同经济地位的背景下广泛交往，使城市文化进一步体现出集聚性和扩散性的特征。可以说，城市是建立在群体间分工与交换基础之上的一种"利益社会"，是一种以目的合理行动和价值合理行动为指向的"合理社会"，人与人之间的关系体现为一种"共同体的特征"。

城市文化属性的特点可以解释很多的历史现象。比如在一些古代文明地区，人们认为生死和世间万物一样，都是命运所决定的，都是由上天主宰的，所以，死亡并不代表人生的终极。因此，一个人生的时候有什么样的生活环境，享受过什么样的生活方式，死后当然应当继续；而城市就是这种生命延续的具体载体。所以，无论是远古埃及时代的帝王谷、金字塔，还是中国古代的秦始皇陵，都能明确无误地反映出当时的社会结构，甚至城市的形态。当然，能够享用这些的只有古代的皇帝和贵族，一般的市民即便有类似的墓葬，也很难保留到今天。

二、城市的空间形态

无论是古代城市还是中世纪的城市，其显著的特征之一，就是城市与周围的农村之间有非常明确的界限，换句话说，就是城市有明确的空间形态，其组成主要靠两个部分：人工建筑和自然障碍。这和早期城市的形成是一脉相承的。早期的先民在居住地周围挖"沟"建"墙"，或者依赖自然的山崖、河流等，以防范野兽的袭击或者其他部族的掠夺，这样就有了保护某种空间的意识。随着原始社会的聚落与村落逐渐发展，特别是人口数量的增加，聚落形态及内部空间都有所变化。为了保障整个群体的安全，像墙、壕沟等防御性设施得到加强，最终由"墙"所围合起来的空间就诞生了"城"的概念。恩格斯在《家庭、私有制和国家的起源》

中说："用石墙、城楼、雉堞围绕着石造或砖造房屋的城市，已经成为部落或部落联盟的中心，这是建筑艺术上的巨大进步，同时也是危险增加和防卫需要增加的标志。"在《城市发展史》中，刘易斯·芒福德也说过："城市的建筑构造和象征形式，很多都以原始形态早已出现在新石器时代的农业村庄中了；从更晚一些时候的证据中还可推断，连城墙也可能是从古代村庄用以防御野兽侵袭的栅栏或土岗演变而来的。"

但早期的城市远不如我们今天的城市这样完整，有良好的规划和符合标准的建设，很多都是在特定的环境中自然形成、自然发展的，有的甚至是非常原始的。因此，早期的城市不可能有比较统一的形态，有比较完善的城市设施，和农村聚落的差别也不很明显。所以，单从一个较大范围的空间形态上去定位一个城市是不可行的，因为这个形态本身可能就是模糊的。此外，早期的城市历经数千年的风雨侵蚀、战争破坏以及自然的衰落，很多仅仅留下一个名字，甚至只是个传说，即便是考古发掘也很难找到有价值的遗址，但仅因为如此就排除一个城市的历史存在，也是不科学的。好在我们还可以用其他的方法来寻找消逝的文明，这就是对城市社会的考察。

三、城市社会的构成

经过人类历史上的三次社会大分工，劳动工具不断进化，生产水平不断提升，产生了经济上的剩余和私有制。而城市恰好就是在这几次大分工的过程当中诞生的，因此不可避免地与城市阶级的分化、城市功能的延伸、城市居民的价值观、城市的法规制度等非物质性的东西相关联，城市社会也因此构成。所以凯文·林奇认为，城市是反映人群关系的图示，是一个运转中的、相互作用和充满矛盾的领域。因此，研究城市的起源不能只限于物质性的空间，还必须考察城市中的社会关系、生存质量以及管理水平等，这些都是研究城市社会构成的必要条件。

城市社会的主要因素是阶级、特权、法律和文化。阶级源自私有制的产生，私有制的产生对城市的形态和空间带来直接的影响，包括物质性的和制度性的。上层的市民享有城市中的各种特权，而法律和制度强制性地按照身份的不同来分配城市的财富，包括空间、建筑和奢侈品等。所以，考古发现早期城市中就有比较大型的建筑群，包括神殿、宫廷、官邸和豪宅等，它们占据着城市中最重要的空间，享有那个时代尽可能的便利；而城市的法律和制度是保证私有制的武器，特别是保护上层阶级的私有财产，中国古代的"筑城以卫君，造郭以守民"就明确反映出这样的差别。文化是城市的灵魂，早期城市的文化核心是宗教，所以一般都有以神殿、神庙、巨塔等为主的大型文化建筑，而强大的文化也是上层阶级用以贯彻自己统治的有力手段，所以通过考古发掘，对城市的空间形态、分割方式，以及对大型建筑物遗址的分析，就可能大致了解早期城市的社会结构，甚至人口规模、经济状况等。比如，从很多早期城市的遗址中都曾挖掘出大量的手工产品，包括彩陶、纺织品和工具等，而这些挖掘现场也往往是当时手工业者的作坊或者商品交换的市场所在,这在农村地区是非常稀少的。这样就能够判断生产的规模和需求这些产品的人口,判断交易场所的不定期或定期,还有城市贸易活动的范围等。而早期城市中的休闲娱乐设施,如剧场、竞技场等,也为解读那个时代城市文化生活提供了直接的证据。

第二节　古代世界的城市文明分布

一、城市文明的曙光

人类的历史是从洞窟文化(岩画与兽骨装饰,如中国的山顶洞人、法国的克罗马农人)、石器文化(人工打磨的石斧、石刀等,如半坡遗址、日本的贝冢等)、陶器文化(灰陶、彩陶和黑陶,如中国的仰韶文化和龙山文化)一步步走过来的,这些时代的原始工具反映出人类的群体居住形态和生活方式,特别是已经萌芽的文化意识,因为早期人类使用的工具在很大的程度上是用来生产装饰用品和进行宗教祭祀活动的。到了公元前4000～前3500年左右,首先在埃及地区出现了青铜器(铜饰品、劳动工具等)的文化,而中国的青铜器大约出现在安阳文化时期(公元前1300年),标志着人类文明的巨大飞跃。因为改良后的劳动工具可以生产出更多的粮食,为最早的私有财产和阶级分化奠定了基础,再加上文字的发明(如埃及的象形文字、两河的楔形文字、中国的甲骨文、地中海的线形文字等),人们有了传播文化的手段,开始形成新的、强有力的部落,能够组织更多的人从事集体性的、较大规模的经济和社会活动,包括城市建设和战争等。从此,人类开始进入新的文明社会阶段——人工聚落和早期城市。

随着文化和技术的不断进步,人类有了充裕的时间和条件来改善自己的生存环境,特别是研究和探索进步的旅程。于是,由原始、落后的居住性建筑(穴居、半地下建筑、高脚屋)、共同的祭祀场所(两河城市的神殿高塔)逐步进化到城市的雏形:由城墙围护的街道、部落首领的宫殿、手工业生产的场所等要素所构成的人工空间。由于气候温和,冲积平原的肥沃土壤和适合居住条件,最早的城市基本都出现在四大文明古国所属的地域,如两河的乌尔、巴比伦,埃及的孟菲斯、底比斯,黄河流域的殷墟、洛邑以及印度河流域的摩亨佐·达罗和哈拉巴等(图1-1)。

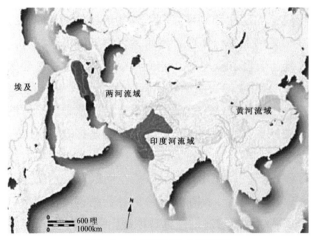

图1-1　古代世界的文明地区

二、世界文明古国的城市概况

恩格斯说过，自从开始使用金属工具，加上用文字来记录历史，人类就进入了文明社会。而文明社会最重要的产物之一，就是城市。纵观当今世界，已经有一半的人口生活在城市当中，而这个文明的源头则在大约6000年前。最早的城市文明都是诞生在人类容易生存的河川台地附近，河水充沛、气候温和、植被丰富、北纬35°～40°之间的温带地区。因此，作为世界知名的大河，如尼罗河、幼发拉底河／底格里斯河、印度河、黄河长江等地区，就出现了最早的城市。这些古代的文明以高度发达的农耕经济为基础，以强大的集权制度为手段，不仅统一了广大的地区，而且发明了独特的社会制度和法律，在科学技术的发展方面也达到相当的高度。人们熟知的文明古国一般指代古代的两河地区、古代埃及、古代中国和古代印度等四个人类文明最早诞生的地区，当然还有非洲和美洲等其他地区。依据对古文明的文献记录和长期研究，我们大致了解了上述四个地区的城市发展过程，但对城市这种形态的具体诞生时间在学术界尚有争论。大致上说，各文明古国在距今7000～4000年前就相继由新石器时代进入青铜时代，进而又步入铁器时代。其共同之处在于：①社会制度大多采用奴隶制，而国家政权在较晚的时代才诞生。②这些文明古国都有自己的神话传说，统治者们利用神话来加强自己的专制主义统治。比如古埃及的法老自称是"太阳神的儿子"，古巴比伦的统治者汉谟拉比自称"月神的后裔"，中国的君主自称"天子"等。③这些文明古国分别创造了自己的历法，把一年分成12个月并且用闰月来平衡。④各个文明古国都创造了自己的文字，而且站在大致相同的文化高度上。比如印度河、黄河、两河流域的文明都使用陶轮制陶，埃及和两河流域都计算了圆周率，巴比伦和中国都发现了勾股定理，印度则发明了阿拉伯数字。人类今天所拥有的很多哲学、科学、文学、艺术等方面的知识，都可以追溯到这些古老文明的贡献源头。

1. 古代两河流域的文明

两河流域（幼发拉底河与底格里斯河）是世界文明的主要发源地之一，也是城市文明最早诞生的地方。早在公元前1万年左右这里就进入了新石器时代，公元前6000年时游牧民族开始聚居，在向农业社会过渡的过程中，他们开始建造村舍、开垦荒地，农耕和饲养业由此出现。公元前4000～前3000年是两河流域由史前时期转向历史时期的开端。在公元前3500年左右，这个地域就进入苏美尔文明与阿卡德文明的时代，出现了以神殿为中心的大型聚落和能够生产彩陶及其他产品的技术，城市文明开始萌芽。

早期苏美尔人的社会发明了楔形文字，并制定了标志着社会进步的苏美尔法典。楔形文字的发明无疑是两河流域人对世界文化最突出的贡献之一，同时也是其自身文明发达程度的一个重要标尺，因为文字的发明和使用与城市的出现共同开创了人类文明的新纪元。历史资料表明，苏美尔时代的晚期已是一个高度城市化的社会，在两河流域的广袤平原上曾出现过乌尔、拉迦什、尼普尔、米坦尼、乌尔古等众多的城邦国家，而且当时城市人口的比例要高于本地区以后的任何其他一个时期。两河流域文明的另一个重要方面，是宗教思想的确立、其至高无上的地位和对人类社会的影响力。我们熟知的《圣经》中所提到的"诺亚方舟"和大洪水的故事就发生在两河地区，《圣经》中巴比伦通天塔的传说也起源于此。早期的宗教信仰直接反映到城市的空间布局和结构，深刻地渗透到当地人的日常生活当中。直至今日，宗教活动仍然是两河地区各国城市中最核心的文化活动和政治活动的要素。此外，古代两河人在天文、数学和建筑方面的成就也达到了古代世界的高峰。在两河城市中高耸的圣塔（Ziggurat）与埃及的金字塔、墨西哥玛雅人的金字塔一道，并列为古代城市中代表性的标志。

2．古代埃及地区的文明

作为文明古国之一的埃及，由于相对封闭的地理环境和充沛的尼罗河水，很早就进入了文明时代。埃及人的宗教意识也来自于生存的环境：终年不雨的土地每天都艳阳高照，因此埃及最高的神就是太阳神，早先称拉，后来称为阿蒙，他具有至高无上的权力。尼罗河代表着食物和生命，所以尼罗河的神奥西里斯是仁慈的化身，他的妻子爱西丝主宰着土地和农作物，代表着青春和母爱。埃及城市的萌芽与发展可以追溯到公元前3000多年。最早完成埃及统一的是美尼斯，他所建立的王国被称为"古王国"（公元前3100～前2181年），首都是孟菲斯，前后历时900多年。由于埃及的国王（法老）认为自己是太阳神的儿子，因此建造了巨大无比、穷奢极侈的陵墓——金字塔，其中最大的是法老胡夫的大金字塔，高146m，是1889年巴黎埃菲尔铁塔建成之前世界上最高的人工建筑物。公元前2000年到前1750年是埃及的中王国时代，首都为底比斯。这时的埃及不仅国力强大，而且通过红海与地中海开拓了广大的国际贸易。埃及的商船可以从地中海穿过尼罗河再进入红海，甚至远达印度洋。新王国时代自公元前1570～前1085年，首都仍然是底比斯，而此时的建筑与雕刻等技艺也达到了顶峰。著名的卡纳克神庙、高大宏伟的方尖塔都代表着埃及人的富裕与创造力。此后，在外来民族的军事入侵和强权统治下，辉煌的古埃及文化屡遭破坏，古代城市的文明也逐渐被埋没在历史的尘埃当中。

3．古代地中海地区的文明（爱琴海、希腊·罗马）

地中海是孕育古代爱琴海和希腊·罗马文明的摇篮。由于气候温和，海流相对平静，自古以来沿岸各民族就通过海上的交通频繁进行商贸与文化的交流。由于地中海东岸的城市文明早于爱琴海地域和亚平宁半岛，所以很自然地，东方城市的文化便通过古代的商路传播到这里，并逐渐被继承、吸收和发展成为独特的欧洲城市文明。包括希腊在内的爱琴海各岛屿，限于狭小的土地和不良的农耕环境，当地人很早就娴熟于海上的活动，他们的开化过程是伴随着海外贸易和海外殖民而进行的。从早期的爱琴海周边，包括小亚细亚地区的殖民城市，如米利都、普林南，到后来希腊化时代的意大利南部，如塔兰托、那不勒斯、叙拉古等，都带着深刻的东方文明的印记。后来希腊建立了自己的城邦，其中最著名的两个城市斯巴达与雅典分别代表了不同的政治制度和文化传统，两者之间发生了长达27年的伯罗奔尼撒战争。之后，亚历山大大帝建立了横跨欧、亚、非三大洲的帝国，殖民城市伴随着军事征服雨后春笋般地成长起来。以这个时期和亚历山大死后帝国的分裂为分界线，希腊文明进入后期，即所谓的希腊化时代，古东方文明和希腊文明相结合，形成各个王国别具特色的城市文明，并深远地影响到整个地中海。公元前8世纪左右，亚平宁半岛上的拉丁部族开始崛起，并建立了以罗马为中心的王国。当时，亚平宁半岛北部的伊拙斯康人，南部（包括西西里）的希腊人，北非的迦太基王国都是强大的敌人。在经历了60多年的武力扩张，包括无数次艰难的战争之后，罗马人终于统一了意大利半岛，开始蚕食希腊化各城邦的领地。在征服了这些城邦的同时，罗马人也继承了希腊的文化传统，为日后的文明发展奠定了基础。

罗马帝国的历史就是一个不断向外扩张和建立殖民城市的历史，所以罗马的城市遍布欧洲大陆和地中海地区，而罗马文化与希腊文化也成为今天欧洲城市文化的核心。

三、古代城市文明的时间差异及特点

限于古代社会相对落后的交通手段和联络技术，各大文明地区之间的交往非常有限。因此，当一个古代文明开始兴起时，其周边地区的人们可能还处在较为原始的生活状态当中，当然更不会知道世界上其他地区的文明。而文明古国往往也是城市文明最发达的地区，各城市间交流频繁，创新和技术进步迅速，都达到了一定的文明高度。但这些文明往往又是孤立的、与外界相隔绝的，因而出现了很多今天都无法解释的现象：一些文明在达到古代的巅峰之后便神秘地消失了，或者急剧衰落。如古代克里特岛的文明、古代玛雅人的文明、中国三星堆的文明等。当然也有一些可以作出解释，比如特洛伊城是因为战争的破坏、庞贝城是由于维苏威火山的爆发等。但欧洲的城市文明为什么在罗马帝国崩溃之后，在长达五六百年的过程中无法复苏，是什么力量能如此长期地压抑城市文明？为什么在东亚文明圈内同样有过战争、自然灾害和其他力量的破坏，但城市文明的发展却从来没有中断过？为什么两河地区和埃及的古代城市文明在衰落之后就不再有过辉煌，只是作为一个历史的符号永远静止在那里，而西欧的城市却在文艺复兴和宗教改革之后，一跃成为世界上最先进的文明？研究这些问题，需要对西方城市的成长过程进行详尽的考察，分析其结构和文明的特点，以便更好地服务于今天的城市研究和规划行业。

四、东、西方城市文明的交流

当两河流域和埃及的城市文明已经发展到相当的高度时，地中海西北方向的大陆仍然在沉睡当中，人类文明的曙光尚未出现。但是，地中海是一个相对狭小、岛屿众多的地区，而且风平浪静，适合于古代人类的航海和文明传播。所以，东

方文明，特别是城市文明就是通过这样的地理空间逐渐传播到了欧洲大陆，为日后灿烂的希腊·罗马城市发展奠定了基础。地中海东部的爱琴海地区属于城市萌芽较早的地区，如罗德岛和克里特岛的文明，代表了古代东西方交流的主要通道上城市发展的过程。这个地区有过许多历史上广为传播的城市，比如位于小亚细亚西北部的城市特洛伊（Troy），一个曾经是爱琴海地区最重要的商业城市，后来在与希腊人的战争中被毁，成为历史小说中永恒的话题；还有希腊半岛南端的城邦迈锡尼（Mycenae）和泰伦斯（Tiryns），都曾经是克里特人统治过的地方，也是向欧洲大陆传播文明的窗口。公元前1480年，辉煌的克里特岛文明突然消失，众多的城市连同独特的线形文字和精美的宫殿群建筑一起被带入历史；随后，公元前1200年时迈锡尼也遭到多利亚人的毁坏，古代爱琴海的文明一度倒退，前后持续了约400年的"黑暗时代"，直到公元前8世纪之后才重新有了文字的记录，城市重新开始萌芽和成长。

第三节 古代两河流域的城市

两河流域是世界古代文明的重要发源地，也是最古老的城市诞生的地方之一。从地理角度看，这里处于亚非欧三大洲的交界处，濒临地中海和黑海，具有良好的文化交流和商业贸易条件。两河大体上可以分为南北两部分：北部的阿卡德区和南部的苏美尔区，后者是两河文明的主要缔造者。大约在公元前3500多年，苏美尔人的文明圈内就出现了许多城市：乌尔、埃利都、拉迦什、乌鲁克等，各自形成独立的王国（图1-2）。北部的阿卡德人开始从事游牧，后来受到苏美尔人的影响逐渐改为农耕，并不断与后者发生战争，争夺领土。最终由阿卡德人的军事领袖萨尔贡一世统一了两河流域，促进了后来两个民族的融合。

在历史上两河流域曾经有过多个王朝的交替，其中赫梯人建设了亚述城，后来发展成为亚述帝国，首都又迁往尼尼微城。在与亚述敌对的叙利亚地区，阿拉美安人也建立了自己的城邦，包括今天的大马士革。两河流域最著名的，就是消灭了亚述帝国、掠夺和毁灭了尼尼微的新兴帝国迦勒底，其首都定位于巴比伦。为了和汉谟拉比时代的巴比伦相区别，史学界称之为"新巴比伦王朝"。这个时期也是巴比伦这座城市空前发展的时期，著名的空中花园（古代世界七大奇迹之一）就是这个时代的产物。

在公元前2000年左右的地中海东岸地区，出现了一支希伯来人（原属游牧部落的塞姆族）的移民，他们同属两河流域这个民族的大家庭，后来被叫做犹太人。由于先受到迦南人，后受到埃及人的压迫与排挤，生活十分艰难，因此犹太人把希望寄托在自己的宗教当中，并制定了共同的生活守则来保持这个民族的稳定。据说希伯来人的领袖摩西所制定的《十诫》不仅成为犹太教和基督教的基本信条，而且影响到了伊斯兰教。公元前1013年之后，希伯来人建立了自己的国家，

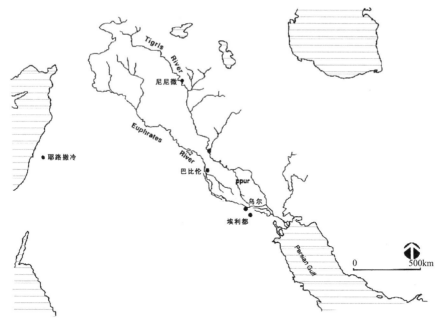

图1-2 两河流域古代的城市分布图

国王大卫在锡安山创立了国家的首都,也就是后来的耶路撒冷。犹太人的王国在大卫之子所罗门的治下达到空前的繁荣,耶路撒冷也成为著名的文化中心,其宫殿、神庙、市场和生活形态一直影响到今天。

一、古代两河流域的城市社会

古代温和的气候和相对发达的农耕经济,造就了两河流域发达的城市文明。对世界影响力最大的贡献,莫过于在两河地区诞生的原始宗教,包括基督教、犹太教和后来的伊斯兰教,对今天的世界各国文化产生了巨大的影响。两河的城市文化还包括拼音字母的发明,苏美尔人的"楔形文字"是日后希腊文、拉丁文的始祖,直接影响到今天的西方社会。世界上第一部成文法——汉谟拉比法典、最早的七天为一周的制度和最早的历法等,都诞生在两河的城市文化当中。

苏美尔人的城市是政教合一的城市,最高大的建筑是圣塔(Ziggurat),即祭祀用的高坛,可拾级而上,据说登到塔顶就可以与天神对话。塔的顶部是神龛,而且都建造在城市的中心位置,这是两河地区城市的最大特色。在以往发现的27座城市遗址当中,就有33座祭祀高台,可见宗教在古代两河城市中有至高无上的地位。两河流域城市中的很多建筑看起来好像是左右对称和整齐排列的,但从城市的整体来看,却又显得不规则和零乱,显然古代两河人并没有成熟的中轴线概念;但无论是神殿还是平民住宅,都拥有一个对内开放的中庭空间,以保证个人生活与祈祷神灵的私密性,这又是一大特点。而城墙是这个概念的扩大,可以抵御外敌入侵、洪水袭击以及其他自然灾害等,同时也意味着生与死。苏美尔人的城市建筑材料主要是黏土、石头和木头。石头饰神殿的底座,黏土经过模具制成

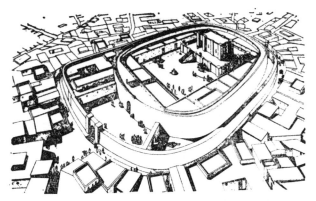

图 1-3 公元前 2900 年时两河流域的祭坛形态
(Britannica International Encyclopaedia, TBS 日文版, 1978)

砖的形状晒干后作为墙壁和房间，而木头是横梁，由于降雨比较少，所以很多古建筑的遗址到今天仍然清晰可辨。城市一般都有城墙，形成围合封闭的空间，有高大的城门，既是商贸的出口，也是城市地位的象征。

神殿建筑是两河城市的文化中心。这些神殿往往建造精美，规模宏大，四周由城墙围绕，内部空间严格区划，建筑排列整齐。图 1-3 中右端是神殿中最大、最重要的部分——圣塔，有台阶可以登临，上面是神庙；其次是中庭，是举行宗教仪式的地方，宽敞而有规则，往往设有不同的门供不同的人进出。椭圆形神殿的外部（左上角）还有一个比较小的神殿，可以作一般情况下的祭祀场所，这一点和埃及的神殿结构非常相像。

二、古代两河流域城市的基本特点

两河流域的城市特点之一，就是数量多而且规模大。公元前 3000 年左右的时候，两河流域城市的密度甚至超过今天的伊拉克，而且很多都是人口数万的大城市，如乌尔、尼尼微、巴比伦等；其二就是神权的至高无上：每个城市的中心都是神殿的所在地，神殿建筑高大而雄伟，建筑技艺高超，有的历经 5000～6000 年而保留至今；其三是高度发达的城市文明，包括文字的发明、法律的制定，还有建筑的形态、建筑材料、城市的基础设施等，都可以说非常接近工业革命之前所有的城市文明；其四是广泛的商业贸易活动。这个地方曾出现过强大的古巴比伦帝国与腓尼基城邦，后者尤为擅长商业和海外贸易，所以在地中海沿岸的黎巴嫩、巴勒斯坦地区就有很多腓尼基人活动的城邦，如耶路撒冷、萨马里亚、推罗、西顿、乌伽里特等，这些大都是人口众多、手工业和商业非常发达的城市。两河城市大都依河而建，所以有自己的港口，通过河流可直达波斯湾，因此从很古的时期开始，两河城市就同当时的其他文明之间有贸易往来，如古印度、古埃及，甚至地中海的岛国等。贸易促进了手工业的发达，古巴比伦王国时期的麻纺、珠宝加工、皮革与冶金等，都达到一定的水平。

三、古代两河流域的城市概况

两河地区曾经有过数十个重要城市，时间横跨数千年，而且气势宏伟、声誉远播。但时光荏苒，数千年的自然与战争的摧残，加上气候、贸易路线的改变，很多城市都消失了。下面介绍几个在历史上有过重大影响的城市。

1. 尼尼微城（Nineveh）

尼尼微城的形状像个倒三角，很不规则，考古确定其面积约为 7.5km²。目前发现，公元前 700 年时所建的城墙包围了整个城市遗址，其材料是石头和泥砖，长度达 12km。城墙内层是 6m 高的石板，有石头建的城墙、塔楼，外层是 10m 高、15m 厚的泥砖。整个城市有 15 座门，各有内外两重城门，城墙内部还有空间可作为军营来使用，有楼梯可直通城墙顶部。城门之一的马士基门因为直接通向底格里斯河，被人们称为"水域之门"。目前有 5 座城门已经发掘。城中有运河和完整的道路体系，交通比较发达。从图 1-4 中可以看到城墙和道路网络，几个重要的城门，还有比较大的建筑遗址，如神殿。因为靠近底格里斯河，所以通过运河将货物运到城市里面。

尼尼微为亚述王国的萨尔贡二世在公元前 720 年前后所建，之后成为这个帝国的首都，繁荣空前，据说最多时人口达 30 万，超过两河地区以前

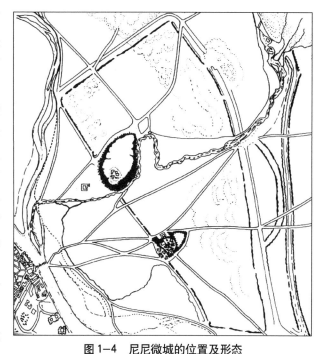

图 1-4 尼尼微城的位置及形态
(罗兰·马丁著. 远古建筑. 张似赞，张军英译. 北京：中国建筑工业出版社，1999)

的任何一座城市。作为古代亚述帝国的都城和文化中心，尼尼微城内有大型的建筑群，包括三组宫殿和两组神庙，其规模都十分雄伟。城中最大的建筑是国王的王宫，边长达 200m，还有嫔妃的后宫和太子的东宫，城市里有供水网络，道路相当宽敞，王宫墙壁上雕刻着很多的浮雕像和文字，是研究尼尼微这座城市历史的重要材料。萨尔贡王宫建在高约 130m 的台基上，有 211 间大厅和 30 个庭院，饰以异兽巨石雕刻。城市中还建有动物园、植物园、武器库及排水设施等。考古发现的公元前 7 世纪的图书馆中保存有大量楔形文泥版文书，包括宗教铭文、文学作品和科学文献，其中以阿卡德王萨尔贡一世青铜像和国王猎狮图浮雕石板最为有名。由于早先的鼎盛和发达的建筑技术，所以曾有人考证，古代世界七大奇迹之一的"空中花园"是在尼尼微而不是巴比伦（图 1-5）。公元前 612 年，新巴比伦和米底联军攻入尼尼微，城市在被洗劫一空后又被付之一炬，一代名城尼尼微就此从世界上消失了。

2. 乌尔城（Ur）

乌尔城是古代苏美尔人的城市，靠近幼发拉底河的入海口，与埃利都古城相近。其遗址中主要是神殿、陵墓和宫殿，最大的一座是祭祀苏美尔神话中的月亮女神娜娜（Nanna）的神庙，建于公元前 2100 年，高 21m，结构两层，由泥砖造成，占据了城市北部的大部分。外面还有沥青浇筑。共三层，底部黑色，中部红色，上部白色，在顶部可以观测星象，因此苏美尔人的占星术为后来西方天文学的始

图1-5 尼尼微的宫殿复原图
(西隐,王博著.世界城市建筑简史.武汉:华中科技大学出版社,2007)

祖。著名的皇家陵墓——新苏美尔陵墓,距月亮女神的神庙约250m,从中发掘出古代国王及王后的印章,还有数量不等的战车、奴隶和丰富豪华的金、银、宝石等制品随葬。在乌尔纳姆建立乌尔第三王朝后,南部两河流域已完全进入青铜时代,生产力又有新的发展,出现了大规模王家手工业作坊。乌尔纳姆制定的已知世界最早的成文法典——《乌尔纳姆法典》,反映出私有经济在当时的社会生活中已经占有重要地位。据推测,古代乌尔城人口最多时达到2.5万,是两河流域的大城市之一(图1-6)。

乌尔城是个不规则的椭圆形,南北长1200m,东西宽800m(另有一说600m的),大约有1km²的面积,四周全部以城墙围护,很多建筑物的泥砖上刻写着苏美尔文字,为破解古代乌尔城市的社会与经济之谜创造了条件。城内的道路呈棋盘式分布,在城的北面有两个港口,还有一条小的运河通过城内。当时的商业已经

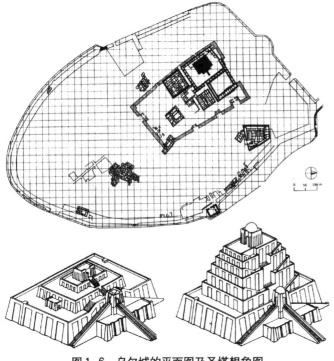

图1-6 乌尔城的平面图及圣塔想象图
(L·贝纳沃罗著.世界城市史.薛钟灵等译.北京:科学出版社,2000)

比较发达,人口众多,据说曾达到3万余。考古曾发现一些早期海运贸易商的书信,其中描述了波斯湾上的商船以及带回来的财富,特别讲到大量的铜和锡交易。城市的居民区在神殿的东南方向,也是城内最古老的部分。从图1-7中可以看出,房屋排列比较有序,一般都是数十间房间围绕着一个中庭修建,可以享受充分的阳光与空气。房屋一般结构为两层,有些贵族的房屋更为宽敞考究,显示出早期两河流域典型的城市生活形态。此时的乌尔还没有城市规划的意识,城市是自然成长型的,从街道的不规则中就可以看到这一点,但已经开始重视公共建筑物与私密空间的区别,这个传统一直影响到今天。

3. 埃利都（Eridu）

在苏美尔人的神化中，埃利都是大洪水到来之前苏美尔人所建设的五座城市之一，大约出现在公元前5400年。现今发现的城市遗址面向波斯湾的幼发拉底河口，由于年代的久远，已经无法找到城市的完整形态和道路布局，从卫星照片看基本为方形，有城墙建筑的痕迹（图1-8）；遗址中有18座泥砖修建的神庙，围绕着一座未完工的阿玛尔神塔（Amar-Sin），时间大约在公元前2047～前2039年。从遗址中还发现有人工运河、泥砖建筑、芦苇建筑以及帐篷的残片等，可以清晰看出构成这个城市的三种文化形式：苏美尔人的农耕文化、早期的渔猎文化和后来北方的游牧文化。同时，大量出土的鱼骨也证明当时渔猎活动仍然在延续。遗址中还有墓葬1000多座，可以想象当时的人口规模。估计早期城市的面积约为8万～10万 m^2，人口约4000。

当时居民主要的住房形式还大都是芦苇棚，结构简单，内部划为几个房间，屋墙多以黏土筑成，也有一些用泥砖坯砌成的住房，形状粗糙但体积很大，估计是身份比较高的人居住的。从埃利都人的生活形态和宗教习惯看，苏美尔文明的发源地应该是这里。有学者猜想，因为埃利都位于乌尔之南，所以应当是巴比伦城的原址，也是著名的巴别通天塔所在地。因为在这里发现的圣塔基座远比其他城市的高大，而且最为古老；此外，这个城市的名字按照楔形文字的读音规则，应该是苏美尔人语言中"全能之地"的意思。因此，很有可能在远古时代人们自己也搞不清楚究竟哪个城市是真正的巴比伦。公元前6世纪埃利都废弃之后，由于盐碱的侵蚀，已经无法继续农业生产，因此在新巴比伦王国的复兴重建之后，也只是作为一个纯粹的神庙所在地，以缅怀过去的历史（图1-9）。

值得关注的是埃利都的大神庙结构，其布局比较对称，底座高大，平面为长

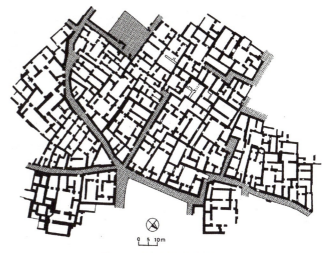

图1-7　乌尔城的街道细部

（罗兰·马丁. 远古建筑. 张似赞，张军英译. 北京：中国建筑工业出版社，1999）

图1-8　埃利都遗址的照片。经历了数千年风雨的冲刷，在茫茫沙海中已经很难看到城市的原貌 (http://www.atlastours.net)

方形，是两河流域南部最早的宗教建筑，面积大约有4000m²。底座之上，也就是圣塔的顶部有一座神殿，建筑工整而庄严。殿的中间是祭祀的场所，有放置供品的地方，两侧建有一些较小的房间和壁龛。整个神殿的四个角正对东南西北四方，这也是后来美索不达米亚几乎所有神庙建筑的共同特点。神庙遗址附近还有一些较小的塔庙，其西北角有墓地和民房。

4. 巴比伦城（Babylon）

巴比伦是古代两河的城邦，词面的意思是"万神之门"（Gateway of the gods），距今天的首都巴格达约85km。历史资料显示，巴比伦在公元前3000年时只是个小镇，随着第一巴比伦王朝的兴起而成长，在公元前2300年时成为"圣城"，公元前612年成为新巴比伦王朝的首都。从公元前19世纪古巴比伦王国统一两河流域到公元前6世纪前后，巴比伦一直是西亚最繁华、最壮观的都市。特别是在新巴比伦王国尼布甲尼撒二世（公元前604～前562年）王朝，新巴比伦城进入鼎盛时期。巴比伦在两河流域是第一个人口达到20万的城市，并以汉谟拉比法典而闻名（图1-10）。

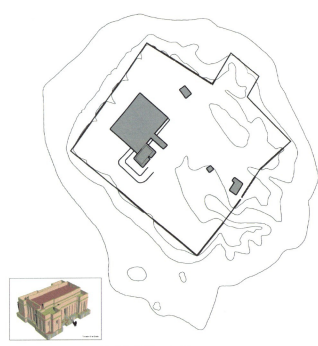

图1-9 埃利都的神殿复原图（根据资料重绘）

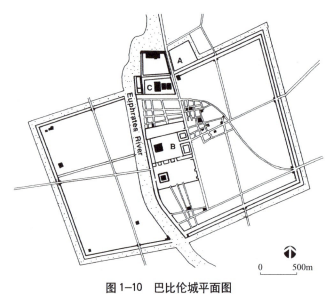

图1-10 巴比伦城平面图
（川添登著．都市与文明．雪华社，1970）

据史书记载，尼布甲尼撒二世扩建的新巴比伦城呈正方形，外面有护城河和高大的城墙，并且是两层，和尼尼微的相似；巴比伦的城墙异常厚实坚固，其上面的宽度足以让一辆4匹马拉的战车转身。城市整体建筑在底格里斯河与幼发拉底河之间的一块土墩上，横跨幼发拉底河，城区被均匀地分成两部分。图1-10中左边是巴比伦的新城区，右边是主城且沿河筑城墙，其功能不仅是为了抵御外来的敌人，而且也是一座保护巴比伦城不受河水泛滥影响的堤坝。因此，一些重要的建筑都沿着这个轴线排列，包括宫殿、巨大的保护神马尔杜克的神殿和天地交合塔，即《圣经·旧约》里提到的巴别通天塔。神殿的结构可以参照前面两河流域综述的部分。作为古代东方最大的商业中心，巴比伦的人口众多，其祭祀坛的规模也相对宏大。比如通天塔就意味着"联通天地的大门"，人们相信，只要登到塔顶就可以与神对话。所以，塔和神殿的周围也有城墙围护，是城市中的圣地。考

▲ 巴比伦南宫中的空中花园复原图。左侧为伊什塔尔门及巡游大道，远处是塔庙建筑和幼发拉底河。

图1—11 巴比伦空中花园想象复原图，背景是著名的巴别通天塔
（西隐，王博著. 世界城市建筑简史. 武汉：华中科技大学出版社，2007）

古发现的巴别通天塔实际上是新巴比伦王国建立后，尼布甲尼撒二世下令重建的，共有7层，总高度90m，塔基的长度和宽度各为91m左右，塔顶上建有供奉马尔杜克主神的神殿，塔的四周是仓库和祭司们的住房（图1—11）。

巴比伦的主城墙长达16km，每隔44m有一座塔楼，全城有300多座塔楼，100个青铜大门，因此希腊大诗人荷马又把巴比伦城称为"百门之都"。城市中有9条笔直宽敞的大道通向9座城门，道路用石板铺筑可以通行四辆并行的战车，增加了城市的威严和气势，而皇宫前面的道路有23m宽。巴比伦古城的大门"伊舒达尔门"也被称为巴比伦的凯旋门，经常举办盛大的仪式，高4m多，宽2m左右。门的上部是拱形结构，两边和城墙相连，门洞两边的墙上有黄、棕两色琉璃砖制成的雄狮、公牛等图像。这座城门建筑得十分牢固，公元前568年波斯人在摧毁巴比伦古城时，只有这座城门幸存下来。在千百年风雨剥蚀下，古城城墙已坍塌无存，唯独这座城门依然完好如初。穿过城门就是一条广阔大道，尼布甲尼撒的王宫位于大道西边。被人们称为"世界七大奇迹"之一的空中花园在王宫的东北角，其周长为500多米，建在23m高的人造山坡上。人们至今还不清楚，这个花园的灌溉系统是如何设计及建造的，因为一般认为罗马城的引水渠是最早的城市供水设施，但显然巴比伦人很早就掌握了这项技术。

5. 耶路撒冷（Jerusalem）

耶路撒冷是世界上最古老的城市之一，也是地中海地区最著名的古城之一。这不仅是因为耶路撒冷有4000多年的历史，最重要的，是因为这个城市是犹太教、基督教和伊斯兰教的发源地，是伊斯兰教的三大圣城之一。在公元前3000年前后，迦南人中的耶布斯部族从阿拉伯半岛迁来定居，所以早期的城市名字是"耶布斯"。阿拉伯人称耶路撒冷为"古德斯"，即圣城的意思，而在希伯来人的称呼中，"耶路"是城，"撒冷"是和平的意思（图1—12、图1—13）。

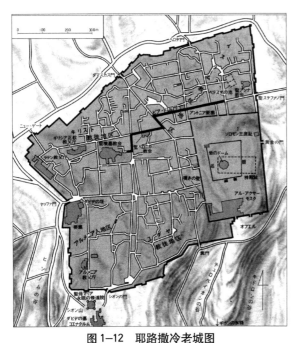

图 1-12 耶路撒冷老城图
(Britannica International Encyclopaedia, TBS 日文版, 1978)

图 1-13 耶路撒冷老城远眺
(Britannica International Encyclopaedia, TBS 日文版, 1978)

今天的大耶路撒冷市的面积约 627km^2，老城位于城市的东部，面积不到 1km^2，但却拥有很多世界著名的宗教遗址。如图 1-12 所示，老城是一个不规则的四边形，有城墙建筑和防御设施，但现在的城墙是 400 年前土耳其的苏丹苏莱曼时代重建的，周长约 5km，高 14m，有 34 座城堡和 8 座城门。其中最主要的城门有 4 个，即雅法门、大马士革门、锡安门和狮子门，它们按罗盘针所指的四个方位建造，分别通向国内的四座主要城市。在这个世界级文化遗址的老城中，有历史原因造成的四个传统城区：亚美尼亚人、基督教、犹太人和穆斯林地区。在历史上，耶路撒冷曾多次遭受攻击、占领和毁坏，历尽沧桑。公元 4 世纪，罗马皇帝康斯坦丁建设了基督教教堂，耶路撒冷也迎来了发展的黄金时期，包括老城在内的城市面积扩大到 2km^2，人口超过 20 万。耶路撒冷城内的街道至今大都保持其当年的罗马式布局，笔直而垂直相交，空间分割比较匀称。今天能看到的最古老的街道是一条带有顶棚的商业街，大约在 14 世纪时就建成了。

第四节　古代埃及的城市

古代埃及城市的分布如图 1-14 所示。

一、古代埃及的社会与文化

埃及位于非洲东北部，是世界上最早的文明古国之一。尼罗河流经这片土地，带来肥沃的养分和水，滋养了古代非洲的文明和城市。在公元前约 6000 年时埃及即开始了农耕文明，并在公元前 3000 年左右形成统一王国，前后经历了 26 个朝代（不包括波斯人统治时期的 5 个王朝在内）。埃及的古代历史大致可以分为古王国、中王国、新王国三个时期，公元前 535 年埃及被波斯帝国灭亡后，一直到近代都处于异民族的统治之下。所以，埃及留下的灿烂文化和城市文明也基本停留在远古时期。

在埃及的象形文字中，城市是用一个圆和十字组成，圆在外面，相当于城墙，而十字则相当于街道。在世界上很多文明中，方和圆，十字和放射型似乎都与城市的含义有关。埃及城市的诞生可以追溯到古王国时代。公元前3000年左右，位于尼罗河上游的上埃及征服了下埃及，并在尼罗河三角洲建立了统一的中央集权制王朝，首都为孟菲斯，开始了古王国的历史。这个时代也是著名的金字塔修建的时代，所以古王国时代又可称为"金字塔时代"。最大的胡夫（法老齐阿普斯）金字塔高146m，用了230万块巨石修建，花费了10万民工30年的艰辛劳动。中王国（公元前2000～前1750年）时在孟菲斯的上游建立了新的首都底比斯，无论是人口还是规模都比古王国时代更为兴盛。为了沟通地中海与红海的贸易，埃及人开凿了尼罗河口与红海间的地峡，这条古运河成为后来苏伊士运河的前身。新王国（公元前1570～前1085年）是埃及最强盛的时期，经过驱逐外来侵略者的斗争，埃及

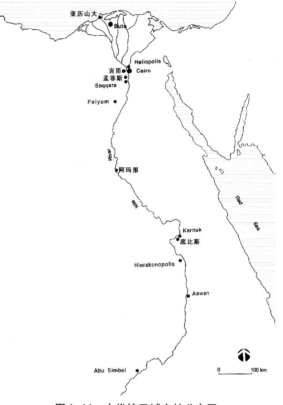

图1-14 古代埃及城市的分布图

重新统一起来，仍以底比斯为首都，其间的领土曾到达两河流域。首都在公元前1377年后曾迁移到德埃尔（Deir el-Medina，现为联合国世界文化遗产），并在建筑和雕刻方面达到古代埃及的顶峰。这个时代的代表作之一就是尼罗河东岸的"太阳神"阿蒙大庙，其主体由136座巨型拱柱构成，最大的12根石柱上面可以同时站立近百人。

由于是典型的农业王国，所以埃及的中央权力十分强大，形成严格的社会等级：上层是王室、贵族和神官，法老站在这个阶层的顶点；中层是商人、工匠和书记官，还有农民和工匠，他们虽然属于自由民，但大都隶属于贵族和王室；而下层的农奴则负担所有的城市和金字塔建设。埃及的经济基础是农业，但手工业相当发达，很早就有了皮革、玻璃、装饰品、纸张以及船舶等的制造行业，并以金银等作为货币与周围的地区进行贸易。地中海和红海是埃及的商业范围。由于经济发达，所以诞生出很优秀的历法、文字、数学及医学，比如世界上第一部太阳历就是埃及人制作的，其地球围绕太阳的回归历与今天历法的误差只有1/4天。埃及人的医学也很发达，他们制作木乃伊的方法迄今为止还是一个谜。在城市建设方面，埃及也为世界作出了巨大的贡献：巨大的石头建筑，比如金字塔和方尖塔，还有石头柱廊，直接影响到希腊和罗马的建筑风格；精美的绘画与雕刻，不仅使

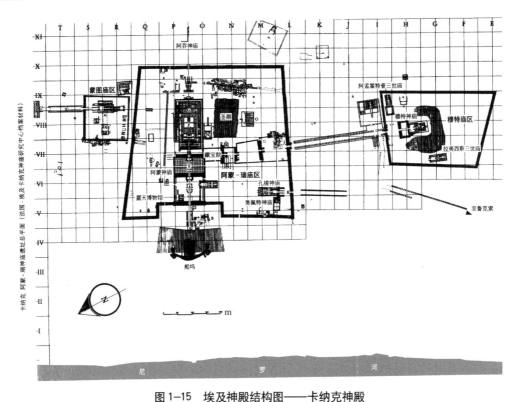

图 1-15 埃及神殿结构图——卡纳克神殿
(王瑞珠主编. 世界建筑史——古埃及卷(下册). 北京: 中国建筑工业出版社, 2002)

得神殿和巨柱更加生动, 而且直接反映出当时埃及社会的生活状况, 是今天研究埃及的重要资料。埃及的神殿已经超越了两河流域, 不仅布局严谨、复杂, 而且建筑材料和建筑工艺考究, 许多石头修建的殿堂不用一点胶粘剂, 历经几千年而坚固如初（图1-15）。

埃及与两河城市神殿之间的最大不同, 首先是没有高大的圣塔, 其标志性的方尖塔也不具备两河圣塔的功能; 其次是呈现出严格的轴线布局。神殿往往占据更大的空间, 主体建筑安排在轴线之上, 层层进入, 两边的雕像和柱廊对称排列, 整齐而高大。方尖塔是埃及神殿最高的物体, 但那往往只是为了纪念某个法老, 上面镌刻着有关法老生平的文字。由于其独特的形状和气质, 历史上曾是贵重的馈赠品, 也有一些被近代之后的列强所掠夺, 成为列强们自己城市中心的标志, 如巴黎的协和广场、罗马的圣彼得大教堂广场等。现存埃及本土的方尖塔中总数已不超过10根, 可是, 从罗马帝国时代开始被搬到欧洲和美洲城市广场上的方尖塔却有50根之多。

二、古代埃及城市的基本特点

埃及城市和两河城市不同, 一般都没有城墙围护, 而且大都选择靠近尼罗河的高地建造。因为除了尼罗河之外就是广袤的大沙漠, 既没有外来游牧民族的侵略, 也不用担心其他的自然灾害。正因为生活在这样的自然条件下, 在古代的埃及人眼中，天和地的尺度被无限放大，反映到城市社会中来就可以看到，埃及的古建筑都非常巨大，除了金字塔，众多神庙里的巨大石柱、历代帝王的雕像，还有高耸的方尖塔等，都集中体现了古埃及人的这个观念；其次是埃及的自然环境非常有利于农耕生产，人们的生活很轻松和惬意，加上对死后世界的憧憬，埃及人不愿意保持永久性的建筑，特别是不愿意继承祖先的遗产，所以，城市中的基础设施非常简陋，既没有严格的城区概念，没有规划的城市街道，松散而自由蔓延，也非常缺乏公共设施，没有统一的城市形态，有扁的、有圆的、有格子状的，而且建筑的材料都非常简单（除陵墓之外），和农耕社会几无差别。除少数个例之外，埃及古代城市的复原非常困难。难怪早先的不少学者都称埃及为一个"没有城市文明"的国家。

埃及对世界文明的贡献，除了城市之外，其神庙的设计对西方城市的影响甚远。比如著名的底比斯城卡纳克神庙，一条中轴线长达2km，两侧雕像都呈对称排列，神庙中密集的廊柱建筑可能与后来罗马城的建设有某种关联。埃及人还比较注重建筑的序列和尺度的和谐，一些巨大尺度的建筑可能对罗马的影响更大。比如金字塔就是把过去和未来、大地和天空的概念用建筑的形态表现出来，它集中了天文、建筑、美学、数学、宗教、艺术等各种思想，通过明确的轴线和严格的几何形态，表现出超越时空的意愿和永恒的宇宙秩序。在金字塔的轴线上，分布着神殿、甬道和祭祀建筑，还有密集的棋盘状工匠们的住宅群。

同时，埃及也是一个重视发展贸易的民族，很早就开拓了地中海和红海的运河，古城孟菲斯因此成为庞大的埃及船队的母港。地中海贸易不仅给埃及人带来丰富的海外商品，也直接将埃及的文明传播到爱琴海的各个岛屿，为后来西方城市的发展奠定了基础。埃及人的数学、天文、医学和文字等，也都是世界文明的珍贵财富。

三、古代埃及城市概况

埃及的城市都集中在尼罗河两岸，随着时代的变迁，中心城市、特别是首都逐渐从上游迁往下游，规模不断扩大，建筑特点也不尽相同。

1. 吉匝（Giza）与卡洪（Kahun）

吉匝古城位于尼罗河西岸，距离开罗中心西南方向约20km，现在归开罗市区管辖，也是世界上最大的郊区城市之一。这个城市的出名完全是由于吉匝高地，那里建造了包括大金字塔、狮身人面像等在内的古代埃及最著名的帝陵及神庙。由于城市所处的地势较高，所以在历史上从未受到尼罗河洪水的侵袭，因而保存了大量的古代珍贵文物。从金字塔顶可以俯瞰古埃及的首都孟菲斯（图1-16）。

除了金字塔群，吉匝古城还因为建造金字塔的工匠集体住宅而有名。从图中可以看出，这个城市本身没有什么良好的规划，内部显然比较凌乱，但集体住宅的部分一般都经过规划，以便容纳更多的工匠（特别是左上角的部分）。这一方面和卡洪（Town of Kahun）非常相似。

图1-16 吉匝平面图：四方形的几何状物体即为金字塔
（李政隆主编. 世界建筑全集2——希腊·罗马建筑. 中国台北：台湾光复书局股份有限公司，1984）

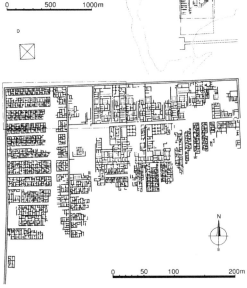

图1-17 卡洪城内工匠住宅
（川添登著. 都市与文明，雪华社，1970）

卡洪城建于公元前2000年，在那里发现的类似集团住宅具有一定的代表性。城的平面基本为正方形，面积大约有1万m^2（图1-17、图1-18）。其东西两部分被一道墙分开，西半为工匠的住处，狭小而拥挤。工匠住宅群有250多幢简陋的房屋，呈格子状分布，房间的大小均为4～5m^2，非常拥挤，但道路和房屋排列整齐，显然经过精心的规划；东半为贵族住宅区，还有集市、神庙和墓地等。贵族的住房不仅宽敞，有的面积达300m^2，兼办公和居住的功能，还有自己的院落。由于城墙的围护，加上有和两河类似的中庭结构，所以能免受沙漠热浪和黄沙的袭击。这些房屋一般分为上下两层，下面有2～4个房间，大的有40～60m^2，还有楼梯通向房顶，上面一般是储藏东西用的。据说道路都是用石头铺设的。因为是建设金字塔的工地，工匠也必须参加宗教礼仪，为此在集体住宅群中还设有庙宇，在道路下面敷设了排水管，这也是现存最古老的城市设施。但总体来讲，无论是吉匝还是卡洪，早期埃及城市的道路都很简陋，运输手段落后，几乎看不到使用车辆的痕迹。

2. 阿玛纳（El-Amarna）

这座城市是公元前1346年由法老阿肯纳特恩所建，早先也叫阿肯纳特恩，属于第十八王朝时代的首都城市。阿玛纳的位置是在新王国时代的孟菲斯与底比斯之间，尼罗河的东岸，分布在直径约为13km的半圆形台地上。城的南北约长12km，有比较丰富的宫殿、神庙和房屋遗址，还有超过25处的陵墓群，分布在城的南北两端。而西岸是农村地带，主要为城市提供食品（图1-19）。城市中有

14块石碑，上面镌刻着立碑的日期并标志出不同的区域，不过大部分都风蚀严重，难辨字迹。只有编号为K的标志碑尚可提供一些信息。碑上记载了当时的一些活动，如法老希望建立几座神殿，在东边的山冈上为自己、宠妃以及大女儿建立陵墓等。城市大部分由泥砖所建，外面刷上白色，只有最重要的建筑物才装饰以石头。

阿玛纳也是唯一被发现能表现埃及古代城市内部细节的城市。城市分为北区、南区、中央区和郊外部分，有一条与尼罗河平行的大道贯通这些城区。遗憾的是城市在阿肯纳特恩死后即被废弃，只持续了大约15年的历史。所以，尽管阿玛纳城的结构很清晰，有我们今天认为的分区概念，但能否说这就是埃及城市的固有形态，或者具有一定的代表性，尚难以断言，因为，除此之外还没有发现更多类似结构的埃及城市。

从图1-20中可以看到密集的住房、宽敞的街道和进出的城门。建筑一般简约规范，屋顶平整，可以俯瞰街道。一条皇家大道贯穿南北，北面是皇室的住宅区，也被称为北城区，外围即是一般市民的住宅；南部为官僚的住宅区，集中了很多贵族的不动产，再继续往南就是太阳神庙，周边还有几处较大的陵墓群；中心区是建筑物相对集中的地方，道路呈网格状，划分出不同的街区，分别由宫殿、政府建筑和神庙等占有。房屋大都有两层，用坡道或桥梁将阿登（Aten）大神庙与大皇宫相连，皇家住宅的后面是法老的办公区，在这里发现了阿玛纳的一些古文献。

3. 孟菲斯（Memphis）

图1-21中下方为孟菲斯城的遗址，右边是尼罗河，再往下游走就是吉匝城和

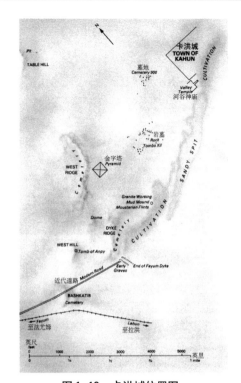

图1-18　卡洪城位置图
（王瑞珠主编. 世界建筑史——古埃及卷（下册）. 北京：中国建筑工业出版社，2002）

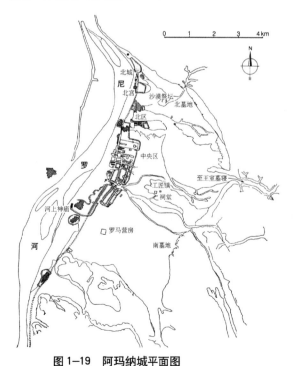

图1-19　阿玛纳城平面图
（王瑞珠主编. 世界建筑史——古埃及卷（下册）. 北京：中国建筑工业出版社，2002）

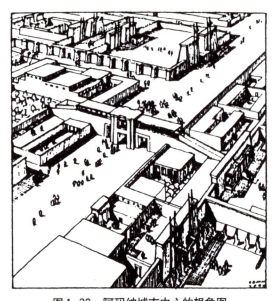

图 1-20　阿玛纳城市中心的想象图
(赵鑫珊，周玉明著. 人脑·人欲·都市. 上海：上海人民出版社，2002)

图 1-21　孟菲斯遗址
(王瑞珠主编. 世界建筑史——古埃及卷（上册）. 北京：中国建筑工业出版社，2002)

金字塔群。孟菲斯城的周边也分布着一些金字塔、陵墓或者古代的泥砖建筑（群），但由于历史的变迁，已几乎看不出城市的结构，目前所知的面积大约只有不到 $6km^2$。

孟菲斯古城位于埃及尼罗河三角洲南端，距今开罗西南 23km 处的米特·拉辛纳村。从公元前 3100 年前起就是埃及最古老的首都，定都长达 800 年之久。据传于公元前 3000 年为法老美尼斯（Menes）所建，城市以白色城墙围绕，故当时名"白城"，后改称孟菲斯。这个城市位于上下埃及交界处和尼罗河三角洲的顶端，地理位置优越，所以在当时不仅是埃及，而且是东方世界最壮丽的都市之一。关于孟菲斯这个名称的来历，最早还有一个解释源自第十八王朝法老佩比一世的金字塔，后来才表示这一片地区。但为什么这样一个并不起眼的金字塔后来会成为一个城市的名字，至今没有明确的解释。和早期的孟菲斯比较相似、主要以金字塔为核心而建造的古城还有萨卡拉（Saqqara）和吉匝，在某些方面可以同中国汉代的五陵相比较（五陵指的是长陵、安陵、阳陵、茂陵和平陵这五座皇家陵园，距首都长安不远，为当时的豪族和外戚聚居之地）。中古王国之后，由于首都迁往尼罗河的上游新建的城市底比斯（今卢克索），孟菲斯在公元前 350 年后逐渐衰落。

孟菲斯的人口在盛期可能达到 3 万，而且民族众多。在公元前 5 世纪的一篇游记中，曾描述了包括希腊人、犹太人、腓尼基人和利比亚人等在内的很多不同民族，他们和平相处，可见城市有相当的规模。孟菲斯在埃及第六王朝时攀登到顶峰，到第十八王朝衰落，首都的位置被底比斯夺走。后来随着亚历山大城的建设，特别是在罗马帝国时期，孟菲斯再度兴旺，一直到公元 641 年。之后，城市逐渐解体，连原来的神殿等建筑也成为人们取石头的地方，用来给自己盖房子。到目前为止，发现的遗址仅为普塔（Ptah）和阿庇斯（Apis）神殿，已经开辟成博物馆，珍藏着拉姆西斯二世的棺椁等。普塔神殿位于城内南部，当时被称为圣区，所以皇帝拉姆西斯二世的像也耸立在这里，而北部是宫殿区，有围墙保护。

遗址中神殿和国王陵墓的遗址清晰可见，但这只是庞大城市领域中很小的一部分。图1-22下面的长方形是普塔神殿，门向西开，其左下角的建筑是专门用来制作木乃伊的，其右边是狮身人面像；周围是小一点的神庙；上面的长

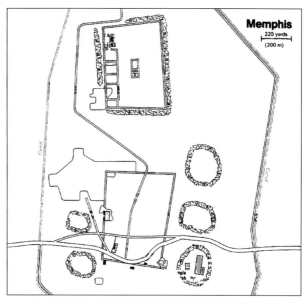

图1-22　拉姆西斯二世雕像位置及神殿图
（根据资料重绘，www.Planetware.com）

方形是阿普利斯宫殿和北院，由大小不同的五个房间构成，建筑整齐划一，周围的边界是运河。

4．底比斯城（Thebes）

底比斯横跨尼罗河两岸，距现今首都开罗700多公里，是古埃及中王国（约公元前2000～前1750年）和新王国（公元前1570～前1085年）时期的都城，公元前2134年左右，埃及第十一王朝的法老兴建了底比斯城，直到公元前27年突袭而来的一场大地震将之摧毁（图1-23）。在长达2000多年的漫长岁月里，底比斯在古埃及的发展史上始终起着重要作用，它的兴衰几乎是整个古埃及国家兴衰的一个缩影。作为埃及历史上最重要的贸易中心，在第十八王朝时，底比斯的繁盛达到顶峰。当时的埃及国王曾打造了红海船队，连通地中海和印度洋之间的贸易，带回来大量的东方商品，如乳香、没药、沥青、杜松油、亚麻制品、火碱和铜护身符等，这些除了作为卡纳克神庙的宗教祭祀活动用品外，主要为底比斯的贵族所享用。大诗人荷马在《伊里亚德》中描述到"……埃及的底比斯闪耀着山一样的贵金属，敞开着成百的大门。"

底比斯城为东北—西南走向，整个城区面积达90km²，人口最高时达10万，东岸是法老、贵族及一般市民居住的地方，据说曾有100座城门，城内熙熙攘攘，道路密布，有外国使节的宾馆和官吏的豪宅等。与城市相对面的尼罗河西岸，或称为左岸部分有大量的陵墓，即著名的"帝王谷"，是法老们死后的安息之地。按照埃及的习俗，这里也被视为城市的有机组成。帝王谷内一共有60多座帝王陵墓，埋葬着从埃及第十七王朝到第二十王朝期间的64位法老，墓穴的内部建筑壮丽，壁画尤为精致，显示出古代埃及人高超的建筑技术和绘画天才。城外的两个最著

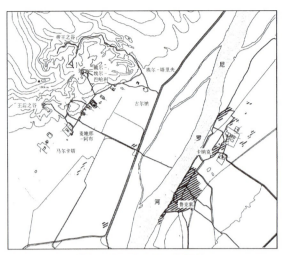

图1-23 底比斯城平面图

(斯皮罗·科斯托夫著. 城市的形成. 单皓译. 北京：中国建筑工业出版社, 2005)

图1-24 底比斯城复原图，与城市相对的尼罗河西岸是著名的帝王谷

(西隐、王博著. 世界城市建筑简史. 武汉：华中科技大学出版社, 2007)

名的遗址是卢克索（Luxor）宫殿和卡纳克（Karnak）神庙。

由于要建造规模宏大的地下寝宫，底比斯也有庞大的工匠居住区，长年累月，形成有规划的方格状结构并与城市融为一体。图1-24中所见的街道与房屋布局与卡洪城有非常相似的地方，宽敞和尺度较大的是工头或贵族居住的地方，一条大路明显将居住区分为两个部分。图1-24中还有比较大的公共空间，推测是进行宗教活动或集市的地方。

5. 亚历山大城（Alexanda）

亚历山大城是希腊化时代的产物，但因为这个城市属于今天的埃及，在古代世界的城市的研究范畴之内，所以仍把它放在本节当中。但城市中的很多文化要素已经不完全属于埃及，而是整个的古代地中海世界，特别是希腊和罗马。

从图1-25中可见分割整齐的街道和连接亚历山大灯塔之路，即后来的卡特巴要塞的通路。图中左右纵横的有两条大道，其中之一称为卡诺匹克大道，是城市的主要轴线，其两侧分布着神庙、体育馆、市场和市民的住宅，城的最高处即图1-25的下左方是著名的"庞贝神柱"所在地，也是进入亚历山大港的重要航标。

亚历山大市建于公元前332年，以亚历山大大帝的名字命名，距今有2300多年的历史。其位置是原地中海沿岸的一个名为罗哈克提斯的小渔村。亚历山大城凝聚了希腊与埃及的文化结晶，是古地中海地区举足轻重的港口城市，在西方古代史中其规模和财富仅次于罗马。公元1世纪时著名的地理学家斯特拉波曾描述过他所见到的亚历山大，整个城市有密集的道路网，最宽的两条有100尺宽，和其他南北向的街道成直角相交；城中的宫殿约占1/4的面积，王宫里设有著名的亚历山大博学园（包括动物园、植物园和博物馆等），还有游览和集会的厅堂及场所。公元前3世纪，亚历山大的部将托勒密建立的王朝以埃及为领地，曾一度将势力扩大到北非、小亚细亚、爱琴海和黑海沿岸等地，亚历山大是他的都城所在，城市得到进一步的发展，成为整个地中海世界最大的城市（图1-26）。

亚历山大以图书馆和法洛斯岛的灯塔而著称。在古代世界，亚历山大的图书馆是世界上规模和藏书最大的一个图书馆，藏书据说达70万卷。由于亚历山大不仅是希腊化时代最重要的中心，也是最大的犹太人群体的集聚地，所以亚历山大图书馆至今还是世界上保存古希腊、古犹太和古埃及文献最完整的地方。正因为如此，亚历山大城成为地中海和东方各国贸易和文化交流的中心，吸引着世界各地的商人、学者和诗人。法洛斯灯塔则是古代文明世界的七大奇迹之一，高120多米，建于公元前300年左右，一直到公元1375年才因地震倒塌，历时16个世纪。在荷马的史诗《奥德赛》中曾提到过这个海湾，称海中的这个岛为法洛斯岛，人们从海湾驾船进出亚历山大港，这个灯塔就是引航的路标。亚历山大在公元前80年成为罗马的领属，之后多次经历战乱和自然灾害的破坏，如公元115年的希腊—犹太战争、公元391年的大海啸、公元619年的波斯帝国攻陷等。特别是当开罗成为埃及的新首都后，亚历山大港的地位不断下降，到奥斯曼帝国的末期它几乎已沦为一个小渔村。

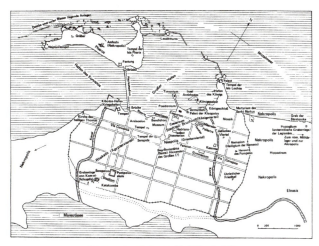

图1-25　亚历山大城市平面图

（L·贝纳沃罗著．世界城市史．薛钟灵译．北京：科学出版社，2000）

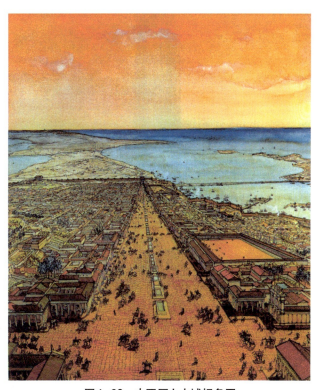

图1-26　古亚历山大城想象图

（王瑞珠主编．世界建筑史——古埃及卷（下册）．北京：中国建筑工业出版社，2002）

亚历山大城具有典型的希腊城市的特点，有市民集会的广场、柱廊建筑的中心，有剧场、体育馆、神庙、花园等公共设施，城市中有大量纪念性的建筑物，如城门、纪念碑、神庙等，大都采用独特的希腊拱形结构，装潢华丽，尺度宏大；亚历山大的剧场可以容纳1万～2万人；而柱廊式建筑符合当时的政治和文化生活，对城市空间形成有序的区划，其中的空间可用来行使其他功能，如商店、仓库和图书馆等。城市的街道一般直角相交，主要的公共建筑都在交叉路口附近。早期的亚历山大城由三个区域构成：①希腊贵族区，占据着城市中最主要的部分，在罗马时代得到进一步扩展，形成格子状结构和平行的街道，公元1889年的考古曾发现这些道路下面还有地下的运河。②犹太区在城的北部，证明当时在亚历山大有很多的犹太人，所以《圣经》中才有对埃及犹太人的大量描述。③埃及人区。此外还有很多著名的建筑，如亚历山大的陵庙、大剧院（在恺撒时代

图1-27 古代爱琴海及主要城市文明
(J. B. Harrison, R. E. Sullivan. A Short History of Western Civilization. New York: Alfred Knopf, 1971)

曾是个要塞）、海神波塞冬的神殿、大商业中心，其后面就是纪念皇帝恺撒的殿堂，旁边耸立着两座方尖塔，后来被掠夺到纽约和伦敦，还有希腊城市特有的博物馆、图书馆、运动场和体育馆等。公元1世纪时亚历山大的人口大约在50万～100万之间，因为当时仅统计的成年男子就有18万左右。

第五节 古代爱琴海文明——西方城市文明的起点

一、古代爱琴海的历史背景

爱琴海是欧、亚、非三大洲文明的汇集地，也是相互影响、相互争夺的地区（图1-27）。自19世纪后半开始的考古发掘之后，在这个地区发现了大量的史前遗址和灿烂的文明。其中最早和最重要的发现有：特洛伊城遗址、罗德岛遗址和代表青铜器晚期文化的彩文陶器、克里特岛上的米诺斯宫殿群、迈锡尼的城墙与竖穴王墓等。之后通过持续不断的考古和研究，人们发现早期的爱琴岛地区不仅是一个高度发达的文明地区，而且和埃及、两河流域有着频繁的交流及商业贸易活动，因为从古埃及、古巴比伦的文献和绘画当中，曾经发现有关爱琴海文明的各种记录。

从古文献和考古发现中得知，爱琴海地区的政治体制已经非常类似于两河流

域或埃及，君主和贵族（主要是军人）阶级带有宗教的色彩，一般城市中最大、最豪华的宫殿都是君主所有，而贵族的豪邸也明显超过一般市民的住房；不少遗址中还发现有类似剧场的建筑以及市民集会场所等，证明那时城市的上层已经有自己的专用活动地，包括享受斗牛、拳击、格斗、舞蹈等文化活动的权力（这些都反映在发掘出的壁画上）。此外，由于爱琴海岛屿与两河流域、埃及等地的广泛商业往来，商业组织也比较完善，有登记、会计、记录甚至法律形式文献的出土，比如出土的很多石刻印章，在当时就是为了商业文书而使用的。

爱琴海对日后西方文明最重要的贡献包括：①文字与记录。这里发现的线形文字（包括A型和B型）虽然还没有完全解读，但从已经了解的部分中可以得知早期的城市活动情况，有些地名至今还保留在希腊的语言当中。②绘画与艺术。从各地的早期遗址中可以看到许多非常精美、色彩艳丽的绘画和雕刻，墙壁、石柱、浴室、门窗都相当精细和美观，一些门安装了把手，而且是双开的形式，与今天我们使用的几无差别。③建筑与墓葬。很多城市遗址都发现了宫殿和宫殿式

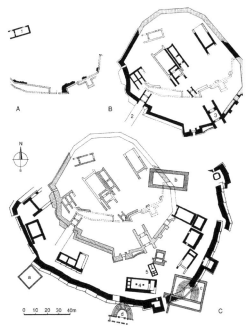

特洛伊古城（卫城）。城市演进图，各期平面：A—层位Ⅰ；B—层位Ⅱ；C—层位Ⅵ［图中：1—麦加仓102号；2—坡道；3—山门；4—柱屋；5—住宅630号；a—古风时期圣地（可能公元前7或前6世纪）；b—希腊化时期雅典娜神庙；c—罗马议事堂；d—罗马剧场］

图1-28 特洛伊城的基本构造图（可以看到城墙、神殿、街道、通往港口的城门等）
（王瑞珠主编，世界建筑史——古希腊卷（上册）．北京：中国建筑工业出版社，2002）

的豪华宅邸，出现了多层结构的建筑，有精美的台阶和细致的内部分割，有的宫殿内连男女的居所都是分开的。此外，很多城市遗址中的城墙和城门历经数千年而光彩依旧，体现出这个时代建筑的高超技艺。被史学界称为"阿特鲁斯宝库"（Atreus）的迈锡尼城竖穴王墓采用了拱顶技术，规模宏大，是不可多得的考古珍品。④公共事业。爱琴海上很多城市的道路都是铺设过的，按照地形的高低修建供人们步行的台阶，还建有排水设施，在河流上架设桥梁，一些贵族的住宅中甚至有上下水设备，可以提供浴室与厕洗，这些都对后来的希腊·罗马文明产生了重大影响。

二、古代爱琴海的城市概况

由于爱琴海是古代文明高度发达的地区之一，历史典故非常丰富，所以很多古代的文学作品都取材于此，比如希腊神话、荷马史诗等。

1．特洛伊（Troy）

特洛伊不是一座城市的概念，而是许多在不同时代、但却是同一地点兴建的城市的总合（图1-28）。

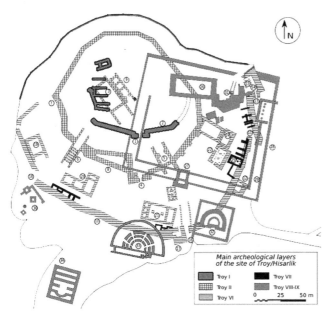

图 1-29　不同时期考古发掘出的特洛伊城（根据资料重绘）

传说第一座特洛伊城建于公元前 3000 年左右，是爱琴海重要的港口城市之一。到公元前 1300 年左右，该城被地震毁掉，几乎没有留下任何有价值的文物。据推测，荷马史诗中描述的特洛伊城是第七座，也就是被战争摧毁的那座城市。特洛伊的保护神是雅典娜，所以在希腊化时代出土了很多与雅典娜有关的东西。最后所建的城市是在罗马皇帝奥古斯丁的时代，其作为重要港口城市的地位直到君士坦丁堡的建立后才结束。在罗马时代的特洛伊城下面埋藏着很多城堡和建筑的遗址，从中可以看到希腊时代城市的基本结构。考古人员曾发掘出的不同时代的特洛伊城遗址，共有 9 层，意味着曾经在同一地点建设过 9 座城市。它们的共同特点是都有不规则的城墙、城门和主要入口，有较大规模的神殿和半圆形剧场，娱乐、防御、议政等公共设施比较齐全，一些后期城市主要街道的肌理也还依稀可辨（图 1-29）。

荷马史诗中记载的特洛伊城的遗址就在今天该城所在的地理位置，属于土耳其西北部的恰纳卡莱省的希沙利克，离达达尼尔海峡不远。在古代则属于小亚细亚西北地区，所以这个城市主要受到东方城市文明的影响。目前已知的特洛伊城址的文化堆积可分作 9 层。最下面的 5 层属青铜时代早期，年代约为公元前 3000～前 1800 年左右，已经建有城堡、王宫等建筑，当时的特洛伊已是小亚细亚地区的文化中心。第 6 层约为公元前 1800～前 1200 年，考古发掘出了坚固的城墙遗址，城内还有许多贵族的住宅；第 7 层约为公元前 1200 年～前 1100 年，相当于希腊人攻打特洛伊的战争年代，也是这个城市由辉煌转向衰落的时代。最上面的第 8～9 层分别属于希腊人居住时期、希腊化时期和罗马统治时期。公元 4 世纪，君士坦丁堡城建立，特洛伊城逐渐湮没。诗人荷马创作的两部西方文学史最重要的作品：《伊利亚特》和《奥德赛》中的特洛伊战争，便是以此城为中心展开的。

2．罗德岛（Rhodes）

罗德岛位于爱琴海最东部与地中海的交界处，隔马尔马拉海峡与土耳其相望。面积有 1398km^2。这个岛的开发比较晚，后来受到克里特文明的影响，到公元前 11 世纪才开始繁荣。当时岛上的统治者多利安人建造了三座重要的城市：林多斯（Lindos）、拉利索斯（Ialyssos）和卡梅洛斯（Kameiros），并同大陆上的其他城市一起形成了多利安文化的六角联盟。由于靠近埃及和两河地区，罗德岛成为古代地中海贸易的一个重要节点，从遗址中发掘出了大量的古代商品残骸。公元前408年时全岛完成统一，并在岛的北端建立了首都罗德城，而罗德城的满德拉吉（Mandraki）港也同时建成，为当时地中海最重要的商港之一。据说罗德城是希腊建筑师希波丹姆斯于公元前408年所规划的，但此时希腊文化的影响已渐式微，所以在遗址中难觅古城的踪影。公元前332年，罗德城被亚历山大大帝征服，此后未见明显的发展。其部将后来控制了埃及，曾与罗德岛结盟共同垄断地中海东部的贸易。

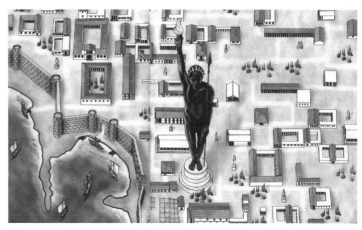

图1-30　罗德岛城市的想象图。虽然在传说中，罗德岛巨像的双足跨在港口，如同灯塔一样引导着船只进出港，后人也作了各种设想，但目前没有任何考古发现可以证实这个说法

(王伟芳，余开亮. 世界文明奇迹. 郑州：大象出版社，2003)

公元前3世纪后半叶，马其顿大军4万人入侵罗德岛，其军队的总数超过了整个岛上的人口。但经过艰苦的战斗，罗德岛人击败了侵略者，保卫了自己。为了庆祝这次胜利，他们用敌人遗弃的青铜兵器修建了一座雕像，这就是古代世界七大奇迹之一的罗德岛巨像（The Colossus of Rhodes）。雕像于公元前282年完工，高约32m，据说其两腿分开站在满德拉吉港口，如同一座灯塔，来往船只都必须从巨像的腿中间穿过，其非凡的尺度可见一斑。但公元前226年的大地震给罗德城带来致命的打击，巨像倒在港口附近的岸边无人问津。直到公元654年阿拉伯人占领罗德岛时，遗像的部分才被运往叙利亚，罗德岛文明从此被淹没进历史（图1-30）。

虽然这个岛以及城市对爱琴海的文明作出了重要的贡献，但由于年代久远，加上史料的缺乏，至今有关罗德岛的文明仍然知之甚少。据有限的史料记载，罗德岛曾是爱琴海的文化中心之一，其地位堪比亚历山大，当时许多著名的哲学、科学、文学和修辞学方面的大师都云集岛上，很多人来自雅典和其他希腊城邦。罗德岛的手工业也相当发达，其雕刻技术尤为精湛高超，被后人称为"希腊化时代的巴洛克风格"。在迈锡尼时代及之后曾生产了各种特色的工艺品。罗德岛的商业和造船产业也相当发达，所以能够在地中海和周边的文明地区自由往来，因而罗德岛的城市也颇具规模，一般都有良好的排水系统和供水网络，这也是后来希腊·罗马城市所具备的特征。公元164年，罗德岛成为罗马帝国亚洲省的一部分，同时继续其文化和商业港口的地位，特别是与罗马签署条约，成为罗马贵族家庭的教育中心，因为岛上有很多著名的修辞学家和哲学家，该岛也因此而享有一定的罗马城市特权。公元395年罗马帝国分裂，罗德岛从属于东罗马帝国，即拜占庭的管辖之下。之后经过多次穆斯林的征服，到十字军时代又回到拜占庭的治下。

图1-31 克里特岛的遗址
(J. B. Harrison, R. E. Sullivan. A Short History of Western Civilization. New York: Alfred Knopf, 1971)

3. 克里特岛（Crete）

从图1-31中可以清楚看到当时建筑的体量和复杂结构。由于街道是沿山坡修建的，房屋也顺此形成两层到多层，并用楼梯相连。靠近道路的房间可以经营商业，上边则为住宿之用。

克里特岛位于爱琴海的南部，东西长约250km，南北宽12～60km不等。因为距离埃及、巴勒斯坦和古希腊地区都近在咫尺，克里特人很早就学习和掌握了东方的技艺、文化和社会制度，因此早在欧洲文明起步之前，克里特岛已经成为东方文明的荟萃之地与传播通道。公元前2000多年时，克里特岛是地中海地区最为活跃的商路汇合地，生活在岛上的居民在与埃及、赫梯、两河流域诸民族的接触和贸易过程中，深受其政治体制、宗教、社会结构以及建筑、生活形态等诸多方面的影响，在这个不大的岛屿上创立和发展起繁荣一时的城市文明。现在一般将岛上的米诺斯文化分成四个阶段：前宫殿时代（公元前2600～前1900年）、古宫殿时代（公元前1900～前1700年）、新宫殿时代（公元前1700～前1400年）和后宫殿时代（公元前1400～前1150年）。新宫殿时代前后是克里特岛文明最灿烂的时代，后人称之为"米诺斯时代"。米诺斯人不像东方国家那样重视宗教，而是把人作为宇宙的中心，因此米诺斯文明的最大特征就是以王权为中心而形成的城市社会，王宫建筑群成为整个社会的核心。这个时代出现了东方政体的模样：有了一个至高无上的国王和大型宫殿，还有一个官僚的体系。市民也按身份被分成贵族、农民以及奴隶。1900年的考古发现证实岛上有四组宫殿群，每一组都相邻一个城市，其中又以北部的克诺索斯和南部的法埃斯托最有名，都拥有自己的海港。两者之间的道路纵贯克里特岛。后来克诺索斯统一了全岛，并发明了自己的"线形文字"。人称线形文字A，与迈锡尼的线形文字B相区别，但至今仍未被完全解读。出于不为人知的原因，克里特岛的城市文明突然消失在历史中，但它所统治过的地中海地区，包括后来希腊半岛南端的迈锡尼和泰伦斯城邦，都是把这个文明向西欧大陆继续传播的重要桥头堡。所以史学界一致认为，米诺斯文明是古希腊历史上"爱琴文明"的发祥地，与后来崛起的希腊文明有割舍不断的密切联系。

克里特岛城市的特点主要体现在利用岛屿地形而构筑了高低不同、层次分明的港口、街道、房屋、宫殿等（这些都反映在后来希腊的城市建设当中），还有用石头建造的排水系统。岛上城市的生活丰富多样，比如建筑在商业财富基础上的娱乐活动和设施，包括角斗、竞技场、剧场等，开后来罗马市民奢侈生活的先河。在对外的贸易活动中，克里特国王米诺斯曾建立海军，不断进行殖民扩张，其影响力遍及爱琴海各岛屿。此外，克里特岛还拥有高度发达的手工业工艺，在遗址中曾发掘出精致的陶器与金银用具，还有高超的绘画和建筑技术等。比如克诺索斯城大约有 2km² 范围，沿山势而建没有城墙。城的最高处是宫殿，依次而下是贵族住宅，一般为二到三层，有一条 6km 长的干道直达港口，道路两边是一般市民的住宅。那些贵族的住宅里不仅有精美的壁画，甚至还有冲水厕所和浴室，一般市民的房屋内也有采光的天井，可见城市的生活相当健康。在城市遗址中还发现过圆形游泳池、剧场和竞技场，对后来罗马的城市设施影响甚大。亚里士多德曾在自己的《政治学》中盛赞了这个岛国的文明。

克里特首都克诺索斯在盛期有 8 万人口，加上海港的进出，最高可达 10 万以上。城市中最著名的就是米诺斯王宫（图 1-32），它是克里特文明最伟大的创造，是米诺斯王朝的政治、宗教、经济和文化中心。目前所知有关克里特文明的考古资料，有一半以上都来自这座王宫，因为宫中有众多的库房、作坊、存放经济档案的办公室和征收税款的机关等。最新发掘的王宫是一组围绕中央庭院的多层楼房建筑群，面积达 2.2 万 m²，宫内厅堂房间总数在 1500 间以上，楼层密接，梯道走廊曲折复杂，所以在古希腊神话传说中被称为"迷宫"（图 1-33）。其建筑总体

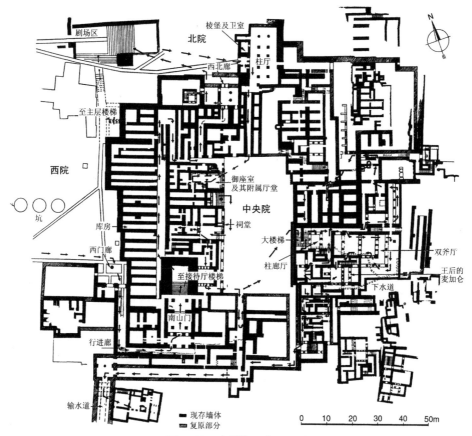

图 1-32 米诺斯王宫平面图

（王瑞珠主编. 世界建筑史——古希腊卷（上册）. 北京：中国建筑工业出版社，2002）

呈长方形，按米诺斯宫室的通例，四周不设围墙和望楼，整个宫殿围绕着一个长60m、宽30m的长方形中央庭院。因为是倚山而建，地势西高东低，所以庭院西面的房屋约为两三层，而东面的有四五层，各层各处都有楼梯相连，其内部的壁画、浴室和冲水厕所为古代城市所罕见。

4．迈锡尼（Mycenae）

这个城市据说最早建于公元前3000年左右。当克里特岛的文明已经发展到一定的高度时，位于希腊本土的迈锡尼还相当原始。在前者的影响下，迈锡尼人逐渐成长发展，到了公元前1450年，终于统治了克里特岛，控制了爱琴海的商业贸易网并吸收了克里特文明的遗产。从这个时代开始到公元前1200年左右，迈锡尼达到其文明的鼎盛期。由于后来控制了爱琴海的贸易，迈锡尼的繁荣富庶比之克里特的克诺苏斯也是有过之而无不及。考古人员在埃及、叙利亚、腓尼基、塞浦路斯以及意大利南部、利巴拉群岛等地都发现过迈锡尼制作的陶器，其数量超过在各地发现的克里特陶器的总和，足以证明这一点。但崇尚武力是迈锡尼的传统，所以，其文明的特点就是建筑坚固的城堡和不断对外扩张。结果，在征服特洛伊的战争中，以迈锡尼为首的希腊各国打了十年的仗，元气大伤，最终给了北方的多利亚人可乘之机。他们不断蚕食希腊各城邦，最终征服了伯罗奔尼撒的各古国，迈锡尼文明也因此而灭亡。

迈锡尼城大约建于公元前1300年左右（图1-34）。遗址中主要是国王居住的城堡和圆形剧场，整个城市由城墙围护，周长900m，占地面积约3万m²。墙体用巨石环山建成，厚5~6m，平均高8m，有的地方甚至高出地面18m。城堡的入口处是宏伟壮观的"狮子门"（以刻有双狮拱卫一柱的浮雕得名），门两侧的城墙向外突出，形成一条过道，加强了城门的防御性。"狮子门"宽3.5m，高4m，

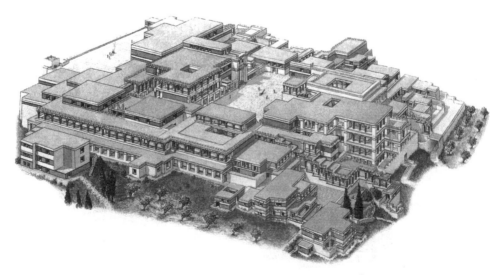

图1-33　米诺斯王宫复原图，占地约2万m²

（王瑞珠主编．世界建筑史——古希腊卷（上册）．北京：中国建筑工业出版社，2002）

门柱用整块石头制成。图中部偏上方的是城堡，上面建有豪华的宫殿。城堡外面比较平坦的地方是市区，富商大贾和百业工匠都居住在这里，道路呈水平和垂直交叉。环形剧场是供贵族和市民享乐游戏的地方，所以有道路通达市内，其附近的建筑比较敦实厚重，结构类似于宫殿，可能是贵族们居住的地方（图1-35）。

图1-34 迈锡尼城遗址的航空照片

（王瑞珠主编．世界建筑史——古希腊卷（上册）．北京：中国建筑工业出版社，2002）

图1-35 迈锡尼城复原图

（西隐，王博著．世界城市建筑简史．武汉：华中科技大学出版社，2007）

第二章　古代西方国家的城市文明

地中海地区的古希腊与古罗马位置如图 2-1 所示。

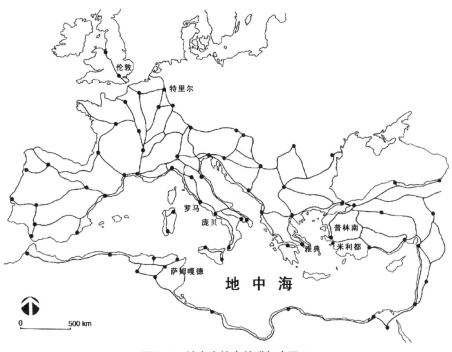

图 2-1　地中海的古希腊与古罗马

第一节　古希腊城市的哲学思想

古希腊地处希腊半岛，东南方向是爱琴海，一个拥有 480 多个岛屿的复杂海域，东面靠近博斯普鲁斯海峡，再过去就是东方国家的地域。希腊半岛被山峦和海湾分割成很多狭小的地块，海岸线破碎陡峭，几乎没有大片的平原，极不利于政治上的统一，所以也没有形成东方国家那样的集权政府。但希腊人面对的是大海，海的对岸就是高度发达的古代城市文明，加上有很多良好的海湾利于贸易，有爱琴海诸岛的文明跳板，因此希腊人的开化是伴随着海外拓展进行的。独特的地理环境造就了独特的意识形态，古希腊人善于思索，追求科学的奥秘，为世界文明作出了重要的贡献。比如文字，在地中海发现的线形文字（A、B 型）是希腊乃至于今天西方各国语言的鼻祖,虽然其内容至今未能完全解读,但我们已经从有限的翻译中理解了古代希腊周边地区思想的深奥与复杂。此外,希腊各个城邦都流行文学(神话、戏剧)、历史,如著名的《荷马史诗》、希罗多德的《历史》、色诺芬的《希腊史》等,直到今天仍然是西方国家文化艺术的不竭源泉。希腊市民在艺术(雕塑、壁画)、政治(古典民主、军事共同体、城市同盟、梭伦改革)、哲学(赫拉克利特的辩证唯物思想、德谟克利特的原子论、柏拉图、苏格拉底、亚里士多德)、自然科学(天文、地理、物理)方面都有很高的造诣,这些后来都被罗马所继承,并在文艺复兴时期再次大放光彩。

一、古代希腊的哲学思想体系

现代西方语言中"哲学"的词根来源于希腊文,含有"即物穷理"的思想,所以古代希腊人是一个善于思索的民族。原始的西方哲学思想诞生于希腊半岛周边,因为那里的地理特征对希腊哲学思想的诞生有着重要的影响。如前所述,和两河流域、尼罗河流域都不同,爱琴海周围没有大河与平原,而是有很多相互隔绝的盆地以及在破碎的海岸线上孤立的小片土地,所以没有形成强有力的政治集团的条件。早期的希腊人喜欢以分散的群体进行掠夺和自我防卫,因此往往把城邦建立在自然的高丘上,周围用防御工事环绕并在内部建起宗教建筑、市民广场与市场。希腊社会是建立在比较稳定的奴隶制基础上的,由于人们相对地安于狭小但能自足的生活,加之人口流动的相对缓慢,于是便形成了以城邦为中心的、比较强烈的共同体概念。信仰城市的保护神、尊重市民本身的权利和私有财产的传统,培养了市民思考的习惯,并融入独特的哲学观念。由于规模较小,希腊城邦在经济上一般都比较拮据,不可能支持建筑大规模的城市(如东方的模式),再加上地中海北岸的崎岖破碎海岸线,难以构筑形态完整的城池,所以城邦就很好地利用了这样的地形。包括雅典在内的早期希腊城市在第一次波斯人入侵之前,因为有崎岖山地的自然屏障,一般都没有建设过防御性的城墙。

希腊人是第一个把人置于宇宙中心的民族。公元前5世纪,希腊哲学家普罗塔哥拉第一个喊出了"人是万物的尺度"这一具有划时代意义的口号。这样,以人为本的思想和在文化上取得的成就为今天的西方文明奠定了基础。由于以人为中心,因而从严格的宗教意义上看,古希腊宗教的"宗教性"显然较为脆弱,对社会的影响也相对有限。这是和东方城市截然不同的一点,但和爱琴海的文明却一脉相承。希腊人较早地孕育了朴素的辩证唯物主义思想,他们认为宇宙是一个统一的整体,而不是任何人或者神的创造物,宇宙从过去到现在,从现在到未来都是按照自己的规律在不断地运动着,从来没有永恒不变的东西。这样的对事物在不断发展变化的认识,最终成为希腊城市追求理性和保持进步的思想源泉。

希腊哲学思想的另一个方面就是朴素的人文精神,他们追求理性和精神的快乐,并把这些演绎到艺术、神话、建筑和城市形态当中。在古希腊人的头脑中,社会公正和法律面前人人平等的思想根深蒂固，一直影响到中世纪乃至于近代的民主制度。希腊市民一般都尊重知识和理性，强调人的价值，也把这样的思想体现在城市的规模、建筑的尺度甚至希腊神话中神祇形象的塑造方面，对文艺复兴时期的社会思想产生过深远的影响。柏拉图和亚里士多德是希腊哲学的集大成和代表者，是把人作为哲学体系中心的思想家。但受到历史和地理环境的约束，他们对城市的理解就是小国寡民的形态，其规模不应超过5000人，这样，讲演者的声音才能传到每一位市民的耳朵里。所以希腊城市的尺度都不大，甚至超不过爱琴海岛国的城市。

二、古希腊文化的特点

由于把人视为衡量万物的尺度，希腊人创造了独特的源于他们日常生活背景的神话。在希腊神话中，很多神祇掌管的事情都与城市的生活密切相关。比如波塞东（海神）主管航海的安全，把握着希腊城市的经济命脉；赫尔墨斯（神使）主管交通和商业；狄俄尼索斯（酒神）主管节庆和欢快生活；赫拉（宙斯之妻）主管婚姻；雅典娜（宙斯之女）主管知识与军事；阿波罗（太阳神）主管音乐、美术和预言等，这些都是城市文化生活的主题。所以，希腊神话中这些神祇的情感和个性也真实地反映出古代希腊城市与人的情感。希腊人把神的意志（其实就是自己的意志）体现在建筑、雕塑和城市形态方面，甚至奥林匹克运动会的起源据说也是为了取悦于天神"宙斯"。

1. 合理主义

因为每个城邦的人口有限，很多市民就是土地贵族，形成希腊传统的比较平等的贵族评议会制度。行使城市权利的并不是东方那样的某一位君主，而是整个贵族市民团体，是全体自由市民参与的政治体。亚里士多德有一句被误解的名言"人是政治的动物"，实际上他的原话是"人是在城邦中生活的动物"。共同体的命运还铸造了法的精神，只有为城邦承担义务和责任的人，才能享有城市的权利。所以，市民纳税是为军备、祭祀、文化活动和其他市政建设的支出，而不是成为某个君主的财产。城邦面临的危机和困难，也是全体市民所共同面临到的，因此能成为一种巨大的凝聚力。希腊人既尊重人也尊重理性，并由此而诞生出早期的自然科学观点，希望合理地解释自然现象，用科学的态度来指导生活。

2. 追求和谐与美

希腊人并不单纯地着眼于建筑、雕塑、城市街道的合适比例，而是关注它们相互之间的和谐性，关注市民的健康、知识内涵与人的欲望的界限，所以不强求人为的干预（如城市的形态），只要达到和谐的目的就行。也就是说，城市应该限定在一定的规模上，这样才能实现和谐与美。这样，城邦的特性就决定了成为古希腊人的政治与社会基础，是保证人格的自由与独立的物质条件。当然，这种城市的发展是建立在奴隶制度之上的，在根本上，是奴隶的血汗劳动保证了希腊市民所从事的政治与哲学活动。

3. 崇尚健康、人体美与青春生活

亚里士多德又说："城邦是为了幸福的生活而存在的"，这样的思想充分体现在城市内的各种文化活动中，包括戏剧（正剧、戏剧和悲剧）、演说、体育竞技、祭祀活动等，养成了蓬勃向上的城市精神。在希腊哲学中，大千世界缤纷多彩，宇宙在按照自己的规律不断运动，永不停止，新的东西不断出现，所以在人的世界里，由一种制度或一个君主来长期统治，显然是希腊人所不能接受的。所以城邦的思想基础，就是永远追求幸福与和谐的目标、永远青春向上的奋斗精神，而绝对不是任何一种独裁或垄断。

4. 遵守法制的观念

这是西方国家至今仍然非常重要的观念。为了保证城市的团结、平等与发展，古希腊人非常尊重法律制度，甚至在希腊神话中那些犯罪的人，也最终被带回到城邦来接受审判。法制不仅保证了城市的和平与秩序，更是市民人身自由的后盾。凡是损害城市利益或者严重违反法律的人，不管处在什么位置，都将被剥夺自由市民的权利并被城市所驱逐。在希腊人眼中，城邦（包括守护神）是正义秩序的维护者。在希腊人的信念中，追求富裕是最高的价值观，尽管在整个希腊盛期还远没有达到过十分的富裕，但追求富裕的方式必须是正当的（包括海外掠夺与建立殖民地），因此在内部禁止相互的倾轧，对犯罪者处以非常严厉的处罚（以血还血、以牙还牙）。

5. 个人主义和世界市民主义的倾向

在大希腊化时代（公元前330～前30年，直到罗马帝国成立），出现了大规模的城市文化动向，包括希腊史诗（荷马史诗及历史）和殖民地建设，希腊的文明由最初的城邦扩展到整个地中海的帝国城市，殖民者带去了母邦的语言文字、生活习俗、宗教信仰、政治形态等，不仅与希腊本土形成一种文化上的纽带关系，也刺激了海上贸易和各个城市工商业的发展。以建设殖民城市来扩大文化影响的方式为罗马人所继承，并且一直持续到近代以后西方国家的海洋扩张时期。所以，希腊化时代以后的城市精神已经不限于某个国家或某个地区，而是更广阔的世界范围（当然不能和亚历山大帝国相比）。无论是城市的空间构成、元素和城市社会都体现出独特的哲学思维，并达到了古代世界的最高峰。希腊人创造的民主制度、法规意识、建筑格式，以及具有共同体意识的城市社会，都对日后欧洲城市的发展产生了巨大的影响。

与古代东方的神殿截然不同，柱式建筑体现出希腊特有的文化风格。其特点是艺术与结构的统一，既严谨简洁，又精致成熟。希腊的公共建筑一般都是单层，长方形，周围为一圈柱廊。柱头上面的檐部往往刻有精美的神话故事，为希腊建筑增添了许多魅力（图2-2）。柱式在罗马时代得到继承和发扬，不仅种类由原先的两种（多立克和爱奥尼）变成了五种，还由于和拱券的结合形成更加宏伟、更加坚固的罗马式建筑。

图 2-2 古希腊的神殿结构
(J. B. Harrison, R. E. Sullivan. A Short History of Western Civilization. New York：Alfred Knopf, 1971)

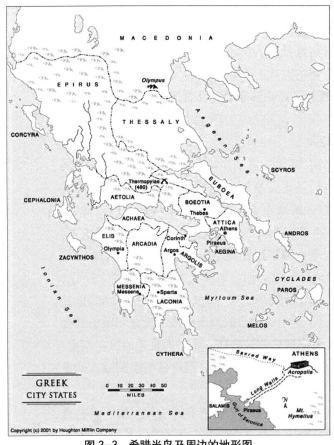

图 2-3 希腊半岛及周边的地形图

第二节 古希腊城市的形态与社会

希腊半岛及周边的地形如图 2-3 所示。

一、希腊城市的文化特点

公元前 800 年到前 500 年的这一段时间被称为希腊历史上的"古风时期"，并出现了一种新型的政治社会组织形态——希腊城邦。与世界其他地区出现过的城邦不同，希腊的城邦是一个独立行使"主权"的城市国家，其实质就是由公民当家做主，通过公民大会、议事会和担任公职直接参与国家（城邦）的管理。与东方国家、包括两河流域与埃及的政教一体结构不同，希腊城邦发展的一个重要的文化模式就是政治权力和宗教权力的分离。因为城邦承载着希腊的哲学思想，希腊市民普遍关注共同体的精神和公共生活，注重个人的修养与智慧，不因任何权势或者天意而改变对健康、快乐以及和谐的追求，所以城市的公共空间和公共设施是发展的重点。相比起日后的罗马城市，希腊人最值得自豪的，是城市中每个公民都能享受到公共空间带来的文化生活，如广场、卫城和圣殿，每个人都信仰城邦的精神：共同体的、求知的和向

上的。所以希腊的广场形态不仅在过去，在当今世界中也是一个城市的灵魂。希腊时代的城邦制度是建立在小国寡民和民主制度的基础之上的，城市表现出一定崇尚自然的特点，同时希腊人尊重科学，当时主要指的是数学，所有希腊城市的

规划思想就是社会学与几何学的结合，比较明显的是强调比例和对称。但大多数希腊人并不刻意去改变城市的地理环境（也许是没有集权制度那样的力量），而是尽可能在复杂的地形中创造美感与和谐，使得建筑布局相对活泼和生动。

希腊城邦国家大都采用共和体制，市民是具有特权身份的阶级，所以市民权是最重要的社会意识，它意味着无论是平民还是贵族都是自由人，都可以拥有奴隶及财产。不过城邦就其政治上的含义而言是一个非常松散的术语，包括意大利南部、西西里岛、法国南部、西班牙的沿岸、北非以及小亚细亚等地，凡是讲希腊语的城市都认为自己享有自由权利和民主。但实际上很多城市里的居民并不是纯粹的希腊人，而是被殖民的当地人，所以那里的共和制度也是有缺陷的。大多数希腊城市都有疗养地和公共浴室、图书馆，供市民休憩和学习，特别是重视有益于身体健康的娱乐和体育活动，为日后西方城市丰富多

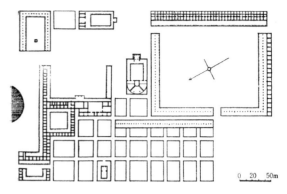
(前2世纪中期)

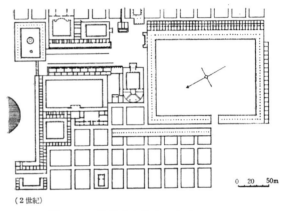
(2世纪)

图 2-4　希腊城市的市民集会场 Agora
（川添登著. 都市与文明. 雪华社，1970）

彩的文化开创了先河。如公元前776年举办的奥林匹克运动会，就是希腊人以宙斯的名义举办的一种和平的文化活动，在此期间，即便是交战的双方也要放下武器，进行公正的竞赛。希腊时代也是一个诞生城市的时代，据文献记载，独立的希腊城邦有230多个，比较著名的有普林南、米利都、叙拉古、马赛、奥林匹亚等。

希腊城市大都处于相对较差的地理位置，既不利于城市的发展，也限定了市民的活动范围。因此，要维持共同体的活力，包括日常交际、议政、交换信息等，保证市民的精神健康，就必须创建一个新的有象征意义的空间，于是就诞生了Agora，这个词可以翻译成广场、集会场所等。希腊城市中的道路大都是围绕着Agora修建的，便于人们到这个中心来活动（图2-4）。

市民集会广场不仅是开放的公共空间，与周边的道路也有紧密的联系，而且是聚集性的空间，展示各种城市活动。随着城市的成长而成长。有的集会广场只是简单地扩大面积，有的则像细胞分裂一样由复数的广场构成新的空间复合体，而城市内道路的方向和空间状态也由于城市人口的增长以及战争的破坏等原因，在不同的时代中有相当的改变，所以希腊的城市大都没有很规则的形态，包括最大的雅典城在内。

二、希腊人的城市建设

1. 希腊城市的空间布局

随着希腊各城邦的强盛和对外扩张，在地中海出现了很多的殖民城市，新城市的规划思想也应时而生。希腊本土的城市一般而言缺乏规划，布局比较混乱，没有很好的排水设施，街道曲折而狭窄，一般民居简陋破旧，与神殿、议会堂等壮丽雄伟的建筑风格极不相称。但殖民城市基本上都是按照棋盘状的城市形态统一进行规划和建设的。城市中不仅有复数的主干道，有格子状的街区，还开辟出娱乐、竞技等公共场所和作为屏障的卫城及城墙。很多公共设施都在靠近港口或不适于居住的坡地小丘上建设，尽量不影响居民的生活，但同时又要同城市有机地连接在一起。到了希腊化时代，帝国的概念改变了小城邦的封闭意识，形成规模更大、集权力量更强的城市，并且把这种模式推广到古代的地中海世界。这个时代城市的规划尤其注重人的要素，而其渊源则是希波丹姆斯。希波丹姆斯是迄今为止人们知道的最早的规划师，其规划的三原则为：群体、广场中心和格子状结构的街道。

大规模的希腊城市建设是在公元前5世纪打败了波斯王国的入侵之后，借鉴两河流域等城市的发展经验，伴随着大量的对外殖民展开的。比如在米利都（现属土耳其）的建设中，就贯彻了分组进行区域整理、以广场为中心的街区构成和健康的街道走向（以东西向为主）三原则，此外，还注重维护道路的宽度、居住单位的形状和建筑的几何秩序，强调城市整体的和谐美。

2. 希腊城市的规划

从空间形态看，古代希腊·罗马的城市都是符合人的尺度的城市，它们大都在不规则的地形上由原始的聚落或村庄自然形成。这些城市规模不大，一般仅数千人（不包括奴隶），符合柏拉图的理想尺度，并且按照功能把城市分为民众集会的广场、祭祀神灵和决定城市重大事件的卫城以及防卫设施等。但除了这些公共空间之外，居民的住宅和各种商铺、娱乐活动并非按照一定的秩序来建设，因为城市的地形和空间千差万别。所以，希腊城市中的道路一般比较狭窄，同时为了对外贸易，往往拥有自己的港口。希腊城市规划中最著名的就是希波丹姆斯模式：希腊的哲学思想＋几何与数学的核心＋城市的核心要素（广场、圣殿和街道），其代表作是米利都和后来的一些殖民城市。他的规划注重几何原理，将城市分割成纵横的十字相交道路网，并按照圣地、公共场地和市民的空间来分隔，特别将剧场、体育场、神殿、市政设施等布置在中心位置。不过，他继承了希腊人不喜欢中轴线的传统，城市的布局仍然尊重自然的地形。米利都的重建是城市规划史上的一个里程碑，也是希腊正规城市规划的最早实例。其规划特点为：围绕在神殿周围的公共建筑、住宅区、商业区以及主要道路分布有序，住宅区的单位都按数学比例采用整数，如三比四、四比七、五比二等，再细分为长方形或正方形的小单位；道路宽度4.2m或5.7m不等，有给、排水设备并在城市外部修建军事卫星城。在大希腊时代,普林南(靠近米利都)的规划达到了顶峰。该城的中心位于小丘之上,沿四周的斜坡平行规划了7条道路,有15条与之直交的道路分化出整齐的格子状街区,公共建筑在广场的周围与城市有机融合。

3. 希腊城市的特点

尽管地中海的气候比较温和,但狂风巨浪还是对城市造成一定的威胁。因此,希腊的城市道路一般都以南北或东西为轴,因为古希腊人认为东或南的朝向有利于健康。但具体还要视海风和太阳的照射而定,相互直交,以保证城市的通风与健康。城市地形的崎岖不平决定了土地的稀少,为此,希腊人在建设住宅单位时往往采用整数的比例,尽可能按照地形来统一划分。早期的住宅单位一般是长方形的,希腊化时代接近正方形,但合乎一定的几何比例是基本前提。希腊哲学强调要表现事物的本质,也就是要符合几何的秩序及自然的美,所以不仅在建筑方面,在整个城市的布局方面也追求和谐、健康、秩序等。希腊城市的街道一般比较狭窄,最窄的约1.5m,平均为4.5m。其原因是希腊人的住宅很小,一般都是一到两室,所以道路没有必要那么宽。但为宗教活动或公共设施所修建的大路则不同,从9m到14.5m不等。按照古希腊人的逻辑,公共区域,如广场、剧场等要进行规划,要与城市有机地结合,而一般的居住区则无须如此,因为希腊人强调精神的富有和生活的简朴,连城市的贵族、将军们也不能追求过于奢侈的住所,否则要被驱逐。所以,希腊城市中的生活区一般都比较凌乱,其建筑相对简陋甚至贫苦。

从几何的角度看,希腊的建筑与城市形态应该是比较严格和整齐的,但从民主政治的角度看,应该体现出一定的自由精神,这就需要对建筑和城市空间进行艺术加工。两者的相互调和就成为希腊城市比较规则的建筑与相对复杂的街道,其中又表现出和谐与自由;在希腊哲学中,艺术的定义是"模仿自然的技术",就是要在自然成长的过程中寻找规律,所以希腊的建筑和艺术总是体现出生命力,直到今天仍然独树一帜。恩格斯曾高度评价说:"希腊建筑表现了明朗和愉快的情绪……希腊建筑如灿烂的、阳光照耀着的白昼"。希腊化时代的建筑特点是:纪念性外表,比如剧院、城门、神殿等入口处都有特别的装饰;建筑尺度宏大,而且形成建筑群体;包括祭坛、柱廊、图书馆、体育馆、音乐厅等,都与广场相连接,成为启发罗马城市建筑的核心要素。

前面讲过,包括爱琴海在内的古希腊地区和东方国家不同,没有把宗教置于至高无上的地位,也从不把任何君主或神祇凌驾于城市之上,所以在城市的空间分配上,神祇们的生活、公共的生活与个人的生活都处于平等地位,只不过神们的空间位置要比市民们的好一些而已,所以自成一体的风格正是希腊民主精神的反映。市民们把城市作为民主精神的寄托,而城市的中心广场(Agora)就成为市民集会、市场、祭祀场、政治议论、社交甚至驱逐不合格官员的多功能空间。同样,城市的公共生活是民主政治的有机组成,希腊城市往往有供水、喷泉等城市基础设施,有神殿、元老院、议会场等公共建筑,还有剧场、体育场等文化娱乐场所。

这样，外部空间、中心广场、道路和公共设施就构成了希腊城市最基本的空间分布模式。到了罗马时代，由于城市人口的急剧增长，建筑物的高度随之增加，但作为多功能空间的广场仍然保持了希腊的特点（包括神殿、演讲坛、议会、仓库，甚至还有监狱等），加上为数众多的浴室和喷泉、消防队等，城市功能大大扩展，市民的福利水平同时得到提高。希腊城市往往兼有国际化的特点，无论是早期的爱琴海文明，还是后来的希腊化时代，东方国家都是希腊文明的营养来源，很多东方文化的元素被吸纳到希腊的城市中来，特别是建立在亚洲大陆上的许多希腊化城市在本质上仍然是东方的，因此人们将希腊城市誉为沟通东西方文明的窗口与桥梁。

第三节　希腊化时代的殖民城市规划与建设

公元前6~前5世纪，古希腊文明达到鼎盛时期，随后逐渐衰落，到前338年，由马其顿的腓力二世及其子亚历山大所统一的希腊和开创的跨欧亚非大洲的帝国，彻底结束了古典时代。由于亚历山大帝国的广袤与宏大，城市建设已经成为一种风尚。在亚非欧三大洲，几乎同时出现了大量的希腊城市系列，而亚历山大死后的所谓的"希腊化"时代，更把城市文明推向一个新的高度。亚历山大帝国分裂之后，形成了安提柯、托勒密和塞琉古三大王朝，为地中海周边的城市发展注入新的活力。这些王朝已经摒弃了传统的、古典的城邦制度，更注重多民族、多文化的新城市形态和建设。当然，出于对古希腊城市文明的崇拜，希腊化时代的城市也大都有类似的布局：环绕城市的城墙和公共建筑如剧院、神庙，基础设施如城市的供水、排水系统，直线形的街道等，而超大城市（如罗马和亚历山大）的出现有力地推动了自然科学和技术的发展，包括城市的建筑、公共设施、防御与道路等，都为罗马的登场准备了条件。因此，人们可以说，古希腊是哲学思想的源头，而希腊化时代是科学发展的黄金时代，出现了伟大的数学家欧几里德、阿基米德和阿波罗乌斯，还有被称为"古代哥白尼"的天文学家阿里斯塔克等。古典时代的城市尊重自然、体现自然，而希腊化时代则更注重人类本身。所以，出现了希波丹姆斯的设计风格，如米利都和普林南，城市的街道呈直线和直角的交错，形成许多格子状的空间，但希腊人不重视中轴线布局的传统得以保留。

一、米利都（Miletus）

米利都位于小亚细亚的安纳托利亚西海岸线上，靠近米安得尔（Meander）河口，今属土耳其，为12个希腊爱奥尼亚人建造的城邦之一，也是希腊著名的工商业和文化中心之一。最早的记录是公元前1320年，荷马曾在他的史诗中有所提及。公元前10~前6世纪，米利都在建立希腊商业和军事力量中发挥了重要作用，并建立起了强大的海上势力，发展了许多殖民地；公元前494年被波斯人征服和破坏，后来在当地建筑师希波丹姆斯的规划后重建，公元前2世纪并入罗马（图2-5）。米利都拥有一批著名的思想家，如泰勒斯、阿那克西曼德、阿那克西美尼等，一般称之为米利都学派。

米利都分南北两部分，有四个功能区，包含着宗教、商业和公共空间（建筑）的内容，后者一般选择靠近港口的地方并修筑城墙来防御。北部格子的尺度大约为23m×28m，而南部为30m×52m，一般都是三比四或者四比七的比例。南部的主干道宽7.5m，呈直角相交，其他道路一般为4.2m。城市中心是公共空间和神殿。在希腊化时代，广场整齐划一，以商店、行政和娱乐设施为主，铺设下水道和供水系统。对希腊人而言，家庭的生活必须让位于共同体的活动，所以希腊人把最好的建筑体现在寺院和公共建筑当中：市民广场、神庙、剧院、体育场，并遵循健康和便利的原则。而城市的其他空间则由普通的房屋来填充。米利都当然也不例外，规划把市民广场尽量放到城市的中部，或者靠近港口，而将一般的住宅区安排在卫城的下面和道路两侧。与公共建筑物相比，一般住宅的排水和垃圾处理设施极其简陋，缺乏规制，而且一般都没有院落，尺寸也比较随意，这也是大多数希腊城市的共同特点。米利都的方格型的布局后来影响到许多希腊城市，甚至2世纪时罗马的城市形态。

二、普林南（Priene）

普林南城距米利都不远，是古代希腊杰出的规划城市之一，建于公元前350年。最早的建筑遗址大约是在公元前6世纪左右，有可能是雅典人或底比斯人所建。整个城市东西长600m，南北宽300m，有80个街坊，约4000居民，还有竞技场、体育馆和神庙等。

图2-6中最外围的线条是城墙，建有城塔并依靠自然的山势来围护整个城市；最顶端的

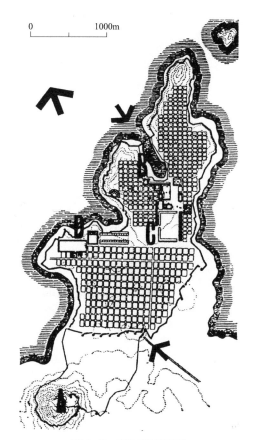

图2-5 米利都平面图

（罗兰·马丁. 希腊建筑. 张似赞等译. 北京：中国建筑工业出版社，1999）

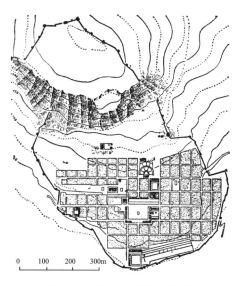

图2-6 普林南城遗址复原图

（川添登著. 都市与文明. 雪华社，1970）

三角形部分是卫城，也是城市的高地；中心部分有半圆形剧场、集会场和雅典娜的神殿；图的下端狭长的几何状建筑是体育场。普林南城的街道布局非常整齐，有西门、东门、东南门，还可以看到密集的住宅和院落的空间分割，而几何的秩序感是城市规划的核心要素。

城市主要建造在四个较大的台地上：城市的北部是卫城，高出广场约300m，半圆形剧场在城市的中部，下面是广场和体育场，尺度比较紧凑，东西向的7条道路、15条南北向道路，形成几十个矩形的整齐区划街区，每个小的街区有4幢房屋，大约占地为$180m^2$；由于是坡地，城市的街道一般比较狭小，有的仅1.5m，最宽也不过4～5m左右。城市保持了住宅面向南面偏东，以便通风和日晒。此外，普林南还有两个竞技、体育场，周围有城墙围护，以保障市民的身体健康（图2-7）。

三、雅典（Athens）

雅典是希腊城市的代表。远在公元5世纪卫城修建之前，这里就有很多早期的遗址，包括青铜器时代的，有巨大的防御型城墙。像希腊南部的迈锡尼和泰伦斯一样，卫城建在一块约80m高的山顶上，周围是陡壁峭崖，易守难攻，上面是帕提农神庙，用神的力量来守护城市。公元前5世纪时的雅典，

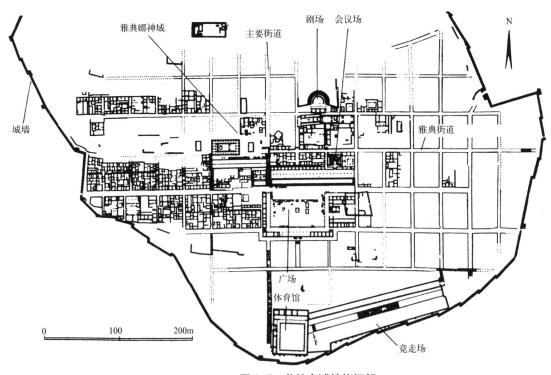

图2-7 普林南城结构细部

（李政隆主编．世界建筑全集2——希腊·罗马建筑．中国台北：光复书局股份有限公司，1984）

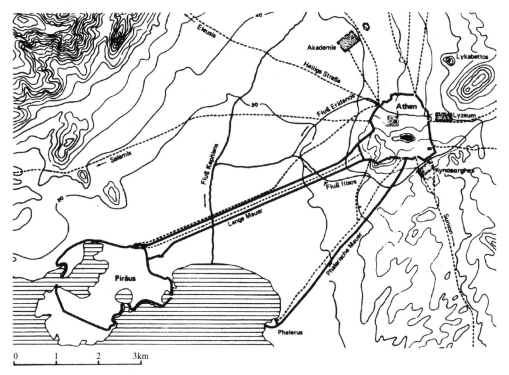

公元前 5 世纪的大雅典，建有城市与庇拉乌斯（Piraeus）港相联系的长墙。

图 2-8　古雅典城的平面图

（L·贝纳沃罗著. 世界城市史. 薛钟灵等译. 北京：科学出版社，2000）

持有市民权的人数约为 2.5 万～3 万，而奴隶有 3 万～4 万。公元 8 世纪中，一部分城砦才成为雅典神殿的所在地，以祭祀这个城市的保护神雅典娜（图 2-8）。

卫城下方是不断增长的城市人口和不规则分布的房屋，集会场（Agora）既是市场也是市民的活动中心，同时还是古雅典最重要的城市要素之一。雅典的广场是东西南北布局的，举行赴卫城的祭奠时，以对角线的方式从广场穿过，道路两边都是高大的公共建筑。市民到这里不仅是购物和交换，还有信息交流和讨论各种话题：商业、政治、时事、自然科学和神学等。雅典的集会场是希腊民主制度的摇篮，也是衡量古代世界商业、政治、宗教和城市文化生活的标尺（图 2-9）。

雅典除了有自己的舰队和港口，在城邦的相互争斗中，为了保证安全，还在连接城市和外港庇拉乌斯之间修建了宽度 165m、约达 6.4km 的"长城"。外港城市庇拉乌斯据说是前 5 世纪左右时希波丹姆斯规划的，距离雅典市区约 10 多公里。虽然地理位置险要，但外城本身也有城区，有格子状街道、港口的商业区，3 条主干道由东北向西南贯穿城内，其余相交的道路形成整齐的街区。图 2-10 为

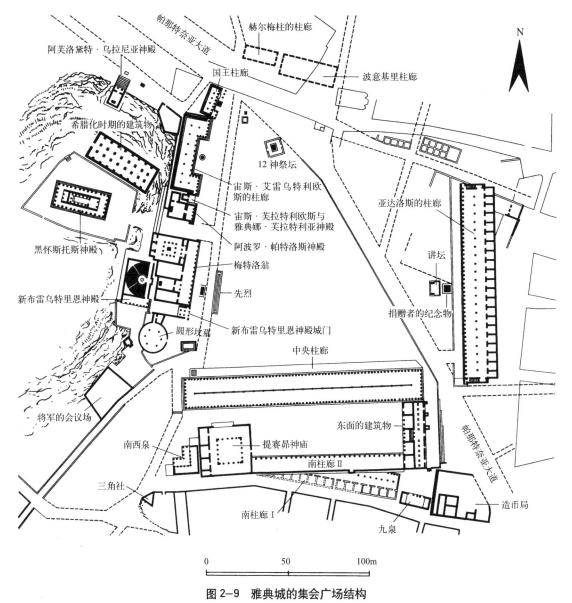

图 2-9 雅典城的集会广场结构

(李政隆主编. 世界建筑全集 2——希腊·罗马建筑. 中国台北：光复书局股份有限公司，1984)

雅典的卫城，东西长 280m，南北最宽处为 130m。卫城最早是王宫所在地，公元前 800 年起逐渐成为城市的宗教活动中心。保留到今天的卫城山门、帕提农神庙、伊瑞克先神庙等布局自由活泼，显示出古希腊人杰出的建筑技艺。其中尤以守护神雅典娜的帕提农神庙最为有名，因其供奉的巨大雅典娜金像为当时希腊之最，堪与古代七大奇迹之一的奥林匹亚宙斯神像相媲美。

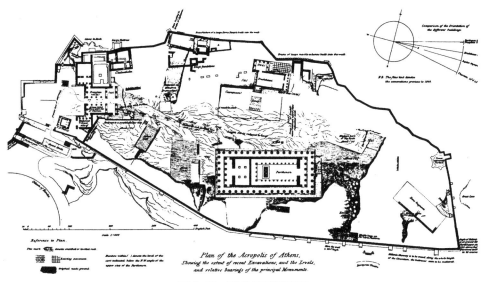

图 2-10　雅典卫城平面图

（王瑞珠主编. 世界建筑史——古希腊卷（上册）. 北京：中国建筑工业出版社，2002）

第四节　古罗马城市的贡献

公元 2 世纪初罗马帝国的领土面积范围如图 2-11 所示。

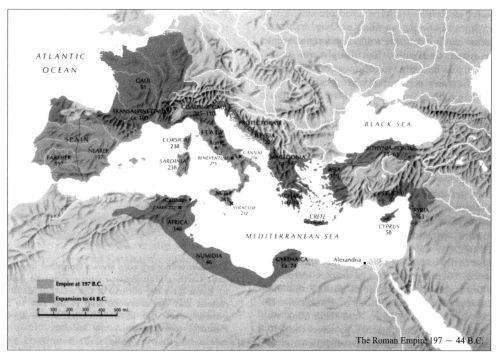

图 2-11　公元 2 世纪初的罗马帝国，其领土面积达到古代帝国的最大范围

（J. B. Harrison, R. E. Sullivan. A Short History of Western Civilization. New York：Alfred Knopf, 1971）

一、罗马人的城市文化

公元前8~前6世纪是意大利半岛的殖民时期，一个叫伊特拉利亚人的部落进入亚努河和台伯河之间的地区落户，把村落联盟变成城市，从而开创了意大利半岛的城市文明。罗马共和国虽然与城邦制的雅典一样属于奴隶制经济，但雅典是奴隶制下的以工商经济为主要特色的城邦国家，而罗马则实行以农业为基础的奴隶经济。罗马文明在很大程度上受到希腊文明的影响，在后来的发展过程中其文化领域也较多地借鉴了希腊文化的样式，一方面把光辉灿烂的希腊文明扩散到其所征服之处，另一方面也在这个过程中不断地重塑自己。比如早期的罗马实行民主制，其源头应该是希腊的雅典，但在不断向外扩张的过程中，罗马最后以帝国制取代了共和制，这也符合当时的历史条件和发展需要。

罗马人的文化建筑在外来文化的基础之上，最重要的有伊特拉利亚文化、腓尼基文化和希腊文化。伊特拉利亚人实际上是最早到达台伯河流域的一个民族，他们很早就学习和采纳了希腊人的文化与艺术；腓尼基人是罗马的劲敌，多年的战争使相互都学到了很多。而希腊化时代的东西方文化的流动，给罗马文化以最丰富的营养。罗马帝国扩充到地中海的东岸，也同样体会到站在巅峰时期的希腊帝国的繁荣与骄傲。在继承的过程中罗马发现了自己的特点并且有所创新，而不是一味地追随。比如相对于希腊人的文化，罗马人在哲学思想方面并没有很大的发展，而且最终走了一条相反的路。罗马曾经诞生过一些著名的哲学流派，其中以卢克莱修为代表的斯多噶派哲学，一方面继承了古代希腊的唯物主义思想，另一方面强调道德与修养，主张恬淡寡欲、约束奢华，崇尚道德的实践，比较符合罗马帝国建设初期的利益需要。但后来的罗马国力强盛，疆域跨欧非两洲，贵族们便倾心于生活享受与奢华，强调宿命与神秘论。斯多噶派哲学逐渐衰落，而以基督教为中心的宗教哲学成为主流，并长期垄断了欧洲的城市文化。

共和制度末期，罗马人的文学开始繁荣，史学界称公元前27年到公元14年为拉丁文学的黄金时代，诞生了英雄诗、叙情诗和田园诗三大流派。此外，罗马人在历史、地理和科学研究方面都作出了卓越的贡献。罗马的史学是世界文化的宝贵遗产，代表作有《罗马史》、《高卢战记》、《罗马编年史》等。而对西方城市而言，罗马最大的贡献之一就是罗马法，这是杰出的城市文化的结晶。罗马的城市不仅诞生了很多著名的法学家，如盖约、巴比尼安、包鲁斯、乌尔比安等，更制定出著名的《查士丁尼法》（《民法大全》，公元6世纪），成为欧洲近现代社会法律思想的依据和起源，恩格斯高度称誉其为"是我们所知的以私有制为基础的法律的最完备形式"。罗马法主要分"公民法"和"万民法"两种，前者专为罗马人所定，后者是帝国的法律，强调法律面前的人人平等是罗马法的核心。

二、罗马城市的社会结构

罗马是由罗马市民、意大利联邦的城市市民和被征服的行省城市市民所构成的一个庞大城市体系，其社会主要由三部分人组成：贵族、平民和奴隶。而共和制时期的国家机构主要有三个部分：元老院、政务官僚和市民总会（下属2个市民会）。贵族是元老院的成员，相互之间为权利争斗不息；市民多来自于罗马的本土，其中包括很多的平民，他们在丧失了土地之后成为城市无产阶级，同时也是罗马社会的寄生虫，凭借手中掌握的选举权和政治地位大肆挥霍国家的财富；而意大利其他地方的罗马"联邦"，虽然也属于自由的平民阶层，却不能享有罗马市民的公民权。

几个世纪以来，罗马不断扩大帝国的领域，在欧洲和西亚先后建立了很多的行省，任命一些罗马贵族担任行省，如西班牙、叙利亚、高卢、埃及等的总督，同时一大批平民和退伍军人也被殖民到边远行省，成为那里的贵族。为了统治这个庞大的帝国，维持和平与繁荣，中央政府不得不依赖城市，所以城市享有头等重要的行政权，而且承担了帝国的重要责任与地方事务管理。但罗马市民的特权掌握在少数人的手中，那些被罗马征服，成为各行省的市民们，只享有很低的社会地位，受到罗马总督和殖民者的任意欺辱，这样便不可避免地积蓄了矛盾与不满。此外还有罗马特有的雇佣兵们，他们只有在取得战功之后才能成为罗马的公民。这些人在后来摧毁罗马帝国的过程中都发挥了重要的作用。在公元96～180年间的"五贤帝"时代，因为各属州的日渐强大与双重身份的认可，罗马市民的特权逐渐空洞化，所以到公元212年后，罗马皇帝才正式发布命令，给各属州的自由人以罗马的市民权，然而为时已晚。在帝国统治的末期，由于罗马市民的骄奢淫逸，加上制度本身的不合理性，各行省渐渐脱离罗马的轨道，不仅拆毁罗马人的神殿，加强自己的防御设施，还积极准备能够与帝国对抗的武装力量，并与外来的入侵者一道最终陷罗马帝国于四面楚歌当中。

三、罗马城市的伟大遗产

虽然帝国（西罗马帝国）的大厦在公元476年轰然倒塌，但在漫长的帝国时代，一些新的城市思想也在孕育和成长之中。罗马对城市文明的最大贡献，主要集中在城市建设、城市建筑、罗马法、大陆体系几个方面。在继承了希腊和希腊化时代的文化之后，罗马进一步发挥了其军事和政治的巨大优势，把殖民城市的建设推广到整个地中海和欧洲的腹地，形成大量的罗马城市（包括北非军营和东罗马帝国即拜占庭的领属）。据史料记载，罗马帝国在崩溃之前有5600多座城市，仅意大利的南部就有400多座殖民城市。所以，人们将罗马形容为一台巨大的生产城市的建筑机器。直到今天，许多欧洲城市仍然随处可见罗马文化的遗风。为了统治这样一个巨大的帝国，罗马人修建了四通八达的驰道，到公元2世纪时，帝国境内的道路长度达到8万km，有370多条主要的干线。因此，"条条大路通罗马"绝不仅仅是文学的描绘。罗马人的道路已经使用了最早的水泥和铺设技术，因此直到今天还能发现罗马人建造的道路。这些技术也应用在水渠和大型建筑之中。可以毫不夸张地说，罗马建造的水渠和驰道是古代社会最伟大的工程，前者成为近代城市自来水系统的鼻祖，后者是近代铁路和公路诞生之前欧洲最重要的交通要道。

罗马的建筑和雕刻是古代文明中的璀璨珍宝。几乎所有的城市中都建有众多的公共设施，包括给水排水、公共浴室、图书馆、剧院和竞技场等；中央广场是罗马城市的政治心脏，周围遍布着元老院、市民总会、神殿和贵族的会堂等；城市的主干道上耸立着巨大的凯旋门，郊外有豪华的贵族别墅，造型精美而细致。罗马城市在巅峰时期追求豪华与巨大，不仅建设了大量的供市民享乐的公共设施，还把军事和权利的象征镌刻在城市的空间里。特别是在罗马共和国的最后100年中，由于国家的统一、领土扩散和财富的集中，城市建设得到很大的发展，出现了很多地标性建筑，如凯旋门、驰道、纪功柱、陵墓等，这些都为罗马进入强大的中央集权社会作了物质方面的准备。那些超大体量的建筑，如斗兽场、万神庙、大浴室（罗马城内有16座）、凯旋门和图拉真纪功柱等，有的一直遗传至今。城市的公共生活铸造了罗马精神，形成了自由民生活的精神支柱。

罗马帝国是建立在军事征服的基础之上的，所以很注重强大的军事和统治权。在继承了希腊的精神遗产之后，罗马人又实现了社会价值观的巨大转变：由追求精神享受转为物质生活的享受。古罗马早期的城市均建于山岩或高地之上，并以宗教思想指导城市地区的划分来反映天体模式。中轴代表世界轴线，地区分块反映宇宙模式，而分块的居住区代表了人对世界的认识。即便用今天的眼光来看，罗马城市的对称与轴线，超人尺度的巨大建筑和建筑群仍然突出醒目，体现出高超的透视、对比、秩序与开敞的城市空间概念。这样巨大、规整、华丽、强烈的印象几乎自罗马帝国灭亡起，一直到现代工业城市的崛起都没有再次出现过。

四、古罗马城市文明的灭亡

公元2世纪前后，由于受到强大的汉帝国的压迫，匈奴的势力逐渐西移，在公元4世纪时到达了顿河、多瑙河流域一带，逐渐发展并形成一个松散的匈奴帝国。到了公元440年，匈奴人在首领阿提拉的率领下，进一步向罗马帝国境内扩张，最终引发了日耳曼的各原始部落，如东哥特人、西哥特人、汪达尔人、勃艮第人、伦巴德人、法兰克人、盎格鲁·撒克逊人、朱特人等民族的大移动，他们纷纷进入罗马帝国的领域并压迫罗马人的生存空间，其结果就是公元476年西罗马帝国的崩溃。

此后，西欧国家进入一个长期的、几乎没有城市文明的阶段。因为进入帝国的各北方原始部落不习惯，甚至是恐惧城市里的生活，所以除了掠夺与破坏之外，在漫长的将近500年的时间内，他们没有建设过任何像样的城市，也没有建立任何统一政权的国家。直到公元10~11世纪之后，随着地中海的平静和东方商业路线的重新开辟，欧洲城市文明复兴的火焰才重新点燃。罗马帝国分裂后自成一体的东罗马帝国，也就是拜占庭帝国，其首都为君士坦丁堡。因与东方联系和交流密切，在城市文明上走了一条独立发展的道路。与后来的欧洲文明相比，拜占庭的文明具有相当的独特性，其政治制度完全是东方式的君主神权制，集世俗和宗教权于一人；帝国由强大的王权来统治，存在着官僚机构，城市在地位上优越于农村，继续保持相当发达的商品经济。当然，作为罗马帝国的一部分，拜占庭也和其他欧洲中世纪国家一样，保持着基督教的信仰，并使得其中的一个主要教派——东正教得以发展和存留，城市中心最重要的建筑也是宗教性质的。

第五节 古罗马城市的规划与建设

一、罗马城市的传统与发展

罗马城市的基石当中有一块来自希腊，这是罗马继承的最重要的遗产；另一块来自古意大利的伊特鲁亚，其特点是将卫城建造在山冈上，这与很多城市选择的地理位置相符；还有一块来自罗马本身，作为一个军事强国，罗马的城市规划和建设必须满足军队调动的要求。所以罗马帝国建立之后，把军事防御和城市规划、街道体系都综合起来，城墙和道路成为新的城市组成，并连接各个城门和中心（图2-12）。城墙的内部有环城道路。城市广场和希腊城市的集会广场一样，是所有罗马城市的核心，是供市民使用的公共空间，周围是商店、办公室和柱廊，构成一个闭合的空间，与街道系统既连接又独立。从这些方面而言，相比希腊的城市罗马等于开创了一个新的纪元。

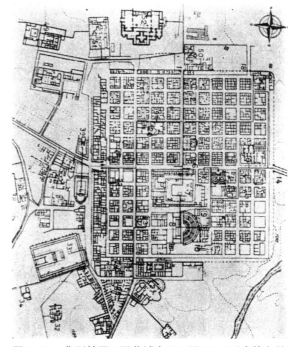

图2-12 典型的罗马军营城市平面图（可以看出均匀的格子状道路，公共浴室、剧院和城市广场等设施，城墙的形态基本是正方形。随着人口的增加，一些公共设施可能向城墙外的空间发展）

（川添登. 都市与文明. 雪华社，1970）

除了亚平宁半岛的几个主要城市之外，罗马帝国在领域所到之处都建设了大量的殖民城市和帝国的附属城市。仅以西欧几个主要国家为例，迄今为止仍清晰可辨的古罗马城市有：①英国的Bath、Colchester、Leicester、Dorchester、St Albans、London；②法国的Le Mans、Lyon、Paris；③德国的Augsburg、Bonn、Köln、Mainz、Trier、Neuss、Xanten；④西班牙的Augusta Bilbilis、Juliobriga、Las Médulas、Lucentum、Oiasso、Lauro Vetus；⑤希腊的Nicopolis等。此外，在欧洲东部的罗马尼亚、保加利亚，横跨欧亚的土耳其，西亚的约旦、叙利亚、黎巴嫩，非洲的摩洛哥、利比亚、埃及等国家，也都有大量的罗马古代城市的遗迹。

二、罗马的城市规划

公元3世纪之后罗马人开始建造城墙，以抵御北方蛮族的入侵。其城市的防御远比希腊城市的健全。相比而言，罗马的城墙一般都比较规则，但也允许按照地形变化来决定构建的形状；罗马的城市道路富有特色，一般把道路网络规划为十字相交，宽度为6～12m，便于军队的快速调动，因此形成比较整齐的城市景观；罗马人也拥有自己的城市广场（称为Forum），并以此为中心形成城市空间布局，但和希腊的集会广场（Agora）有所不同，增加了市场和其他的城市功能（比如可以建设监狱）。特别值得注意的是罗马城市的公共设施建设。由于人口多达百万，要保证市民的饮用水，特别是罗马人享乐专用的大浴场，供水就成为一项巨大的市政工程。罗马帝国曾经修建多达11条、长度为十几到几十公里不等的巨大水渠，满足了多层公寓的冲水厕所与大喷泉所需；罗马驰道指的是总长度达8万km的帝国道路，其中仅意大利半岛内就有2万km，极其便利地连接起各地的文化与商业。

罗马城是西方城市建筑的博览会，也是古代地中海文明的顶峰。公元1世纪末由建筑师维特鲁威所写的《建筑十书》，是对古罗马的城市建设规划与建筑经验全面总结的经典文献。此外，在城市拱券建筑、城市基础设施、殖民城市体系的建设方面，罗马人都作出了杰出的贡献。罗马人的建筑体现在包括大斗兽场、水道、宫殿、凯旋门等不同的建筑对象当中，主要服务于罗马市民和贵族。比如万神庙以其古代世界最大的穹顶而著称，一方面体现出人与神的沟通，另一方面则表现在内部空间的艺术升华上。而罗马的公共设施，如卡拉卡拉浴场和戴克里先浴场，都是当时最巨大、最宏伟的建筑代表，不仅可以容纳数千人同时洗浴，还把图书馆、健身房和其他服务设施包含到其中，成为综合性的建筑。罗马的大斗兽场，或称圆形剧场，是强大的罗马帝国的象征，其长轴为188m，短轴为156m，立面高50m，是个绝对的庞然大物。在漫长的中世纪，甚至到产业革命的初期，仍没有任何人工建筑能超过它。此外，如凯旋门和图拉真纪功柱等，也都具有非常醒目的文化色彩。

基督教文化成为罗马帝国末期的主导文化。公元312年康斯坦丁大帝颁布法令，很多城市都建设了教堂，而主教座的设立大大增加了城市的人气和繁荣，公元5世纪时教皇已经在意大利和高卢拥有至高无上的地位。在教堂建筑当中渗透了罗马人的重要贡献，即建筑艺术的表现力。比如很多教堂典型的水泥拱券结构和陶瓷锦砖镶嵌画（即马赛克）的技术一直沿用到今天；而结合希腊建筑的特点，罗马人又把独特的文化观念从地中海的西岸传播到地中海的东岸，包括拜占庭帝国和一部分东欧国家，比如以君士坦丁堡的索菲亚大教堂为代表的宗教风格影响到北非、西亚甚至俄罗斯等国家，并且发展出彩色玻璃的镶嵌技术，为宗教的神秘感增加了力度。

1. 萨姆夏德（Timgad 或 Thamugadi）

据历史记载，罗马帝国时代曾修建了大量的兵营来控制帝国的领域，仅欧洲就有120个以上的城市发源自罗马时代的兵营，其特点是结构方正，道路垂直相交，便于战车调动,中心处有竞技场或神庙,外围是坚固的城墙。公元2世纪初,罗马的实力已经扩充到北非,但当时的军队数量并不大,约28000人,所以很多军营实际上都是本地的居民来保护的。这里的军营式城市是按照罗马皇帝的意愿建筑的,目的是保护帝国的利益,特别是保证给罗马帝国提供粮食,因为意大利和希腊几乎不产粮食。萨姆夏德是罗马帝国建立在北非的殖民城市之一,也是最有代表性的罗马方格状布局的军营之一,其整体形态保存得比较完整,现属阿尔及利亚。这座城市建立于公元1世纪,一方面是因为其重要的战略地位,另一方面则是周围富饶的农田,公元4世纪之后成为主教的领地。这个城市位于六条道路的交叉处,战

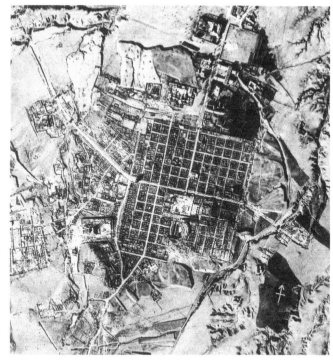

图 2-13 萨姆夏德遗址航拍图
(Philip Pregill, Nancy Volkman. Landscapes in History. New York: Longman Scientific & Technical, 1994)

略地位重要,建有完整的防御城墙。城市为棋盘状结构,东西南北各长350m左右。早期的人口规模大约是1.5万,后来随着人口的迅速增长,一部分人居住到城墙的外部,形成比较松散的城市结构。现存的罗马城市设计仍被廊柱、轴线和剧场所标明,成为地标性引导。在城的西端耸立着高达12m的图拉真凯旋门,由砂石建成,中间的宽度有11m。此外,还有可容纳3500人的剧院、图书馆、公共浴池和长方形廊柱大厅。原先城内修建的卡皮托林神殿据说和罗马万神庙殿的规模相当,旁边的方形拱顶教堂是公元7世纪的建筑。

从图2-13可以看到城市基本是南北、东西走向,城的南部有半圆形的剧场和中心广场,城内的格子状街道经过良好的规划,整齐而美观,方形的城墙围护整个营寨,城门连接通向外部的大道。可以想见,当年的罗马军队在最短的时间内就可以从城市的中心出发,迅速到达任何需要军事援助的地方。

2. 庞贝(Pampeii)

庞贝城是亚平宁半岛西南角坎佩尼亚地区一座历史悠久的古城,位于意大利南部那不勒斯附近,维苏威火山西南约10km处。这座城市始建于公元前6世纪,公元79年因维苏威火山的大爆发而彻底被埋葬,当年同时受灾的还有著名的赫古拉努(Herculaneum)等一批城市。火山爆发前一天,庞贝刚刚举办过罗马火神节,幸运的是很多外来的客人没有罹难。最早的关于火山爆发的记录是在庞贝消

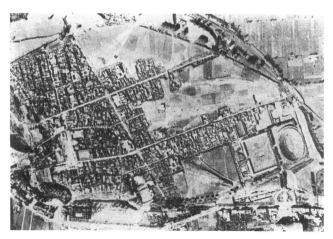

图 2-14　庞贝遗址的航拍图
(L. Mumford. The City in History. New York: Harcourt, Brace & World, 1961)

图 2-15　庞贝遗址中的广场。这个位于市中心的广场呈矩形，由柱廊所围成，其周边是大大小小的神庙和城市的政府机构
(作者自摄)

失了 25 年之后，一个名叫普利尼的年轻人对此进行了描述，因为他的叔叔曾带着一支船队去救援，结果全部覆灭。著名画家勃留洛夫根据这个描述创作出了名画《庞贝城的末日》。虽然庞贝在当时并不是唯一重要的商港城市，但由于火山灰的掩埋，古罗马时代建造的街道和房屋保存比较完整，所以从 1748 年起的考古发掘持续至今，为了解古罗马社会生活和文化艺术提供了重要资料（图 2-14）。

庞贝废墟东西长 1200m，南北宽 700m，面积达 $1.8km^2$，古城略呈长方形，被约 5km 长的石头城墙所环绕，四面设置城门。由于城市建立在北高南低的斜坡上，西南部分比较平坦，因此成为广场、神殿等公共建筑集中的地方。而城墙围护的最东南部修建了圆形的竞技场，据说可容纳 2 万观众。城内中心整体为棋盘式布局，两条大路将内部空间从西北向东南切开，并同另外两条主要干道直角相交，呈现"井"字状布局，同主要道路相对应的有七座城门，因而街区共分成九个部分。城内主要大街宽 7m，由石板铺就，由于长年的车辆碾压，形成了深深的凹槽；沿街有排水沟，还有取水的泉口。公元前 89 年，早期形成的庞贝城被罗马人占领，成为罗马帝国的属地。到公元 79 年为止，这里已经成为颇有规模的商业城市，盛期时的人口超过 2.5 万。

庞贝城的重要建筑都围绕着西南部一个长方形的公共广场（图 2-15）四周，有朱庇特神庙、阿波罗神庙、大会堂、浴场、商场等，还有剧场、体育馆、斗兽场、引水道等代表罗马城市的必备设施，显然是庞贝的政治、经济和宗教中心。广场的东南方是庞贝城官府的所在地，广场的东北方则是繁华的集贸市场。另外，城内还有其他公共浴池、体育馆和大小两座剧场，街市东边则有可容纳 1 万多名观众的圆形竞技场。城内的街道两边排列着众多的作坊店铺，都按行业分街坊设置；

很多居民的住宅仍保留完整，比较富裕的家里一般均有花园，主宅环绕中央天井布置厅堂居室，花园中有古典柱廊和大理石雕像，厅堂廊壁上有精美的绘画，这些都是研究古代罗马城市民用建筑的重要实物。

3．罗马（Roma）

传说罗马起源于公元前753年，当时在帕拉丁山上有一座村落，分布在七个小丘的范围内，这就是最早的罗马七丘联合（图2-16）。后来的罗马城被划分为

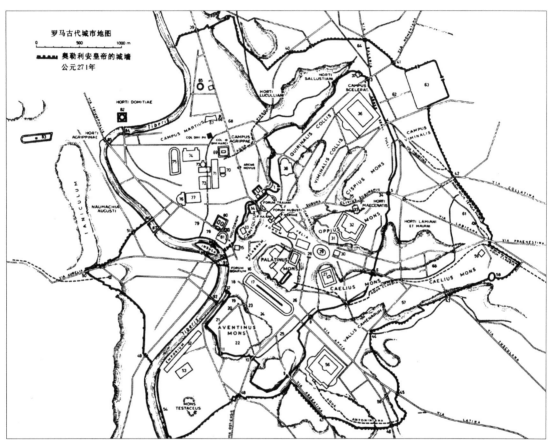

城门：1—桑库斯门；2—奎利纳奎尔门；3—科林纳门；4—维米纳尔；5—埃斯奎利纳门；6—锡813山麓门；7—橡树林门；8—卡培纳门；9—纳维亚门；10—拉杜斯卡纳门；11拉维纳利门；12特里格米纳门
内城之中的纪念性建筑：13—朱庇特神庙；14—要塞；15—报晓女神的神址；16—玛克西马祭坛；17—马克西姆斯况技场；18—谷类女神庙；19—月亮神庙；20—智慧、工艺及战争女神英；21—朱诺尼斯女王神庙；22—狄西阿浴池；23—狄安娜神庙；24—苏拉埃温泉府邸；25—波纳·德亚女神庙；26—塞维鲁的露天普台姆柱廊；27—狄维·克劳迪神庙；28—康斯坦丁凯旋门；29—元老院；30—大喜剧院；31—泰塔斯神庙；32—图拉真神庙；33—带讲堂的密西纳斯花园；34—高卢凯旋门；35—朱诺露茜那神庙；36—狄俄克莱蒂安浴池；37—福泰纳神庙；38—康斯坦丁浴池
外城墙的城门：39—夫雷密奈门；40—平喜阿纳门；41—诺曼塔纳门；42—提布尔门；43—阿西那那门；44—麦特罗尼亚门；45—拉丁门；46—阿庇亚门；47—阿狄亚门；48—奥斯提亚门；49—波尔特门；50—奥列利亚门；51—塞普台弥亚纳门

在内、外城墙之间的纪念性建筑：52—阿米利亚圆柱长廊；53—卡尔巴纳名祖祭坛（英雄祭坛）；54—罗林安名祖祭坛（英雄祭坛）；55—西庇阿的陵墓；56—卡拉卡勒温泉；57—拉特郎府邸；58—要塞处的圆形剧场；59—赫勒纳温泉；60—拉米亚尼花园；61—山林水泽之女神；62—柯沃提官邸广场；63—御林军营地；64—埃利那的维纳斯神；65—奥古斯都陵墓；66—帕西斯祭坛（和平圣坛）；67—晷晷；68—索利的奥略神庙；69—大卫·哈德里安神庙；70—埃及爱西丝女神（司繁殖神）的神庙；71—房屋；72—阿格里温泉；73—万神庙（现在的圣母大圆殿）；74—尼禄温泉；75—体育场；76—庞培剧场；77—庞培圆柱廊；78—夫雷密奈圆形杂技场；79—巴尔比剧场；80—奥克塔维亚柱廊；81—马尔彻里剧场；82—哈德里安的陵墓；83—加伊乌斯·尼禄的圆形杂技场
桥梁：84—艾礼桥；85—尼禄桥；86—阿格里帕桥；87—奥理略桥；88—法柏里阿桥（现在的格拉尼桥）；89—西塞提阿斯桥（现在的圣母桥）；90—阿基米里桥；91—萨布利西阿桥；92—普尔比桥（现在的狄奥多西桥）

图2-16 七丘联合体时代的罗马

(L·贝纳沃罗. 世界城市史. 薛钟灵等译. 北京：科学出版社，2000)

四个区——苏布巴纳区、埃斯奎利那区、科林那区和帕拉蒂那区,分别被小丘陵所包围,所以罗马的道路很难形成网格状。

公元前509年,罗马人建立了共和政体,成为独立的城邦,并建造了卡彼托林大神庙以供奉罗马的众神。此后最重要的城市建筑就是罗马广场,标志着城市的真正形成,也是共和时期城市的社会、政治和经济活动的中心。到了公元1世纪,罗马皇帝奥古斯丁用大理石改造了这个城市,出现了商业街、司法院、神殿、兵营、酒场等现代城市的雏形。当时的罗马南北长6000多米,东西宽约3500m。公元248年罗马举行建城1000年祭奠,5万多人聚集在大竞技场中,盛况空前。公元前27年,罗马进入帝国时代,伴随着经济的迅速发展,城市建筑物的规模越来越庞大。各个在位的皇帝为了炫耀自己的权力,不断扩大罗马的规模并大兴土木建设。比如屋大维修建了规模更为宏大的奥古斯都广场,还有数以百计的神庙、广场、祭坛、剧院,再加上王宫府邸、道路的铺设,罗马的面貌发生了很大变化;尼禄建造了一座非凡的宫殿——奥列阿府邸(俗称"金色的房屋"),从根本上改造了罗马的结构;图拉真在位时,罗马城的建设达到了顶峰,突破了13.86km^2的范围,许多建筑物都分布在郊区,比如在通往城郊的道路上,还建有庙宇、军事设施及体育运动设施等。罗马城的广场文化得到进一步深化,形成了由奥古斯都广场和图拉真广场等多个广场群组成的帝国广场格局。罗马城内有两条相交的东西、南北大道,连接中心的广场,即商业和政治的中心。奥古斯丁时期的罗马有人口近百万,城市道路延伸85km,为不规则迷宫状,大多数只能通行一辆车,中心区有两条大路,车辆可以并行(图2-17)。

20世纪的法国建筑史学家皮埃里·拉弗丹给罗马城总结出四个规划要素:选址、分区规划、方位定向与神学思想。早期罗马以七丘为主,中心为大理石建筑的广场,周围有神庙、街道、商店等。罗马帝国时期进一步完善了城市的市政设施,包括石铺的道路和排水、高架的水渠、高大的拱顶浴室、广场的柱廊结构等;神殿、宫殿、剧场、浴场和广场成为市中心的主要构成元素(图2-18)。维特鲁威写的《建筑十书》是古代罗马建筑的重要文献,其中有很多规划、建设和城市形态的章节。

公元5世纪,西哥特人占领罗马,城市的建设基本停止。康斯坦丁时代以后,东罗马帝国的首都继续繁荣,而罗马城再也没有建造大型的公共建筑。此后进入中世纪,罗马的城市人口减少到5万,大型公共建筑逐渐被废弃,城市的规模不断缩小,但由于基督教势力仍然存在,仅建设了少量的基督教堂。

4. 特里尔(Trier)

特里尔是德国最古老的城市,位于莱茵兰—普法尔茨州西南部,靠近卢森堡边境,地处摩泽尔河谷,两岸是低缓的红砂岩山丘,有丰富的罗马时代的遗迹(图2-19)。其历史可以追溯到罗马人到来之前的1300多年。公元前15年,罗马皇帝奥古斯丁(公元前27~前14年在位)在这里建设了莱茵河前沿的帝国军团城市,

公元 300 年左右的罗马模型,这座古代西方世界最伟大的城市,是当时人欲或人脑的最高披露和映象形式,是放大了的人脑。今天的罗马,则是今天意大利人大脑的精确投影。

图 2-17 公元 300 年左右的罗马模型

(赵鑫珊,周玉明. 人脑·人欲·都市上海:上海人民出版社,2002)

从此成为扼守这个地方交通要道的重镇。罗马人建于公元 1 世纪末的、可以容纳 2 万多人的圆形竞技场还保留至今。

公元 2 世纪之后,特里尔成为罗马皇帝的副都,管辖着高卢(今法国)的南部、北部、西班牙和英国等。康斯坦丁大帝(公元 324～337 年在位)进行了大规模的建设,人口一度达到 7 万,著名的古城墙"黑门"、建于公元 45 年的摩泽尔河上的罗曼石桥等遗留至今。特里尔在公元 3～4 世纪时曾为罗马皇帝的行宫,也是最早的基督教在阿尔卑斯山北侧的主教教区,著名的特里尔大教堂耸立在城市

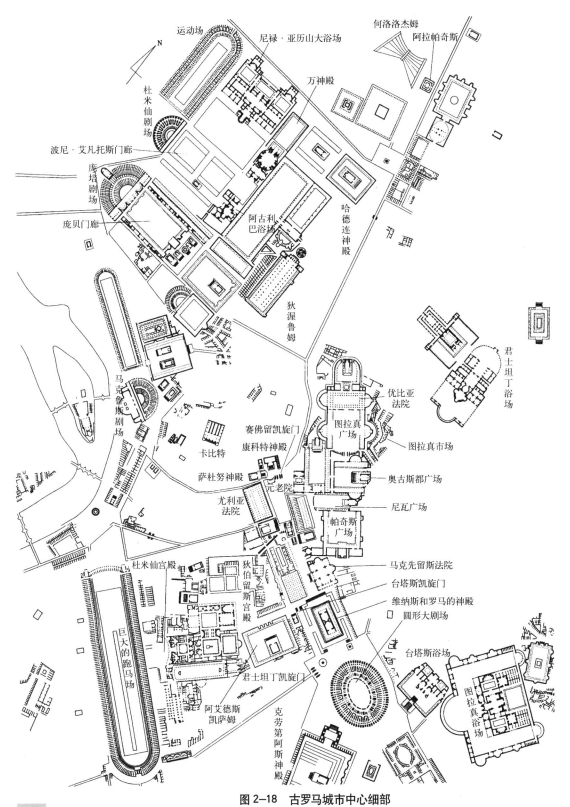

图 2-18 古罗马城市中心细部

(李政隆主编. 世界建筑全集 2——希腊·罗马建筑. 中国台北：光复书局股份有限公司, 1984)

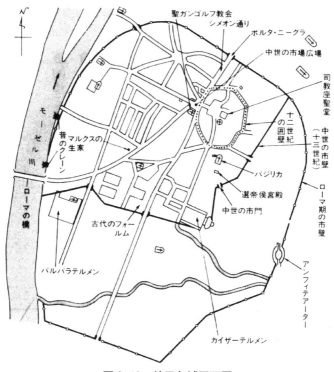

图 2—19 特里尔城平面图

(城市中仍可看到罗马时代的特点：笔直通畅的道路，坚固的城墙，中心广场和大教堂等)（鱼住昌良著. 德国古都古城和教堂. 山川出版社，2002）

的上空。罗马帝国崩溃后，这个城市遭到毁灭性的破坏。据历史记载，北方的日耳曼人白天进来抢掠破坏，晚上就住在城外，城中的罗马人早已逃亡，只留下孤零零的教会，特里尔变成了一座真正的坟墓。中世纪，特里尔大主教是一个重要的教会诸侯，他管辖的主教辖区控制了从法国边界到莱茵河的大片地区。特里尔大主教也是神圣罗马帝国的7个选帝侯之一。

5．伦敦（London）

公元1世纪时，罗马帝国的势力进入英格兰，后来在泰晤士河上建起一座城堡，起名为伦甸涅姆（Londinium），这也就是今天伦敦的发源地。当时属于罗马副都特里尔的管辖之下，也是后来英国大主教的教区所在地。公元2世纪晚期，伦敦已成为英国当时最大的城镇,修筑了6m高的环伦敦石头城墙。公元4世纪时，由于地理位置的重要和罗马帝国势力的影响，伦敦开始富裕起来，但仅仅40年后，频繁的部落战争又把伦敦变成一个纯粹的军事要塞。公元5世纪后伦敦被罗马人放弃而成为一座空城，一直到公元9世纪中叶都没有大的发展，最多时人口不过近万。公元886年，阿尔弗烈德大帝重新收复伦敦，修整了破败的旧罗马城的城墙，并将居住在罗马城以外的伦敦人迁入城内，城市开始有了生气。公元1066年，诺曼人威廉一世成为英格兰的君主，在伦敦东部修筑了坚固的伦敦塔以防御反抗

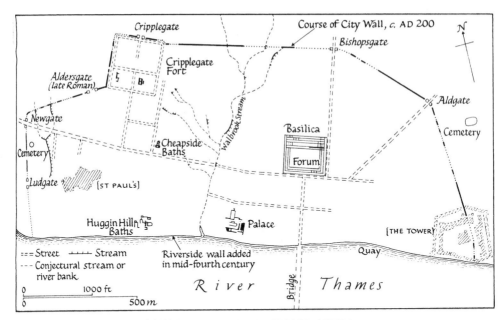

ROMAN LONDON: EARLY SECOND CENTURY

图 2-20 公元 3 世纪初的伦敦

(Kenneth O. Morgan, ed. The Oxford Illustrated History of Britain. Oxford: Oxford University Press, 1986)

者的进犯。公元 12 世纪后，伦敦成为了英格兰的首都。图 2-20 的中心为罗马式广场，有一条大道出城并跨过泰晤士河；其下方是宫殿及罗马城市特有的大浴场（如图中的 Cheapside 和 Huggin Hill）等，左上角是城市的要塞。公元 4 世纪中期，沿河的城市部分也建造了城墙，城中的道路大都整齐笔直，还有一些水路可供交通运输使用。

第三章　中世纪西方国家的城市

　　欧洲的中世纪一般是指从公元 476 年西罗马帝国的覆灭，到公元 15 世纪末、16 世纪初，当欧洲文艺复兴运动、宗教改革运动兴起，同时出现了资本主义的早期经济形态和国民国家为止的 1000 年左右的时间。相对于古代希腊·罗马的城市文明和社会文化而言，中世纪的欧洲社会是相当落后的：首先是已经达到相当高度的古代城市文明遭到了毁灭性的打击，而且在此后的五六百年间欧洲几乎没有任何城市发展的新迹象；其次是仅存的城市（特别是在意大利）无论是在人口、建筑、规模，还是在经济、文化的发展方面，都远远逊色于古代城市；再次是古罗马帝国在地中海沿岸所建立的庞大殖民城市群、四通八达的道路网络日渐颓败消失，东西方的商业和文化交流被迫中断，欧洲内陆几乎成为一个孤岛；最后是社会的经济结构已经改变，农业占据了主导的地位，城镇人口比例微乎其微，农业工具落后，生产水平低下，人们忙于应对战争和掠夺。在这个被很多人称为"黑暗的中世纪"中，唯一保留着希腊·罗马时代城市文明火种的就是教堂和修道院，在那里使用拉丁文来记录历史的活动依然继续，有限的手工业生产顽强存在；此外还有封建领主们的行政中心或军事据点（城堡），多少保留着一点城市生活的痕迹。从某种意义上讲，中世纪的基督教文化延续了古代的文明精神，但同时也扼杀了古希腊·罗马文明中的理性思想和民主制度，因为宗教是中世纪至高无上的存在和权威，迫使人们从古代活跃的文化生活倒退到笃信宗教的愚昧无知当中，思想和社会的进步都受到严重的阻碍。

　　从公元 8 世纪到 11 世纪是欧洲封建制度形成的年代，其经济基础建立在封建的庄园制度之上，国王、封建贵族、教会贵族、骑士等构成社会权利的金字塔，沉重地压迫着自由农民和农奴。由于不断遭受北欧海盗及其他外族的袭击，很多封建领主都建造了自己的城堡，于是，遍布欧洲大陆的庄园和城堡就成为中世纪欧洲封建割据的典型标志。10 世纪以后，随着地中海及西欧地区大规模战争时代的终结，社会秩序逐渐趋于稳定，农业生产力得到开发，经济水平随之提高。但欧洲大陆的革命性变化还未到来，因为当时没有什么社会力量或者外来冲击能打破封建制度的樊篱，也无从形成强有力的社会阶级，来重新振兴蛰伏了数百年的城市文明。与文艺复兴、宗教改革、产业革命等时期相比较，欧洲的中世纪是落后和漫长的，但对日后的发展而言却是一个极其重要的社会阶段，也是欧洲这个新的文化概念的真正起点。

第一节 欧洲中世纪城市的兴起

真正的转折点是在公元10～11世纪之间，特点是新的欧洲文明建立在以商工业为基础的经济形态和以中世纪城市为代表的社会意识之上，它主导了日后欧洲各国的文明发展并一直影响到今天。按照学术界的普遍观点，欧洲中世纪城市的形成概括起来有以下几个要素：①商业活动，特别是跨地区、跨国度的远距离贸易活动，重新激活了东西方文明的交流；②地方领主的特别保护，其中包括中世纪各王国和地方领主的许可，给城市的建立与合法性创造了条件；③以教会、修道院等为代表的宗教力量的支持，在发展宗教的同时发展了城市，也使得罗马时代遗留的城市火种得以复燃；④商人本身的才能与发展意识，令他们不仅开拓了整个欧洲大陆的贸易往来，还不断创新城市制度，发展城市经济，为文艺复兴和大航海时代的到来积蓄了力量。

一、地中海商业的复活

西欧中世纪城市的大量出现，基本上是从公元10～13世纪这二三百年间开始的。首先是伊斯兰教势力在地中海的扩张告一段落，而北欧海盗也逐渐从掠夺转向定居，欧洲大陆的战乱基本平息，逐渐恢复了和平。于是，人们又有条件重新开始传统的经济活动，特别是在那些有商业和手工业基础的古代罗马城市中，自然经济终于有了向货币经济转变的契机。当时由阿拉伯人所经营的东方丝绸、香料、瓷器等已经有好多个世纪没有到过欧洲了，而这些恰恰是各地的国王、贵族、教会等最急切渴望的东西。于是，意大利沿海的城市，如威尼斯、热那亚、那不勒斯等通过和阿拉伯人的贸易，迅速把握了时代赋予的机遇，成为欧洲新的贸易和金融中心。比如威尼斯人最早得到拜占庭帝国的许可，有了更多的接触到东方商品的机会和条件，他们甚至还在君士坦丁堡建立自己的贸易机构。在后来的十字军东征期间，威尼斯商人更加积极地在地中海沿岸建立商业据点，企图垄断地中海的贸易。当时威尼斯的商人足迹遍布穆斯林各国、埃及、两河流域、北非以及西班牙等地，其他的意大利城市也紧随其后。所以，当时才有了这样的一句话："意大利是欧洲商业的边界"。

地中海沿岸城市商业的巨大成功也吸引了阿尔卑斯山以北地区的欧洲内陆商人。许多自北而来的商队从意大利人手中购买东方商品，包括丝绸、香料和瓷器等，然后翻越阿尔卑斯山脉，进入到莱茵河、多瑙河流域，并日渐向更北面进发，直至北海·波罗地海地区。这样的远距离贸易活动持续了好多个世纪，逐渐推动了各地的产业和市场发展，形成了以意大利为中心的地中海贸易圈、以北海·波罗地海为中心的北部贸易圈和以佛兰德地区为中心的香槟大市商业圈，并各有所长。南面以东方商品为主，特别是香料和丝绸，对象是各国的贵族、主教和富裕的城市阶层；北面是盐、奶油、木材、毛皮、鱼类等，属于一般性的市民消费品；

而香槟大市主要是羊毛、皮革制品、葡萄酒等,基本上代表了西欧各个地区的生产内涵与需求,其重要的贸易伙伴是海峡对面的英国,因为羊毛主要来自于英格兰北部和威尔士地区。对整个欧洲而言,这个方向的贸易发展具有非常大的潜力。

随着时间的推移,欧洲大陆的城市发展迅速,规模不断扩大,因此建立在国际贸易基础之上的欧洲文明中心也逐渐由地中海转移到莱茵河流域及北大西洋沿岸。当时西欧最主要的商业路线有两条:一条是由法国沿海城市马赛经塞纳河、莱茵河、摩泽尔河等进入欧洲内陆;另外一条陆路是从意大利北部翻越阿尔卑斯山脉,经过奥古斯堡、乌伦姆、纽伦堡、雷根斯堡,再经过斯特拉斯堡、美因茨、科隆等进入莱茵河。这条路线在中世纪非常有名,因为单在公元951~1250年间,日耳曼皇帝由此进出意大利的次数就有144次,还不包括其他的军事行动。强有力的贸易推动了城市产业与经济发展,如佛兰德地区的布鲁日、根特等城市从英国进口羊毛,形成较大的纺织工业中心;在莱茵河、波罗的海和北海沿岸,相继出现了汉堡、不来梅、吕贝克等城市,以大宗商品如木材、皮毛、盐和鱼制品为主,其贸易范围涵盖整个欧洲西部;而内地的商路上则出现定期的大集市,如上述的香槟伯爵领地的香槟大市就是最著名的一个,发挥着连接地中海和北方贸易圈的作用(图3-1)。

二、中世纪欧洲城市复兴的内部条件

中世纪欧洲城市的兴起,其外部原因是远距离贸易的推动,而其内部原因,则主要来自以下两个方面。

1. 农业生产力的开发和经济的景气

中世纪农业发展的显著标志之一是耕地面积的扩大,因为这个时期内许多森林都被开垦变成耕地,保证了农业发展的最基本条件,所以有的学者称之为"大开垦时代";其次是工具的改良与使用。由于很多地区采用水磨和风车来进行工具的制作,不仅加速了农具的生产,而且开发了铁犁、挽具等新型农具,大大减轻了农民的工作量,提高了劳动效率。据史料载,从公元8世纪到12世纪,整个西欧地区,从莱茵河到卢瓦尔河流域都采用了铁器农具和畜力牵引的耕耘器械;第三是普及了三圃种植法等新的耕作技术,有效提高了单位产量;第四是重视对新开发土地的耕作技术、选种育种以及农产品运输等,经营农业的意识有所增强。此外,生产的组织化、合理的管理等,都保证了以农业为经济主导的成功。随着经济的发展,欧洲人口增长迅速,从公元700年时的2700万增加到公元1300年的约7300万,为城市的复兴和发展储备了必要的条件。但随后蔓延整个欧洲大陆的黑死病对中世纪的城市造成极大的打击,延缓了规模的扩大和文明的进步。据史料统计,从公元1300年开始大概经过了200年,也就是到了中世纪的末期,欧洲城市的人口才恢复到盛期时的水平。

2. 社会结构的变化以及新的封建秩序的形成

古代的城市是建立在奴隶的血汗劳动之上的,当时城市中只有两种人:自由

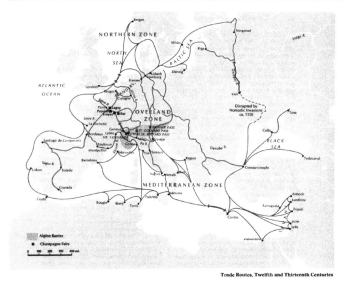

图 3-1 中世纪的商业路线与远距离贸易
(J. B. Harrison, R. E. Sullivan. A Short History of Western Civilization. New York: Alfred Knopf, 1971)

人和奴隶,前者又分为贵族和平民,是不劳而获的剥削阶级。古代社会灭亡之后,城市经济停滞不前,农业成为社会的支柱。一些强大的贵族剥夺了自由农民的土地,建立起自己的庄园,而教会凭借着宗教的权威,也不断蚕食农民的土地,或者开垦新的土地作为自己的领地。这样就出现了以封建贵族和被奴役的农民为主体的新的社会结构。在封建贵族中占重要比例的是所谓的骑士贵族,他们用武力保护各自领域内的农民,同时对他们实施人格的支配。在骑士贵族的上端是强大的诸侯,他们往往统治着很大的领域,从最强大的诸侯当中再选出国王。欧洲封建制度的要点在于土地的经济关系和建立在这个关系之上的人格依附制度。但与东方国家的一元化统治不同,欧洲中世纪的最高封建领主(皇帝或国王)对各分封诸侯的支配权是很有限的,这样就造成下面的贵族可以不追随更上一级的封建领主,可以享有独立的特权,也可以选择新的依附领主。因此,中世纪的城市从法的概念上讲,就往往等同于某一地方贵族,可以享有特权,可以排除其他封建贵族或者教会的干涉。而出于保护自己的利益,皇帝或者国王往往授予某些城市更多的权力,即所谓的帝国自由城市,包括不输不入权、市场权和军事权等,因而能成为封建社会中异质的存在。

经过漫长的中世纪后,古典的庄园制度逐渐崩溃,旧的社会秩序也重新编写。这样就给了城市发展以更大的空间。其标志主要有二:①农村地租形式的变化,通过缴纳货币来替代劳役,一部分农奴变成了自由农民(特别是手工业者);②城市中商人及手工业行会的发展,由简单的订货生产转变为对生产资料和市场的垄断,形成早期的商业资本家。这样,到近代开始之前,虽然是星星点点,但欧洲大陆上几乎遍地都是商业、手工业生产城市,有的甚至不足千人规模,它们的命运要等到新时代稳定之后才能定论。

三、中世纪欧洲社会结构的特点

中世纪欧洲社会的政治结构,可以简单地比作一个椭圆形,在其长轴上有两个焦点:一个是教皇,代表宗教的势力;另一个是皇帝,代表世俗的贵族。两者之间的斗争从未间断,而中世纪城市的成长就非常合理地利用了这样一个空间,这也是欧洲城市最有特点的地方。公元 800 年,罗马教皇给神圣罗马帝国皇帝卡尔大帝行戴冠礼，任命他为世俗世界的最高权威，管理教会之外的封建贵族。但卡尔大帝并不甘心受教皇的支配，而是要树立自己的绝对权威，于是一个双元统治的模式开始形成。仍拿上述的椭圆形为例，位于短轴上的贵族、骑士等围绕着皇帝成为一个核心，而教会及一部分脱离皇帝的贵族则围绕着教皇形成另一个核心，两者势均力敌。终于在公元1074年，发生了一场对中世纪欧洲城市有着重大意义的叙任权斗争（即任免教会主教的权利）。神圣罗马帝国的皇帝亨利四世与教皇格里高利尖锐对立，直接促成了城市市民的介入，他们坚定地站在皇帝一边，因此而获得了皇帝的特别保护，成为享有特权的帝国自由城市市民。从此，城市具有了新的身份（自治权、不输不入权、独立法权），拥有了军事权（城墙、武装、军队）、司法行政权（下级法院、市议会、选举市长）、市场经济权（铸造货币、收取市场税、监督度量衡、制定物价）等。市民享有与周围农村的农奴在身份上的不同（自由人），遵循法制度的不同（城市法对庄园法），经济地位的不同（支配地位对从属地位）。而城市所具有的排外性（法领域）、开放性（商业贸易）和自由精神，培养了市民阶级的自我意识和政治意识，也为近代市民社会的发展打下了基础。从中世纪的城市中也可以看出希腊时代的某些影响：共同体的利益高于一切，市民阶级的平等与内部的民主制度，严格的法规观念，还有相对自由的空间结构与和谐的城市总体布局。

四、十字军时代的城市文明

公元11世纪末出现的十字军运动是西欧历史上的一个重要转折点，欧洲大陆开始从早期中世纪社会的停滞和封闭状态里走出来，为城市的进一步发展开拓了新的视野。从公元1096～1270年，以英、法、德等为中心的各国封建贵族在教会的鼓动下，发动了多达7次的十字军东征，目的是夺回被伊斯兰教徒占领的基督教圣地。这个运动给东西方都带来了巨大的社会冲击和变动：一方面是造成城市的破坏，人们流离失所，生灵涂炭；另一方面是促进了东西方贸易的交流和商业据点的建设。在取得大量的商业利益的同时，意大利商人们也为文明社会作出了特殊的贡献，即把东方的医学、化学、数学等科学知识带到了西方，直接诱发了日后的文艺复兴运动。同时，因战争而发达的航海知识也为15世纪以后的地理大发现准备了条件（图3-2）。

从欧洲内部看，十字军行动又可被称为是城市发展的催化剂。首先，长达近两百年的十字军行动耗尽了封建贵族的财力、物力和人力，很多家族因此断代，从而削弱了他们对城市的控制力，很多领主不得不退出城市，专心经营庄园；其次，各城市的商人（特别是意大利）在十字军东征中扮演了主导的作用，进一步提升了商人阶级的势力。实际上，远在十字军行动之前，已经有意大利商人在耶路撒冷等地建立医院，到了后来就成为半军事性质的"圣约翰病院武士团"。而较早先参与十字军活动的是热那亚和比萨的船队，他们在东方取得的商业特权刺激了威尼斯，后者不但伏击比萨的商船，还逐渐扩大势力企图垄断地中海的贸易。这些

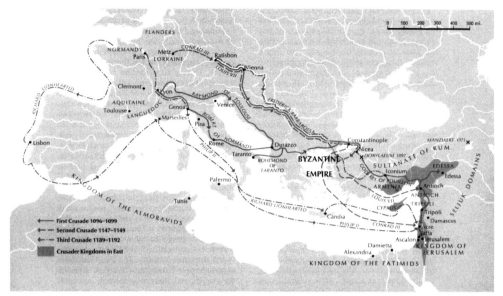

图 3-2 十字军东征与城市的建设
(J. B. Harrison, R. E. Sullivan. A Short History of Western Civilization. New York：Alfred Knopf, 1971)

意大利商人在土耳其、叙利亚、巴勒斯坦及地中海沿岸其他地方建设了大量的商业据点，与当地的安蒂奥克、的黎波里、阿克、雅发，还有内陆的大马士革、巴格达、伊斯法罕等城市保持了密切的商贸往来关系。而这个时代的阿拉伯商人与东亚国家的往来也同时达到了历史的高潮，中国的印刷、瓷器制造、火药等技术被相继传播到西方世界，以阿拉伯国家为媒介，以欧洲中世纪城市为动力的东西方贸易的世界大流通基本形成。其结果是，欧洲城市的复兴步伐明显加快，许多在罗马时期建立起来的城市，如罗马、比萨、佛罗伦萨、威尼斯、热那亚、米兰、那波利、巴黎、马赛、里昂、美因茨、伦敦、约克、根特、科隆等相继恢复了中心城市的地位，而商业又促进了经济的发展和社会的繁荣，城市发展出现了质的飞跃。

十字军运动还有一个副产品，就是那个时代流行的一种国际语言，称为林古法兰克，是旅居东方的基督徒与当地阿拉伯人通婚后产生的由法兰克语、意大利语、希腊语和阿拉伯语混合的语言，对东西方贸易的促进产生过非常积极的作用。

第二节 欧洲中世纪城市的基本构成

一、中世纪欧洲商业贸易的特点与城市分布

中世纪与古代的贸易有本质的不同。古代的生产者是奴隶，生产出来的商品大都是互相交换的，而不是货币买卖，甚至连奴隶都可以用来换取奢侈品、武器等，

交易双方不存在经济上的同盟关系或者不受到经济规制的约束。而在中世纪，首先是贸易的对象由少数贵族、教会圣职人员扩大到一般的市民，商品也从奢侈品延伸到家庭日常商品的范畴；其次是交易的方式不再是实物交换，而是用货币购买，因此出现了很多以前没有的规制甚至法规，比如兑换和支票等；最后是贸易范围的大幅延伸，甚至跨国跨洲，从西方一直到东方，形成早期的常规性国际贸易。这样，几乎所有的中世纪城市都同时成为商业的提供者与消费者，出于对自己经济利益的保护，许多城市不仅制定出自己的城市法、贸易程序、市场管理制度等强制性手段，还往往结为同盟，以共同体的力量维护整个同盟内部的经济秩序与利益。所以，中世纪的欧洲城市并不是简单的古代城市的复活，无论从其规模还是经济、政治的形态方面看，两者都有明显的区别。

同时，中世纪的商人本身并不是奴隶主，很多人甚至早先属于不自由的阶级。但随着贸易路线的开辟，他们穿越国界、领主界，成为一个独特的社会阶层。对极度渴望东方商品的西欧贵族、领主、国王还有主教们而言，这样的远距离贸易百利而无一害，因此他们主动庇护商人以及他们的活动。加之这些早期的商人都具备相当的文化知识，包括语言、货币、宗教、法律、地理与气象等，所以穿行于不同的文化区域和封建领地而游刃有余。从公元10、11世纪开始，在教堂、封建领主的城堡以及河湾、道路汇集处，逐渐形成了商人们囤积货物、转运货物的地方，称为"商人聚落"。随后，商人聚落的规模不断扩大，不仅增强了防御、生活和服务设施，而且建设起各个聚落内的教堂，具有活力的中世纪城市的核心就此形成。当然，有些城市后来发展得更快，拥有了完备的城墙、中心广场（包括教会与市政厅）、市场以及商业行会的建筑等。

如前所述，新兴的中世纪城市最先集中在意大利，特别是沿海地区，如威尼斯、热那亚、米兰、佛罗伦萨等。这些城市在经历了长期的农业经济形态之后，完成了彻底的经济转型，成为以商业为基础的经济体。随后兴起的才是阿尔卑斯山脉以北的罗讷河、莱茵河、美因茨河、鲁瓦尔河一带的城市，包括今天的法国北部、比利时、低地国家和德国西部，也包括一部分英国的城市。同时，地方手工业的发展也很迅速，包括农具、武器、衣服、食品等的生产逐渐成为城市经济的支柱，进一步带动了城市人口的职业化。因此，中世纪城市的起步虽然较晚，但速度非常惊人，在整个中世纪，仅神圣罗马帝国境内就有3000～4000座大大小小的城市，它们各自形成有一定法秩序的经济共同体，并将城市的控制权扩大到周围的农村，一方面依赖周边农村的食品、工业原料甚至手工艺人，另一方面输出自己的手工业产品，也包括一些转运来的商品，实施了对原料供给和市场销售的双重掌握，所以市场的繁荣和一定范围内的商品经济社会的存在是有关联的。

中世纪初期的城市人口大多在1000～3000左右，但到了公元14世纪初，开始有了比较大的城市，比如米兰、威尼斯、佛罗伦萨和热那亚等，人口从数万到10万不等。而在沿大西洋的一侧，出现了文化和产业的中心城市，如巴黎（约8

万人口）、伦敦（约5万人口）、科隆（约3万人口）等。这些城市逐步成为欧洲贸易、文化和宗教活动集中的中心，城市的规模和建筑都极有特色，甚至保留到今天，在很多的史料上都有记载。但绝大多数中世纪城市都是在原有的教会、修道院、贵族庄园基础上或者周边的交通要道上发展起来的，形状大小不一，没有良好的规划，而且经常遭受大规模的瘟疫、战乱以及自然灾害的影响。

二、中世纪欧洲城市的类型

虽然中世纪的城市大都是在贸易交流的前提下重新复活或者新建的，但由于历史背景的不同，仍然有比较典型的区别，特别是城市形态上有很大的差异。比如罗马时代的旧城市有一部分在中世纪复活，主要是在意大利，其原本的规模较大而建筑密集，还保留有传统的剧场、竞技场、休闲娱乐设施等，城市的供水、排水和道路体系也比较完整；在地中海沿岸（比如北非）或帝国的边界（比如莱茵河以北地区）还有不少的罗马军营，原先的布局比较整齐，道路笔直而发达，城墙坚固而完整。但到了中世纪，自由的商业贸易和代表商工业市民的城市精神与这些机械而华丽的空间布局并不协调，因此，这一类的城市后来变化较大，比如许多罗马时期的道路被细分化，不再笔直宽敞，商店、住宅等建筑物的侵街现象相当普遍，城市的空间开始显得拥挤。还有一些是从弱小的商人聚落发展而来的，因为往往靠近或围绕着教堂、领主的城堡扩建而成，形态非常多样，道路大都依地形而建，弯曲而不规则，空间布局比较凌乱，特别是市政设施非常缺乏。这些城市的规模一般都不大，有的进入工业化时代后就逐渐消失了。最后还有一种是伴随着德国的东部移民而新建的城市，一般都有比较好的规划，道路相对整齐，中心有市场和教堂的空间，城墙也比较高大。

列举了这些不同的城市形态之后，可以进行粗略的分类。以意大利和法国南部为主的城市，比较多地依赖于远距离贸易，在城市社会的结构上更类似于古代罗马时代的城市，可以归类为南欧型，其特点是城市中传统土地贵族的市民化，城市与农村之间的对立比较缓和。这些城市通过典型的中间贸易、金融投机和海外冒险（比如参与十字军对东方的掠夺、垄断地中海、相互间的争夺）等来积累财富，尤其以威尼斯、热那亚、比萨、佛罗伦萨等城市最为典型。南欧型城市中的市民构成比较复杂，既有当地的土地贵族，又有由外部招来的行政官员和雇佣兵，还有专门从事贸易的外族商人等，其自治的目的是建立一个强大的"中世纪帝国"。这些城市中平民与贵族的对立比较明显，个人的投机性与发挥欲望强烈，所以既能培养起大的财阀，也有能力为灿烂的文艺复兴打下基础。从空间形态看，南欧型城市更多地保留了古代城市的特色，但中世纪没有很好的空间规划，街道比较凌乱，创新点较少，也没有其他国家的中世纪城市常见的广场与空间。

而在莱茵河右岸和西欧北部地区，并且一直延伸到北海·波罗的海地区，很多城市的形成是商业活动和城市自治制度扩张的结果。构成这些城市主体的是新兴的市民阶级，可以称为北欧型，特点是城市作为一个经济共同体，商工业并举，很多城市属于同一个城市法体系（史称法家族现象），商业竞争和制度更新带来新的市政建设（建筑、道路、下水、医疗）、社会福利（失业保障、救济）、法规（商法、信用制度、纳税、市政选举）等新的要素。

作为最重要的北欧型城市的摇篮，德国向东部和波罗的海的扩张从公元11世纪后叶就开始了。比如公元1058年不来梅等德国城市就在里加（现属拉脱维亚）设立了商业机构，到公元12世纪初更形成大规模的东部殖民运动，大量的德国商人和手工业者东渡易北河，将波兰、捷克的很多北部城市变成为德国人的商业据点，因此这些城市当中有很多都实行德国中世纪的城市法，形成庞大的"法家族"现象。城市法的目的是要最大限度地保护各自城市的利益，其主要内容包括：对外的经济垄断与对内的行会强制；最大限度保证市民的自由权利（如授予市民权，1年零1天的移民制度）；保护私有财产以及强烈的共同体意识（自我武装、排外、内部扶助）等。所以，欧洲著名的格言"城市的空气使人自由"的源头就在这里。北欧型城市受到古代城市文明的影响最小，虽然整体的形态并不规则，但结构比较清楚，包括城墙等防御设施、市场和教堂，城市的商工业行会建筑高大而整齐；另外，因为要连通对外的贸易路线，城市道路一般比较宽敞，保留到今天的中世纪形态也比较完整。

三、中世纪欧洲城市的构成要素

中世纪的城市离不开教会、市场和城墙这三个要素。从很远的地方到达一个中世纪的城市，首先看到的就是教会的高塔和十字架，因为教会是中世纪城市的核心文化和保护者，因此，任何一个中世纪的城市都竞相建设教堂，有的周期甚至长达数百年。时至今日，许多著名城市的大教堂，如在米兰、科隆、慕尼黑、约克、巴黎等城市中都成为标志性建筑。其次是市场，因为城市赖以生存的经济基础是商业和手工业，而商人和手工业者又分属不同的行会，大的行会往往还掌控着城市大权，因此，他们在城市中的活动需要一定的空间，包括建筑物。从今天的眼光看，中世纪的市场既不大也不规则，但其在历史上所发挥的作用却非常重要，因为市场不仅具有经济的地位，还是一个城市的政治核心，是市政厅和相关管理机构的所在地。中世纪城市的规划要点，是将市场作为各条道路的汇集点，以便贸易交流和市民的日常生活。因此，中世纪城市的道路往往呈蛛网状，有一个比较完整的以市场为中心的同心圆结构。第三是城墙，中世纪的城市一般都有城墙围护，它有两个领域的含义：①作为城市防御设施的主体，城墙保护了市民的财产和生命安全，保障了城市的独立和自治；②具有区分不同身份的意义。城市里的市民是自由人，而城外的农民是不自由的甚至是农奴；城市市民因城墙的分割而享有城市法的权利，城墙外面的世界就是庄园法管辖的区域。所以，一旦市民被驱逐出城市，同时也就意味着他所有市民特权的丧失。中世纪欧洲的城墙比较有特色，并不追求外形上的美观，而是必须经济、坚固和适合当地的地形。因为中世纪城市大都靠近交通要道，没有古代希腊城市那样的自然屏障，所以必须建筑有城墙和城壕。但由于人力和财力的限制，这些城墙都基本遵循自然的条件，较少人工的大规模改造，所以一般而言既不是规则的几何形状，也不高大雄伟，有的甚至像现代施工时搭建的脚手架一样单薄，所以不得不建筑很多的城门来予以加强。但在冷兵器时代，这样的城墙已经足够保护城市的安全，而从各个城门到中心市场的道路被编制到蜘蛛网形的结构中，有助于发生战事时，市民们能从各个角落迅速登城来保卫自己。

中世纪城市和古代罗马城市之间有很多的不同，从空间布局和建筑形态上分别体现出其独特的结构。比如在一般情况下，为了发展商业，很多中世纪城市都对罗马城镇的网格式街道进行了改造，密度增加而幅度减小，所以在今天看来，很多城市的中心区都比较狭窄，道路弯曲，方向性不明确。同时，为了开辟或扩大市场，不得不拆除一些古老的建筑，又进一步将原先罗马城市的结构完全打破。出于商业利益的考虑，中世纪城市的很多商店都把建筑物扩建到道路上，或者干脆悬挑出来，比如阳台或者凸出的窗台，因此城市不得不一再发布禁令以保持道路的畅通。中世纪的建筑一般都是多层的，据史料载，最早的多层住宅出现在威尼斯，大约是公元1197年，随后在佛罗伦萨、罗马、布鲁日等城市相继建造，大约在公元14~15世纪就比较普遍地采用了这样的住宅方式，以容纳更多处于社会较低层次的商工业市民。

城市中的空间分配也重点体现出商业的价值。那些比较强大的行会往往占据了市中心，还有一些空地可以供富有的市民去娱乐或建筑自己的公所。但市中心绝不是建造住宅的地方，特别是独立的住宅，因为广场周围总是挤满了各种公共建筑，包括教堂和多层的会所。一些重要的商业城市为了垄断商品，一般都在封闭的大厅内进行交易，所以这些城市还修建了高大的交易所建筑（图3-3）。但随着商人数量的增加和经济实力的增强，独家拥有的店铺也多了起来，形成不同行业的商业街区，其建筑的风格成为中世纪城市的独特标志。特别是那些高大的富商店铺一般有4~6层，底部经商，中部居住，阁楼是储藏商品的地方。这些建筑的正面一般都不宽，但纵深很长，对

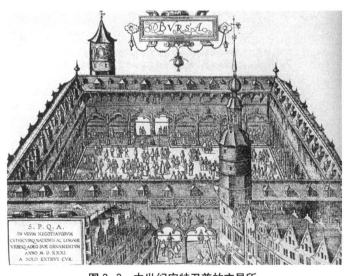

图3-3 中世纪安特卫普的交易所
(马克·吉罗德著. 城市与人——一部社会与建筑的历史. 郑炘，周琦译. 北京：中国建筑工业出版社，2008)

城市空间进行了不规则的切割。一些特殊的职业，比如卖肉、屠宰、手工作坊以及医院等，往往要位于远离中心的地方，占据的空间也相对不规整甚至可以说是狭小。

和古罗马的城市相比，中世纪的城市一般更显得简陋和肮脏。就市政建设而言，中世纪城市一般都没有很好的排水、卫生设备，基础设施不齐备，建筑拥挤而平庸，既没有古罗马时代城市那样的公共娱乐设施，也没有体现希腊城市精神的卫城和市民交际的广场等。由于生活环境的恶劣，加上战争和教会酷刑造成的伤亡，为"黑死病"的大规模传播创造了温床。从公元13世纪后叶到16世纪，欧洲城市的人口几乎减少了1/3，这与古希腊城市强调的健康与体育精神格格不入。中世纪城市的本质是商业性的，一切活动都围绕着商业利益来进行，但文化活动的核心却是宗教。进入公元12、13世纪后，随着市民经济和政治力量的成长，越来越多的市民文化因素渗透到西方建筑，包括教堂的内部来。所以自公元12世纪初在法国兴起的哥特式教堂已经不再是单纯的宗教活动中心，而是市民感情的寄托所在，教会成为音乐、戏剧、文化等活动的中心，一直到今天为止。

四、中世纪城市的终结与新时代的开始

任何时代的城市，无论从其发展模式还是创新意念上看，总有落后和走向衰亡的一天。中世纪的城市在经历了数百年的风雨之后，既孕育出对整个欧洲文明发展方向产生巨大影响的文艺复兴、宗教改革和工业革命，也最终完成了自己的历史使命。

1．近代国家概念的出现

近代以来各西方国家逐渐有了明确的领土概念和政治意识，并通过加强王权的统治来剥夺自由城市的权利。这样一来，那些独立的、小规模的中世纪城市最早消失，比较强大的城市也被近代国家逐渐削弱和吞并。比如在百年战争（公元1337～1453年）中，佛兰德地区的纺织业急剧衰退，大量技术工人移居到海峡对岸，城市因此而一蹶不振。英国却趁机转单纯羊毛出口的不利为纺织品出口，加强了对外竞争，为产业革命的萌芽准备了条件。最终，经历了羊毛特权商人—海外冒险—煤矿的发现和使用—生铁制造的大炮—海军与对外扩张的复杂历史过程，一个海上强国出现了，而从英国最早兴起的资本主义时代的曙光开始出现在地平线上。

2．封建秩序的崩溃

在长期的中世纪，城市按照封建秩序打造了最适合的生存形态，包括经济支柱和政治联盟。但进入资本主义发展阶段，这些只依赖于前期资本主义的中世纪城市很难适应新的社会发展和新的生产模式，所以和封建制度一道逐渐退出历史舞台。

3．工业革命的诞生

工业革命首先在城市行会控制力量薄弱的农村地带萌芽，直接冲击了中世纪城市的经济基础。其原因是城市行会的束缚迫使大量工人到农村地区发展，促成了新的农村产业地带，城市则日益被孤立化。在这个时代，整个西欧大陆上工业革命所需要的空间和时间资源都超出中世纪城市所能提供的范围，因此，不可避免的是相对于工业城镇的大量出现，老城市的萎缩和停滞不前。

4．资本主义思想的萌芽

科学技术发展和资本主义萌芽，急需对世界贸易格局进行改变，推动东西方贸易交流，于是，随着大量海外探险和殖民地的开拓，特别是哥伦布、麦哲伦等的海外航线的探索，激起了新兴的西欧各国商业集团的海外扩展野心。一方面是大航海与文艺复兴的启蒙，带来新的世界经济市场和发展机遇，在大西洋沿岸崛起了新的国际金融贸易城市：里斯本、塞维利亚、布鲁塞尔、安特卫普、阿姆斯特丹、汉堡、伦敦等，国际文化交流进一步扩大与加强；另一方面是海外新殖民地的开拓与商业据点（城市）的建设，迫使大量中世纪的商业城市因贸易的中断而逐渐衰退，它们创造过的辉煌也被一个世界性的商业大环流的时代所遗忘。

第三节　中世纪西欧各国的城市

中世纪西方国家的主要城市分布如图3-4所示。

一、意大利中世纪的城市

公元962年，神圣罗马帝国成立，意大利被并入帝国的版图。由于日耳曼皇帝的频繁造访，促进了意大利进入欧洲腹地的通路，为商业贸易的交流创造了条

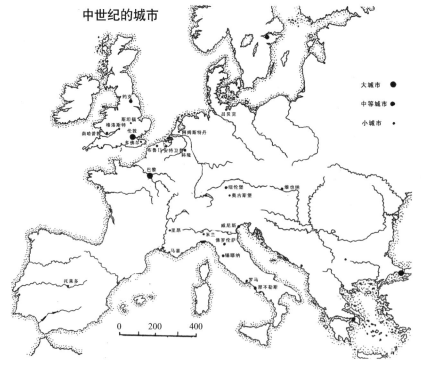

图3-4　中世纪西方国家的主要城市分布图

件。在意大利北部的威尼斯、热那亚、比萨等城市最靠近地中海和欧洲大陆的腹地，商业和手工业产品的市场非常广阔，加上东方贸易带来的奢侈品，所以能够迅速成为中间贸易和国际贸易的中心城市。从公元11世纪末到13世纪后半叶，十字军的运动又给这些城市带来巨大的商机，它们不仅通过提供船舶和物资来获得利润，甚至在小亚细亚地区建立起自己的殖民城市。

另外，在罗马帝国崩溃之后，意大利仍然部分地保留着城市国家的传统，有一定的政治独立性。所以在公元11世纪末，在意大利首先出现了共和政治的城市（比如著名的威尼斯共和国），实际上就是当地的封建贵族和远距离贸易商人携手，形成了执掌政权的上层市民（类似古代的元老院），并在自治城市的基础上进一步建成新的城市国家。和欧洲内陆的城市不同，虽然经过多次政体的改变，意大利各城市最终还是实行世袭的独裁统治，土地贵族和商业贵族是上层市民，这样的世袭政权在一定程度上保持了城市的稳步成长。城市内部的政治安定和外部商业贸易带来的巨大利益，便成为15世纪之后文艺复兴的最大推动力，欧洲的历史又翻开新的一页。

尽管属于神圣罗马帝国的统辖，但意大利位于帝国的南端，山高皇帝远，有相当大的自由活动空间。帝国的每位皇帝都把意大利作为统治的重点，上百次地进入意大利和西西里岛，但缺乏军队和地方封建贵族的支持，他们无力实现对各地领主，其中也包括对各个城市的严密控制。比如在公元1164年，为了共同抵御神圣罗马帝国的压迫，由威尼斯、米兰等城市牵头成立了伦巴底同盟，城市的力量进一步壮大。这个同盟在公元1176年曾大败皇帝腓德烈，为城市市民取得政治地位奠定了基础。但在历史上意大利的很多军事冲突并不是发生在城市和帝国之间，而是因商业利益的争夺造成城市间的相互争斗。由于阿尔卑斯山脉以北地区贸易的日益昌盛，对这些地区的争夺也开始白热化。所以，以米兰和巴菲亚（Bafia，位于西西里岛上）为首的两大城市同盟开始形成，相互争夺领地和商业路线，而以地中海的东方贸易为争夺对象的城市间争夺也此起彼伏，贯穿了整个中世纪。和阿尔卑斯山北部的城市同盟斗争一样，威尼斯、热那亚、比萨等之间为商业利益争得你死我活。到公元15世纪之后，佛罗伦萨又取代了威尼斯，成为新的意大利城市的霸主。

1. 锡耶纳（Siena）

锡耶纳位于南托斯卡纳地区，在佛罗伦萨南部大约50km处，建在阿尔西亚和阿尔瑟河河谷之间基安蒂山三座小山的交汇处。锡耶纳的历史可追溯至公元前29年，由罗马皇帝奥古斯所建，在历史上就是一个贸易、金融和艺术的中心。公元1287年富裕的商人阶级掌权，锡耶纳的经济和建筑得到极大的发展，达到历史上的全盛时期。中世纪时，锡耶纳的皇帝派与佛罗伦萨的教皇派是相互敌对的派别，两个城市为领土进行了多次战争，因此还遗留了不少公元14~16世纪建设的防御工事（图3-5）。

从图中可以看出，整个城市都被城墙围护，地形比较复杂，几个主要的入口和城门也大都依险而建。城的中心部分是著名的贝壳广场，左侧是大教堂；由于依山丘而建，建筑排列密集而不规则，城市的公共空间也非常凌乱，既没有一般中世纪城市常见的环状、网格状或放射状道路结构，也没有形成明显的商业干线，道路大都沿山势从广场向外各个方向伸展。但在密集的建筑物之间还留有一定的公共空间来容纳市民的日常活动。

锡耶纳城依山势而建，建筑多为四层以上，密集而高大，具有古罗马和文艺复兴的风格；道路狭窄且有很大的坡度，城市的出口大都居高临下，易守而难攻。此外，几所文艺复兴时兴建的教堂、沿坡度密集修建的住宅群、狭窄的拱廊形式和数量众多的喷泉等，都体现出意大利哥特式的风格。德卡波广场（即贝壳广场）是城市的中心（图3-6），位于三座小山的交汇点以及三条大道的交叉点，构成了独特的"Y"字形城市布局。其最大的特点是带有一定的坡度，并倾斜至中心交汇处，便于市民从高处观看表演活动和各种城市盛典；四周高大的烟囱状建筑是显示家族实力的标志，而中世纪的各种城市活动都在广场举行。

图3-5 锡耶纳市的平面图
(L·贝纳沃罗. 世界城市史. 薛钟灵等译. 北京：科学出版社，2000)

2．那不勒斯（Naples）

那不勒斯在意大利语中称"那波利"，是意大利南部的海港城市、坎帕尼亚区的首府。城市位于维苏威火山西麓，港口建有著名的那不勒斯"蛋堡"（图3-7、图3-8）。城市中心的街道纵横排列，大致呈直角相交，干道和次干道明显可辨，形成很多狭小的街区空间。港口与城市内部有干道连接，可以设想其海上贸易的盛况。

公元前600年时这里曾有过一个小城，前326年被罗马征服后改建。公元1140年，那不勒斯并入到诺曼底人统治下的西西里王国，1282年伴随着意大利南部与西西里的分离，那不勒斯成立了自己的王国，与西西里王国并列。那不勒斯

图 3-6 古代绘画贝壳广场

(马克·吉罗德著. 城市与人——一部社会与建筑的历史. 郑炘,周琦译. 北京:中国建筑工业出版社,2008)

图 3-7 中世纪晚期的那不勒斯地图

(西隐,王博著. 世界城市建筑简史. 武汉:华中科技大学出版社,2007)

图 3-8　那不勒斯著名的"蛋堡"，屹立在港口扼守进出船只（李微摄）

主要有两个城区，一个是王国的所在地即老城，还有一个新城，一直到今天都没有大的变化。公元 1442 年继任的阿拉贡王朝尤其是在国王斐迪南一世时期，那不勒斯的建筑和城市面貌得到很大的改变，进入了艺术和文化发展的黄金时代，到处都在兴建教堂和纪念碑，成为当时欧洲的艺术家们青睐的地方。

在其漫长的历史过程中，那不勒斯的防御设施不断得到扩建、加强和更新，至今在有些地方原始城墙依然可见。东西大道与横断的道路一起构成了一系列的垂直穿过斜坡的街区，城市的空间极为拥挤。这些不规则的网状和垂直的布局见证了那不勒斯中世纪和西班牙的统治历史。古迹中有努奥沃城堡及其靠近港口的巨大拱门，以及城市边缘的佛罗里的阿娜别墅。城市建筑风格多样，包括罗马式、旧哥特式、托斯卡纳式、文艺复兴式、巴洛克式等。

3. 米兰（Milano）

米兰曾是罗马帝国重要的西部城市之一。公元前 222 年，罗马人占领了这个称为 Mediolanum（意为平原的中部）的城镇，其名字也由此而来。公元 3 世纪末，米兰成为西罗马帝国宫廷所在地；公元 313 年，康斯坦丁皇帝在米兰颁布了给予基督教徒宗教信仰自由的《米兰敕令》，基督教文化自此大兴。公元 450 年米兰遭到匈奴大军的攻击，后来又被哥特人破坏，最终随着罗马帝国的崩溃而衰落。中世纪之后米兰重新兴起，据公元 1288 年的《米兰的奇迹》记载，当时的米兰城的总体轮廓呈圆形，被高耸的城墙包围，城内分为六大区，每个区各有一个城门，主要街道上共有15000座房屋，有6000多个水泉为它们提供新鲜的水。此外，米兰城还有200多座教堂与120多座塔楼（图3-9）。

米兰是中世纪意大利发展最迅速的城市之一，原因有二：其一是宗教地位和世俗贵族的势力。米兰的教会在历史上一直享有很高的权力，米兰大教堂也是意大利最大的城市教堂之一。到了神圣罗马帝国时代，世俗贵族的势力不断增强，公元11世纪时加入到伦巴底同盟中与皇帝腓德烈对抗，米兰成为该同盟的领

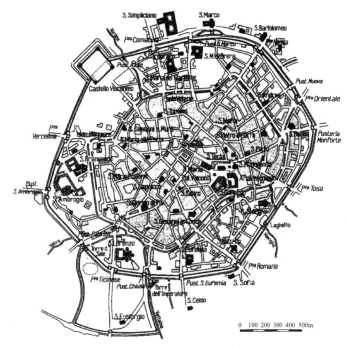

图3-9　公元14世纪时的米兰市
(L·贝纳沃罗. 世界城市史. 薛钟灵等译. 北京：科学出版社，2000)

袖城市，随后又获取了自由权；其二是由于地处意大利波河平原的优势。米兰恰好处于从意大利穿越阿尔卑斯山的贸易通道上，北面而来的商旅常年络绎不绝。公元1277～1447年间是大贵族维斯康蒂家族的统治时期，1256年，行会支持的市民驱逐了大主教和贵族，选举自己的领袖来管理城市，商业贸易进一步繁荣，不仅铺设了城市道路，开凿了运河，还向周围的农村征收税金，城市规模也不断扩大。后来米兰成为文艺复兴的中心城市之一，特别是在公元14世纪后半叶到15世纪初达到了中世纪的顶峰。

4．威尼斯（Venezia或Venice）

威尼斯是一个面积不到$7.8km^2$的水上城市，其历史相传开始于公元453年（图3-10）。当时一些农民和渔民为逃避北方蛮族的抢掠和杀戮，逃避到亚得里亚海中的这个小岛。他们利用当地的冲积土质和石块，并从邻近的内陆运来建材，在淤泥中和水上建起了这座城市。公元10世纪时威尼斯开始发展，1063年，原建于976年的圣马可教堂重新扩建，其风格是拜占庭式在西欧的重要代表，同时组建了480人的大参议会，形成商人主导的领袖地位。公元1171年，甚至总督的任免权也转移到大参议会手中，标志着商业资产阶级取得了政治上的胜利。到公元14世纪前后，威尼斯已经成为意大利最繁忙的港口城市，并建立起意大利最强大和最富有的海上"共和国"。

威尼斯是最早和阿拉伯国家进行贸易并积极参与十字军运动的意大利城市之一，因此而积累了大量的财富。据史料载，从公元9世纪开始，威尼斯人便与伊

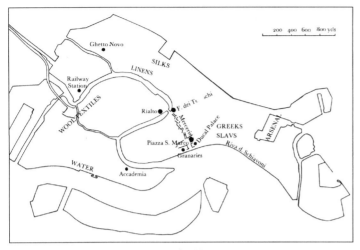

图 3-10 威尼斯平面图
(马克·吉罗德著. 城市与人——一部社会与建筑的历史. 郑炘，周琦译. 北京：中国建筑工业出版社，2008)

斯兰世界及拜占庭帝国进行贸易活动；到 12 世纪末，威尼斯共和政府在爱琴海的一些岛屿上建立起自己的殖民地，进一步巩固了自己的贸易地位，成为能够影响整个地中海商业的力量。十字军运动是威尼斯发展的黄金时代，仅公元 1201 年开始的第四次十字军东征，威尼斯提供的舰队就运送了 2.4 万名士兵和 9000 匹马，其代价是索要十字军占领土地的一半，并从东方拜占庭帝国的首都君士坦丁堡带回了许多战利品，极大地丰富了威尼斯的财富。

到了公元 15 世纪，威尼斯已被建成为一个美丽的贸易港城，市政建设也有了较大的投入：原先的夯土道路都变成了石头路面，桥梁改用石块铺砌，运河的水质也得到改善。一些贵族富商沿运河修建了自己豪华的住宅，为城市增添了新的中心和娱乐场点。金碧辉煌的建筑、高耸的教堂和钟楼、设计精美的各式桥梁，以及在水中忙碌穿梭的贸易货船，成为中世纪威尼斯的真实写照。但从公元 16 世纪始，随着哥伦布发现美洲大陆，地中海贸易的不振导致了威尼斯逐渐衰落。

威尼斯由 118 个岛屿组成，除西北角有一条 4km 长的长堤与大陆相通外，没有别的进口。全市共有 170 多条大小河道，靠 401 座各式桥梁把它们连接起来。其中心建在群岛围绕着的一个叫里阿尔托的地方，每个小岛都实行自治，而且基本的格局相同，都是在岛中心建有一个广场和教堂，其四周为住宅和商铺（图 3-11）。

5．佛罗伦萨（Florence，Firenze）

公元前 59 年，罗马人在阿诺河畔建立了一个居住地，当时叫佛罗伦蒂阿，其整体形态为边长约 700m 的正方形，大体与河流平行，但没有城墙。城市内部由正方形格网组成，道路纵横相交，具有典型罗马城市的特点。后来城市扩大到 20hm^2，人口大约有 1 万。罗马帝国衰败后，拜占庭人建立了自己的军事要地，在市中心的周围修建了第一道城墙，这时的人口减少到 1000 左右。在卡洛林王国时期，城市人口重新恢复到 5000 人，并建造了第二道城墙，将罗马时期矩形城市的南部和朝向阿诺河的三角形地区包括进来（图 3-12）。

公元 11 世纪，佛罗伦萨的领主再次扩建城墙，人口增加到 2 万，主要居住在城墙内以及阿诺河两岸。公元 1173～1175 年间，作为自治城市的市政当局利用

▲16世纪一幅版画中的威尼斯及其环礁湖。

图 3-11 16 世纪所绘的威尼斯地图

(西隐,王博著. 世界城市建筑简史. 武汉:华中科技大学出版社,2007)

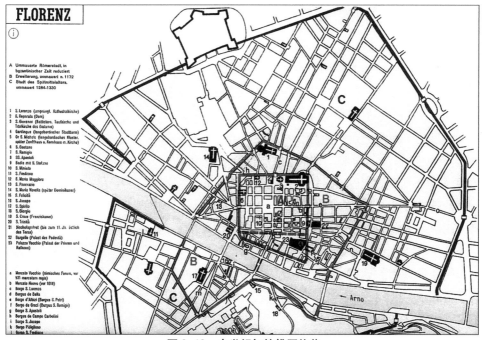

图 3-12 中世纪初的佛罗伦萨

(图中心的红色线条是罗马时代的城墙,街道布局整齐并呈网格状;随着城市经济的繁荣,城墙不断向外扩建,直到文艺复兴的高潮。阿诺河上的桥也是中世纪所建的)(Großer Historischer Weltaltlas, Zweites Teil Mittelalter, Bayerischer Schulbuch-Verlag, 2. Aufl 1979, S.82/83)

公共资金围绕城市修建了一道包含范围更广的城墙。这道新城墙把河岸两边新建的郊区囊括在内,面积总计为97hm^2。

佛罗伦萨是中世纪欧洲最大的纺织业城市之一,到公元1170年左右,其纺织品带来的利益极大地推动了城市的建设:1284年开始新的城墙建设,历经半个世纪,城市扩大到近2.5mile^2,到1333年更达到历史的最大范围;佛罗伦萨最古老的教堂广场于13世纪晚期重建,同期还有广场上一座罗马时代的教堂的改建(即百花大教堂,耗时一百多年);城市中心是市政广场,据说曾是罗马时代的广场,市政大楼的建筑形态像一座堡垒,高大而庄严。甚至连桥梁也体现出佛罗伦萨的财富。一条阿诺河横贯旧城区,往来十分不便,按照中世纪城市的传统,由教会出资兴建了一座大桥,并在其上设立教堂以表示安全。随后各种商店便沿桥的两边兴建,成为具有独特风貌的商业贸易街。作为文艺复兴的发源地和但丁、伽利略、马基雅维利、米开朗琪罗、达·芬奇和拉斐尔等人的故乡或居住地,佛罗伦萨享有世界历史文化名城的地位。

二、德国中世纪的城市

德国是最能代表中世纪欧洲城市发展的国家之一。公元11世纪以后,各个城市通过和皇帝的同盟来对抗地方领主和教会势力,并逐步发展成为具有政治权、军事权、经济权的自治城市。在东部殖民运动中,德国城市的实力扩展到了整个北海·波罗的海地区,建设了很多新的商业据点。特别是到了公元14世纪,以莱茵河沿岸的巴塞尔、施佩耶尔、斯特拉斯堡、乌尔姆斯、美因茨、科隆、雷根斯堡等七座城市为中心,形成完全独立于各领邦君主的支配、甚至帝国支配的自治城市权力中心。城市力量的强大主要表现在独特的城市同盟方面,比如在德国历史上曾出现过非常有影响力的莱茵城市同盟(公元1254~1257年)、施瓦奔城市同盟(公元1376~1388年)以及影响到整个欧洲的汉萨同盟(公元1241~1648年),其势力范围覆盖了整个北海·波罗的海地区,甚至大西洋的一部分,并形成了四大商业据点:伦敦、布鲁日、卑尔根(挪威)和诺夫哥罗德(俄)。到公元15世纪末,德国境内的自由城市达到3000多个,但大都是规模在1000~3000人口不等的城市,超过1万人口的"大城市"不过15个左右。正是由于城市力量的过度分散,在16世纪末、17世纪初以后,面临荷兰和英国的经济扩张,德国在资本主义的成长过程中逐渐落在其他国家的后面。

1. 科隆(Köln 或 Cologne)

科隆是最古的德国城市之一,其历史可以追溯到公元前1世纪。起初是罗马的军营要塞,公元50年被授予罗马城市的权力,并以皇帝和罗马人的居住地来定名,后来简化为科隆。公元795年,查理大帝钦定科隆为大主教驻地。此后,城池经几度扩建,现存的有罗马时代、公元10世纪中期、1106年、1180年等不同时代的城墙遗址(图3-13)。

由于建筑年代的不同,城市内部道路的衔接也参差不齐,只有少数几条比较明显的直角相交干道，在这些细小复杂的街道上，遍布着中世纪的商人行会和各种手工业行业；几个主要的教堂分布在各个边缘，形成比较平均的市内教区，著名的科隆大教堂最早建于公元 819 年，之后屡经破坏与重建，一直到今天。今天科隆城的规模大致上是公元 12 世纪奠定的，半圆形的城墙总长约 6km，高 8m，半径 1km 左右，开有 9 座城门和 21 座城塔，居民达到 4 万人，当时是德国首屈一指的大城，也是公元 14 世纪之前阿尔卑斯山脉以北整个欧洲最大的商业城市。

科隆最著名的地方是开了德国自治城市的先河。公元 1074 年，在皇帝和教会的叙任权斗争中，科隆成为皇帝的同盟军与罗马教会对抗，因此获得皇帝赋予的自治特权，之后影响到整个德国。科隆也是中世纪德国重要的商业和手工业城市，生

图 3-13 中世纪的科隆地图
(鱼住昌良著. 德国古都古城和教堂. 日本：山川出版社，2002)

产陶器、玻璃和金属制品，其商业活动遍布莱茵河及北海地区。随着经济势力的增强，科隆商人积极加入东部殖民运动，不仅将其影响扩大到北海·波罗的海地区，形成广大的城市法家族，还在后来的汉萨同盟中扮演着举足轻重的角色。

2．吕贝克（Lübeck）

吕贝克是一座典型的中世纪北欧型城市（图 3-14）。自公元 1143 年建城以来，一直是欧洲著名的港口及商业城市。公元 1159 年发生一场大火后，吕贝克重新布局，城市环绕着大的长方形市场发展而成，教堂仍是最大的建筑，其鱼骨状的大街和四通八达的小巷成为日后北欧城市布局的典型模式。公元 1226 年，帝国皇帝赋予吕贝克独特的地位和自由权力，实现了市民阶级的完全自治。作为"帝国自由都市"和帝国的重要商业中心，吕贝克的这个特殊地位维持了 700 多年。公元 1358 年，吕贝克成为汉萨同盟的总部所在地，进一步确定了它在欧洲的重要地位，当时被称为"汉萨的女王"。汉萨同盟在公元 14 世纪达到了它的鼎盛时期，但在德国的 30 年战争之后，特别是穿过日德兰半岛的海上航线开辟之后，很多货物不再需要经过吕贝克中转，这个城市的重要性也逐渐失掉。

吕贝克旧城可以分为三部分：第一部分是旧城东部和北部区域，第二部分是旧城的西南区域，第三部分是圣玛丽教堂及市政厅，即市的中心部分。旧城区的东部和北部保持着中世纪的完整格局，其最大特点是将公元 10 世纪城市特有的宗

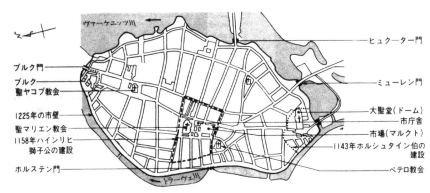

图 3-14 中世纪吕贝克市的平面图

(鱼住昌良著. 德国的古都与古城. 日本：山川出版社, 1991)

教性和世俗性和谐地融为一体，从远处看，7座高耸的教堂塔楼构成城市的轮廓线，突出地体现了吕贝克特有的风格（图3-15）。旧城北区是中世纪城镇特色的典型代表，由于对空间需求的增长，在建筑结构上出现了一些变化，临街的房子将内院与大街隔离开来，形成了相对封闭的内院和背街空间。在旧城中心的制高点，坐落着圣玛丽教堂和市政厅，这二者相互毗邻，成为吕贝克最重要的建筑物，并因其艺术的高贵价值而在欧洲享有盛名。旧城的西侧坐落着荷尔斯坦因大门（图

图 3-15 吕贝克航拍图

(鱼住昌良著. 德国古都古城和教堂)

3-14 最下部的中央位置),这个公元
13 世纪建成的古城门一直是吕贝克
城的象征。它建于公元 1466~1477
年,为晚期哥特式风格。登上城门可
以眺望整个吕贝克旧城区。

3. 奥古斯堡(Augsburg)

位于德国巴伐利亚州的东南部,
其历史可追溯到公元前 15 年左右,
仅次于德国最古老的城市特里尔。早
先是罗马帝国的军营驻扎地,并一度
成为罗马属州兰迪亚的总督府所在
地。虽然历史可以追溯到罗马时代,
但古代罗马军营的遗迹早已荡然无
存。公元 10 世纪前后,在外来蛮族
的掠夺破坏下,城市面积缩小为罗马
时代的一半,人口锐减。随着商业的

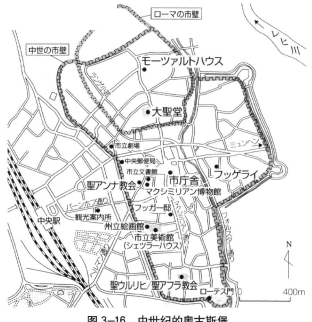

图 3-16 中世纪的奥古斯堡
(鱼住昌良著. 德国古都古城和教堂)

复活,在旧罗马城市的所在地形成了商人的聚落,并逐渐发展成为拥有较强的商
业和大主教座的中心城市。公元 955 年,德意志国王奥图一世在奥古斯堡的南边
打败了匈奴人,开创了神圣罗马帝国;13 世纪时奥古斯堡成为帝国的自由城市。
从中世纪末期到近代的开始是奥古斯堡最繁荣的时代,这主要归功于当时德国著
名的工商业及银行家富格尔家族,因为许多帝国会议及人文活动都在奥古斯堡举
办,一时成为德国商业和文化的中心(图 3-16)。

奥古斯堡的中心位置和其他中世纪德国城市相同,都是教会和市政厅,其南
部是著名的大商人富格尔的宅邸。在积累了大量的财富之后,富格尔家族开始在
城市中建设社会福利设施,包括教会、管理所等 53 幢建筑,以收留那些无家可归
的天主教徒。这个小的街区由四个城门形成封闭空间,也成为遗留至今德国最古
老的城市福利设施。位于城市北边的大教堂是城中最大的公共空间,曾经是商人
活动的中心。随着富格尔家族在公元 1570 年之后的没落,奥古斯堡的黄金时代也
随即结束,到 1806 年,神圣罗马帝国灭亡,这个城市的自治和独立也随着终结,
但今天我们看到的奥古斯堡城基本上还属于中世纪后期的形态。

4. 纽伦堡(Nurnberg)

纽伦堡最早出现在历史资料当中是公元 1050 年,因为是在山岩上建造的城
堡,所以其名字的原意就是"山岩"的意思。公元 1219 年成为帝国自由城市,到
1571 年间得益于处在重要的贸易通路上的地理位置,纽伦堡取得了迅速的发展,
与奥古斯堡一起组成了从意大利通往欧洲北部最重要的两大贸易中心。由于老城
的北端是早期城市领主的城堡,其西侧是后来德国皇帝腓德烈一世的王宫,所以

图 3-17 纽伦堡的平面图
(鱼住昌良著. 德国古都古城和教堂)

图 3-18 公元 1493 年纽伦堡城的铜版画
(马克·吉罗德著. 城市与人——一部社会与建筑的历史. 郑炘, 周琦译. 北京: 中国建筑工业出版社, 2008)

城区是沿着山坡向佩格尼兹河的方向发展, 形成新的以教堂为中心的城区, 市政厅、圣母大教堂、大市场等也在这个区域内 (图 3-17)。

公元 1209 年时城市中有一道城墙, 随着市域的扩大, 到 1452 年又修建了新的城墙, 大约有 5km 长, 筑有 4 个主要关口及 80 个防御城塔 (图 3-18)。修建在北部山岩上的领主城堡可以称得上是纽伦堡的象征, 而皇帝的古堡塔楼也有 500 多年的历史。中世纪纽伦堡的主要产业是金属加工, 特别是当时流行的甲胄和武器, 由于手工业的精湛, 近代之后开始生产怀表和地球仪等。

图 3-18 清楚地表达了纽伦堡的地形和建筑特色, 最高处的城堡是当地领主所有, 其左面是德国皇帝的行宫, 下面密密麻麻排列的就是中世纪的市民住宅与主要街道。最外边是塔楼林立的坚实城墙, 整个城市给人以威严和庞大的感觉。

三、英国中世纪的城市

从公元 12 世纪后半叶开始英国不断提供给佛兰德地区优质的羊毛, 货币经济得到显著的发展, 城市数量迅速增加。据史料载, 英国在公元 12 世纪之后的 300 年间就出现了 140 多个新的城市,同时与国外的贸易往来也大幅增加。但英国的自治城市远不如德国那样强大，比如伦敦就没有完全的政治独立性，或者享有大陆国家的"帝国自由城市"那样的特权，伦敦的市政府在行政和财政等方面的权力仍然受到国王的管辖。即便是在经济最为发达的英国东南部，商人们虽然可以按照自己的商业习惯进行交易，享有一定的经济自由，但仍脱离不了公权力的约束，政治上的发言权很弱。另外一点，除了个别较大的城市外，英国中世纪城市大都是比较小的，仅能从事日常生活必需品的生产，加之海峡的阻隔，没有形成大陆国家那样有规模的商业贸易圈，相互之间的联盟比较困难，也无法对王权进行挑战。到了近代之后，王权的势力进一步扩大，城市作为政治势力的一部分进入了国家的政治舞台。

在公元16世纪之前，英国95%左右的人口都是乡村人口，即便是那些已经成为城镇的地方，人口往往也不超过1000左右，而中部和南部的城市一般仅有500~600人，比较大的城市约有24个。所以，对在公元1500年时访问过英国的威尼斯商人而言，英国几乎就是一个没有任何重要城镇的国家。英国公元17世纪著名的史料"Domesday Book"中，对这些城镇有丰富的记载，其中很多城镇都曾经是罗马帝国的兵营，还保留着一些罗马城市的遗风，比如道路的骨架和早期的教堂。但随着公元9世纪之后商业活动的增加，这些原本垂直相交、规划整齐均匀的道路体系被新兴的产业，比如金属加工、陶器、货币铸造，还有包括衣料和葡萄酒在内的交易所打破，逐渐变得拥挤和不规则。为了保证商业和产业的安全，在公元10世纪初期很多城镇都修建了武装防御的城堡，包括壕沟、城墙与壁垒，而且一般都在罗马时代老城的边缘修建。在公元12世纪之前，大部分城镇都属于教会或者王室，随后是一个城市建设的新高潮。仅在英格兰，公元1130年前后就建设了约40座新城市，威尔士也同时建筑了18座，其中大多数都是市场所在地。在亨利三世和爱德华一世时，这些城市都得到了国王的承认，享有了一定的自治权。

由于大多数英国中世纪城市都是市场所在地，所以其街道的布局必须首先符合商业交易的要求（图3-19）。很多城市的商业主干道都穿城而过，两边集中了商铺和仓储等，而廉价的公寓也首先积聚在市场周围，随后逐渐向外扩散。在罗马时代城市的格子状街道基础上，对城市空间进一步压缩，建筑物从街道两侧向内延伸。在市中心一般会形成中世纪的市场，而在城市的边沿则是防御性的城堡、城墙等。有的时候防御性设施会延伸到城墙之外，以保证商业贸易路线的畅通。英国中世纪城市的整体形态基本上都是棋盘状的，并且是在城堡的庇护下发展起来的，城区里主要是教会、市场和修道院等，居民远比郊外的农民要富裕得多。所以，在一道城墙的阻隔下，城市不再向外发展，形成了中世纪有限的城市空间和独特的经济形态（图3-20）。

从图中可见密集的商店完全改变了城市的道路体系，侵街造成道路的弯曲和宽窄不一，还有狭小的面街开间、狭长的建筑体、不规则的院落等，都反映出中世纪城市经济的特色和市民的生活习惯。

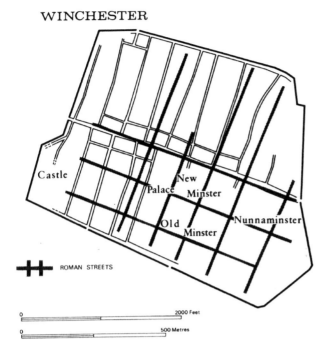

3 Late-Saxon Winchester, over the original Roman grid (Biddle)

图 3-19 中世纪英国城市温彻斯特

(可以看到在罗马道路体系上的明显变化,原先的方格状结构被细分化,道路不再匀称、笔直,城市空间更加适应自由的商业活动)(Colin Platt. The English Medieval Town. London: Secker & Warburg, 1986)

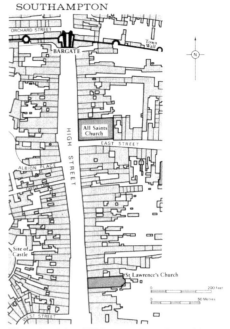

图 3-20 中世纪后期的英国城市南哈普敦的街道布局

(Colin Platt. The English Medieval Town. London: Secker & Warburg, 1986)

1. 斯坦福(Stamford)

位于英格兰东部,考文垂市的东北 90 多公里处。在中世纪,城市中心主要有教会和富有的商人,即便是在城市里他们也喜欢居住在自己构筑的封闭空间中。因此,街道的布局极为不规则,比较大的空间往往为教会所有,在城门附近会有一些公共空间,主要是进行商业活动。手工业者则构成有自己行业特色的街道,如银匠胡同、铁匠胡同、牛肉市场等。从图 3-21 中可以看出,连接城门的外部道路也有一段被城墙所围护,似乎是为了保证商业路线的畅通,但城外绝对没有成为富裕市民的居住地,因为城墙和城堡才是中世纪城市繁荣和自由的最大保证,也是区别市民与其他社会身份的象征。但也正因为郊外的贫困而阻止了城市的扩张和发展,有些英国中世纪城市的形态因而保持到今天。

2. 格洛斯特(Gloucestar)

格洛斯特位于威尔士的布里斯托尔湾内上游,距布里斯托尔港口约 100km。早在罗马时代,这个城市就像一个军营,规矩而标准,道路笔直成直角相交。格洛斯特很早就有炼铁的传统,到了中世纪初期,农民上交的租税和承担的赋役逐渐变成了货币方式,大大刺激了冶铁产业的发展,被解放出来的手工业者日渐增加,于是在河对岸修建了新的城市。罗马时代城市的格局也有所变化,街道显然比较自由和复杂，空间的分割更有利于商工业的发展。后来的发展将两者都容纳进来，形成较大的规模并延续了初期的主轴线，教会、医院和城堡成为最重要的建筑物。在图 3-22 的左上方是教会、医院，左下角是城堡，右上和右下方都是教会或托钵修道士的领地。

3. 约克（York）

英国英格兰东北部的城市，北约克郡的首府，隶属于约克郡—亨伯，西南距工业城市利兹 32km。中世纪时具有自治城市的地位。据记载，约克有着将近 2000 年的文明。其历史可以追溯到公元 71 年。罗马人为了防御蛮族而在此建立堡垒，后来逐渐扩大成为北英格兰最重要的行政和军事重镇。罗马人之后又经历了撒克逊人、维京人等的统治，现在的名称约克就是从维京语中的"约威克"转变而来的。

罗马人在约克建立军营，很显然是看中了其地理位置的战略性，因为约克可以控制这个峡谷地带的南北方向道路。最早的城墙修建于罗马人统治时期，之后被来自丹麦的占领者重新加固，现在保留下来的大部分城墙是公元 12 世纪到 14 世纪重建的，也是今天整个英格兰古

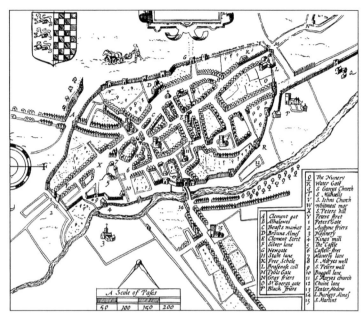

图 3-21 中世纪斯坦福的平面图
(Colin Platt. The English Medieval Town. London：Secker & Warburg, 1986)

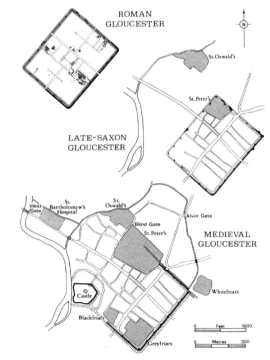

图 3-22 中世纪格洛斯特的城市形态
(图中右下部分即为罗马时代的城砦，但已基本融入新的城市当中。道路延伸到新的市区，老城内部笔直的网格状街区也有所改变，更加自由和实用)（Colin Platt. The English Medieval Town. London：Secker & Warburg, 1986)

城墙中保留最完整、最长的。由于其悠久的历史，英国国王乔治六世曾经说过："约克的历史就是英格兰的历史。"

公元 11 世纪时，约克是英国第二大城市，当时的人口达到 8～9 万。在中世纪，约克有繁荣的羊毛市场和文化，是自治城市和宗教的核心城市（图 3-23）。特别是在公元 1106 年被诺尔曼人征服后，这里兴建了好几处重要的宗教建筑，包括圣玛丽修道院和圣三一修道院，其大主教地位仅次于坎特伯雷大主教，并设有约克大主教的教区总教堂；城市同时也成为皇家所有地，在英国玫瑰战争（公元 1455～1487 年）中是白玫瑰一方的代表。在公元 14 世纪末和 15 世纪初，约克达到了它的鼎盛时期，其文化活动影响到周围地区。当时流行与圣体节相关的周期性宗教盛会或者表演，许多艺人来到约克谋生。但自公元 15 世纪末以来，约克的经济逐渐衰退，在宗教上的重要性也日趋衰减。

约克的城墙长度约为 5km，长条形状，环绕着整个城市，市中心保留着以石头街为代表的中世纪城市格局，街道狭窄而弯曲，两边是木头的商店和行会。其中一条名叫夏不勒斯（Shambles）的街道最有名，始建于公元 1086 年，许多临街的商店都近乎倾斜，但还顽强地挺立在街头，给人们以沧桑历史的感受。靠近乌斯河岸有一个露天市场，是当时市民日常购物的去处。约克的哥特式大教堂是英

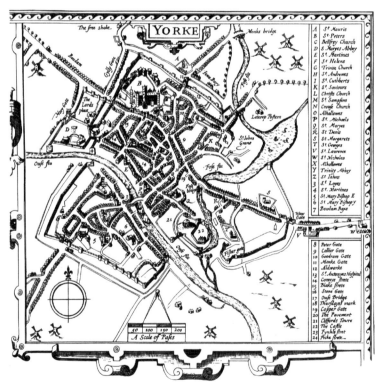

102 York in the early seventeenth century, with its many churches even after the mergers and closures of the Reformation (Speed)

图 3-23 中世纪的约克城

(Colin Platt. The English Medieval Town. London：Secker & Warburg, 1986)

国最大的教堂之一，其风格融合了诺曼人、撒克逊人和英格兰人的文化特点，也是整个欧洲在阿尔卑斯山以北地区最大的哥特式教堂，于公元1220年开始兴建，历时两百多年，于15世纪70年代完工。约克的城堡是1244年英国国王亨利三世首次用石块修建的，不仅用来御敌、储藏财宝，还是行政与造币厂的所在地，至今保留完整；而我们看到的市政厅则建于中世纪晚期，当时是为了鼓起市民对未来的信心，因为整个城市的衰退已显见不可挽回。

今天约克的中世纪城市形态和街道仍然清晰可辨，图3-24中黄色部分为主要道路，集中了老城的主要建筑和空间，右上角为大教堂，可以看到城墙的拐角。下边正中央是约克的城堡，周围的空地衬托出当时的军事布局，从这里可以扼守河流及周边地区。

4．多佛尔（Dover）城堡

多佛尔是英国肯特郡（County of Kent）的一座重要的港口城市，位于英格兰东南部，与法国隔英吉利海峡相望，战略位置十分重

图3-24　今天约克市的道路图（作者自摄）

图3-25　多佛尔城堡

(Colin Platt. The English Medieval Town. London：Secker & Warburg, 1986)

要，一旦失手，法国军队就可以长驱直入。因此，公元12世纪末期国王亨利二世耗巨资修建了这个城堡，其整体规划包括外围的防御城墙和城堡中心部分，里面建有供人居住和储藏物资用的主楼，多佛尔城堡是中世纪西欧的第一座号称"固若金汤"的堡垒（图3-25）。

5．哈勒科斯（Harlech）城堡

哈勒科斯位于威尔士西北部，是一座滨海的城镇，地势险要，视野开阔。威尔士堪称世界上最古老的文明之一，其历史就是一部战争史，所以曾建造了大量的城堡，据说达到400多座。哈勒科斯城堡是其中之一，由英国国王爱德华一世在公元1283年修建，目的是征服与控制威尔士的北部地区。这座城堡可以说涵盖

图 3-26　哈勒科斯城堡
(Colin Platt. The English Medieval Town. London: Secker & Warburg, 1986)

了哈勒科斯镇所有的历史。从公元1468年起，哈勒科斯城堡曾被围攻过7年，见证了英国玫瑰战争的残酷与血腥（图3-26）。

6．南哈普敦（Southampton）

公元43年左右曾是罗马人在英国的军事据点之一，原先叫哈姆维克，是由哈姆敦（Hamtun）和哈普敦（Hampton）组成的。公元840年，这个城砦遭到北欧海盗的掠夺和破坏，所以10世纪之后进行了重建，改名为南哈普敦（Southampton）。公元1066年诺曼征服英国后，南哈普敦成为一个重要的商业节点，连接伦敦、温彻斯特、诺曼底等。其城堡建于公元12世纪，主要与法国进行贸易，主要的商品是英国的羊毛、布匹和法国的葡萄酒。公元1348年，城市遭受到"黑死病"的严重打击，之后为了抵御法国人的抢掠，城墙又进行了防御加固，今天看到的城墙基本上是在15世纪中完工的部分。中世纪的南哈普敦还是造船中心，包括战舰的制造，其传统一直保留到两次世界大战期间。

从图3-27、图3-28中可以看到，南哈普敦是沿海岸线修建的长方形城市，一个防御性城堡面对大海，教会和修道院建在城市的南北两端，既是城市的保护也是象征。中世纪的商业大道将空间大致平均分开，成为连接城市两端的主要通

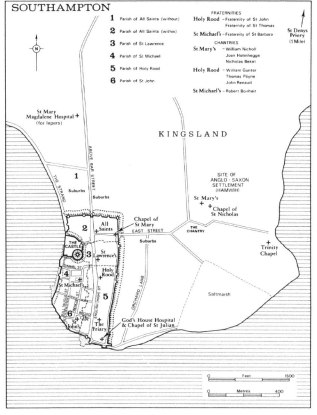

图 3-27　南哈普敦位置图
(Colin Platt. The English Medieval Town. London: Secker & Warburg, 1986)

道，其特点是两侧的商店排列非常密集，几乎没有绿地和空隙；邻街的商店界面一般都很狭窄，但背街的延伸却很长，可以容纳足够的仓储和居住空间。但中世纪对院落的长短没有一定的限制，这些狭长的商业建筑进一步挤压了其他的次要道路，造成城市街道的弯曲和混乱，甚至连一些教堂的周围也被商店所挤占。只

有在靠近城墙和城门的地方才有一些公共空间，但也比较零散和不规则。

四、法国中世纪的城市

中世纪的法国城市大致兴起于公元 11 世纪前后。市民们利用封建势力的分裂割据、王权与各地封建领主之间的矛盾争取到了城市的自治权。但在公元 14 世纪前后，由于王权的逐步强大，国王开始派官吏插手自治城市的事务，并利用各自治市的内部矛盾逐渐剥夺了许多城市的自治权。和德国相比，一方面是法国的自治城市大都很小，基本没有力量与国王直接对抗；另一方面，像巴黎这样的大城市本身就在

图 3-28 南哈普敦的航拍照片
(中世纪时的街道布局基本没有改动，可见主要商业大道联系的城区各个部分) (Colin Platt, The English Medieval Town, London：Secker & Warburg, 1986)

国王的领地内，国王有任命其市政官员的权利，所以城市带自治受到很多的限制。而在国王领地之外的法国北部，也是直到公元 13 世纪之后，很多城市才获得国王发给的特许权，取得和封建贵族同样的法人地位，然后再组成市长和城市的议会，拥有相对独立的自治性，包括司法、立法和行政权等。但中世纪城市的兴起对中世纪的法国毕竟有着深刻的影响，它不仅促进了城市经济的繁荣，而且推动市民阶级作为一支独立的政治力量登上了历史舞台，直接促成了三级会议的召开和等级君主制度的形成。比如公元 1070 年，法国西北部的勒芒（Le Mans）就自发成立了工商业者的行政机构，取名为"公社"，即共同体的意思。这个词一直被沿用到后来的法国大革命时代，如著名的"巴黎公社"。从这个意义上说，法国中世纪的市民自治权是近代欧洲民主政治的渊源之一。

法国中世纪城市的盛衰过程可以从著名的香槟大市中得到一些说明。香槟大市曾经是欧洲大陆的三大贸易圈之一，其兴起、繁荣与衰落都取决于以下的条件：①商业道路的畅通。中世纪早期的商业贸易还主要依赖古罗马时代的驰道，交通比较困难。到了公元 15 世纪前后，法国重新翻修了 2.5 万 km 的旧驰道，所以干线道路和桥梁等延伸到香槟大市四周很大的范围内，加上利用莱茵河、摩泽尔河、塞纳河、卢瓦尔河等水道运输，大大促进了香槟大市与其他地区的贸易往来，初步奠定了发展的基础。②自由的交易空间和丰富的商品。香槟大市以拉尼、托罗亚、扑罗班和巴鲁四个城市为中心，每年举办六次大的集市。佛兰德的纺织品、北欧的毛皮、德国的麻织品以及意大利人的东方商品都汇聚而来，而且征税额低，交易方式灵活，没有地方领主的干预和压迫，对各地商

人而言有相对自由的活动空间。③缺乏强有力的核心城市。公元15世纪之后，法国国王强化了对香槟大市的管理，开始对外国客商征收高额税收，而本地的城市自治力量弱小，无法对抗国王，商业发展遭受挫折；随后又发生了英法之间的百年战争（公元1338～1453年），意大利商人为安全起见直接从海路绕道佛兰德和英国，不再到香槟大市来交易，而此时强有力的汉萨同盟逐渐垄断了整个西欧的国际贸易，一些沿大西洋海岸的新国际金融、贸易城市不断崛起。在这样的内外夹击之下，香槟大市终于衰落了。

图3-29 公元1575年时的马赛港
(Pierre Lavendan, Jeanne Hugieney, Philippe Henrat, L'urbanisme a L'epoque Moderne, XVIe-XVIIIe Siecles, Paris：Arts et Metiers Graphiques, 1982)

1. 马赛（Marseille）

马赛是大希腊化时代建设的城市之一，也是希腊文明在欧洲最后的留存点。公元前600年希腊人把这里作为一个贸易港而建立殖民城市，其历史在法国最为悠久。公元前122年马赛加入罗马的阵营，成为一个拥有自己法律的独立邦联。在古罗马时代，它被称为Massilia，基本上近似今天的名字。罗马帝国衰亡之后，马赛于公元6世纪成为法兰克王国的领属，查理大帝和卡罗琳王朝给予其城市的权利，从此成为法国重要的贸易港口。从公元11世纪开始一直到17世纪露易十四的王朝为止，马赛见证了其作为法国重要的商业城市的整个成长过程（图3-29）。

在十字军东征期间，由于地处东方贸易和香槟大市之间，已经衰落的马赛再次崛起，成为地中海的要塞和军事重镇。其港口的设施得到完善，并因此为日后商业的发展奠定了基础；公元1348年城市遭遇了可怕的瘟疫，人口由最多时的2.5万减少到1万；1481年，马赛正式被纳入法国的版图，成为一个纯粹的法国城市；1437年前后，马赛的经济和人口得到恢复，西西里国王鲁瓦（Louis）将其改造成巴黎之外法国最大的城堡领地，将原先城镇一级的马赛升为城市，以帮助国王去管辖西西里。公元11世纪初、11世纪末和15世纪末，马赛曾进行了三次比较大规模的城市扩建，基本形成了今天城市的核心部分。在公元1447年和1453年间，城市又进行了大规模的防御设施建设，大大助长了商人的势力和商业活动。公元16世纪末，马赛又遭受到瘟疫的打击，加上不断的大小战争和来自神圣罗马帝国的威胁，医院和城堡得到加强，但港口的建设还仅限于老城的部分，街道呈格子状，建筑密集。城墙也经过重建，对港口形成严密的保卫，原有的两个防御要塞

St. Jean 和 St. Nichol 在港口得到强化，同时还组建了大型舰队和弹药仓库。

2．里昂（Lyon）

公元前43年，罗马帝国的势力扩展到法国的索恩河流域，在这个峡谷地带建设了最早的要塞。要塞里昼夜有人居住，所以里昂的第一个名字就是"有灯光的小丘"。里昂要塞居高临下，而且背山面河，地势十分重要，所以雄踞河口长达300余年。由于罗讷河与索恩河自北穿过里昂在城南交汇，这个点正好又处在法国从北到东南的交通要道上，里昂迅速成为罗马帝国控制高卢地位的中心。直至

图 3-30　公元1560年河流汇合处的里昂城
(Pierre Lavendan, Jeanne Hugieney, Philippe Henrat, L'urbanisme a L'epoque Moderne, XVIe-XVIIIe Siecles, Paris：Arts et Metiers Graphiques, 1982)

今天，人们还将里昂称为"高卢的首府"。考古学家曾在这里发现法国最古老的罗马风格剧院，据说可容纳一万人（图3-30）。

公元1420年之后，法国国王鼓励商业贸易，里昂成为丝织业和银行业的中心城市，盛况空前。公元1536年，里昂设置了第一个丝绸纺织作坊；1544年，里昂的丝织工人一跃达到了1.2万多。所以在整个公元16世纪，丝绸生产给城市带来了最大的财富和对法国而言重要的政治地位，到17世纪时，里昂已经是全欧洲最重要的丝绸产地，是法国王室及贵族所用珍贵丝绸的唯一来源。国王法兰西斯一世对发展本国丝绸业抱有极大的热情，所以里昂的丝绸不仅是上等的衣料，而且成为珍贵的室内装潢用料。在法国最大的城堡和宫殿，包括枫丹白露堡、凡尔赛宫和巴黎城内的卢佛尔宫在内随处可见里昂的丝绸，连贵族和富裕市民家里也大量采用丝绸作大厅的帷幔、窗帘、壁布，甚至家具的镶料。

里昂的发展离不开意大利商人，他们不仅垄断了丝绸贸易，还把意大利的金融业带到里昂。比如公元15世纪后期一些原先在热那亚的国际银行迁到里昂，城市的中心遂成为各种金融机构的云集之处，所以史学家称此时的里昂为法国经济的"财会房"。正因为如此，在里昂可以看到很多意大利风格的建筑。丝绸贸易的发达把里昂造就成为法国的纺织中心。

因为有罗讷河与索恩河两条河流的汇集，里昂市被切割成三个部分：两河之间是里昂的核心地带即半岛区，其靠北端的山坡上是丝织厂的红十字区；索恩河右岸是狭窄的里昂旧城区，对岸则是新规划的市区——巴迪区。因为其历史的价值，里昂的城墙在公元1998年被世界文教组织（UNESCO）列为人文遗产保护区。城市中心还有法国最大的文艺复兴风格建筑群，包括市中心的白莱果广场，它曾经被称为皇家广场，地面全部由红土铺成，广场的红色调同里昂旧城建筑的红屋顶

图 3-31　中世纪晚期的里尔城
(http://www.archieves13.fr)

形成极为和谐的城市印象。

3．里尔（Lille，旧称 Lisle）

里尔城建成于公元640年，历史上这个城市的名字意思是"岛"，因为早先这里是一片沼泽地，佛兰德的领主在沼泽地的中央建造了一个城堡，以此为据点来掌管其他一些罗马城市。早期的居民是高卢人、凯尔特人、日耳曼人和法兰克人等，由于里尔所处的佛兰德领地在当时的欧洲是最富裕和最繁荣的，所以从公元830年到910年不断遭受北方海盗的袭击。到公元12世纪时，里尔开始成为布匹交易的市场，1241年前后的人口据说达到1万人。公元1235年城市获得领主的许可的宪章，可以选举自己的总督，还建立了旧城内最美的医院（L'hospice de la comtesse）。在公元1304～1369年的一场战争后，里尔脱离佛兰德成为法国的领属，并成为与布鲁塞尔、第戎（法国东部城市）并列的三个公爵领地首府之一，人口跃升到2.5万。据说当时的公爵菲利普比法国的国王还富有，因此他把里尔作为自己的行政和财政中心而大力建设。公元1477年之后，里尔成为西班牙国王的领地，但1667年又重新被法国国王夺回，在此期间城市进行了比较大的建设，如城砦、教堂等，道路也更加密集，早期的城市肌理被打乱，还设立了一个被叫做"皇家区"的新地区，主要为贵族们建筑豪宅之用（图3-31）。

五、其他国家的中世纪城市

自从公元1241年著名的汉萨同盟成立之后，到德国30年战争（公元1618～1648年）为止的将近400年期间，欧洲大陆（包括英国）的贸易就不再限于任何一个国家，而成为真正意义上的国际贸易。北欧各国城市、大西洋沿岸的布鲁日和伦敦之间已经形成定期的贸易，而在汉萨的商业特权和军事保护下，加入同盟的90余个城市都享受到极大的自由。布鲁日作为佛兰德地区的中心成为这个时代最重要的早期国际市场之一，它几乎垄断了汉萨城市与意大利城市，如威尼斯、热那亚等的所有贸易，法国的香槟大市则被无情地抛弃。但在英法百年战争中，布鲁日遭受到致命的打击，不得不让位于安特卫普，所以，公元15世纪的后半叶开始又成为安特卫普的黄金时代。访问这个城市的不仅有意大利人的定期商船，还有德国南部的奥古斯堡、纽伦堡、乌尔姆等重要的商业城市。比如奥古斯堡的巨商富格尔经营的铜、铁、麻、棉等，都是安特卫普的大宗商品。但历史注定西欧的商业格局不能一成不变，安特卫普的繁荣最后也因西班牙人的战争而结束，新的国际市场被阿姆斯特丹、伦敦和汉堡所取代。在短短的一二百年间，西欧商业贸易的兴盛和衰亡对各国的中世纪城市造成极大的影响，也基本上奠定了这些城市的空间格局与文化特色。

1．布鲁日（Bruges）

公元 1 世纪时，恺撒大帝在这块地方建立了城堡来抵御海盗的袭击，4 世纪时法兰克人成为新的统治者，布鲁日周边与英格兰和北欧各国的贸易据说从 9 世纪就开始了，但确切记载的年代是 962 年，当时的佛兰德伯爵在奈伊河畔建设了一个小城，这就是日后的布鲁日市。公元 1128 年 7 月布鲁日得到成立城市的许可，开始建立城墙和运河（图 3-32）。原本因滑坡和泥沙淤积而远离大海的城市，在 1134 年的一场大暴雨中却意外得福，暴雨冲刷出一条天然河道，经过疏浚就成为通往大海的新航线。从公元 12 世纪起，布鲁日成为佛兰德地区的中心市场，掌控着英国的羊毛和内陆的谷物、葡萄酒等商品；13 世纪后半叶，汉萨同盟的船只往来频繁，与热那亚的地中海的贸易也轰轰烈烈地展开，形成连接南北两大市场和莱茵河下游地区的中心商城。意大利人带来的商务和财政经营，把布鲁日打造成一个新的金融中心城市；1309 年开办的布鲁日证券交易所比威尼斯商人还早了十几年，几乎垄断了整个低地国家的金融交易（图 3-33）。

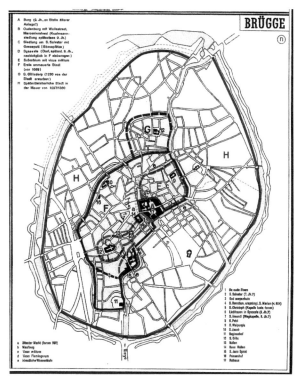

图 3-32　中世纪的布鲁日
(Groβer Historischer Weltaltlas)

图 3-33　中世纪布鲁日的交易市场
(马克·吉罗德著. 城市与人——一部社会与建筑的历史. 郑炘，周琦译. 北京：中国建筑工业出版社，2008)

这个城市呈椭圆形，各个时期建筑的城墙构成了城市的内核部分与外部轮廓。街道密集而不规则，但基本是由中心区向城门的辐射，市中心比较大的空间为教会和市场。布鲁日的市政设施比较有特色，水陆交通发达，特别是开始于公元 13～14 世纪的大规模砖石码头工程，同时满足了三种功能的需求：防水、货物装卸及道路交通。同时建造的还有水闸和水坝，在水位高的时候可以进行调节。

▲ 图为公元1572年安特卫普城市地图，描绘了城市全盛时期的景貌。19世纪中叶，该城市才扩展到原来的城墙之外。

图3-34　公元1572年的安特卫普城的绘图

（西隐，王博著. 世界城市建筑简史. 武汉：华中科技大学出版社，2007）

在沿海的许多城市如阿姆斯特丹、汉堡等，都可以看到与布鲁日类似的水岸线规划，有的地方还在住宅和水道之间留出一块空间供船只停泊，一些富有的商人大都建筑了私人码头。新的市政厅耸立在城市的中心广场，容纳了新增的文化与金融设施，因而日渐繁荣，很多欧洲的艺术家、音乐家都到布鲁日来谋求发展，因此在公元15世纪时布鲁日的人口曾达到4.6万多。一种新的行业——印刷业也开始起步，据说世界上第一本英文书就是在布鲁日的威廉·卡斯顿公司印刷的。

2．安特卫普（Antwerp）

有关安特卫普最早的记录是公元150年，当时它只是谢尔德（Schelde）河边的一个小聚落，其名字的意思是"有码头的地方"。文献上记载最早的安特卫普市是在公元726年，奥图大帝登基后（公元950年）得到重建，逐渐成为重要的商业中心，10世纪末安特卫普作为神圣罗马帝国的边界省，与佛兰德尔地区相互对峙；1124年随着圣母大教堂的建成而具有了重要的宗教地位，1291年被授予城市权并于1315年建港。此时城市已经有比较完善的城墙围护，查理五世在公元16世纪前半叶构筑了新的防御体系（图3-34），但随后不久就遭到西班牙人的入侵，其经济地位被阿姆斯特丹夺走，人口由10万锐减到4万。

自公元15世纪布鲁日衰落之后，安特卫普利用和英国长期的羊毛及毛纺织品的贸易关系，很快建立起新的国际市场，很多外贸机构从布鲁日等城市转移到这里，所以安特卫普的黄金时期是16世纪，当时不仅是欧洲经济的中心，还是文化与艺术的中心城市之一。组成安特卫普发展黄金时代的三个要素是：东方的胡椒市场，美洲的白银市场和纺织品市场。首先是葡萄牙商人从东方带来成船的香料，给安特卫普带来巨大的商机，因为没有哪个欧洲国家能离开这些商品；其次是与地理大发现时代紧密相关：西班牙人在新大陆掠夺了大量的白银，并建立起肮脏的国际三角贸易（非洲的奴隶向北美洲输出——美洲的白银流入欧洲市场并进入东方贸易——东方的商品进入欧洲，促进了当地城市的商业发展——继续向非洲扩张），而安特卫普就是这个贸易在欧洲的集合点；最后是德国南部地区因为英国的羊毛输入而形成规模产业，一些富有的德国巨商都把安特卫普作为其进出口的据点。这样一来，贸易带来了金融业的繁荣，新安特卫普交易所建立于公元1532年，是当

第三章 中世纪西方国家的城市

乔安·布劳（John Blaeu）所作阿姆斯特丹地图，出版于 1649 年（阿姆斯特丹基础档案馆）

图 3-35　近世以后的阿姆斯特丹，仍可以看出中世纪的城市肌理和规模

（马克·吉罗德著. 城市与人——一部社会与建筑的历史. 北京：中国建筑工业出版社，2008）

时欧洲最大的金融中心，在当时甚至与巴黎、伦敦、威尼斯和那不勒斯等老牌商都相齐名。

当时，作为阿尔卑斯山以北欧洲大陆第二个最大城市的安特卫普，不仅各国商人、商船往来不绝，还有很多在城市常驻的商业机构。但安特卫普的金融和商业大权并不在本地人手中，威尼斯人、葡萄牙人、西班牙人、拉古萨（西西里岛的城市）人和犹太商人利用了本市的宽容政策，纷纷垄断市场与交易。但后来遍及欧洲的宗教战争结束了安特卫普和西班牙的和平贸易关系，大量缺乏技术的市民流离失所。公元 1585 年，西班牙派兵占领了安特卫普，大肆烧杀抢掠，所有的新教徒被驱逐，其银行业务随着热那亚人的北迁而中断，阿姆斯特丹随后成为新的贸易中心。

3．阿姆斯特丹（Amsterdam）

公元 13 世纪以前的阿姆斯特丹只是个渔村，后来人们在其附近的阿姆斯特尔河（Amstel）上建筑了水坝，城市因此而得名。阿姆斯特丹最鲜明地体现出荷兰城市的大坝与低地的城市结构：公元 1400 年，因为原先的聚落位于阿姆斯特尔河的东岸，地势较低，所以建筑了大坝来保护，还建设了最早的教堂；同时，城市的主要功能是商业贸易，所以离不开水路运输，商店和仓库大都沿河岸布局，形成了日后众多的运河和水岸城市的生活形态（图 3-35）。

101

西方城市建设史纲

图 3-36 阿姆斯特丹鸟瞰图
(J. B. Harrison, R. E. Sullivan. A Short History of Western Civilization. New York: Alfred Knopf, 1971)

在公元1570～1640年间，阿姆斯特丹的人口由3万上升到了13.9万。蓬勃发展的商业带来了多元的文化，培育了灵活与宽容的城市精神。因此，当欧洲大陆到处在迫害新教徒的时候，阿姆斯特丹却成为了各类移民的天堂，他们带来了资本、技术和商业信息，比如钻石切割业蓬勃发展，一直到今天仍是这个城市的特色产业之一。通往东方新航路的宝贵信息也被带来，商路、贸易和人气的兴旺最终给这个城市带来了黄金时代。当安特卫普正在遭受西班牙军事破坏的时候，荷兰通过独立战争确立了自己的地位，阿姆斯特丹成为新的欧洲经济三巨头之一（其他两个是伦敦和汉堡）。通过本地的羊毛换取西班牙的白银，又拿白银从事东印度公司的贸易，排挤葡萄牙人，荷兰人的大肆扩张终于酿成公元17世纪英荷两国的海上对立及商业争夺，最后以英国的胜利告终。

17世纪，著名的荷兰东印度公司的香料航线地阿姆斯特丹打造成为当时最富有、最具影响力的城市之一，同时也带来了很多新的商业机会。公元1607年后城市进行了新的规划，填海造地与开凿运河，其中最重要的水路自中心向外依序为：绅士运河（Herengracht）、国王运河（Keizersgracht）与王子运河（Prinsengracht），它们都环绕着阿姆斯特丹市的中心，相互之间由放射状的水路连接，陆上部分是宽敞的道路，城区逐步扩大。公元1687年，阿姆斯特丹的威瑟尔银行成了当时欧洲最大的商业银行之一，它的期票无论在哪里都能得到很好的承认。也正是在这个时期，城市的运河系统开始成形，直到今天发展为连接90座岛屿的100km长的运河网和400多座石桥。运河的最外部是工业区，西南部的港区由8km长的防御体系围护，有7个城门和26个棱堡，并因此形成了更四通八达的城市网络。这些城市运河为商业贸易带来巨大的便利。阿姆斯特丹作为当时世界上最重要的港口和银行业中心之一，整个城市的半圆形规划也始于这个黄金时代。

荷兰由于地势低洼，为了保证建筑的坚固性才开凿运河，打地桩造地，并且立法来保护这些水路。为此，市当局严格规定水面宽度和建筑物距离，控制建筑物的内外部空间、建筑高度、容积率，连下水管用的材料也有严格规定（图3-36）。

4. 托莱多（Toledo）

托莱多位于马德里西南67km处，是卡斯蒂利亚—拉曼恰自治区首府和托莱多的省会，也是西班牙最重要的国家古迹，现为联合国教科文组织的"世界文化遗产"。历史上托莱多是帝国首府、宗教城市，现为托莱多省的重要城市。城的拉丁语原名托莱图姆（Toletum），公元前192年，托莱多被罗马人所占领；公元527年，西哥特人统治西班牙，将其定为都城；从公元8世纪阿拉伯统治时期，包括西班牙在内的整个地中海地区都成为伊斯兰教的领域，因此阿拉伯人、基督徒和犹太人都在托莱多留下了自己的文化，他们相互之间和谐相处，造就了托莱多伟大而珍贵的艺术和文化遗产。虽然仍可看到最早由西哥特人修建的城防系统，但今天环绕托莱多古城的，是阿拉伯人建造并重新修复的第二道城墙。城防系统的不规则布局以及由小路和死巷组成的密集道路网，都可追溯到历史上的穆斯林统治时期。古城的东、南、西皆被塔霍河环绕，形成沿河形状的半岛结构（图3-37）。

托莱多古城地势险峻，老城内街道纵横交错，外围有古城墙，比萨格拉门（puerta de Bisagra）是进入托莱多老城的正门。城中保留了教堂、王宫、城堡、清真寺和犹太教堂等文化和艺术遗产，具有这样丰富的艺术风格的老城区无愧是一座真正

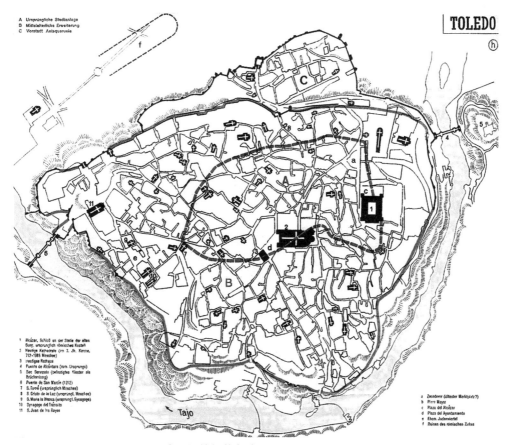

图3-37　中世纪的托莱多城（Groβer Historischer Weltaltlas）

图 3-38 中世纪托莱多的城堡与城墙（李薇摄）

的露天博物馆。其中最著名的建筑是西班牙最大的教堂之一（Gothic Cathedral），曾为首席红衣大主教的驻地。各种流派的建筑师在这座教堂内留下不同时代、不同宗教的烙印，真实地记录了这个城市的历史。除了古城及其城墙，世界性历史遗迹还包括建有桥梁和大门的塔霍河河岸、罗马角斗场以及圣塞尔旺多的城防系统。由于阿拉伯人、基督徒和犹太人长期共居此城，托莱多被誉为"三种文化之都"，1987年成为联合国世界文化遗产。但自公元1561年西班牙国王迁都马德里之后，托莱多的发展逐渐停滞（图3-38）。

5．维也纳（Wien）

凯尔特人在约公元前500年建立了维也纳，公元15年成为罗马帝国的一个前线城市，用来防卫北边的日耳曼部落。公元881年维也纳首次出现在历史文献当中，但当时叫"维尼亚"。公元11世纪后成为重要的贸易城市之一，欧洲当时流行的称呼是 Civita，即有了功能完善的聚落形态。公元1137年成为奥地利公国首邑，建造了一个有6座城门和19座防御塔的城池；1155年，亨利二世把他的公国宫廷设于这个位于多瑙河畔的小镇，进一步促进了维也纳城市的发展。第三次十字军战争中，狮心王查理在维也纳附近被俘，给当地的大公赔偿了10吨以上的白银，这笔钱最后变成了1200年修建城墙的资本。直到今天，在维也纳还能看到当时修建的城墙遗址。而这座城墙也使源于古罗马要塞的圆形城市形态更加清晰。

图 3-39 中世纪的维也纳	图 3-40 维也纳老城的街道细部
(Nahoum Cohen. Urban Planning Conservation and Preservation. New York：McGraw-Hill Professional, 2001)	(Nahoum Cohen. Urban Planning Conservation and Preservation. New York：McGraw-Hill Professional, 2001)

公元1221年，维也纳获得城市授权并成为贸易中心港，主要连接多瑙河流域与威尼斯的商业，所有通过的商人必须在这里缴纳货物，因此一跃成为神圣罗马帝国的重要城市。但尴尬的是，在中世纪的大部分时间内维也纳并没有自己的大主教，因此其宗教的地位得不到承认，这对提升一个中世纪城市的名望关系至深。一直到公元1469年，维也纳才实现了这个愿望，所以大教堂的建设也标志着这个城市独特的发展过程。

图3-39中最核心的部分是老城所在地，其城墙在不断扩展的过程中。

真正改变维也纳命运的是在公元1278年。奥地利大公鲁道夫一世建立了哈布斯堡政权，从此开始了这个家族长达7个世纪的奥地利帝国统治史，其首都就定在维也纳，这无疑是城市迅速发展的最大动力。宏伟的哥特式建筑如雨后春笋拔地而起，代表性的建筑如美泉宫和圣斯蒂芬大教堂（St. Stephen）都建于这个时期。公元15世纪以后，维也纳成为神圣罗马帝国的首都和欧洲的经济中心，在1556年还成为皇帝的王座所在城市（图3-40）。

第一章至第三章　主要参考资料

[1] L. Mumford. The City in History. New York：Harcourt, Brace & World, 1961.

[2] J. B. Harrison, R. E. Sullivan. A Short History of Western Civilization. New York：Alfred Knopf, 1971.

[3] Raphael Sealey. A History of the Greek City States, Berkley: Univ. of California Press, 1976.

[4] Spiro Kostof. The City Shaped. Boston: Bulfinch Press, 1991.

[5] Colin Platt. The English Medieval Town. London: Secker & Warburg, 1986.

[6] Kenneth O. Morgan, ed. The Oxford Illustrated History of Britain. Oxford: Oxford Univ. Press, 1986.

[7] Philip Pregill, Nancy Volkman. Landscapes in History. New York: Longman Scientific & Technical, 1994.

[8] A. H. M. Jones. The Decline of the Ancient World. London: Longman, 1978.

[9] Hubert Damisch. The Origin of Perspective. Cambridge: MIT Press, 1994.

[10] Alexander R. Cuthbert, ed. Designing Cities. London: Blackwell Publishing, 2003.

[11] 川添登著. 都市与文明. 雪华社, 1970.

[12] 国外城市科学文选. 宋峻岭, 陈占祥译. 贵阳: 贵州人民出版社, 1984.

[13] 郭圣铭. 世界文明史纲要（古代）. 上海: 上海译文出版社, 1989.

[14] 鱼住昌良著. 德国的古都与古城. 山川出版社, 1991.

[15] 阵内秀信. 都市的地中海. NTT出版社, 1995.

[16] 中岛和郎. 文艺复兴理想城市. 讲谈社, 1996.

[17] 张冠增. 城市发展概论. 北京: 中国铁道出版社, 1998.

[18] 沈玉麟. 外国城市建设史. 北京: 中国建筑工业出版社, 1999.

[19] 李其荣. 对立与统一——城市发展历史逻辑新论. 南京: 东南大学出版社, 2000.

[20] 陈恒. 希腊化研究. 北京: 商务印书馆, 2006.

[21] Joel Kotkin. 全球城市史. 王旭等译. 北京: 社会科学文献出版社, 2006.

[22] 孙逊, 杨剑龙. 阅读城市: 作为一种生活方式的都市生活. 上海: 上海三联书店, 2007.

[23] 赵鑫珊, 周玉明著. 人脑·人欲·都市. 上海: 上海人民出版社, 2002.

[24] 马克·吉罗德著. 城市与人——一部社会与建筑的历史. 郑炘, 周琦译. 北京: 中国建筑工业出版社, 2008.

[25] 赵和生. 城市建设与城市规划. 南京: 东南大学出版社, 2005.

第四章　文艺复兴与宗教改革时期的城市

第一节　文艺复兴时期的城市

一、文艺复兴之前的欧洲社会经济背景

文艺复兴作为一个历史术语，既代表着一场文化运动，又代表着一个历史阶段（始于公元1320年代，延续到1600年前后），被广泛地理解为中世纪末期西方文明中的一个新时代。文艺复兴的萌发具有非同寻常的意义，它不仅开启了意大利文化最为光辉灿烂的时代，对西方世界乃至对整个人类的历史都具有关键意义，因为文艺复兴的开展意味着人类社会迈入近代化——现代化进程的第一步。

自公元5世纪后，随着西罗马帝国的倾颓，野蛮人统治时代的降临，恢复罗马宏伟过往与继承帝国制度的渴望在半野蛮的社会中便从未消失过。公元800年，法兰克国王查理曼自己加冕为神圣罗马帝国的皇帝，而这一方式正是对过去的罗马帝国的基督教式的再兴。公元11世纪时，神圣罗马帝国国王认为，古罗马人的成就并非只能回忆，而是能够再创造的，表现在视觉上就是所谓的仿罗马的建筑形式的普及。这种风格为一种托住半圆形拱的坚实圆柱，因为中世纪早期的石匠和雇佣他们的神甫们相信，这就是罗马帝国全盛时期的建筑特征。公元12世纪，一些有独立思想的教师群聚在一起，创建了一种新的大学，给学生们传授艺术、神学、民法和教会法规，其中的很多课程为200多年后的真正文艺复兴奠定了基础。公元13世纪，哲学家阿尔伯图斯和托马斯·阿奎那聪明地利用亚里士多德的思想，将基督教信仰建立在理性和信念的坚实根基上，这是恢复古代文化的首次伟大行动。

然而要能够真正推动整个社会在经济、政治、文化上表现出新的特质，还需要足够的财富与人力的积累。只有当财富足够多时，巨大的公共工程计划和国家对艺术的赞助才变得可能，有闲阶级才能够有充裕的财力赞助且从事艺术创作，而大型工程的建设则需要人力的支持。中世纪时，欧洲大部分的人们被束缚在土地上，而且这些义务又因禁止迁徙的成文法而得到强化。公元14世纪中期的黑死病使西欧人口减少25%～30%，劳工更加短缺，甚至农业区和港埠也受到冲击。因此在中世纪末期，人们开始改进机器以节省人力，并发展出人力的替代能源，大大解放了人的体力劳动。而海上贸易业务的扩展促使财富以前所未有的数量被创造出来，且通常集中在精于大规模商业与金融业的城市中。另外，印刷术异常迅速的采用对文化传播产生了一种爆炸性的直接效果，更多的人能够读到罗马人

创作的丰富的文学作品，从而加速了思想的交流。可以说，文艺复兴的背景是一段世界历史中从未有过的财富累积和扩张的过程，以及一个中级技术正变为标准的社会的兴起。

二、文艺复兴时的意大利

从通常的意义上说，文艺复兴的出现是经济发展和资本化大生产的社会产物，适合于城市中已经习惯资本化生活的市民。因而直到公元15世纪时，文艺复兴仍局限于商业发达的意大利。公元16世纪之后，伴随着从美洲大陆来的大量的金银财富，文艺复兴运动才向意大利以外的地区传播。

1. 意大利的地理、经济、社会、文化背景

意大利半岛的地理特征是高山纵向贯穿其中，高山两侧的山峰横向延伸至大海。这些山峦使意大利形成了状似古希腊城邦的格局，整个国家被分成一块块孤立的谷地和平原。这种地形意味着两种结果：其一，阻碍了地区的统一。地理的隔绝产生了方言、地域风习、多种度量衡制度和币制。其二，提供了工商业发展的温床。在公元15世纪欧洲各国王权得以巩固之前，任何国家的军队都不可能建立可靠的供给线，来保证自己对意大利半岛采取有效的军事行动。因而意大利在名义上属于德国皇帝的神圣罗马帝国的一部分，实际上是一个由众多城邦构成的地区。而且分裂割据与封建统治的薄弱，使得意大利拥有了工商业经济发展的得天独厚的优势。在中世纪以后，意大利城市的发展突破了一般惯例，经过多次反德国皇帝的斗争，城市进一步走向独立并建立了城市共和国，给工商业经济创造了更大的发展空间。如此一来，意大利城市中的资本主义经济无论在数量或质量上都位于欧洲之首，城市政权也带有资产阶级政权的性质。

除经济、政治外，作为罗马帝国腹心之地，意大利也有别于欧洲的其他地区。首先，意大利城镇大多建立于罗马时期，虽经社会动荡和中世纪早期的蛮族入侵，仍或多或少保存着古代的原貌；其次是市政管理合理有序的规范力量也依然如故，这种规范力量就是历经劫难而流传下来的罗马法。而且，当城市和市民们要发展自己的世俗文化时，他们的眼光也自然而然地投向古典文化：古典的文学成为他们的"生活百科全书"，古典的科学与哲学著作成为他们了解宇宙万物和人情世故的"向导"，罗马法成为管理城市和整治市场的"圭臬"，而古典的建筑与雕刻史则是新艺术的"典范"。

2. 文艺复兴时意大利的文学与艺术

在"人文主义"文化运动的名义下，文艺复兴时期的人文学者们恢复了古典世界的话语和思想，在新的知识储备和精湛的语言能力帮助下，他们改进了基督教学者的观点，对人类、社会、艺术和科学文明进行了全新的阐述。在文学作品中，人们开始追求探索自然界的美，表现了自然对人类精神的影响，反映出新的人文主义的思想。和文学一样，艺术也流露出强烈的人文主义倾向。这时的艺术有两大宗旨，一为诠释和注解宗教经典，一为装饰和美化上层社会名流的生活。相对

于欧洲其他国家而言，在意大利，艺术家和艺术品也很容易得到教会和世俗统治者的重视和赞助。经过一段时期的发展，到公元15世纪末16世纪初，艺术创作日益面向人生、面向社会现实，意大利的艺术出现了前所未有的繁荣，推动了社会思想各方面的进步。

3．文艺复兴时意大利的建筑

文艺复兴时代的建筑吸收了古典建筑宁静与典雅的特点，例如精确的算术比例、不同的几何图形、醒目的水平线条、圆柱风格与山形墙。许多建筑师对罗马古迹进行深入的研究，并对建筑理论进行全面的论述。同时，建筑师也开始尝试新的创作方法，如菲利普·伯鲁涅列斯基提出了一种新的工作方法：

（1）用图、模型或其他方式表示要建造的建筑物的准确尺寸，在施工前必须对所有设计问题作出决定，以此分清设计和施工之间的界限。建筑师是设计者，而不再是建造者，他们的任务仅仅是编制设计。

（2）在设计过程中，建筑师要考虑到决定建筑物外形的全部因素，其顺序为：

①均衡：单体和整体之间的美学关系与它们的绝对尺度无关。②韵律：准确的尺度。③物质因素：物质及其特性，如表面质感、颜色、硬度、耐久性等。确定好比例尺就是向后来的工作迈出了重要的一步，用缩小的比例勾画出建筑物的轮廓，包括决定建筑物形式的主要尺寸，然后确定准确的尺寸，最后选出需要使用的材料。

（3）一个建筑物的单个构件——立柱、屋架、拱形支架、支承墙、门、窗等——必须具有经典传统风格特征的外形，这方面仅有罗马的建筑物称得上楷模。而且不但建筑构件要注意这点，建筑物或建筑群的整体效果更应注意这一点。由于这些新的工作方法的提出，建筑师的职业地位发生了变化，不再等同于任何其他机械劳动者，而更靠近科学家和文学家。

在人文主义思想的影响下，建筑师们认为，建筑的首要功能是为人的世俗生活服务，特别是为城市市民的生活服务。因此，建筑师的最大荣耀就在于为城市提供实用之需与现实之美，商业利益、军事防卫和生活功能成为建筑服务的主要内容。公共建筑主要服务于市民，在陵墓建筑方面，则大大减少了宗教因素而突出了世俗因素，更多地表现死者生前的生活和业绩。正是由于建筑师对建筑世俗性、公共性的强调，使得文艺复兴时期城市中出现了华丽的市政厅、交易厅、贵族住宅等，城市的面貌出现了较大的改观。建筑师们开始构思一种能够作为未来城市建筑的概念范本，城市规划的思想因此而萌生。

4．理想城市

公元1452年，建筑师列昂·巴蒂斯塔·阿尔伯蒂完成了文艺复兴时期第一部完整的建筑理论专著《论建筑》，在这部书中，他继承了古罗马建筑师马可·维特鲁威的思想理论，对当时流行的古典建筑比例、柱式以及城市规划理论和经验作了科学的总结。他还提出了理想城市的模式，主张首先应从城市的环境因素

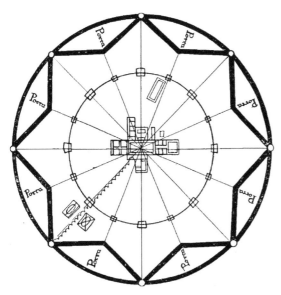

图 4-1 费拉锐特（Filarete）设计的理想城市规划图
(Steen Eiler Rasmussen. Villes et architectures. Marseille : Editions Parentheses, 2008)

（包括防御战略）来合理地考虑城市的选址和造型。在他看来，理想城市的街道从城市中心向外辐射，形成有利于防御的多边形、星形平面；而在中心的地区可设置教堂、宫殿和城堡；整个城市应由不同的几何形组合而成。为了加强城市内的防御，每座建筑物都要求具备清晰的视野。

公元 1464 年，佛罗伦萨建筑师费拉锐特在他的著作《理想的城市》中向人们呈现出一个理想城市的设计方案，这个方案也被称为用文艺复兴思想设计的第一幅理想城市图景：城市由中心建筑、广场和八角形外缘组成，从中心向外辐射出数十条街道，一条环形街道贴近核心地带，环形道路上散布着集市、教堂以及办公建筑。大教堂、宫殿和广场都位居城市中心（图 4-1）。由于城市商人可以在广场进行交易，其意义颇具古罗马时代公共集会广场的意味，但显然它被赋予了更强的内聚力。

正是由于费拉锐特的理想城市设计，才使得欧洲出现了诸如星状外形、设置外凸棱堡防御城墙的城市。这种棱堡防御城墙可以从侧面射击攻城的敌人，弥补了公元 15 世纪以来因攻坚火器的普及而城墙难以防御的缺陷，因此，现今的人们常将棱堡式防御城墙作为判别文艺复兴以后建造或扩建城市的标志；另一个标志则是新的大型公共建筑如市政厅、广场等占据了城市的中心地带，打破了中世纪城市以宗教建筑为主的沉疴，城市人文景观发生了根本性的变化。

公元 16 世纪时，建筑师斯卡莫齐设计出另一个理想城市的方案，城市中心设计为市民集会广场，两侧为两个正方形的商业广场，运河横穿主要广场的南侧，城市周边为棱堡状防御构筑物（图 4-2）。由于星形城市内放射形的锐角内很难设计房屋，于是出现了棋盘型街道格局的理想城市。

公元 1593 年，威尼斯人根据斯卡莫齐的设计，在乌迪内（Udine）附近建造了一座防御型的卫城——帕尔马诺瓦城（Palmanova）（图 4-3）。这座城市呈典型的星形，城墙有 9 个角 18 条边，城市的街道布局以城市中心广场为圆心，布置为规则的放射状，从城市中心通向城墙。城市有 3 道城门，每道城门间隔 6 条边，平均分布在城区的 3 个内角。这座城市主要担负着保护威尼斯共和国的作用。直到今天，这座小城依旧保持着最初建成时的面貌（图 4-4）。

文艺复兴时期建造的理想城市虽然凤毛麟角，但对当时整个欧洲的城市规划具有很大的影响，许多具有军事防御意义的城市都采用了这种模式。

第四章 文艺复兴与宗教改革时期的城市

图 4-2 斯卡莫齐（Scamozzi）设计的理想城市规划图
(Steen Eiler Rasmussen. Villes et architectures. Marseille：Editions Parentheses，2008)

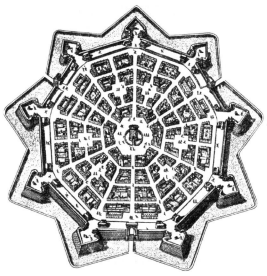

图 4-3 公元 1593 年建成的帕尔马诺瓦城
(Steen Eiler Rasmussen. Villes et architectures. Marseille：Editions Parentheses，2008)

图 4-4 帕尔马诺瓦城卫星照片
(Google Earth)

111

三、文艺复兴时的意大利城市

文艺复兴在本质上是一个城市现象,因为事实上,文艺复兴运动主要是在一些城市中发生的,其中包括意大利托斯卡纳地区的首府佛罗伦萨、威内托地区的首府威尼斯、教会的首都罗马、伦巴底地区的首府米兰,以及比恩萨、乌尔比诺、费拉拉等小城市。但这并不意味着意大利所有的城市都经历了文艺复兴运动,这一点首先需要明确。

其次,需要了解的是文艺复兴时期意大利城市与中世纪城市之间的联系。可以说,无论从城市的建设理论和实践来看,还是从地理分布和功能结构上看,文艺复兴时期的城市都直接继承了中世纪盛期意大利城市的传统,许多重要的建筑都是在中世纪时期奠定的,如市政厅和主教座教堂。文艺复兴时期的城市生活方式也是在中世纪城市生活方式上的延续和深化,只是随着新兴资产阶级的成长和城市财富的积累,越来越要求城市建设能够显示他们的富有和地位。因此,与中世纪的城市相比,文艺复兴时期城市的主要变化体现在以下几个方面:

(1)市政机关、行会大厦、府邸等开始占据城市的中心位置。如佛罗伦萨的市中心逐渐从教堂转向市政厅广场;威尼斯广场将总督府、市场、图书馆等世俗建筑与先前的教堂一起构成了新的城市中心;在比恩萨和乌尔比诺两座小城中,市政厅、府邸成为城市的标志性建筑。

(2)对中世纪的城市道路、广场等进行重新规划改建。城市中开拓了新的街道和修建了宽阔的广场,如罗马的城市改建。

(3)在旧城的周边增加新的城区,如费拉拉、米兰的城市扩建。

1. 佛罗伦萨(Firenze)

佛罗伦萨是文艺复兴的诞生地,在城市的建设中无不传递着文艺复兴运动中最本质的精神——对古典的复兴与再创造。正如佛罗伦萨共和国的秘书长、人文主义者科鲁乔·萨卢塔蒂所赞扬的:"在意大利乃至全世界,哪座城市的房屋、门廊、广场比这里的更美丽、更辉煌和更开阔?哪一座城市的街道比佛罗伦萨更宽阔,人口更多,市民更自豪,更富有,土地更肥沃,城址更赏心悦目,空气更清新,市容更整洁,水井更多,水更甜,行会更勤劳,以及一切的一切皆更令人仰慕……。"

1)文艺复兴时期佛罗伦萨的政治

当时欧洲的政治格局相当复杂且混乱,意大利的各城邦在不同时期时而依附、时而脱离当时的两个"超级大国",即罗马教廷和以德国为中心的神圣罗马帝国。因而,在单个城镇和城镇联盟之间,甚至在每座城镇内,也逐步形成了两大阵营:归尔甫派(属教廷党)和吉伯林派(属皇帝党)。

对于佛罗伦萨来说,这两个政治派别的根本分界在于共和派与君主派之间。在科鲁乔·萨卢塔蒂(公元1331~1406年)执政期,佛罗伦萨是个地地道道的共和国,贵族被排除在政权之外,只有大行会的会员才有资格被选出担任公职,但任期短暂，以防策划阴谋与滋生腐败；另外还有一个由无权参选担任公职的男子们组成的行政管理团以保障政府的连续性。萨卢塔蒂死后不久，共和制的理想开始变质。美第奇家族成为了在幕后巧妙地操纵共和政体的实体，他们正式的统治始于公元1512年，控制佛罗伦萨长达几个世纪之久，包括文艺复兴在佛罗伦萨最辉煌的时期。

2) 文艺复兴时佛罗伦萨的经济

公元13世纪时，佛罗伦萨的经济运作已经发展成为欧洲最成熟、最完善的模式。城市使用的金币"弗罗林"成为了国际货币，复式簿记的发明提高了交易的效率，佛罗伦萨人不仅为教皇理财，还向欧洲王室发放贷款，他们把商业殖民地建到了从尼德兰到伊比利亚半岛、再到君士坦丁堡的许多地方。公元15世纪时，佛罗伦萨诞生了意大利最大的银行家——美第奇家族。

行会是佛罗伦萨经济体系的基础。公元14世纪时，从屠夫到律师，各行各业无不有其行会，整个城市总共有大行会7个、小行会14个。除去严格意义上的商务经营之外，行会主要发挥宗教和慈善活动等功能。每个行会都要参加城市里举行的重大宗教节日，而且负责主持该行业主保圣徒的纪念日的庆祝活动。此外行会还要监督并赞助城市里的主要教堂，以及城市所辖的30余所"医院"。这些"医院"既具备现代医院的功能，同时又是慈善机构。因此可以说，行会体现了佛罗伦萨的财力与善心。

3) 佛罗伦萨的宗教

公元11世纪末至12世纪初，在佛罗伦萨的地理中心修建了圣约翰洗礼堂，其外立面为几何图案和绿白两种颜色。虽然佛罗伦萨有50多座教区教堂，但几乎所有的儿童都被带到这座洗礼堂来，在这里他们将接受双重受洗：既成为基督徒又成为佛罗伦萨人。

公元1296年，佛罗伦萨决定在洗礼堂对面修建一座新的大教堂——圣·玛利百花大教堂，作为新的城市文明的象征（图4-5）。教堂的修建工程耗时约140年。在公元1366~1367年间，市政当局作出了一项最重大的决定，即建造第四个中堂隔间和一个八边形的圣歌坛，并在圣歌坛上建造一座跨度为42m的穹顶，与罗马万神殿穹顶的跨度相当，使之成为"托斯卡纳最壮丽、最尊贵的教堂"。公元1463年，菲利普·伯鲁涅列斯基完成了这项穹顶的工程设计。连

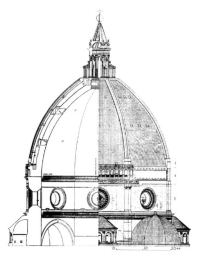

图4-5 菲利普·伯鲁涅列斯基建造的穹顶圣·玛利百花大教堂成为城市的景观中心

(Jean Castex. Renaissance, Baroque et Classicisme-Histoire de L'architecture 1420-1720. Paris：Editions La Villette，1990)

图 4-6 公元 13 世纪末开始建造的市政厅——普里奥利宫（韦基奥宫）及广场，是佛罗伦萨城市的市民活动中心
(Piazze d'Italia [M]. Milano：Touring Club Italiano, 1998)

同采光亭在内，穹顶总高 107m，为全佛罗伦萨城轮廓线的中心。新的大教堂的巨大空间不但用于宗教事务，也用于各种会谈和社会活动，它同洗礼堂、钟楼，以及这群建筑周边经过整饬的环境（如调整了街道的宽度，改造两侧宫殿立面风格）共同构成了佛罗伦萨的宗教中心。

即使在文艺复兴最辉煌的时期，基督教的影响力依旧渗透到佛罗伦萨市民生活的各个层面，无神论或不可知论在当时闻所未闻。城市主要的宗教机构有隐修会和宗教社团。改革派隐修会包括奥古斯丁修会、加尔默罗修会、多明我修会、方济各修会和圣仆修会等，是佛罗伦萨宗教生活中的主导因素。宗教社团是俗人的团体，有严格的教规，包括唱赞美诗、行善、看护病人、安葬死者以及演出宗教剧。这类宗教团体设法使宗教生活保持其地地道道的集体行为的特征，而没有任何个人的色彩。

4）中世纪末和文艺复兴时期的城市建设

公元 1300 年前后数十年间，佛罗伦萨大兴土木，形成了城市至今仍清晰保持着的天际轮廓线。公元 1284 年，佛罗伦萨开始建设第五道城墙，其直径为 8.5km，面积达 480hm^2。公元 1293 年，市政当局通过了"金斯梯其阿条例"，开始大规模的建造活动。这些工作都是在阿诺尔福·迪·坎比奥的领导下进行的。同时，市政当局、城市各管理机构、宗教团体、行会和其他社会集团也都参与了城市建设的过程。

在城区面积扩大的同时，佛罗伦萨的城市面貌也发生了很大的变化。除拆除洗礼堂对面的圣莱帕拉塔教堂以建造佛罗伦萨新的主教堂及广场外，公元 1298 年又开始建造新的普里奥利宫，也称韦基奥宫（图 4-6）。这座建筑颇似一座堡垒，但其上方耸立着一座近 91m 高的钟塔以减轻其压抑感。钟塔象征着这座城市的至高无上，悬挂着召集全体市民开大会的大钟。新建的市政广场集各种功能于一

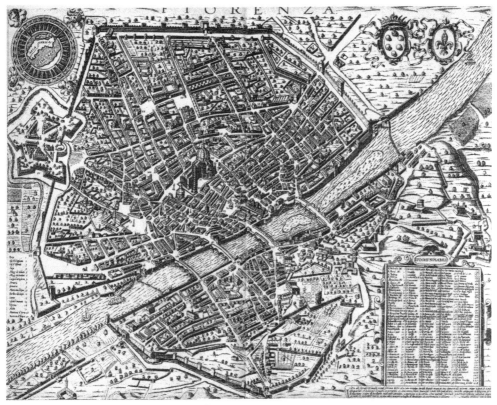

图 4-7　拉弗赫里所绘的《15 世纪的佛罗伦萨》

身。它既是政府部门的所在地、举行仪式的场所、军械库,同时又是八位执政官的官邸。广场建成以后成为市民活动的重要场所。

此外,政府还颁布了一系列的法令,确定了市容的基本要素——整齐、对称、宽敞和清洁。公元 14 世纪时期,人们改造了住宅的建筑技术,使住宅更加美丽;人们拆除了道路两旁的塔楼与旧房屋,消除了中世纪杂乱拥挤的面貌(图 4-7、图 4-8)。随着城市建筑的发展以及对道路规划的重视,新建的宽敞的广场与通畅无阻的街道改变了中世纪狭窄的空间和小巷,古老建筑与文艺复兴时期的建筑相得益彰。

5)贵族的府邸

在佛罗伦萨,住宅通常称为"帕拉齐",意即"宫殿"。公元 13 世纪,佛罗伦萨的住宅非常保守,通常是三四层楼高,立面多则开三个门,少则仅一个门。上层的窗户在下层的窗户的正上方。这些住宅稳重质朴,既显示着主人的身份,又无铺张炫耀的成分。它们相互毗连,拥挤在狭窄的街道上,很少见到阳光。

公元 16 世纪 40 年代中期以后,贵族们开始大兴土木,建造华丽的住宅。这些住宅一般需要投入财富的一半或三分之二,它们是家族的名望、传统以及世系绵延的体现。

1、第五道城墙（1284年开始建设）
2、巴迪亚教堂扩建（1285~1310年）
3、奥尔萨米歇尔教堂（1290年开始建设，先作为谷物市场，1347年改为宗教场所）
4、圣克罗斯教堂（1294年开始建设，1430年伯鲁涅列斯基设计其中的巴齐礼拜堂）
5、佛罗伦萨主教堂建设（1296年开始建设，1463年伯鲁涅列斯基设计的穹顶建成）
6、市政厅——普里奥利宫（维奇奥宫）（1298~1332年）
7、乔托钟塔（1334年由乔托设计，1359年建成）
8、比盖洛敞廊（1358年建成，当时是佛罗伦萨弃婴与迷失儿童收容处）
9、洗礼堂立面装饰补充（1401吉伯蒂赢得设计竞赛，1452年完成的东立面被认为是文艺复兴的第一件作品）
10、乌费兹美术馆（1560年开始建设为佛罗伦萨行政办公楼，后来美第奇家族改为美术馆）
11、主教堂广场（多谟广场）
12、市民广场（西格诺里阿广场）

图4-8 佛罗伦萨在中世纪末与文艺复兴时期重要的城市建设

(Piazze d'Italia [M]. Milano：Touring Club Italiano, 1998)

通常，这些漂亮的住宅有2～4层楼高，每层都比下面一层的层高略低，中部有一座门通向中央的庭院。立面的石块在底层是粗面石，往上则是光面石，狭窄的檐口将层与层分开，檐口上面是精致的有直棂的窗户，最上面有厚重的檐口收束整个结构。优雅华丽的建筑外立面改变了原来朴质稳重、色调低沉的街道氛围，而住宅前对应的小广场也改变了原来街道的狭窄尺度（图4-9、图4-10）。

2．比恩萨（Pienza）

1）城市建设

公元15世纪前，比恩萨仅是位于锡耶纳附近的科西嘉的一个山顶村庄，面积约6hm^2，是教皇庇护二世的出生地。公元1459年，教皇走访了他的出生地，决定将比恩萨建成为一座理想的城市。他任命当时最负盛名的佛罗伦萨建筑师贝尔纳多·罗塞里诺为这个古老村庄的设计者。

图4-9 佛罗伦萨由米凯洛佐设计的美第奇府邸外立面

(Jean Castex. Renaissance, Baroque et Classicisme-Histoire de L'architecture 1420-1720)

比恩萨坐落在一座小山上，它的主要街道正好沿着分水岭的走向，并在中部形成了一个小转弯。设计师选择这个转弯作为教皇计划建造的纪念性建筑物的所

图 4-10　佛罗伦萨由米凯洛佐设计的美第奇府邸内院

(Jean Castex. Renaissance. Baroque et Classicisme-Histoire de L'architecture 1420-1720)

在地：在他出生的房子旁边建造皮可洛米尼宫、大教堂、市政厅及红衣主教波吉亚的府邸（图 4-11）。大教堂正好处于由街道构成的三角形地带的顶点，在其他建筑物的中间，与街道平行而立。因此大教堂前面的广场呈梯形，其底边为教堂的正面，两个斜边是由两座宫殿构成的。从教堂的左右两侧都可一览教堂后面山谷的全景（图 4-12 ~ 图 4-14）。

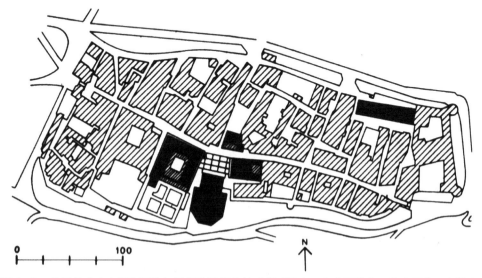

图 4-11　比恩萨市中心规划图 [加黑部分是纪念性建筑（从左至右分别为皮可洛米尼宫、大教堂、波吉亚府邸和市政厅），右上角加黑部分是贫民建造的住宅]

(Leonardo Benevolo. Traduit de l'italien par Catberine, Peyre. Histoire de la Ville. Marseille：Editions Panentbeses, 2000)

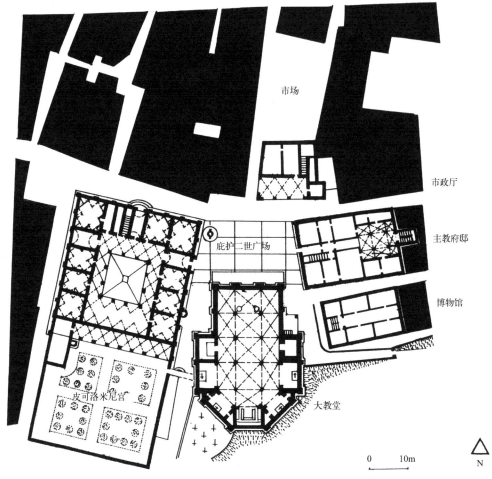

图 4-12 比恩萨的庇护二世广场平面
（资料来源：Charles Delfante. Grande Histoire de la Ville. Paris：Editions Armand Colin，1997）

图 4-13 比恩萨的庇护二世广场立面
（Jean Castex. Renaissance，Baroque et Classicisme-Histoire de L'architecture 1420-1720）

  围绕着这组中心纪念性建筑物还建造了其他一些一般性建筑：主教们沿着主要街道建造起他们的小府邸；在城市的东北角教皇为最贫穷的居民盖起了12套大小相同、结构相同的住宅，形成排列整齐的二层小楼；在市政厅后面设置了一个用作市场的小广场。
  从围绕着大教堂和教皇府邸的设计可以明显地看出城市建设的等级秩序。重要建筑都明显区别于非重要建筑，主要不是表现在规模上，而是表现在更为重要的建筑艺术上。纪念性建筑物所具有的规律性在非重要建筑上就体现得远不那么清楚了,而在平民住宅中更是微乎其微。但总体而言,设计师成功地将新的和旧的元素完美地结合起来,即新文化尊崇传统和现存的景观特点,并通过具有更高精神层次的建筑活动而对其进行改造。

2) 城市的发展

大教堂中心建筑群工程大约在公元1459～1462年间完工。公元1462年3月,这个城市改名为比恩萨。庇护二世在他的府邸供养了一些画家,但时间不长,公元1464年教皇庇护二世突然逝世,从此,这座城市又变成了一个偏僻的村庄,文艺复兴早期所形成的和谐的城市氛围幸运地被保留到今天。

3. 乌尔比诺（Urbino）

1) 城市建设

乌尔比诺建在两座相邻的山丘上,面积为40hm²（图4-15）。从公元12世纪开始,城市便由蒙特费尔特罗家族统治。公元1444～1482年,乌尔比诺的统治者蒙特费尔特罗公爵决定根本性地改变城市面貌,实施了一整套与旧城建筑风格完全不同的建筑计划。

城市的中心圣弗朗西斯大教堂位于两座小山之间。主干道从那里一直通向拉瓦津城门,这条大道的起点则通向里米尼和罗马尼阿平原。在南面的山坡上矗立着蒙特费尔特罗家族的城堡。大约在公元1465年公爵委托一批建筑师在他的城堡旁建造一个庞大的建筑群。新建筑围绕着一座柱廊庭

图4-14 比恩萨的庇护二世广场

（资料来源：Piazze d'Italia [M]. Milano：Touring Club Italiano, 1998）

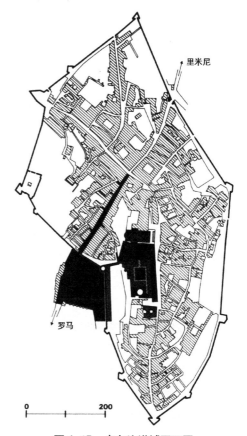

图4-15 乌尔比诺城平面图

（黑色部分是开敞空间,交叉线部分是公爵府邸建筑群）
（L·贝纳沃罗. 世界城市史. 薛钟灵等译. 北京：科学出版社,2000）

院设计，以开放的形式把空间引向城市及城郊，从而改变了整个城市的景观。

在朝向老城中心的一面，新建筑呈Z形转弯，为以后建造新的大教堂留出了足够的场地。朝向山谷的一面安排了许多敞开的空间，展现出梅陶洛塔尔山一望无际的景观。在建筑两座塔楼的右边设计了一个梯形花园。花园左侧伸出的两个巨大平台上设置了一座名为"帕斯奎诺院"的圆形神庙，是蒙特费尔特罗家族的陵墓。人们可以从两个塔楼的中间步行到达建筑群脚下。一条螺旋形坡道经过填平了的谷底，直接通达巨大的梅尔卡塔尔广场。

在广场的一侧，通向罗马大道的出口处建造了一座新的纪念性建筑——城市的主城门，从这儿，一条笔直的大道直通老城中心，继而向上至宫殿入口处。这一创新完全改变了当时辨认城市方向的标志，主方向不再朝向里米尼和在波河水平面上的"拉瓦津门"，而是相反，朝向位于通往罗马大道上的瓦尔波纳镇。从居高的宫殿上可以俯视这条大道，同时可见市中心及周围的景致。

2）蒙特费尔特罗府邸

作为城市中心和城市标志的府邸建筑群，其规模与其他建筑相比，并不显得过分突出。它由许多独立建筑组成，每一建筑都是按照当时最时尚的形体风格建造的，但并没有影响整个建筑群的协调。

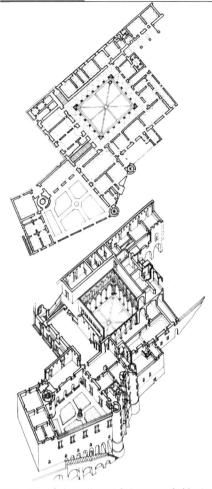

图4-16 乌尔比诺公爵府邸平面图与轴测图
(Jean Castex. Renaissance. Baroque et Classicisme-Histoire de L'architecture 1420～1720)

在建筑群的功能设计上，居住和防御功能各有侧重，整体布置恰到好处。这里还收藏着公爵大量的艺术品和书籍，因此蒙特费尔特罗府邸也是一座具有重要意义的文学艺术和科学中心（图4-16、图4-17）。

3）城市的发展

乌尔比诺以不同寻常的城市综合建筑（蒙特费尔特罗府邸建筑群）对欧洲其他地区的城市景观构成了不小的影响，它的城市景观和艺术氛围吸引了文艺复兴时期一些人文主义学者和艺术家。可以说，乌尔比诺昭示了文艺复兴时期艺术和建筑的先锋旨趣。

4. 费拉拉（Ferrare）

1）城市的建设

费拉拉是埃斯特家族领地的首府，位于波河岸边，紧靠艾米利亚和威尼斯领地边界。公元1454年，根据洛迪（Lodi）合约，埃斯特家族的政治地位重新得以

图 4-17 从梅尔卡塔尔看乌尔比诺公爵府邸
(Jean Castex. Renaissance. Baroque et Classicisme-Histoire de L'architecture 1420～1720)

稳固,这座城市逐渐成为意大利最富裕和最进步的城市之一。

费拉拉的发展主要经过了三个时期。公元 8 世纪,人们在波河北岸建起了一座拜占庭式要塞,以保护南岸的大主教宫殿,从此要塞沿着波河两岸逐渐发展起来形成了费拉拉最初的雏形。公元 10 世纪,费拉拉卡诺萨的封建领主泰巴尔多又在河北岸建立了一座城堡,这样费拉拉便在其两端,即要塞和城堡之间发展。随着公元 1208 年埃斯特家族统治的到来,尤其在 1332 年教皇对费拉拉进行册封后,城市又开始向北建设。

公元 16 世纪,作为文艺复兴时期的艺术之都,费拉拉根据新的建筑思想先后规划了两个城区:一个是由波尔索公爵于 1551 年扩建竣工的"波尔索工程";另一个是 1492 年由埃尔科勒一世设计,而其后代用了整整一个 16 世纪的时间才逐步完成的"宏伟扩建工程"(图 4-18～图 4-20)。

第一项扩建是在干涸的波河支流岸边进行的。整个狭长的区域由一条笔直的大道贯穿,并开辟了许多条通向城区旧街道的横街。

第二项规模庞大的扩建使城市面积从 200hm^2 增加到 430hm^2。新建的街道虽然没有形成规则网络,但却与中世纪城市留存下来的街道很好地衔接起来。两条主干道:一条是原有的从埃斯腾斯城堡通往贝尔菲奥勒城堡的林荫大道(即埃尔科勒一世林荫大道),另一条是新建的连接波门和马勒门的大道(即波门大道和马勒大道相互交叉,几乎成一直角),就像维特鲁威笔下古代城市的纵轴和横轴。沿着这两个大道开辟了一个很大的矩形广场——阿里奥斯蒂广场,面积约

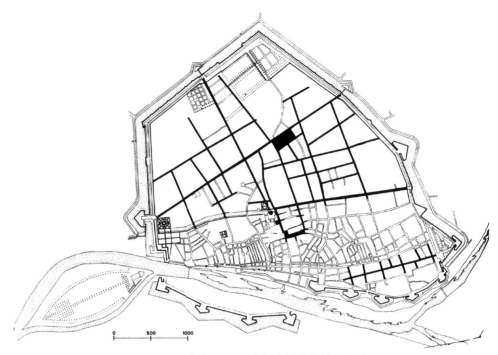

图 4-18　大约公元 16 世纪末的费拉拉平面图

(右下方黑线是第一个波尔索城市扩建工程中建造的街道。上部用黑粗线描画的是第二个"宏伟扩建工程"中建造的街道)(Leonardo Benevolo. Traduit de l'italien par Catberine, Peyre. Histoire de la Ville. Marseille；Editions Panentbeses，2000)

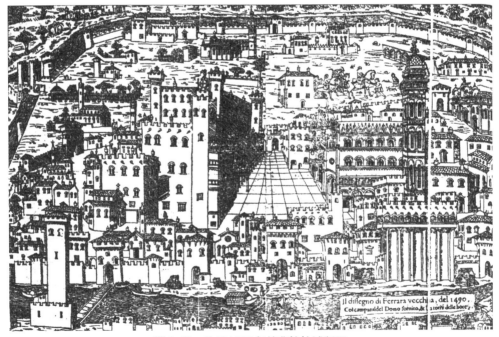

图 4-19　公元 1490 年的费拉拉城版画

(从这幅木刻版画中可以清楚地看到费拉拉城有两道城墙，第一道城墙之内的部分是老城区，建筑物十分密集，公爵宫及其前方的大广场非常醒目。第一道城墙和第二道城墙之间的部分是规划的新城区。)

图 4-20　公元 16 世纪费拉拉的全景版画

(Leonardo Benevolo. Traduit de l'italien par Catberine, Peyre. Histoire de la Ville. Marseille：Editions Panentbeses, 2000)

为 120m×200m，是新市区的中心。爱沙尼亚宫廷建筑师罗塞蒂领导了设计建造城墙和沿新街的一些纪念性建筑的工作。

2）城市的发展

通过以上工程的建设，费拉拉城焕然一新，这在当时的欧洲各国是无与伦比的。但城市的人口和财富并没有按人们所期待的速度增长。建筑活动因此也受到限制，为"宏伟扩建工程"新开辟的住宅用地没有完全被利用，大部分仍保留着当时乡村的特点。大约在公元 16 世纪末期，费拉拉被教皇国吞并，成为了一个二流的城市。公元 20 世纪初期，费拉拉又经历了一次复兴，中世纪建造的街道被作为新区的一端，而公元 15 世纪时规划的市区则变成这个新扩建城市中的既普通又寂静的郊区。

5．米兰（Milano）

1）文艺复兴时期米兰的政治

经过了公元 12 世纪与神圣罗马帝国的战争，米兰获得了自治权。公元 13 世纪，维斯孔蒂家族夺取了政权，并且在 1395 年得到了神圣罗马帝国皇帝温塞斯劳批准的公爵头衔和给予其后代永久性的米兰公爵领地。公元 1450 年，雇佣兵队长弗朗切斯科·斯福尔扎把斯福尔扎家族推上了权力的宝座。在这个家族的统治与推动下，米兰成为了文艺复兴运动的中心之一。

2）文艺复兴时期米兰的艺术

地理位置上与法国的接近和复杂的历史背景使米兰深受法国的影响，反映在艺术上首先就是米兰人对歌特式风格的热衷；其次，米兰的专制统治者们为了宣扬他们的名声，不惜重金邀请著名的画家、建筑家、雕刻家来进行创作，其中就包括著名的佛罗伦萨的建筑师米凯洛佐、布拉曼特以及画家达·芬奇，使得文艺复兴时期米兰的艺术带有宫廷式和贵族化的气息。

3）文艺复兴时期米兰的城市建设

如同其他的意大利城市一样，文艺复兴时期的米兰扩建了它原来的已不合时宜的城墙，梳理了弯曲狭窄的城市街道，开辟了多处宽敞的广场以及耗资修建了显示城市财富与文化的大型公共建筑（图4-21）。

公元1386年，吉安·加莱亚佐·维斯孔蒂决定修建米兰主教堂，亦即"大圣母马利亚教堂"。他希望通过这座教堂无与伦比的建筑来提高米兰城的声誉。经过一个半世纪的建设，米兰主教堂的主体竣工，但一直到公元19世纪它才彻底完工（图4-22）。建成的米兰大教堂确实成为了整座城市的标志，在基督教世界里只有罗马的圣彼得大教堂才能超过它。米兰主教堂采用了米兰人最喜爱的歌特式风格，而非新的古典式建筑风格。公元1497年，米兰驻威尼斯的大使自豪地说，

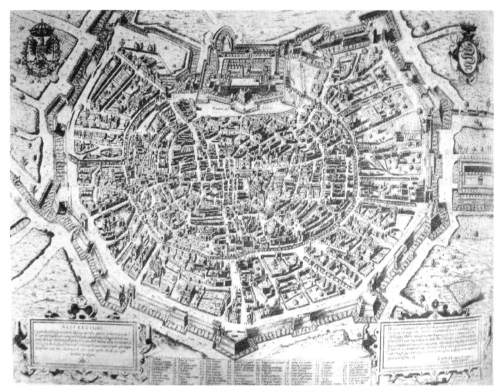

图4-21　公元1573年的米兰城版画

(Leonardo Benevolo. Traduit de l'italien par Catberine, Peyre. Histoire de la Ville. Marseille：Editions Panentbeses, 2000)

图 4-22 米兰大教堂

(Leonardo Benevolo. Traduit de l'italien par Catberine, Peyre. Histoire de la Ville. Marseille：Editions Panentbeses，2000)

在威尼斯没有可以与米兰大教堂媲美的类似的建筑。

公元 1456 年，在弗朗切斯科·斯福尔扎夺得米兰统治权的第 6 年，他下令修建米兰"大医院"。一方面他希望满足米兰市民慈善事业的需要，提升米兰城的声誉，正如他在公元 1460 年写给米兰驻罗马大使的信件里所说，"我们希望这座建筑物能尽善尽美，是因为我们的人民殷切期待，渴望拥有这样一座建筑物，同时也是因为它能为我们的城市和我们自己带来伟大的荣誉"。当然，另一方面，修建大医院能有助于巩固斯福尔扎家族的统治。负责这座大医院设计与建造的是佛罗伦萨雕塑家和建筑师费拉锐特，该建筑成为伦巴第地区最早的文艺复兴风格的建筑。

从公元 1450 年 7 月起，弗朗切斯科下令建设位于米兰城北端的"焦维亚门城堡"或称"斯福尔扎城堡"，将其作为米兰的战略据点和斯福尔扎家族的居住地。焦维亚门城堡在弗朗切斯科的时代基本完工，后来他的儿子们又聘请了建筑师布拉曼特和达·芬奇对它进行改建。焦维亚门城堡的内部设计得十分宽敞，建筑丰富，不但有宫廷、花园，在它的中央位置还有一个宽敞的广场，适合举行各种庆典活动。在焦维亚门城堡面向米兰的一面墙的中央位置耸立着一个高大的瞭望塔，站在塔上可以将整个城堡和米兰尽收眼底。

此外，弗朗切斯科还曾下令重新修筑高耸且单薄的城墙与纤细的塔楼。他降低了城墙和四个圆柱形角楼的高度，增加了城墙的厚度，还在城堡外挖掘了一条既宽且深的壕沟。

主教堂、大医院和焦维亚门城堡极大地改变了公元15世纪米兰城的城市景观，展示了米兰公国的财富与权势。公元16世纪的米兰城又增添了新的城墙，新城墙围合的面积远大于老城墙内面积。然而除此以外，米兰城内再无大的建设工程，它的黄金时代在公元16世纪的意大利战争中结束。

6．罗马（Roma）

1）教会制度对城市的影响

公元15、16世纪，源于新兴的阿尔卑斯山北边的民族国家开始没收教会的土地和财富收入，迫使教会不得不在财政上更多地依附于意大利中部的教皇政府，将其作为税收的基地。一方面，为了扩张并巩固其统治，教皇时常发动战争；另一方面，教皇通常任命他们的亲属为高级官员，全然不顾忌教会制度的腐败和无能。面对教会制度的专制、腐败和苛税征收，罗马的贵族、商人和公共官员们也开始向教皇权威提出挑战。而北欧的基督徒们则发起彻底抵制教会的运动。在这种充满挑战和变化的局势下，教皇重申了教会的历史和传统，并鼓励在全意大利范围内的古典文化复兴。因为由人文主义学者（古典文学学者和教师）重新恢复的古罗马（尤其是帝国时期的）文学和艺术形式能够支持教皇统治世界的主张。

文艺复兴初期，罗马与佛罗伦萨、威尼斯和米兰不同，并不是银行业、手工业、贸易和交通的中心。罗马的存在依赖于教皇制度下的官僚们和那些朝圣者，没有他们所带来的收入，罗马就无法生存。因此，在所谓的"巴比伦囚禁"时期（指公元1309~1377年间教皇在法国的一个附属国阿维尼翁的统治时期）和"宗教大分裂"时期（在公元1378~1417年间，当时各个秘密会议和理事会先后选举出了8个教皇，而在同一时期，至少有2~3个教皇在罗马之外的领地上宣称其拥有最高统治权），罗马的人口从35000下降到17000，比当时的佛罗伦萨、威尼斯、米兰，甚至比锡耶纳的人口数量都要少得多。而当教皇于公元15世纪初返回这座城市之后，罗马才重新开始了它的发展并日趋繁荣，借助教皇力量的重新壮大，包括教堂、宫殿和豪华府邸在内的建筑工程喧嚣一时。到了公元1600年，罗马的人口上升到10万人，成为除了伦敦和巴黎之外欧洲人口最多的城市。

2）罗马的城市规划

公元15世纪中叶，当佛罗伦萨、威尼斯经过全面扩建成为大城市时，历史上曾为首都的罗马却仍然还是一个由于教皇政权的长期迁离而被遗弃的僻静小城，呈现出一幅由古代罗马城的遗址和基督教早期的教堂建筑构成的老面孔。不足4万人的居民集中在沿台伯河两岸的马斯费尔德和特拉斯特维尔一带大约1300hm^{2}的土地上，即哈德里安墙所包围的城区（图4-23）。

图 4-23 公元 15 世纪罗马的全景版画
(从图中可以看出城市的面貌仍然由古罗马的建筑构成)

公元 1420 年，当教皇马丁五世重返罗马时，发现罗马城内满目荒凉，"几乎看不出这里曾经是一个城市。房屋都变成了废墟，教堂全部倒塌，整个地区都被人遗弃；乡镇早已被人遗忘，为饥荒和贫穷所控制"。为了改善罗马的现状，马丁五世决定建立一套法制体系以保证罗马在短期内成为一座优美的城市。

尼古拉斯五世登基后，决心改变罗马破旧的形象，展开了大规模的工作，包括修复仍可利用的古代设施——城墙、街道、桥梁和下水管道；修复古代文物并赋予它们新的功能，如将哈德里安墓改建为城堡，将万神庙改建为教堂，将元老院改建为市政厅；修建梵蒂冈图书馆；拓宽罗马的街道；将教皇寝宫迁至梵蒂冈的新圣彼得教堂。由于拉特兰宫的圣·乔瓦尼诺教堂仍然保留为罗马的天主教堂，因此，迁都梵蒂冈的教皇不得不沿着派派拉街穿梭于两地之间。这条主要的东西向城市通道联系着卡比多山（即古代罗马时的卡皮托山和公共政府的长期所在地）、罗马城镇广场和罗马圆形大剧场。由于具有这些象征意义上的、典礼上的以及相互联系上的重要性，派派拉街成为罗马文艺复兴时期很大一部分的城市规划项目和建筑工程的所在地，并保持着与通道中间和两端的三个主要的中心之间紧密的联系。

教皇西库斯托斯四世拉开了罗马大规模重建的序幕。为了在波波洛广场和圣安吉洛桥之间寻找一条更加直接的朝圣路线，同时也为了促进一个较小的上游港

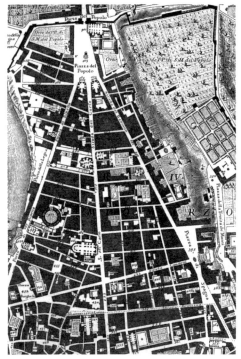

图4-24 起点为波波洛门（人民门）和广场的放射形道路系统

(Jean Castex．Renaissance．Baroque et Classicisme-Histoire de L'architecture 1420～1720)

口瑞比塔港周边地区的商贸发展，西库斯托斯四世修建了西斯庭街。此外，为了将人口稠密的特拉斯特维尔区与城市中心连接起来，他还修建了西斯托桥；为改变中世纪杂乱的住宅区，将三条通往圣天使桥的道路改为直线。

为迎接公元1500年的大赦年的到来，建设活动再次得到加强。亚历山大六世毁掉了罗穆卢斯陵墓的古梵蒂冈金字塔，取而代之的是兴建了连接梵蒂冈宫与圣天使城堡的亚历山大街（这是自古罗马以来的第一条呈直线形的道路）。

教皇尤里乌斯二世在西库斯托斯四世的基础上，进一步加强了罗马城区的联系。他在罗马新辟了若干街道，最重要的是沿台伯河岸不远处建设的伦卡拉大道和朱丽亚大道。在城市住宅区的边缘，重现修整了同样笔直的古罗马时期的弗拉米纳大道。此外，他还规划了一个新的、由三条直路（科索路、里佩塔路和巴比诺路）构成的放射形道路系统，它们的起点是波波洛门。这几条长而笔直的街道构成了罗马城市布局的基本框架（图4-24、图4-25）。

图4-25 改建后的波波洛广场

(Jean Castex．Renaissance．Baroque et Classicisme-Histoire de L'architecture 1420～1720)

利奥十世修建了利奥路,改善了波波洛广场、瑞比塔港、瑞可塔街和梵蒂冈之间的交通状况。此外,他还依据拉斐尔和布拉曼特的建议,决定修复现存的古代标志性建筑,以恢复罗马的辉煌,并执意修建了富丽堂皇的圣彼得大教堂。

教皇克雷芒七世在位期间建造了通向波波洛广场的第三条路克雷芒街。克雷芒街与利奥街一样,与科索街有着相同的角度。这三条街道在几何学上精确的交汇集中构成了第一个三交线。

保罗三世延长了克雷芒街,并将它更名为保利那·特瑞法里亚街。他要求修建特瑞尼塔蒂斯街把保利那·特瑞法里亚街和科索街、利奥街和西斯庭那街全部连接起来,在朝东的特瑞尼塔山处交会。他还将保罗街和潘尼科街分别同圣天使桥、吉优里街和派派拉街相连接,使其与堪那拉港一起构成了罗马的第二个三交线。

公元 1527 年,罗马城遭到神圣罗马帝国的入侵,城市的改造工作一度中断。

公元 16 世纪晚期,教皇重新开始扩建罗马的宏伟工程。在这些工程中,最重要的就是圣彼得大教堂的修建。它是教皇合法化的象征,也是基督教会最高权威的象征。从尼古拉斯五世到后来的西库斯托斯五世,设计方案几经修改,最后由米开朗琪罗完成了圣彼得堡大教堂的大圆顶的建造。

此外,西库斯托斯五世还把朝圣路线纳入严格的和系统的教皇政权控制之中,创造出一个由许多条街道构成的网状系统,这个系统分布于各个教堂之间。他还计划将新的社区扩展到台伯河左岸的卡比多山上,建立丝绸工业、家禽市场、公共洗衣店和费里斯水渠(图 4-26)。

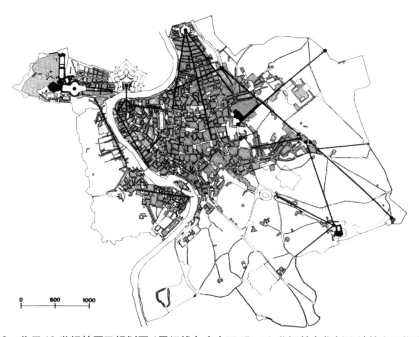

图 4-26 公元 18 世纪的罗马规划图(用粗线条突出了 15、16 世纪教皇们新设计的主要街道)
(Leonardo Benevolo. Traduit de l'italien par Catberine, Peyre. Histoire de la Ville. Marseille:Editions Panentbeses, 2000)

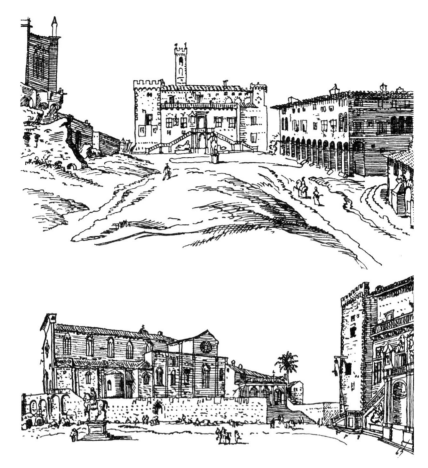

图 4-27 改造中的罗马市政广场（米开朗琪罗已经在元老院建筑前加建了一对大台阶，雕像已经摆放到位，左侧的档案馆还未改建，右侧的圣玛丽亚教堂不久后被新建的博物馆遮挡）

(Steen Eiler Rasmussen. Villes et architectures. Marseille：Editions Parentheses, 2008)

在西库斯托斯五世统治下，罗马城市的改建在短短五年里就全部完成了。如元老院成员、学者和希腊及拉丁文教授的帕姆皮奥·优格尼奥所说，"这里到处都弥漫着和平的光芒，宽阔的街道越来越多，各种建筑琳琅满目装饰着罗马城，喷泉使这里令人耳目一新，数量众多的方尖石塔直通天国……无论在罗马的什么地方，人们都能够感受到重建后罗马全新的黄金时代……"。

3）市政广场改建

罗马市政广场位于卡比多山上。广场的正面是元老院，它左面的档案馆是早就有的旧建筑物，二者不互相垂直。公元 1540 年，米开朗琪罗建造右面的博物馆，同档案馆对称，因此，广场的平面呈梯形。意大利中世纪的城市广场是不对称的，卡比多山市政广场是文艺复兴时期比较早的按轴线对称配置的广场之一。三座建筑物虽然不是同一时期建造的，但是因为在建造博物馆的时候考虑到了原有两座建筑，并且改造了它们，所以在形式上完全统一（图 4-27 ～图 4-29）。

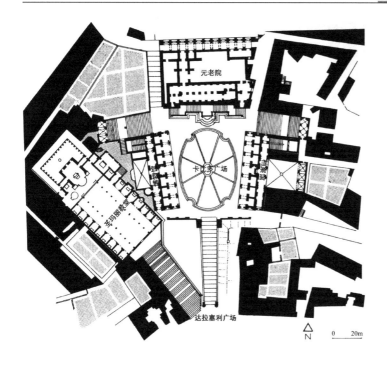

图 4-28 罗马市政广场改建平面图
(Charles Delfante. Grande Histoire de la Ville. Paris：Editions Armand Colin, 1997)

图 4-29 改造后的罗马市政广场
(Steen Eiler Rasmussen. Villes et architectures. Marseille：Editions Parentheses, 2008)

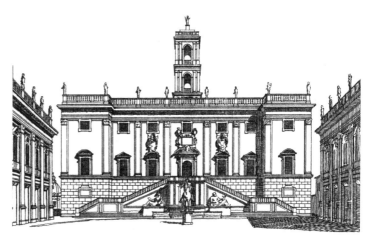

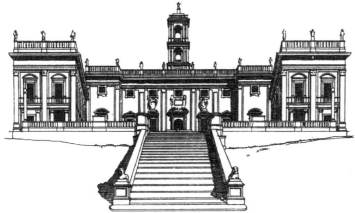

这个广场的独特之处，是它的三面有建筑物，而把前面敞开，一直对着山坡下的大片绿地。广场入口的大台阶以锐角向上面放大，使台阶产生了缩短的错觉。同样，广场上的两座不平行的、向后分开的建筑创造了比较深远的效果。当走进广场中部时，精美的古罗马皇帝骑马铜像吸引住人们的视线，增加了期待感。

元老院高 27m，两侧的建筑高 20m，相差不大。为了突出元老院，把它的底层做成基座层，前面设一对大台阶，上两层用巨柱式，二、三层之间不作水平划分；而两侧的建筑物，巨柱式立在平地，一、二层之间用阳台作明显的水平划分。构图的对比，使元老院显得比实际的更高、更雄伟。站在元老院入口台阶的顶部，可以看到以建筑和雕塑为景框的城市全景。

4）圣彼得大教堂及广场

圣彼得大教堂工程早在公元 1452 年便在伯那多·罗塞利诺的监督下开始。在布拉曼特接管之前，曾经过多次停工与开工。布拉曼特的第一个方案是一座向心式的四方形教堂，有四个附属圆顶和一个主圆顶，不过在他的助手桑加罗提出质疑后，布拉曼特重新设计了一个较长形状的教堂。在布拉曼特于公元 1514 年逝世后，尤里乌斯二世将设计权交给了年轻的拉斐尔。拉斐尔随即排除了布拉曼特的一些想法，但也恢复了布拉曼特的部分原始设计，再加上自己的少许构想。然而，拉斐尔在公元 1520 年去世后，留下的设计案不是未被建造便是被拆毁。后来桑加罗提出了替代方案，但罗马遭到的劫掠阻碍了许多工事的完成。桑加罗在公元 1546 年去世，年过 70 的米开朗琪罗被请来接管工程。他再次提出一个新计划，包括清除拉斐尔和桑加罗完成的部分，以及构建一个巨大的穹顶。直到教皇西库斯托斯五世时这个穹隆圆顶才得以建成。完工后的穹顶圆顶直径 41.9m，内部顶点高 123.4m，特别是穹顶采光亭上的十字架尖端高达 137.8m，成为罗马城的制高点。

此后，教堂又经由了五位建筑师，最后在贝尼尼手中达到高峰。他完成了正立面的工程，接着设计了位于大教堂前的圣彼得广场。在广场的中央是一座气势非凡的方尖碑。广场的形制是一个巨大的椭圆形平面，并且不在一个平面上，靠近教堂部分稍高。广场的两侧由柱廊围绕，各呈半圆形。广场的入口朝向市区，通过入口及柱廊加强了广场与城市的联系，烘托出后面教堂巨大的圆顶。圣彼得广场是罗马的精神中心，也是基督教世界的精神中心（图 4-30 ~ 图 4-32）。

7. 威尼斯（Venezia）

在文艺复兴时期意大利所有的城邦中，威尼斯城邦是唯一一个没有古罗马背景的帝国，它是继佛罗伦萨和罗马之后的文艺复兴运动的又一中心，在公元 16 世纪进入最辉煌期。文艺复兴时期威尼斯的城市建设一方面受到外来文化的影响，一方面也努力吸取古典主义的建筑原则。

1）文艺复兴时期的威尼斯风格

在意大利文艺复兴期间，威尼斯用自己独有的价值观和思想方式，以浪漫与

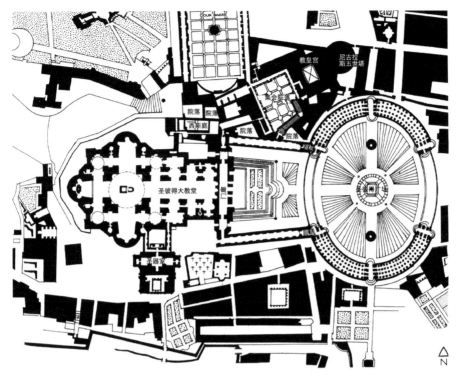

图 4-30　圣彼得广场平面图

(Charles Delfante. Grande Histoire de la Ville. Paris：Editions Armand Colin, 1997)

图 4-31　公元 21 世纪初从气球上所拍摄的圣彼得广场，周围的许多建筑在公元 1935 年被拆除

(L·贝纳沃罗著. 世界城市史. 薛钟灵等译. 北京：科学出版社, 2000)

图4-32 从圣彼得教堂到圣天使城堡的轴线
(Piazze d'Italia [M]. Milano: Touring Club Italiano, 1998)

怀旧的情感参与对古典文化的复兴,形成了与众不同的威尼斯风格:丰富的色彩,强调对光的运用,喜爱混合风格。这些特征使它与意大利的其他地区非常不同。造成这种特殊性至少有四个方面的原因:独特的地理位置,强大的贸易帝国,顽固的拜占庭传统,以及带有世界性色彩的稳固政治和社会结构。

威尼斯不像佛罗伦萨那样被划分成方方正正的区域,而是被泻湖分成六个大小不等的区域。它的形状也不是按照罗马格子般互成直角的街道划分的,而是由不规则的海岸线和涨潮落潮后沉淀下来的淤泥决定的。这种不对称和不平衡的性格在城市环境中根深蒂固,整体城市的布局,甚至连圣马可广场都是一个不规则的四边形,而这在威尼斯文艺复兴的绘画中也十分明显。此外,活跃的商业活动使得威尼斯虽然是一个岛国,却一点都不孤立封闭。在威尼斯,人们能接触到各式各样的外来的稀有的商品,同时也可以欣赏到由"舶来"的片断组合起来的拼贴作品。由于威尼斯人对不规则和混合体的偏爱,因此他们允许新鲜的和各种各样的风格元素融入城市建筑中去,比如圣马可教堂就是一个完美的混成品。而对于马赛克画的热爱,使艺术家们从中学到了关于色彩变化的微妙手法和对表面效果的重视。此外,由于威尼斯一开始就是一个移民城市,所以外来的文化并没有被新的城市完全同化,保留了许多文化和社会阶层的混合特点。

2) 城市的建设活动

文艺复兴时期的威尼斯的城市总体结构依旧由六个独立而又分散在泻湖中的小岛,以及三个重要的部分组成:圣马克广场、美雪瑞阿商业街和阿森纳兵工厂及船坞。

圣马克广场和它四周丰富的建筑是城市中最重要的部分。在广场靠近水域的边界上，耸立着两根古代纪念柱，柱子顶上是两位威尼斯基督保护神圣·迪狄奥多尔和圣马可雄狮，形成了威尼斯城的正式入口。圣马可广场的南面，是总督府以及其他一些政府大楼。这个区域整体上就是一个强有力的政治、宗教、司法和庆典生活的中心。

迂回曲折的美雪瑞阿街是联系圣马克广场到里阿尔托的商业街，它是城市结构中第二重要的部分。美雪瑞阿不仅是商业和银行业的中心，还有一座横跨大运河连接城市两端的桥，不管从实际作用还是象征意义上考虑，这都是城市两部分之间最重要的联系。

第三个重要场所便是阿森纳兵工厂与船坞，它对城市财富的积累是功不可没的。政府提供津贴给船坞用来建造船舶，为贸易活动提供交通动力，而这些贸易活动又带来了威尼斯的繁荣。

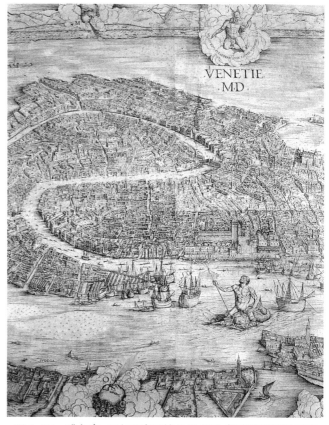

图4-33 雅各布·巴尔巴内画的公元1500年威尼斯景观局部
(Piazze d'Italia [M]. Milano：Touring Club Italiano, 1998)

与此同时，一些新的公共建筑也不断出现：公元1340年到15世纪末以哥特式风格改建完成的总督府；16世纪后半叶由莫洛·科杜西、尚苏维诺和尚米歇利改建的圣马可广场；1592年安东尼奥·达·蓬特所建的第三座里亚尔托桥；1570～1580年，担任威尼斯公共事业部主任的帕拉第奥在圣马可广场对面小岛的岸边建了两个大礼拜堂——圣乔治教堂和救世主教堂；1631年，隆盖纳让在格兰德河的入海处修建了圣玛丽亚—德拉萨卢泰教堂。这些公共建筑在水面与蓝天的映衬下，颜色极为丰富，大大增加了城市视觉空间的尺度。而威尼斯富裕显贵们的华丽的私人建筑，与这些公共建筑一同把整个城市装扮得极为美丽（图4-33、图4-34）。

3）圣马克广场

圣马克广场最早的建设可追溯于公元830年，形成于文艺复兴时期，是城市最重要的活动中心。最初这里是圣马克教堂的果园。公元1063年，在原来圣马克教堂的原址兴建新的圣马克大教堂。公元12世纪中叶，威尼斯总督塞巴斯蒂亚诺·齐亚尼对广场进行了扩建，将圣马克教堂前面的广场面积扩大了一倍。以

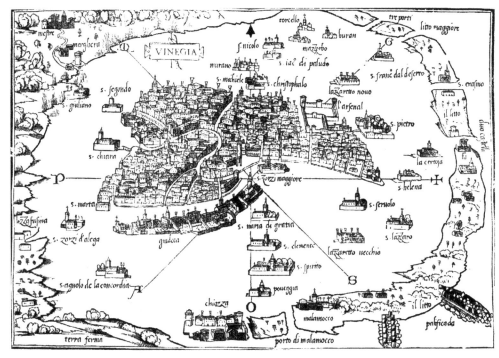

图 4-34 公元 1528 年威尼斯城木刻版画

后,圣马克教堂和总督府进行了多次扩建,外观都有很大的变化。公元 1400 年,拆除了广场周围的圣马克教堂教士府邸、行政官员官邸等建筑。公元 15 世纪建了高达 98m 的高直式钟楼、文艺复兴式的图书馆和铸币厂。100 年后,尚苏维诺为广场做的新设计方案保持了广场的传统格局(图 4-35)。

广场平面呈曲尺形,在空间组合方面,它是由三个梯形广场组合成的一个复合式广场(图 4-36)。大广场与靠海湾的小广场之间用一个钟塔作为过渡。大广场与圣马克教堂北侧面的小广场的过渡则用了一对狮子雕像与几步台阶进行划分。

大广场是梯形的,长 175m,东边宽 90m,西边宽 56m,面积 1.28hm^2,很适合当时 19 万人口的规模。这种封闭式梯形广场在透视上有很好的艺术效果,使人们从西面入口进入广场时,增加开阔宏伟的印象,从教堂向西面入口观看时,增加更加深远的感觉。同主要广场相垂直的靠海湾的小广场也是梯形的。从小广场可以看到对面 400m 以外海湾内小岛上的对景——圣乔治教堂。

在艺术处理方面,高耸的钟塔成为城市的标志,与广场周围建筑物的水平线条形成美的对比,使封闭式广场与开阔的海面有所过渡。广场四周建筑底层全采用外廊式的做法,并以发券为基本母题,均以水平划分,形成单纯安定的背景。各种建筑色彩美丽明快,广场上还点缀了大量灯柱和三根大旗杆,增添了生动活泼的气氛。

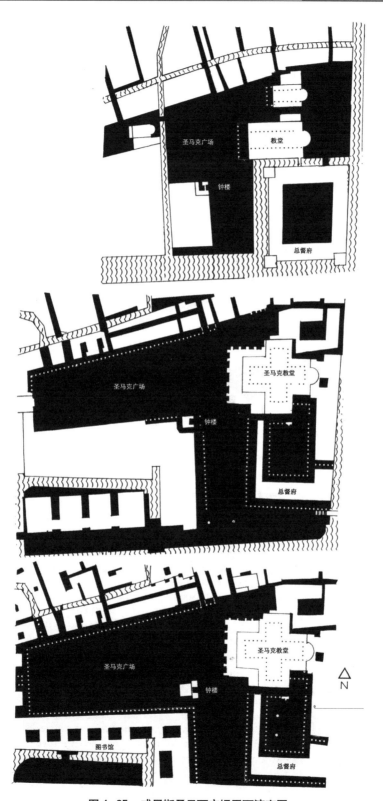

图 4-35 威尼斯圣马可广场平面演变图
(Charles Delfante. Grande Histoire de la Ville. Paris: Editions Armand Colin, 1997)

图 4-36 圣马克广场
(L·贝纳沃罗著. 世界城市史. 薛钟灵等译. 北京：科学出版社，2000)

4）贵族的住宅

除了教堂和政府公共区域外，城市中最引人注目的便是那些坐落在大运河岸边（图4-37）、教区教堂的小广场前，或是靠近小水道边的贵族府邸。很多威尼斯的贵族府邸都有两方面的用途：家居和办公。这意味着威尼斯特有的"货栈—府邸"的基础结构从公元12世纪起就未曾改变过。

这些府邸都建在深深的木桩上。从府邸的立面的主楼层的窗户形状能找到其从威尼斯式到拜占庭式风格再到罗马式风格演变的过程：公元12和13世纪的圆顶窄窗式、14和15世纪哥特风格（三叶草形、曲线形的轮廓）、15及16世纪早期的圆顶式窗架模式。依水毗邻而建的府邸因相似的装饰图案在创造多变的城市景象的同时又相互协调。

四、文艺复兴时期的意大利以外地区

1．文艺复兴思想的传播

公元15世纪初期，几乎整个欧洲依旧沉浸在哥特式精神的影响下，全社会都以宗教活动为中心。到了公元16世纪初期，由于印刷术和拉丁文字的传播，

图 4-37 格兰德运河上的贵族的府邸
(Attilio Boccazzi-varotto.venice 360°.New York: Randem Nouse, 1996)

受过教育的人们开始接触意大利文艺复兴的思想、文学与艺术，古典精神复兴开始影响欧洲大部分地区。同样地，人文主义者们对古典精神的追求也影响到了贵族阶层、宫廷王室，人们开始模仿意大利艺术时尚，因为表面的模仿要比掌握隐藏在形式之后的思想容易得多。但这段时期内，意大利的人文主义思想仍囿于从意大利来的移民或游历过意大利的艺术家当中。到了公元16世纪中期，法国在伦巴第地区的军事霸权得以确立，由宫廷王室所鼓励与带动的对意大利文艺复兴艺术的追求与学习，使得文艺复兴的思想与观念第一次在意大利本土之外的地区站稳了脚跟。

当然，文艺复兴在意大利以外地区的传播过程中也不得不受到当时欧洲各国的发展状况的制约，因而文艺复兴在意大利以外地区具有了一些不同的特点：在君主势力较强的法国、西班牙，文艺复兴文化逐渐演变为以宫廷为中心，反对共和的文化；在宗教势力强大的国家，人文主义虽然也打进了经院哲学的阵营，但它实质上只是具有文艺复兴漂亮的外壳，内部却包裹着中世纪学术文化的基督教的人文主义。如果说在意大利，人文主义基本上是世俗的，那么在这些国家，人文学者们从事的主要工作是从基督教的立场吸收和改造人文科学的研究，其最终目的是增进有关神学和圣经的知识。

2．法国

法国的文艺复兴运动与统治阶级的政治文化计划密切相关，并不是像意大利那样建立在艺术家和学者的个人努力之上，而是在法国宫廷文化的影响下走向全面发展。

1）文艺复兴思想在法国的发展

公元15世纪晚期至16世纪初，摆脱了百年战争的桎梏和对周边行省的兼并，查理八世统治下的法国版图已远远超出了14世纪的范围。王室和官僚机构已成为权力的中心，教会和大封建领主被限制得更紧。更为重要的，法国再次经历了经济的增长，获得了令欧洲其他君主垂涎的财政盈余。为了寻求更多的财富与所谓的国家"利益"，法国发动了对意大利的战争，这场战争在对意大利文艺复兴带来致命打击的同时，却给法国带来了丰富的文化交流，尽管文艺复兴的思想早在公元14世纪晚期已进入法国。

当时意大利对法国的影响不仅止于文化。最初只是对法国人生活方式的影响，随后意大利也使法国的服装时尚观念发生了决定性的飞跃——强调华丽的衬里与制作色彩的效果。而意大利对法国产生的最大影响，莫过于整套"装饰理念"的引入，由于无须对法国人最喜爱的歌特式建筑观念作任何变动，因此极受欢迎。借用沙泰尔巧妙的形容，就像把"甘蓝变成叶柄，把扁拱形壁龛变成贝壳那么简单"。法国人乐于模仿意大利或古代式样，将棕叶饰、圆形或椭圆形的图案、裸体小天使、藻井拱穹、阿拉伯式曲线、叶旋涡饰、壁柱、三角楣等名目繁多的雕饰添加到歌特式的教堂上，使教堂看起来更具现代气派，但他们从不考虑内在的逻辑。沙泰尔称这种风格是一种"揉入了古代小素材的灵活化的歌特式艺术风格",一种保存了其整体效果和静态的"现代化的歌特式艺术"。对古典形式外表的过度模仿演变出了原始的巴洛克风格,后者以法国为中心,于公元 17 世纪晚期至 18 世纪盛行于整个欧洲;同时也助长了法国人对奢华的追求,从服饰上的金银刺绣和珠宝镶嵌到烹饪技艺,从餐具到园艺,从建筑上繁芜的装饰到金碧辉煌的宫殿。文艺复兴在法国充满了宫廷化与贵族气。

2) 文艺复兴时期的建设活动

在文艺复兴的影响下,公元 16 世纪法国的城市景观也大有改观。城市中出现了华丽的住宅、宽敞的广场以及笔直的道路。但那个时期最精美的艺术之地仍是王室成员居住的宫殿,得益于宫廷对文艺复兴艺术大张旗鼓地宣扬,这些宫殿也成为了意大利艺术家、画家和学者施展才华之地,最显著的是在卢瓦尔河谷一带的法国王室家族的府邸。

卢瓦尔河在历史上曾是罗马与高卢人最重要的运输和贸易干道。从公元 9 世纪开始,卢瓦尔河沿岸便建起了抵御北欧海盗的防御城堡和城墙。百年战争期间(公元 1337～1453 年),卢瓦尔地区成为法军与英军的战场,饱受战火侵扰。百年战争结束后,再加上公元 15 世纪以来文艺复兴建筑创新思想从意大利传入法国,卢瓦尔河谷地区之前建造的堡垒和要塞被彻底摒弃,取而代之的是法国王室装饰豪华的宫殿和花园。

3) 布卢瓦城堡与花园(Châteaux et Jardin de Blois)

布卢瓦城堡位于卢瓦尔河北岸,城堡中央庭院周围分布着四座翼廊,风格各不相同,体现了不同时期的建筑风格特色:歌特式(公元 13 世纪)、路易十二统治时期的歌特火焰式(公元 1498～1503 年)、弗朗索瓦一世统治时期的早期文艺复兴式(公元 1515～1524 年)和古典式(公元 17 世纪 30 年代)。其中弗朗索瓦一世时流行的翼廊建筑,以简洁的装饰与明快的比例而构成独特的意大利风格,一经建成便得到了法国人的赞誉。法国早期的文艺复兴的风格受意大利影响,也体现在城堡边上的花园形态当中(图 4-38)。

4) 舍农索城堡与花园(Châteaux et Jardin de Chenonceau)

舍农索城堡是王室贵族托马·博耶在公元 1513～1517 年授权托马斯·博希尔为其建造的府邸。这块位于卢瓦尔河支流谢尔河畔的土地原属于马克尔家族。自公元 13 世纪起这个家族便在这块土地上拥有了一座四周设防的小城堡和一个磨坊。

这座迷人的城堡混合了两种文化的风格:转角塔楼与高耸的山花给人一种浓烈的歌特式的浪漫氛围;而在保留的城堡主塔檐壁上雕饰了有意大利风格的叶漩涡饰,以及围绕着盾形徽章的精美的守护神。城堡内楼梯间是带有平顶镶板装饰顶棚的直跑楼梯,极具意大利特色。楼梯沿一条直线,一直向上延伸,从头到尾没有转折,将整座建筑一分为二(图 4-39)。

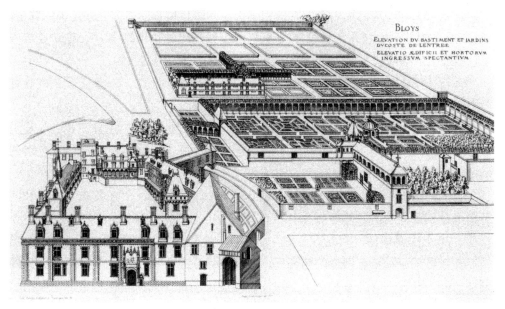

图 4-38 布卢瓦城堡与花园木刻版画

(J. A. Du Cerceau 作于公元 1607 年)（Ehrenfried Kluckert. European Garden Design. Cologne：Konemann, 2000)

图 4-39 舍农索城堡与花园

(Châteaux of the Loire. Florence：Bonechi, 2005)

公元1535年，为偿还由布朗塞诉讼案引起的账目核查而追究既往过失的罚金，托马·博耶的儿子安托尼·博耶不得不把这座城堡出让给弗朗索瓦一世，成为国王打猎聚会的场所。

5）尚博尔城堡与花园（Châteaux et jardin de Chambord）——文艺复兴的宣言与杰作

尚博尔城堡的前身是一座位于卢瓦尔河支流库松河畔的小庄园，曾驻扎过卫戍部队。公元1518年，弗朗索瓦一世决定拆毁这座庄园，重新建造一座豪华的城堡。

城堡外围长156m，宽117m，占地5500hm²，主要由一个巨大的主城堡和四个角上分别耸立着的四座小城堡构成，拥有440个房间、365扇窗户、13个主要楼梯、70个次要楼梯、800个柱头，如同一个微型小城（图4-40）。小城堡的顶楼拥有2层天窗和带有楼梯的墙角塔。每个小城堡都如同佛罗伦萨美第奇家族的别墅一样，拥有1间卧室和2个小房间，这些房间都与尚博尔城堡中的主城堡相连接。在四个独立的小城堡与主塔的交接处，有一座别具一格的由两个相互独立盘旋而上的楼梯，楼梯上装饰着众多的小天使、农牧神、裸体的仙女、离奇的怪物和哈尔比亚神的雕塑。爬上这座著名的双旋楼梯便能到达城堡中最为壮观的部分——城楼上的平台。城堡内古怪滑稽的小雕像与城堡古典风格的式样共同展现了中世纪的精华与意大利艺术形式的完美结合。

图4-40　尚博尔城堡与花园

(Milena Ercole Pozzoli. Chateaux of the Loire. Twichenham：Tiger Books International PLC，1997)

3. 西班牙

1) 文艺复兴思想在西班牙的发展

当意大利的文艺复兴开始时，伊比利亚半岛上还没有西班牙王国。公元1469年，阿拉贡的费迪南五世（即西班牙费迪南二世）与卡斯提尔德伊莎贝拉的婚姻，连接了半岛上除葡萄牙以外的两个主要王国。通过武士贵族的力量，联合君主国获得了伊比利亚半岛上所有其他王国的拥戴（除了仍然部分自治的葡萄牙），建立了西班牙王国。公元16世纪晚期，西班牙国王菲利普二世统治了意大利的那不勒斯和米兰。因而毫无疑问地，西班牙的知识分子通过阿拉贡统治下的那不勒斯王国，同意大利的新思潮和艺术保持着紧密的联系。但在西

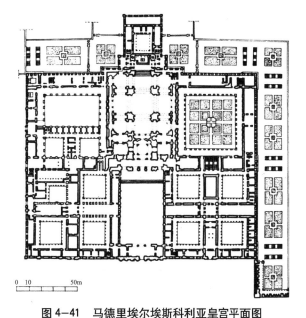

图4-41 马德里埃尔埃斯科利亚皇宫平面图
（彼得·墨里著．文艺复兴建筑．王贵祥译．北京：中国建筑工业出版社，1999）

班牙，文艺复兴深受强大的天主教力量和君主王权的影响。西班牙的人文主义基本上还是传统的、经院化的，对宗教带有强烈的兴趣，而对创新持有怀疑态度。不过在公元16、17世纪，在流入的人文主义著作、伊拉斯莫的文章和辩论以及印刷业兴起后出现的译本的刺激下，西班牙的人文主义的文学创作逐渐繁荣起来。艺术方面，在意大利的风格来到之前，西班牙已深受摩尔人风格以及法国哥特式艺术的影响，因而西班牙对意大利文艺复兴的建筑艺术的吸取更多的是模仿其表面形式的装饰，即所谓的"带复杂花叶形装饰"的建筑艺术风格。

2) 文艺复兴时期的建设活动

古典风格在西班牙的体现最具有代表性的是离马德里48km处的一座将修道院、墓陵、军事要塞、宫殿合而为一的宏伟巨大的建筑。这座建筑名为埃尔埃斯科利亚皇宫，是公元1558年查理斯五世去世时，腓力二世为其修建的一座带有陵墓、耶罗尼迈特修道院和教堂的王宫建筑（图4-41、图4-42）。

这座建筑群长201m、宽159m，有17个内庭院。国王腓力二世是一位绘画艺术方面的鉴赏家，因而他在委托建筑师埃雷拉设计埃尔埃斯科利亚皇宫时，要求"用简洁的形式，整体的严谨，高贵但不倨傲，雄伟而不卖弄"。

4. 北方地区

1) 文艺复兴思想在北方地区的发展

阿尔卑斯山以北的地区包括德语国家与低地国家。由于复杂的历史渊源，文艺复兴的思想与艺术形式在两个地区的传播很相似，不过也呈现出各自不同的特征。

图 4-42　马德里埃尔埃斯科利亚皇宫
(Ehrenfried Kluckert．European Garden Design Cologne: könemann, 2000)

德语国家主要指由几百个公国组成的、由世俗和教会领主统治的属于神圣罗马帝国的地区。连年的政治与宗教的混乱，使德语国家的文艺复兴运动具有与意大利完全不同的特点。德语国家的南部受意大利的影响较大；而西部的科隆等城市因天主教势力庞大，人文主义的精神较为保守；北部与低地国家的交往密切，人文主义更加关注宗教、道德和哲学的问题。在艺术上，德语国家长于严谨与缜密。公元 16 世纪上半叶，德语国家的文艺复兴运动兴起。

在位于今天由荷兰、比利时和卢森堡构成的地区，有一个由散布着半自治小城镇的、宗教与世俗合一的集合体。公元 14、15 世纪，这个地区的北部主要由荷兰省和泽兰省组成，面向北海、波罗的海和主宰着汉萨同盟的广阔的德国商业区；这个地区的南部主要由佛兰德斯省和布拉班特省组成，面向法国和勃艮第公国。从公元 1477 年到 1579 年，低地国家的不同成员都是哈布斯堡皇室（神圣罗马帝国）的领地，因而被拖进了帝国政治与宗教的漩涡之中。在这一地区，人文主义思想带有明显宗教特征的"基督教人文主义"，它珍视个人的尊严、内省和质询的精神，以及对古典研究的热情。在艺术方面，低地国家的发展也独立于意大利模式之外，他们注重色彩的应用，对自然景观、内部空间极为强调。到公元 16 世纪后半叶，低地国家的文艺复兴风格才开始形成。

2）城市建设活动

在尼德兰以及德国的许多城市，最能反映文艺复兴风格的是市政厅、公共计量所（图 4-43、图 4-44），以及市场建筑物。通常这些建筑有着像早期哥特建筑那样壮丽中央正门，但采用了古典柱式的表达手法。装饰相对来说比较有节制，粗琢的基座不仅提供了令人赏心悦目的水平线脚，并且对于很大的窗户，也展示了一个适当的对比效果。建筑的屋面采取了十分陡峭的北方式坡屋顶，与任何一座意大利建筑明显不同。然而从整体来看，却有着朴素和谐的感觉。这些公共服务建筑一般位于城市的中心，在其周围形成了市民活动的场所。

5．英国

1）文艺复兴思想在英格兰的发展

英国在文艺复兴时期实现了政府的中央集权，并且在亨利八世与伊丽莎白一世的先后统治下，成功地处理了宗教问题，平衡了国内天主教与加尔文教的势力。稳定的政治局势促进了工商业的发达，丰足的生活激发了人们对于发扬民族精神的渴望，因而英国的文艺复兴运动带有强烈的民族色彩。英国人研究古典文学和学习拉丁文，并非用于模仿，而是希望通过借鉴他人的知识促进本国文字、文学的发展。在艺术上，艺术家们也大量挖掘本土传统艺术的内涵，产生了一种生机勃勃的、充满活力的民族风格，昭显了民族古典主义的萌芽。

2）城市建设活动——伦敦（London）

中世纪时期，伦敦由城区和威斯敏斯特及周边地区两部分组成。城区基本上是原来古罗马时期的城区，也是当时英国最重要的商业中心。而威斯敏斯特及周边地区则是政府和议会所在地，唯一的一座伦敦桥连接着泰晤士河南侧的城郊。

图4-43　安特卫普市政厅
（彼得·墨里著. 文艺复兴建筑. 王贵祥译. 北京：中国建筑工业出版社，1999）

图4-44　哈勒姆计量所
（彼得·墨里著. 文艺复兴建筑. 王贵祥译. 北京：中国建筑工业出版社，1999）

公元16世纪的伦敦是一个拥有20万人口的繁华城市。城市以南以泰晤士河为界，从西面的舰队河到东面的伦敦塔，有一圈半圆形的城墙。城内街巷纵横交错，但贯穿全城的只有两条大街（图4-45）。在伦敦，最具英国文艺复兴时期标志的是那些带有异国情调的贵族府邸。在城市西区，沿着泰晤士河，华丽的府邸一字排开，这其中包括萨伏伊宫、王宫、白厅的花园和威斯敏斯特宫（图4-46）。其次便是在城市中大量兴建的剧院。那时，戏剧在英国成为大众娱乐节目，每逢

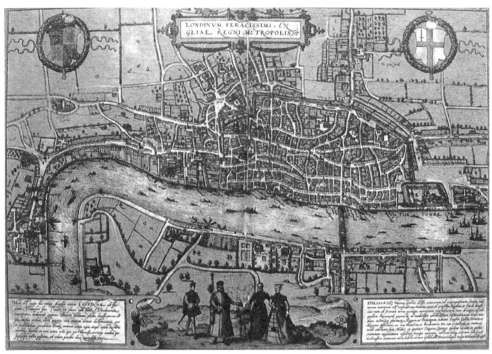

图 4-45　公元 1560 年的伦敦市区版画

图 4-46　公元 1547 年泰晤士河畔的贵族府邸
(彼得·墨里著. 文艺复兴建筑. 王贵祥译. 北京：中国建筑工业出版社, 1999)

集市或节日，伦敦市民们都会赶到剧场欣赏节目，而这些剧院的所在地往往成为城市公共活动的中心。

第二节 宗教改革时期的城市动态

一、宗教改革发生的背景

恩格斯说过:"中世纪只知道一种意识形态,即宗教和神学。"直到公元15世纪,罗马公教都是全欧洲唯一的宗教。中世纪西欧社会处于基督教的绝对统治之下,其对西方社会生活的影响不仅仅局限于精神领域,而且也深深地渗透到经济、政治和日常生活中。

中世纪基督教会把"上帝的福音"传播到了西方世界的每一个民族。当欧洲各国皈依基督教后,教会就演变为一种世俗权力无法控制乃至很难抗衡的力量——它不仅是一股精神势力,也是一股经济和政治势力。因而当整个欧洲的经济、政治格局要发生任何变动与调整的时候,矛头首先指向的也正是教会。

1. 精神方面

教会是超越国家的组织,它通过宗教建立起了共同的价值体系、文化意识,通过知识界来影响大众。

教会控制着整个欧洲的精神生活。在中世纪,只有教会保持着文化上的两个不可缺少的工具:读和写。国王和诸侯们只能从教会里招聘他们行使职权所必需的一切有文化的成员。从公元9世纪到11世纪,政府的全部事务都掌握在教会手里。直到公元15世纪,受教育人群仍仅限于社会上层,他们都是在主教堂和修道院附设的学校里,由神职人员教导上层弟子。中世纪的全部知识只能在教会内找到,而且教会培育出了建筑师、工程师等,这在欧洲广为熟知。

2. 经济方面

教会是在罗马帝国时代产生的,是与当时的农业生产方式相适应的一种组织方式,对整个欧洲来讲都是唯一的统治力量和组织机构。

当日耳曼人入侵罗马帝国时,罗马帝国的政治和经济组织方式都让日耳曼人望尘莫及,当单纯的劫掠不能作为长久之计时,他们就开始按照罗马人的生产方式进行生产。但是他们在这一方面越深入,就不知不觉地越深陷于依附教会的地位。

直到中世纪晚期,都是僧侣们把艺术和精巧手工业传授给日耳曼人的。农民不但在教会的保护之下富裕起来,而且教会还保护了大多数城市,直至这些城市强大起来,能够保卫自己为止。

教会的存在虽然在一定程度上有助于国家和人民,但它提供的服务需要昂贵的回报。在农业社会里,一个人的地位是根据其与土地的关系来决定的,而土地是由少数世俗贵族和教会所占有的。教会作为中世纪最大的土地所有者,占有势力范围内三分之一的土地,流行于中世纪的唯一税收"什一税"就源源不断地流进教会的财库。

公元16世纪,西欧社会经济出现了由农本而重商的重大变化。耕地面积的扩大、轮耕制的采用、园艺业的发展、从美洲引进高产作物等，这一切都使农业摆脱了长期发展缓慢的局面。随着纺织、采矿、冶金、造船和火器制造等生产技术的改造，各项有关的制造业也发达起来。新航路开辟以后，英国和尼德兰都采取了重商主义的措施，对资本主义的成长产生了深刻影响，世界市场由开拓而扩大，欧洲的金融和贸易中心从地中海转移到大西洋沿岸，意大利的商业地位开始下降。在商品经济的刺激下，英国资本主义迅速成长起来。亚欧大陆的西端率先开始了由封建主义向资本主义的过渡，形成了欧洲社会经济发展的重心。

当资本主义开始萌芽并发展以后，拥有大量土地资源的教会逐渐成为资本主义发展的障碍：作为农业时代的组织和管理主体，教会的控制开始变得相对落后和不合时宜。经济结构的变动使欧洲社会的阶级构成发生了重大变化。中世纪欧洲的基本阶级是农民、贵族和教士，而到了公元16世纪初，在原城市居民的基础上，由于商业与工业的发展，具有自己特性的、合法的中等阶级逐渐形成。

中等阶级的出现打破了原有的阶级格局，强大的经济势力使其社会影响力不断增大。与农民、贵族和教士不同，他们有着独特与全新的经济利益，需要一种适合其生存与发展的新制度和观念来取代原有的制度和观念。

3．政治方面

中世纪的教会本质上是一个政治组织，教会的扩张就意味着国家权力的扩张。自从公元11世纪的格里高利改革以来，天主教会一直追求着统治世界，追求着教皇的神权政治，实质上也就是追求神权和俗权的统一。

虽然中世纪的欧洲在政治上始终处于四分五裂的状态，但教会却一直统辖和约束着整个欧洲，为整个欧洲社会建立秩序。从公元15世纪初开始，欧洲许多国家开始朝中央集权制的方向发展，到了这个世纪末，欧洲的主要国家已经有了自己明确的疆界和合法的政府，在对外关系上初步显示了独立的主权地位。但这时欧洲国家"独立"的含义是不完整的，它们尚处于基督教的国际秩序中，在政治和军事方面仍然受到罗马教廷的干预。然而，当经济革命使各国开始形成独立的国内市场，并与其他国家和地区有了较多的贸易联系的时候，各国的民族主义就开始抬头了。

民族主义不是民族崇拜而是君主崇拜，"神圣王权"就是公元16世纪初期欧洲民族主义的一种完美表达。在民族主义的推动下，一些国家收回了长期散落于封建贵族手中的经济、政治、司法和军事权，建立了中央集权政权，它们进一步要求在国际上确立各自的绝对的国家主权，从而与公元16世纪欧洲跨国的基督教秩序发生冲突。

4．社会生活

作为一种文化，基督教教义的传播不像经济掠夺和政治控制，文化上落后的民族依靠军事力量统治先进文化地区之后，往往会为被占领者所同化。所以，即便有北欧蛮族的入侵和各日耳曼王国的建立，整个欧洲人的物质生活以及其精神生活仍以教会为源泉。在中世纪的每个村庄里，教堂都是宗教活动中心，多数人的世界观是在教堂中形成的。教会不仅规定了人的思想情感，而且也规范其行为和举动。

5．教会本身

公元 12 世纪时罗马教会达到了鼎盛，然而从 1254 年开始，它便开始步步走向衰败，其中主要的原因是其自身的腐败。欧洲各国经济和社会的变化不断冲击着罗马教会的价值观念和思想体系，而政治上的变化则在削弱它的权威和秩序。

公元 15 世纪期间，由于战争、饥馑和流行病，对死亡和和罪孽的恐惧加深了对宗教的迷信，民众的信仰比从前更加狂热。

这是人民的危机，而教廷却生活在骄奢淫逸之中，经常出现丑闻。到了公元 15 世纪末，欧洲的一些国家在强化专制王权的过程中，已先后中止向教皇纳贡。教皇便以出卖圣职来补充财政，这不仅使教会日趋世俗化，教士的素质也越来越低。

二、宗教改革的过程

1．文艺复兴、人文主义与宗教改革

宗教改革运动前夕，基督教人文主义思潮在欧洲传布很广，为宗教改革的发生打造了适当的环境。以伊拉斯谟为代表，人文主义者向往民族主义，崇拜并渴望王权；他们攻击教会的违法乱纪，他们通过作品描述揭露僧侣的腐败和堕落；基督教人文主义思潮主张以更新教义来拯救没落的教会，主张直接研究经典著作，认识真正的"基督的哲学"。路德通过潜心研读《圣经》，发现教会的一整套制度及其神学理论和实践恰恰背离了基督教的原始教义。

宗教改革的实质不仅是一场思想解放运动，而且也是一场社会变革运动，是对人文主义和文艺复兴的进一步深化。宗教改革家通过对基督教经典的重新解释，打出了鲜明的反对教皇和教会的旗帜，力图建立民族教会，摆脱罗马教廷的控制。

2．德国与瑞士的宗教改革

宗教改革首先发端于德国。公元 15 世纪后半期到 16 世纪初，虽然封建经济仍然占统治地位，但出现了手工工场，商业活动相当活跃，采矿、冶金、纺织和印刷等部门也发展较快，在个别的行业内已经出现了资本主义经济的萌芽。150 个德意志城镇联合起来，加入了各国城市组成的汉萨同盟，开始主宰从大西洋到波罗的海的贸易。

然而在公元 16 世纪初的德国土地上有七个选侯、十几个大诸侯、两百多个小诸侯，这些领主在自己的领地上俨然是独立的君主，他们有自己的行政组织、自己的军队、自己的法律和自己的货币。为了保全各自的利益，它们极力反对教会向其征收重税，因此，当这些经济发展的诉求可以通过改革的方式来实现的时候，宗教改革的出现也成为必然。

公元 1517 年，以马丁·路德（Martin Luther，公元 1483～1546 年）的《九十五条论纲》为标志，一场宗教革新运动轰轰烈烈地开始。路德得到了德意志北部王

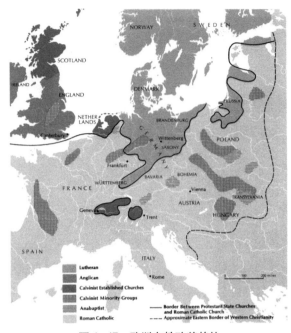

图4-47 欧洲宗教改革趋势
(J. B. Harrison, R. E. Sullivan A Short History of Western Civilization. New York：Alfred Knopf, 1971)

公的赞许和庇护，路德教派迅速发展，不久便扩展到了整个德意志北部。公元1555年的《奥格斯堡合约》使路德派得到了合法地位，按照"教随国定"的原则，德意志北部已完全处于路德派的控制之下。

当路德开始向罗马教廷挑战不久，瑞士德语区也爆发了反对罗马教会的运动。公元1519年，茨温利（Ulrich Zwingli，公元1484～1531年）在瑞士东北部最大城市苏黎世发动改革，并于1522年发表《六十七条目》，抵制罗马教廷的指示，取消罗马教会的权利。改革立即向附近城市扩展，德语区一些重要城市，如巴塞尔即按照茨温利的思想建立了新的教会。

瑞士法语区以日内瓦为中心，在让·加尔文（Jean Chauvin，公元1509～1564年）的领导下，于16世纪30年代中期开始脱离罗马教会。公元1536年，加尔文完成了其主要著作《基督教原理》，为改革提供了完整的理论。公元1541年他在日内瓦全面实行宗教改革，建立了一个加尔文式的日内瓦神权共和国。瑞士法语区纷纷归附加尔文教。

加尔文教义传播到了荷兰、苏格兰和英格兰，他还从事政治活动，拉拢一些法国王室成员和贵族加入法国的加尔文教派胡格诺派，结果导致法国发生宗教战争。他延揽大批欧洲新教难民到日内瓦，把日内瓦作为正宗的国际中心，号称"新教的罗马"。

在新教阵营中，以路德为首的德意志北部地区，以茨温利为首的瑞士德语区和以加尔文为首的瑞士法语区形成了宗教改革的三个中心。以这三个中心为基地，宗教改革运动逐渐向整个欧洲的基督教文化圈扩展和蔓延（图4-47）。

3．英国的宗教改革

公元1534年，亨利八世以教皇不准其与王后离婚为由，促使议会通过《至尊法案》，宣布英王为教会的最高首领，英国教会彻底与罗马教廷决裂；同时保留主教制、天主教的重要教义和仪式。此后，英王多次下令关闭天主教修道院，没收其财产。

在整个中世纪，英国由于其特殊的地理位置，相对于欧洲大陆各国来说，在宗教问题上享有一定的自主权利。从公元14世纪开始，英国对教廷的依附关系越来越小，不但世俗政权，就连教士也几乎完全脱离了教皇而独立，尤其是英法百年战争（公元1337～1453年）结束以及都铎王朝建立之后，英国国王实际上已经控制了国内的主教册封权。

在对待宗教问题的态度上，英国人采取一种现实主义的实用态度，将宗教问题置于国家利益之下。英格兰人重现实、重实际，这种精神性格使英格兰人远不如德意志人那般热衷于内心的信仰或体验，因而并没有深深卷入和教皇政治的旋涡。亨利八世进行宗教改革的主要原因是出于现实政治和国家利益的需要。

玛丽一世在位时，曾反对宗教改革政策，恢复天主教。到了伊丽莎白一世统治时期，再度重申《至尊法案》，公元1571年，颁布《三十九信条》作为新教义。改革后的英国教会称英国国教，又称圣公会、安立甘教会。

三、宗教改革的影响

德国宗教改革在思想领域中开创了精神自由的局面；英国宗教改革的历史结果主要是在政治领域中确立了国家利益至上的原则，促进了民族国家的崛起；而加尔文宗教改革的历史结果则主要是在经济领域中为资本主义的经济活动提供了一种合理性的根据，推动了资本主义的发展。同时许多国家都接受了宗教思想自由的原则，在客观上为宽容精神的出现和壮大创造了条件，继而使资本主义资本积累阶段的行为以新教教义为引导，更加强势地发展起来。同时，由于欧洲已无法实现精神上的统一，因而出现了国家民族化的趋势，而强大的国家政权的诞生，为资本追逐利益的行为提供了支撑和稳定的环境。

1．精神解放与资本主义经济发展

如果说文艺复兴剧烈地冲击了人们的思想的话，那么，宗教改革则改变了人们的灵魂。新教教义的推广促进了"个人精神"的兴起，它肯定个人的作用，主张个人与上帝之间的直接交流。同时加尔文的"预定论"指出，个人的命运是上帝早已经预定好的，但是需要通过个人在俗世间的成功与否来证明。新教引导着人们投身于世俗活动，担负世俗的责任，如果想成为上帝的选民，除了靠上帝预先安排之外，还必须在自己的事业上有所作为。因此，买卖兴隆、事业有成的人无疑得到了上帝的偏爱。这就从道义上肯定了人们的谋利动机，摆脱了传统宗教对于人们谋利动机的束缚。

此外，罗马天主教的伦理规定贵族只能与贵族通婚，贵族与平民之间的恋爱和结婚被认为是不道德的。而宗教改革打破了这种阶级差异，促进了阶级间的融合，从而使得作为资本家的商人地位大大提高。同时由于商人的财富日益增多，更容易成为上帝的选民，因此经商的行为是被鼓励的。新教教义虽然并没有直接面对资本主义经济，然而其教义却从这一方面使得资本的积累更容易具有说服力，更加适合当时的经济发展氛围和趋势。

通过宗教改革，新教伦理在传统与现代之间架起了一座桥梁，既为近代资本主义论证了合法性，又为近代资本主义的发展提供了规范和约束，从而极大地促进了近代资本主义的发展。

2．民族国家与资本主义经济发展

公元15世纪时民族国家虽初具雏形，但罗马教廷仍然对欧洲进行着有力的统治。当时的天主教拥有大量的土地,同时还通过"什一税"控制着各国的经济收入。

宗教改革促进了民族主权国家的形成,使得国家的资本主义经济发展有了强大的后盾。同时由于新教传播和思想解放,追逐个人利益和取得个人在经济上的成功,被视为跻身上帝选民的基本条件。因此,资本家以新教教义为自己的行为找到了精神上的寄托,国家政权的保护和扶持鼓励他们向更大的利润伸出了索取之手,而当大航海时代打开了世界市场的时候,欧洲已经具备了争夺世界资源的精神基础。以上帝的名义来获得经济上的成功已经成为名正言顺的选民的行为。

借此,欧洲大陆告别了以农作经济为主的时代,开始了城市之间更多的商业交流和往来;城市产生和经济增长方式已经彻底改变,欧洲的城市发展进入了一个新的时代,沿大西洋海岸的城市取代了内陆城市的繁荣,开始兴盛起来。

四、宗教改革时期城市的发展动态

1. 大西洋沿岸城市崛起——经济重心由东向西、由南向北的转移

对城市来讲,宗教改革所产生的最显著的影响就是欧洲城市格局的变动与调整(图4-48)。

图4-48 宗教改革时期重要城市分布

宗教改革解放了人的思想，使得从中世纪宗教控制下走出来的人们重新认识到了个人的存在和个人意识的力量。宗教世界发生的巨大变化，使人们开始重新认识世界，开始新的探索，同时民族国家的形成为这种探索提供了稳定和积极的环境，欧洲的发展进入一个新的历史阶段。

葡萄牙航海实践（公元 1480 年）后的欧洲城市发展与大西洋紧密联系在一起（图 4-49）。从公元 16 世纪初开始，欧洲的城市贸易开始在大西洋沿岸发展起来，大西洋沿岸城市的繁荣首先从西班牙和葡萄牙开始。因为大西洋贸易成为国家发展的基本动力，一般远离大西洋的国家与地区，或者与大西洋贸易关系不甚紧密的国家（如意大利、东欧国家等），其城市发展都很慢，这样一来，大西洋沿岸国家的城市发展逐步与内陆城市拉开了距离。宗教改革发生之后，荷兰、英国和法国的城市相继繁荣。德国由于在宗教改革中没有形成强有力的国家政权，加上城邦的割据，没有在航海时代的大发展中分得一杯羹。

2. 意大利的兴衰

地中海盆地北部地区气候较温和，土地肥沃，为农业生产提供了理想的条件；河流终年无冰，水量充足，为交通运输提供了便利的手段；锯齿形的海岸线进一步加大了这一优势，为内陆地区到达沿海口岸提供了较方便的通道。

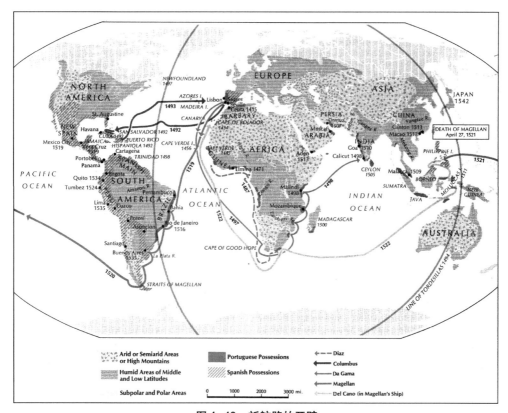

图 4-49　新航路的开辟

（J. B. Harrison, R. E. Sullivan. A Short History of Western Civilization. New York：Alfred Knopf, 1971）

自公元 10 世纪起，城市作为地方贸易和地方行政的中心开始慢慢地出现，意大利在这方面居领先地位，威尼斯、热那亚、比萨、佛罗伦萨、米兰等地中海沿岸城市也都发展得比较早。意大利商人把东方的香料、宝石、绸缎等输入欧洲，同时，又从欧洲输出呢绒、金属制品等。到公元 12 世纪时，地中海地区的海上贸易已扩展到法兰西和西班牙海岸，马赛、巴塞罗那、维罗纳等城市成为享有盛誉的商城。

但是当欧洲人用跨越大西洋、太平洋和印度洋的航行代替了在地中海的航行时，世界商路开始从地中海区域转移到大西洋沿岸，地中海的经济意义日益下降，意大利的商业城市也逐渐丧失了独占东方贸易的地位，威尼斯、热那亚等商业城市因此而相继衰落。

3．德国的兴衰

德国的高原和山脉，矿物资源丰富。在公元 12～13 世纪，这些资源得到有效的利用，葡萄酒酿造业也开始由莱茵河流域向东传播，欧洲内陆的经济和政治中心从传统的地中海盆地向北转移，德国的经济有了显著发展。公元 13 世纪时，莱茵河和多瑙河一带出现了许多大城市，如科隆、奥格斯堡、纽伦堡、乌尔姆等。

北部城市如吕贝克、汉堡、不来梅，从公元 13 世纪以来就经营西欧各国和斯拉夫东方之间的中介贸易；南部城市如奥格斯堡和纽伦堡是当时著名的商业中心。公元 1241 年，以吕贝克、汉堡之间的同盟为先导、包括不来梅、斯德丁、但泽等波罗的海沿岸等地的 90 个城市逐步组成了汉萨同盟（Hansa：在低地德语中，它的含意就是联合），并垄断了北欧的贸易。

宗教改革之后，德意志境内各诸侯国遵循"教随国定"的原则，摆脱了罗马教廷的控制，使其更加处于诸侯割据的状态。但政治上的割据阻碍了各个地区之间的经济联系，国内市场无法形成：首先，在众多邦国各自为政的条件下，不仅境内关卡林立，而且货币、商业法规和度量衡也各有不同；其次，由政治割据带来的战争和骑士的劫掠活动，给德国的经济发展带来了严重的破坏；再次，由于政治上的割据，使德国缺乏一个类似英、法等国那样强有力的统一中央集权政府来推行鼓励、保护工商业发展的重商主义经济政策，因而失去了进行海外贸易和殖民掠夺的机会。当其他国家已经形成了民族国家，大张旗鼓地利用国家权力谋求利益的时候，德意志却因此而落后了。

大西洋贸易最北端的城市是汉堡。在著名的汉萨同盟中，汉堡曾被誉为"汉萨的女王"，享有十分重要的经济和政治地位。

汉堡在整个西欧也是最著名的新教徒移民城市之一。从公元 16 世纪中期开始，汉堡就成为大量低地国家新教徒的避难所，这些移民带来了大量的资本和技术，并得到政府的保护和优待。公元 1558 年，汉堡按照安特卫普的形式建立了交易所，1619 年又学习阿姆斯特丹，建立了国际汇兑银行。汉堡还建立了德国最早的银行，并在公元 1770 年创立了银行马克的货币概念。特别是当公元 1790 年法国革命军征服了荷兰后,许多商业和金融业务被迫转移到汉堡,加强了该市的金融信誉。公元18世纪以后,包括石油、咖啡等在内的北美贸易在汉堡的比重日益上升,作为西欧北翼的商业巨都,这个城市与伦敦、阿姆斯特丹等齐名并列,并发挥出越来越重要的作用。

4. 瑞士的变化

瑞士位于南欧和北欧之间的交通要道上,商路上的城市如苏黎世、日内瓦等都有发达的工商业,享有充分的自治权。比如当时的日内瓦,商业、织布业和丝绒业相当发达。加尔文作为日内瓦教权共和国的统治者,积极支持商业和工业的发展。

中立的日内瓦使得从德国、法国、意大利逃亡的宗教避难者纷纷来此安居,于是日内瓦变成新教徒的罗马。加尔文在赋予日内瓦人精神自由的同时,也干涉市民的一切私生活领域。如加尔文教徒反对人们穿戴饰品,但把手表视为一种工具而允许佩戴。公元16世纪初,钟表工业从文艺复兴的发祥地意大利传入瑞士,特别是在那些因宗教迫害迁徙而来的新教徒中,有不少的钟表手工艺人,在他们的带动下,日内瓦逐渐发展成了后来的钟表之城。

5. 葡萄牙与西班牙等天主教国家的兴衰

公元16世纪50年代,里斯本是大西洋最早繁荣的经济文化中心之一。由于开拓了东方航线并垄断了香料的贸易,大量的利润流入葡萄牙,使斯本一下子成为早期西欧最著名的商业城市。北大西洋一侧的塞维利亚也因交通位置便利而繁荣。但是由于香料的消费地主要集中在以尼德兰(主要包括荷兰、比利时、卢森堡)、安特卫普为集散中心的北欧,因此葡萄牙的贸易和尼德兰低地各国关系更为密切。

在葡萄牙与西班牙,天主教一直非常强盛,当宗教改革在欧洲其他国家发生时,天主教内部也进行了反宗教改革运动,以加强天主教自身的权威、维护自身在群众中的地位和形象,经过这样一次自我的反省和整顿后,天主教又成为国家与城市发展的主导力量。

相比后来崛起的大西洋沿岸城市而言,西班牙人和葡萄牙人并不善于经营财富,所以他们从航海中得到的巨大利益最终还是流入欧洲内陆的其他国家。

6. 比利时的变化

随塞维利亚之后兴起的是比利时的布鲁塞尔。这个城市虽然处于内陆,但因为靠近莱茵河商业圈,同科隆、亚琛等城市有经常性的往来,再加上有安特卫普的出海口,较早就成为西欧的金融中心。此外,布鲁塞尔不仅是从大西洋进入西欧内陆城市的门户,而且是通往非洲的商贸中心。因为当时非洲的殖民地盛产铜而缺少铁及金属制品,而西欧的内陆城市又需要大量的铜,于是葡、西商人就将从非洲掠夺来的铜、象牙和砂糖等带到布鲁塞尔,用内陆城市生产的毛纺织品和金属品进行交换。然而,由于英法战争的影响和港口的淤积,城市的经济发展屡次受到严重打击,从公元 16 世纪初期开始布鲁塞尔就逐渐失去了中心贸易城市的地位。

7. 荷兰的变化

经过宗教战争之后,天主教控制了荷兰南方的 10 个省,而北方的 7 个新教省成立了乌德勒支联盟,后于公元 1588 年成立了联合省共和国。为避免宗教冲突和联合省的崩溃,荷兰实行了宗教宽容及信仰自由的政策,因而很快成为"五方杂处之地"。作为回报,大批移民也为荷兰经济的奇迹作出了贡献。城市的迅速壮大和成长使各国移民很快混合起来,大批佛兰德人、瓦隆人、德意志人、葡萄牙人、犹太人和法国胡格诺教徒最后统统被改造成为真正的"荷兰人",一个尼德兰"民族"就此形成。

安特卫普恰好位于东方贸易和新大陆贸易的交汇点,加上传统的商业路线和较早的贸易市场,特别是与德国的莱茵河流域城市及内陆的纽伦堡、奥格斯堡、拉文斯堡等往来密切,所以北欧的黄油、木材,南德和匈牙利等地的金属矿产等大都集中到了安特卫普的市场上来。

同时,安特卫普原先同英国的羊毛交易联系密切,并于 1496 年伦敦与安特卫普签署互惠贸易条约,加强了双方的经济关系。所以当布鲁塞尔衰落之后,安特卫普就迅速成为大西洋沿岸和伦敦并列的金融贸易中心。作为之前葡萄牙香料商品在北欧销售的集散地,安特卫普后来居上,不仅成为欧洲经济贸易中心,也是欧洲的金融中心。

随着荷兰新教革命的成功以及联合省共和国的兴起,阿姆斯特丹又力压安特卫普,成为欧洲最大的商港。仅以该市的毛纺织、造船业和航海用品的生产为例,如果把公元 1584 年的工业产值作为 100 单位来计算的话,那么到 1660 年时,阿姆斯特丹的工业产值就达到了 545,等于翻了 5 倍。对东方的贸易也是阿姆斯特丹的重要经济活动之一。公元 1602 年成立的东印度公司和 1621 年成立的西印度公司,其商业资本就是由阿姆斯特丹、鹿特丹、塞兰德、德尔福特、赫隆以及恩克亥森等 6 座城市的商人筹集的,其中最富有的阿姆斯特丹商人占据主导地位。阿姆斯特丹市的银行业非常发达,公元 1609 年建立第一家汇兑银行,全世界各地的货币和汇票几乎都可以在这里进行兑换。由于金融市场的稳定,公元 17 世纪,该市的银行储备金从 100 万猛增到 1600 万货币单位,并将这一优势一直保持到 18 世纪。

阿姆斯特丹虽然繁荣,但必须依靠其他城市的合作。因此,联合省和尼德兰诸城市的协助,是阿姆斯特丹成长与强盛的不可或缺的条件。

8. 英国的变化

到了公元 18 世纪,商业的重心相应转移到了英吉利海峡的对岸。英国凭借其工业实力,迅速取代了荷兰,成为西方世界的霸主,伦敦进而成为欧洲的经济中心。虽然这是后话,但英国的大国地位却是从宗教改革开始时就奠定了基础的。

一方面,由于中世纪教会势力的发展最先是在那些原属于罗马帝国的各地,如意大利、法兰西、西班牙等地传播，后来又在德意志，最后是在西欧的北部和东部传播，因而英国的宗教改革比较顺利。再加上由于采取比较温和的宗教政策，大批受宗教迫害的法国人和西班牙人纷至沓来，他们不仅带来大量的商业资本，还有当时最先进的生产技术，如玻璃制造、冶炼、丝绸加工工艺等。

另一方面，公元16世纪由哥伦布和达伽马的航海活动所带动，使欧洲经历了一场经济革命，极大地刺激了欧洲的殖民活动和海上贸易。公元1588年，英国全歼西班牙的无敌舰队，卷入争夺非洲殖民地的斗争，并积极向东方发展。公元1622年，英国首先从葡萄牙手中夺得波斯湾入口处的霍尔木兹，从而控制了大陆丝绸的贸易通道，随后又在印度东西海岸建立了孟买、马德拉斯和加尔各答三大港口城市，基本构成对印度本土的殖民态势。

在这股殖民活动和海上贸易的浪潮中，欧洲的经济中心实现了从地中海沿岸城市向大西洋沿岸国家的转移。资本主义经济的发展要求思想方式的转变，进而对宗教改革的要求更为迫切，而宗教改革也更加能够得到更多的支持。这也充分说明了宗教改革与资本主义经济发展有着密切的关系。

自公元16世纪开始，英国着手改善城市的运输体系、整顿河道、开拓水路、便利交通。在公元17世纪中叶建立了伦敦—阿姆斯特丹国际金融结算关系，使得伦敦一举成为大西洋地区的金融中心之一。同时，英国扭转了以羊毛出口为主的贸易结构而大力发展本国的毛纺织业。特别在产业革命以后，曼彻斯特、伯明翰、里兹、谢菲尔德等工业城市迅速崛起，成为继伦敦之后的最重要的中心城市。

五、宗教改革时期城市的特色

对城市而言，宗教在地面建筑中最突出的表现形式就是教堂。在不同的城市当中，各种教堂的面积、功用、式样、材料都不尽相同，罗马天主教的教堂被认为是上帝的居住地，一般说来，比较宽敞高大，而且装饰繁华，十分醒目。在天主教及东正教的教堂里多有耶稣钉在十字架上的图像、十字架和神殿，以及各种各样的宗教标志。符腾堡(Württemberg)、萨尔茨堡(Salzburg)等大主教和主教们，则在反宗教改革时期把自己的城邑变成了巴洛克风格的华美建筑的汇聚之地。

这一时期的新教徒派建筑，则秉承了茨温利和加尔文倡导的节俭美德，很多教堂其实只是个简陋的会堂。究其原因，在于这些教堂的主要用途是布道而非作圣事，新教徒厌恶剧院、奢侈品以及虚荣的装饰。教堂被认为只是上帝前来访问的地方，并非是长住之地，因此比较狭小并少装饰。只有在德意志北部地区，由于深受物质繁荣的荷兰人的影响，建筑物在保持简洁风格的同时，加了某些装饰和色彩铺排，例如埃姆登的新教堂便效仿了阿姆斯特丹的诺登德科克教堂。

路德教派并不像加尔文教派那样，要彻底打破一切宗教旧习。该教派保留了老教堂中装饰精美的祭坛和绘画作品，又增添了一些表达其宗教理念的新画。而新风路德教派的主教与天主教派的领主一样，急于重新构想自己的城邑，因此纷纷建设高耸巍峨的新建筑物，以展示自己的权威和财富。

六、结语

宗教改革一方面把人的思想从神的庇护下独立出来,让人能勇于以新奇的目光看待这个世界;另一方面促成了新的统治力量的诞生,两者的结合直接促进了欧洲国家城市经济的大发展,直至公元 1750 年工业革命开始之前,新教精神一直是资本主义城市发展的基本动力。

大西洋沿岸新兴金融和贸易中心的形成,奠定了近代以来西欧各国经济和城市文明在世界上的领先地位。

首先,民族国家的形成使得欧洲能够以国家的力量来促进对外贸易交流,以经济发展来带动城市繁荣;其次是打破了传统商业格局的狭小束缚,将西欧的贸易同新大陆以及东方贸易连接在一起,从而建立了真正意义上的世界市场,促进了东西方的商品和文化交流,形成了以沿海为经济发展重心的城市格局。

第三节 巴洛克时期的欧洲城市

一、绝对君权时期的欧洲社会经济背景

1. 社会经济文化状况概述

公元 1660~1789 年间,欧洲除英国、荷兰和瑞士外,都处于号称"君权神授"的君主专制体制下。即便在英国和荷兰,政府的实权也同欧洲其他国家一样,主要掌握在少数富有的特权阶层手中。政府、军队和教会的高级职位大部分留给了名门望族。普通百姓在政府中实际上并没有发言权,统治者只将他们视为自己治下的顺民。

当然,各国的情况是有很大差别的。在法国和多数信奉天主教的国家中,教会享有与贵族同等的特权,继续占有大量土地。而在信奉新教的国家中,虽然高级教士仍然紧紧依赖贵族,但教会拥有的土地数量和当地政府监督管理的程度不尽相同,各国贵族与统治阶级进行土地扩张的方式也是千差万别。

这个时期的经济生活更是多种多样。国家对经济的控制(即重商主义)在 17 世纪后期进入发展的鼎盛时期。到 18 世纪,这种对贸易与工业发展的人为制约原则,已经开始遭到理论家的抨击,在一些国家中,控制不是被取消就是被削弱,或者任其向自由放任主义演变。18 世纪末,英国开始出现工业革命的萌芽,但农业仍然是当时最重要的经济形式。

在文化方面,这个时代是世界主义的,对传统宗教的信仰逐渐冷漠,对理性和自然法则越来越充满信心,对进步持乐观和信任的态度。此时,法国取代意大利获得文化发展的主要地位,但进入 18 世纪末期后,德国和不列颠又掀起一股被称为"浪漫主义"的思潮,以反对法国的"古典主义"。

2. 绝对君权的概念及其对社会的影响

绝对君权又称专制主义,是指自法国国王路易十四登基后实行的个人统治开

始,到法国大革命爆发为止的时代特征(公元 1651～1789 年)。法国君主的活动最清楚不过地体现了专制主义政府的信条,但普鲁士、俄国和奥地利统治者所建立的中央集权政府有着不同的形态。英国在 1688 年后的专制主义与法国也不同,政治权力由君主制、寡头制和富豪分享,所以被排除在这个概念之外。

从 18 世纪西欧统治者的具体做法看,他们并没有像东方君主那样实行至高无上的专制统治。尽管他们不遗余力地巩固其权威,但这些专制主义的西欧君主不能发布不负责任的法令,而且要尊重法律程序。

专制主义对许多欧洲人具有吸引力。因为它在理论上和实际上都表达了人们的一种愿望:结束混乱的状况。法国的宗教战争、德意志的 30 年战争、英国的内战等,均给人们造成了极大不安。针对这种情况,专制主义者宣称,混乱局面的替代物即国内秩序,只有随着强大的中央集权政府才能到来。所以说,专制主义时期虽然有其局限性,但也对社会安定经济发展提供了前提保证。

3. 绝对君权时期的法国

绝对君权作为一种政治体制形式,在法国路易十四统治时期表现得尤为典型。

1) 争夺霸权

中世纪晚期,欧洲的战争几乎连年不断。经济上,国家之间的竞争已经开始,主要表现为对海洋和商业霸权的争夺;宗教上,教派的分裂常常演变成武装冲突;而更主要的是,在政治上,过去个别领主之间的权力和领土之争已随同国家的出现而在空间和规模上有所扩大。就国王而言,当他为国家统一而斗争的时候,驱使他的主要是权力扩张的欲望,而这种欲望是不受国界限制的。当时的红衣大主教黎塞留曾宣称,他的两大目标就是在国内建立国王对法国的至上权,在国外建立法国对欧洲的至上权。这样的目标一旦化为行动,王朝之间的战争就无法避免。在纷乱的战争中,逐渐上升到最强地位的国家就是法国。法国的统治者为削弱哈布斯堡家族的势力,双方的战争断断续续延续了 200 年左右。在公元 1618～1648 年发生的"三十年战争"中,法国终于压倒哈布斯堡家族取得战争的胜利,得到了大片的领土。

路易十四在位时,法国成为西方最强大的国家。国中的贵族由封建诸侯变为宫廷的近侍,不能够再和国王争雄了。胡格诺派新教徒到此时亦已经人数大减,而且失去了防御的要塞。欧洲"三十年战争"的结果是法国的领土大增和国王的权力到达顶峰:对外国威大震,对内王权大涨。法国一跃成为欧洲大陆上最强的国家。

2) 重商主义

王朝间无休止的战争、官僚机构的开支和宫廷浪费都是造成当时国家财政困难的主要原因。对于大多数国家来说,获得货币、使本国占有比他国更多的金银,成为关键的财政经济问题。解决这一问题的主要手段便是重商主义。其直接目的是繁荣国家经济,其最终目的则是通过国家的富强来增加王朝的收入。法国重商主义政策注重促进本国工业、改善和扩大国内外贸易。然而，法国重商主义的积极成果在很大程度上为宫廷浪费和战争开支所抵消，经济的发展远落后于英国。

二、绝对君权时期的巴洛克风格

1. 文艺复兴、巴洛克和古典主义

"巴洛克"指一种艺术风格，在公元16、17世纪之交时起源于罗马、曼托瓦、威尼斯、佛罗伦萨等，后来迅速传播到欧洲的其他国家。那个时代几乎所有的艺术方面——雕刻、绘画、文学、建筑、音乐等都表现出巴洛克风格：以夸张的行为、繁复的装饰、戏剧性的效果、压力、丰富、对浮华的夸大为主要特征。

公元17世纪形成的巴洛克概念拥有其特殊的价值，因为它本身包含着那个时代的两个相互矛盾的因素：一是精确和井井有条。严密的街道规划、规整的城市布局，以及在几何形式样的花园和风景设计中表现得登峰造极；另一个是浮华与夸张繁琐。这一时期的绘画和雕塑包含着感知的、叛逆的、放纵的、反古典的、反机械的因素，不仅表现在服装和建筑中，也表现在宗教的狂热中。在公元16、17世纪时，这两种因素有时同时存在，有时相互分开，起着各自的作用，但在一个更大的整体内则互相制约。

在这方面，我们可以把早期纯真的文艺复兴形式视为"原始"的巴洛克，把从凡尔赛到彼得堡的新古典主义形式视为"后期"的巴洛克。

巴洛克风格的传播经历了三个阶段：意大利起源，跨越阿尔卑斯山，整个欧洲的传播。

2. 巴洛克风格的城市要素

1）巴洛克的建筑

巴洛克风格建筑起源于公元17世纪的意大利，并迅速传播到整个欧洲。它被称作是建筑美学的文艺复兴。戏剧化、夸张、繁复的装饰都是为了绝对的君主权利和颂扬国家的胜利、教会的伟大。建筑内部装饰中将神灵与基督教会内容的画像布置在壁画和柱子上，就好像是舞台的场景。罗马的圣彼得大教堂被认为是开创巴洛克风格的先驱（图4-50）。

随着建造技术的发展和静态力学的不断进步，教堂的中殿不断扩大，拱顶采用大开间设计。建筑师们追求极致的建筑装饰。特别是在西班牙，用假大理石和粉饰灰泥进行大量装饰：多色的大理石，涡形、螺线等装饰，整个屋顶装饰的彩画，运用透视画法而具有立体感，使人们感到真的能从屋顶通向天空了。

图4-50 罗马的圣彼得大教堂

2）巴洛克的城市规划和宫殿群规划

文艺复兴开始有了城市规划的概念，但是当时的城市强调"封闭"的特征。巴洛克城市变得"外向"了，巴洛克城市首次被看做一个空间的系统，用透视法展现城市，把城市作为君权的象征。

巴洛克城市风格始于罗马，如通往教堂的大轴线，以强调教堂的重要地位。典型的例子就是罗马圣彼得大教堂广场、波波洛广场等。

受其影响，沿法国卢瓦尔河谷的很多城堡的花园规划也采用了类似的设计手法。尔后在公元17世纪的沃·勒·维康府邸、凡尔赛宫殿和花园，乃至巴黎城市广场的设计中大量采用。其中凡尔赛宫最为典型：宫殿位于两个视觉无限延伸的发散型景观空间的中心。简单的几何图形，突出了至高无上的皇权。

巴洛克的城市建设，就其形式而言，是当时流行的宫廷中形成的戏剧性场面和仪式的缩影和化身，实际上，是宫廷显贵生活方式和姿态的集中展示。

3）巴洛克街道

巴洛克城市最重要的象征和主体是大街。那个时期城市规划的特点是把空间划成几何图形，道路按直线形发展，一方面是因为要满足轮式车辆交通和运输，另一方面也表达了当时占支配地位的城市美学：建筑被安排得整整齐齐，建筑物的正面檐口高度均匀地在一个水平线上；还有一个原因是大街作为阅兵场所的新功能，观众们可以在大街两旁的人行道上，或从两旁房屋的窗户里，观看军队集合整队、操练，进行胜利游行。

4）巴洛克的星形规划

星形规划的原形是基于军事上的考虑，可追溯到文艺复兴时期的"理想城市"规划模型，从中央向外的放射街道，形成星形城市。公元1593年，威尼斯共和国按照这一模式建设了新镇帕尔马诺瓦（Palma Nuova）；仅仅4年以后，一位荷兰规划师在考沃登（Coeworden）建设了一个新镇，1616年，又在离汉堡约64km的易北河畔建起了格吕克城（Glückstadt）。这些按照"理想城市"规划模式放大并建设了的城镇，虽然主要是出于军事防御的目的，格局封闭，不容许发展或扩建，但对后世的"星形规划"却产生了深远的影响。

3. 巴洛克风格影响下的巴黎（Paris）

1）巴黎城市的建设

巴黎从中世纪开始就是欧洲最重要的城市之一，其结构主要包括了三个部分：塞纳河中西岱岛上的城市，是第一个高卢人居住区；塞纳河左岸的大学区，最早是罗马人建立的殖民地，塞纳河右岸，是商人联合会和政府管理部门的所在地。在卡尔五世统治下的公元1370年，这三部分被城墙围起来，面积为440hm^2，人口约10万（图4-51）。

法国国王在文艺复兴时期沿卢瓦尔河兴建城堡。到公元1528年才把他们的皇宫确定在巴黎城中。弗朗索瓦一世开始在塞纳河右岸重建卢浮宫。16世纪中期巴

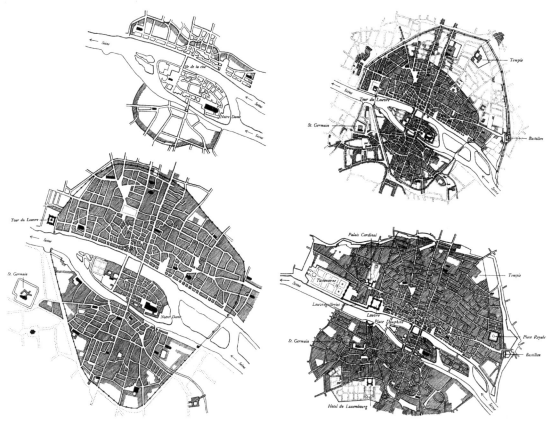

图 4-51 上图为中世纪早期的巴黎，下图为公元 1180～1225 年的巴黎

(Steen Eiler Rasmussen. Villes et architectures. Marseille：Editions Parentheses, 2008)

图 4-52 上图为公元 1370 年的巴黎，下图为 1676 年的巴黎

(Steen Eiler Rasmussen. Villes et architectures. Marseille：Editions Parentheses, 2008)

黎的城区越过城墙扩大为 20 万～30 万人口的城市。但是宗教战争严重破坏了巴黎城市建设的节奏，在后来的 15 年内，亨利四世一直致力于巴黎的改建项目直至去世。他在塞纳河右岸扩建了卡尔五世城墙，在西部将都勒利花园包括进来；他改造了公路网和其他城市设施，如排水及自来水管道系统；还在右岸建设了正方形的皇家广场、扩建卢浮宫等（图 4-52～图 4-54）。

公元 17 世纪上半叶，巴黎人口已经发展到了 40 万。虽然这个时期由于战争的原因阻碍了城市的建设，但是法国文化领域中却出现了繁荣的新艺术、新文学，建筑界的芒萨尔、绘画界的普森、文学界的科尔奈里和哲学界的笛卡尔等共同奠定了新的唯物主义基础，给公元 17 世纪后半叶的建筑设计和城市规划带来了新的理论和风格。

太阳王路易十四在他执政期间，继续在巴黎和巴黎周边进行建设，从而使巴黎成为其他所有欧洲王室的典范。路易十四对巴黎的中世纪城区作了一些改进。在原有城市结构上建设了几组重要的建筑群：改造卢浮宫、胜利广场、旺多姆广

第四章　文艺复兴与宗教改革时期的城市

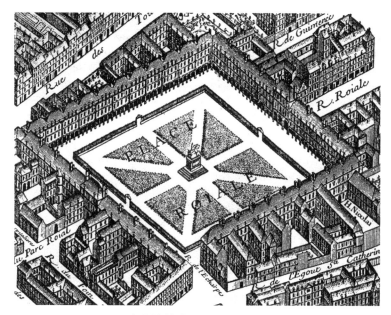

图 4-53　Turgor 规划中的路易十三皇家广场（又称沃日广场）
(Steen Eiler Rasmussen. Villes et architectures. Marseille：Editions Parentheses，2008)

图 4-54　Israël Silvestre 作的路易十三时期皇家广场上的国王雕塑
(Steen Eiler Rasmussen. Villes et architectures. Marseille：Editions Parentheses，2008)

场和残废军人院；规划和建设一个与外部的自然环境既分隔又融合的近郊区，为此拆除了原来的城堡要塞，代之以宽阔的林荫大道；因为好大喜功，路易十四在巴黎还修建了一些罗马凯旋门式的城门建筑，来颂扬自己的丰功伟绩，最著名的有圣德尼斯门和圣马丁门。

公元 18 世纪，巴黎成了一座有 50 万人口的开放城市，它由建成区和绿化地带组成，城市区域逐渐渗透到周围的风景中。而城市周边出现了一些新城，这些新城有着优美的自然环境、几何形的城市结构，成为国王和贵族们新的居所，如凡尔赛就成为一个充满了艺术情趣的近郊城市（图 4-55、图 4-56）。

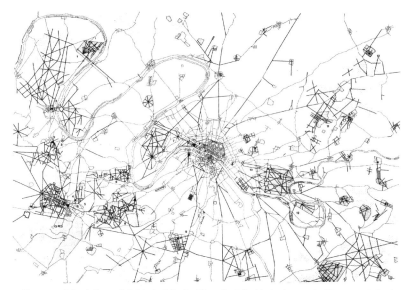

图 4-55　公元 18 世纪中期巴黎近郊规划（细线是中世纪的公路网，粗线是 17 世纪和 18 世纪建成的笔直的公路和林荫道）
(L·贝纳沃罗著. 世界城市史. 薛钟灵等译. 北京：科学出版社，2000)

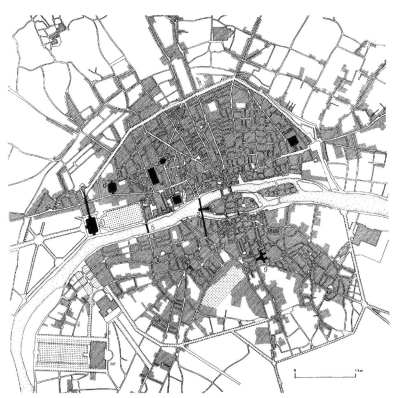

图 4-56　公元 18 世纪末巴黎地图

1—卢浮宫方院；2—新桥及多菲内广场；3—沃日广场；4—卡尔蒂那尔·里塞留宫；5—王室桥；6—旺多姆广场；7—胜利广场；8—协和广场；9—先贤祠广场

(L·贝纳沃罗著. 世界城市史. 薛钟灵等译. 北京：科学出版社，2000)

到路易十六时期，尽管巴黎的城市建设停滞不前，但城墙还是在不断地扩展、延伸和加固。仅城墙包围的市区面积就达 3370hm^2。城墙用石头建造，高 3.5m，周长达到 23km，城墙内侧 100m 范围以内，限制不能修建任何建筑物。城墙四周设立了 60 个入城关卡门楼。

2）沃·勒·维康府邸（Château de Vaux-le-Vicomte）

它是由公元 1656～1660 年马萨林统治时期的财政部长尼古拉·富凯建造的。园林设计师勒·诺特尔、建筑师勒·福和室内设计师勒·布伦合作完成了这样一个非常经典的法国园林府邸，后来成为很多花园设计的典范，包括凡尔赛宫的建设。

沃·勒·维康府邸不像意大利的别墅那样坐落在风景迷人的地方，而是在一个稍稍低洼之处，四周山林环抱。但从整体上看，建筑与周围的环境和谐地融为一体，从规划的几何图形布局直至视野可达的地平线，一切都自然舒畅。第一条几何轴线从宫殿出发穿过山谷，越过不同高度的平面直到对面山坡上的一座喷泉；第二条轴线是谷底一条笔直的小河改造成的运河。这两条可见的轴线每条都有 1km 多长。从远处看，建筑物、树林和水面构成了层次丰富的风景画面（图 4-57、图 4-58）。

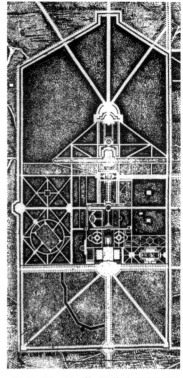

图 4-57　沃·勒·维康府邸总平面图木版画 (L·贝纳沃罗著. 世界城市史. 薛钟灵等译. 北京：科学出版社，2000)

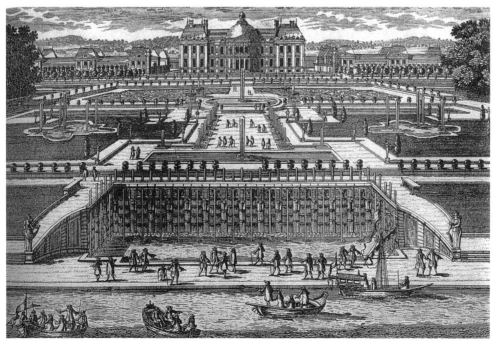

图 4-58　Aveline 的沃·勒·维康府邸木版画

3）凡尔赛宫和花园（Château et Jardins de Versaille）

为了与"太阳王"的地位相称，路易十四不惜耗费巨资和大量的人力为自己建造了凡尔赛宫。他经常让大臣和官吏伴随自己，并把所有的大贵族召进宫中以示炫耀。凡尔赛城区的规模几乎和巴黎城区一样大，然而它不是一座城市却更像一个公园，那些服务于皇室的重要建筑物就坐落其间。

勒·诺特尔把花园安排在四周带有平坦山坡的沼泽地上，沼泽地的最低处挖成一个长1.5km的十字形水池，这条水的轴线纵贯花园，把视线引向3km外后又消失在山坡上。从水池引出通往四周茂密树林的十条放射形道路，每片树林的中间都设置了不同寓意的喷泉。

宫殿外，从宫殿前广场向外发散三条林荫大道通向巴黎城区。在这三条林荫大道之间则安排皇室官员住宅区及其他市政设施（图4-59、图4-60）。

4）旺多姆广场（Place Vendôme）

建于公元1687~1720年间的旺多姆广场是建筑师芒萨尔的杰作。广场平面呈八角形，其风格简朴庄重，堪称完美的典范（图4-61）。广场中央位置最初安

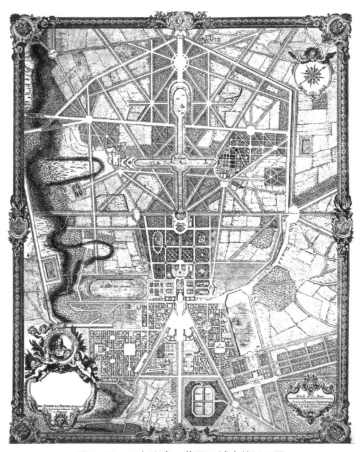

图4-59 凡尔赛宫、花园及城市总平面图
(L·贝纳沃罗著. 世界城市史. 薛钟灵等译. 北京：科学出版社，2000)

图 4-60 凡尔赛宫、花园和城市油画
(Pierre Patel 作于公元 1668 年)

置了一尊由吉拉尔东制作的路易十四国王的骑马雕像，但在法国大革命时期被拆毁。广场四周环绕着底层有高大拱门的楼房，这些楼房的立面部分都设有三角形檐饰。楼房阁楼部分排列着造型优美的屋顶窗。这样一种优美、典型的建筑格局，使这座小小的广场空间成为巴黎城市空间的缩影和象征。

5）荣军院（Les Invalidés）

公元 1670 年，路易十四下令修建荣军院。这组规模庞大的建筑物包括残废军人馆、圆顶大厦和圣路易教堂几个部分。建筑师黎贝拉尔·布鲁昂受命主持该设计工程并

图 4-61 Turgor 规划中的旺多姆广场
(L·贝纳沃罗著. 世界城市史. 薛钟灵等译. 北京：科学出版社，2000)

于公元1671年正式动工，主体建筑直到1678年才告竣工。圆顶大厦和圣路易教堂则是后来由芒萨尔设计扩建的，并最终形成一个整体的建筑群（图4-62）。

三、绝对君权时期的其他欧洲城市

1．都灵（Turin）

直到公元17世纪初，作为萨伏伊公爵领地首都的都灵还保留着罗马人留下的棋盘式的城市结构，仅增加了一个五角形的堡垒而已（图4-63）。

从17世纪开始，城市进行了三次扩建，但当时因为受法国、西班牙和奥地利军队的威胁，因此坚固的城墙是城市扩建的基础。

1620年，建筑师卡斯特拉莫特受公爵埃马奴尔一世的委托，进行了第一次扩建规划。新城墙包含面积100hm²，人口达25000人。埃马奴尔二世执政快结束的公元1673年，卡斯特拉莫特的儿子负责进行第二次扩建规划。这时，城市面积达到160hm²，人口约4万。第三次扩建始于1714年，阿门多斯二世委托建筑师尤瓦拉去实施，城市总面积增加了20hm²，共计180hm²，人口增加到6万。

图4-62 芒萨尔设计扩建的荣军院

（L·贝纳沃罗著. 世界城市史. 薛钟灵等译. 北京：科学出版社，2000）

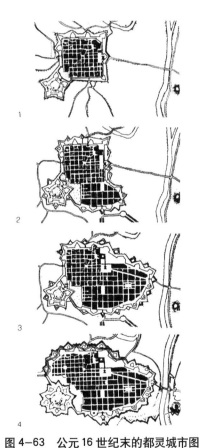

图4-63 公元16世纪末的都灵城市图

（L·贝纳沃罗著. 世界城市史. 薛钟灵等译. 北京：科学出版社，2000）1—公元17世纪初；2—公元1620年扩建后；3—公元1673年；4—公元1714年

城市新建区延续了罗马人原来的城市结构，道路呈棋盘状格局，而维阿坡大街是个例外，它联系了城市中心广场和东面的河流，成对角线穿过第二次城市扩建时的居住街坊。主要街道两旁、重要广场四周建筑的立面与法国沃日广场四周的建筑很相像（图4-64）。

但是在城市中心的德·加斯特罗广场区，建筑师古阿里尼给这座统一的、规整的城市增添了富有幻想的建筑：圣·罗伦佐教堂和卡琳那诺宫（图4-65）。

图4-64　公元18世纪的都灵平面图
（L·贝纳沃罗著. 世界城市史. 薛钟灵等译. 北京：科学出版社，2000）

图4-65　都灵的加斯特罗广场
（L·贝纳沃罗著. 世界城市史. 薛钟灵等译. 北京：科学出版社，2000）

2．那波里（Napoli）

原来西班牙总督的所在地那波里于公元 17 世纪发展为意大利人口最多的城市。中世纪的市中心仍保留着古代的棋盘结构，而公元 16 世纪建设的笔直长街，如吐伦多大街贯穿城市的新区。

公元 18 世纪，那波里新的统治者卡尔·冯·波旁国王试图对这个已有 30 万人口大城市的结构作统一的、规则化的调整。他改造了港口设施，重新组织了近郊的公路系统，建设了几座新的公共建筑，如德拉·沙鲁特法院和戴波维利贫民救济院（实际上是一个能容纳 8000 居民、长 600 多米、格式统一的居住性综合建筑）（图 4-66、图 4-67）。

公元 1734 年，卡尔国王在城郊建起了卡波迪蒙特别墅，1752 年按著名建筑师瓦维特利的设计建造了卡塞尔达宫殿。宫殿的门厅、澳维勒广场、皇宫和山坡上的花园组成了当时意大利首屈一指的雄伟建筑群（图 4-68）。

3．维也纳（Vienna）

在卡伦堡战役中彻底战胜土耳其人之后，哈普斯堡王朝于公元 1683 年把首都定在维也纳，维也纳新城在古老的、仍由中世纪城墙环绕的城堡周围开始了建设（图 4-69）。

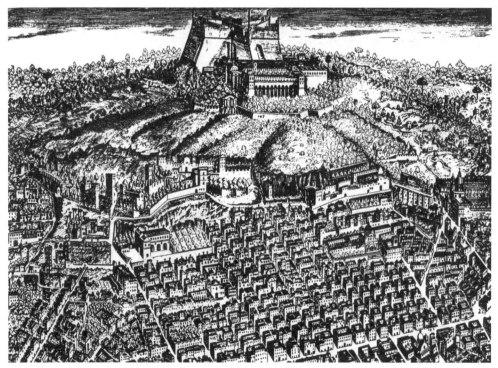

图 4-66　公元 18 世纪那波里城市局部版画

(Melville C. Branch. An Atlas of Rare City Maps. New York：Princeton Architectural Press，1997)

第四章 文艺复兴与宗教改革时期的城市

图 4-67　公元 18 世纪那波里城市地图
(Melville C. Branch. An Atlas of Rare City Maps. New York：Princeton Architectural Press, 1997)

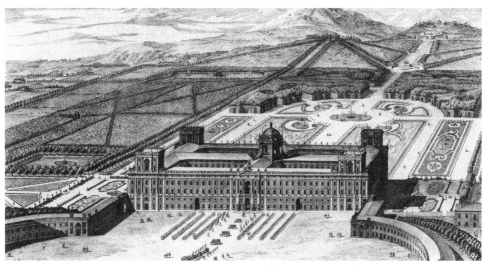

图 4-68　公元 18 世纪中期的卡塞尔达宫殿鸟瞰图
(Melville C. Branch. An Atlas of Rare City Maps. New York：Princeton Architectural Press, 1997)

城堡外围留出了500m宽的绿化带，绿带的四周形成了新城区，贵族们在新城区建设宫殿：贝尔维德尔宫——常胜将军欧根·冯·萨沃伊亲王的府邸、施瓦青堡宫、利克顿斯泰恩宫（图4-70）。

图4-69　公元17世纪中叶的维也纳

（L·贝纳沃罗著．世界城市史．薛钟灵等译．北京：科学出版社，2000）

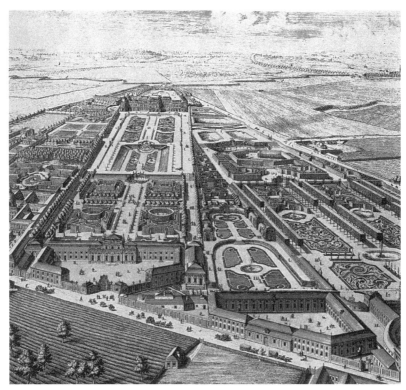

图4-70　贵族们在维也纳新城区建设的贝尔维德尔宫和花园

（S. Kleiner作于公元1731年）

公元 18 世纪初，在新城的外围又建起了第二道城墙，城墙外保留了 200m 宽的绿化带。这个时期的维也纳，如果不算多瑙河沿岸的公共游乐场，总面积为 1800hm^2，人口约为 20 万（图 4-71）。

公元 1690 年，皇帝在城外建造了可与凡尔赛宫媲美的兴勃隆宫（图 4-72），四周皆为花园，一直延伸到城门口的小山。菲舍尔·冯·埃尔拉赫（Fischer von Erlach，公元 1656～1723 年）在 1690 年和 1723 年间为宫廷建筑师，设计了新皇

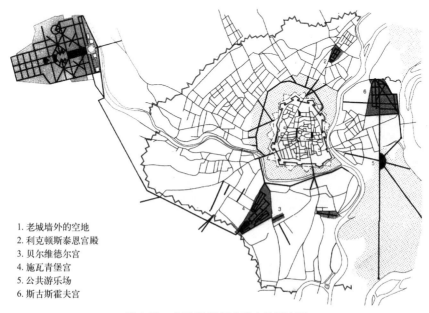

1. 老城墙外的空地
2. 利克顿斯泰恩宫殿
3. 贝尔维德尔宫
4. 施瓦青堡宫
5. 公共游乐场
6. 斯古斯霍夫宫

图 4-71　公元 18 世纪末维也纳城市图

(L·贝纳沃罗著. 世界城市史. 薛钟灵等译. 北京：科学出版社，2000)

图 4-72　维也纳郊外的兴勃隆宫堪与凡尔赛宫媲美

(Canaletto 作于公元 1758～1761 年)

宫、国家图书馆和卡尔教堂。这些建筑物整体统一，气势雄伟。

4．阿姆斯特丹（Amsterdam）

上述的城市都是欧洲的大国或小国集权主义统治的产物。相反，荷兰的城市仍沿用中世纪的国家管理体制：政权由商业资产阶级掌握。每一个大城市都是一个独立的共和国，有自己的法律和机构，即使为了保护共同的经济和军事利益而与其他城市结盟时也是这样。由于保留了这种政治体制，荷兰的城市都能有效地防御敌对大国的侵袭，这些城市也因此相对富有，并易于形成自己的市民文化。

这些城市中最重要的是欧洲的贸易和金融中心——阿姆斯特丹。中世纪的管理方法、新时代的科学技术成就以及文艺复兴时期的文化特征和谐地融合在一起。

公元16世纪上半叶，阿姆斯特丹已经是有4万人口的中等港口城市。公元1578年奥兰治的威廉率领军队攻下了阿姆斯特丹后，开始了第一次城市扩建，他拆毁了公元1481年的城墙，将其改为

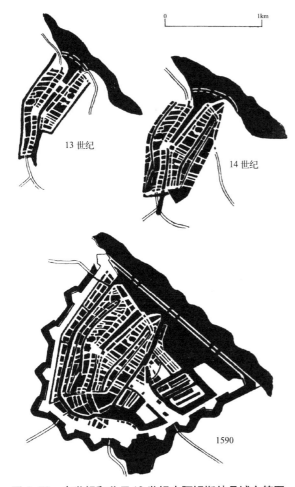

图4-73 中世纪和公元16世纪末阿姆斯特丹城市简图
(Leonardo Benevolo. Traduit de l'italien par Catberine, Peyre. Histoire de la Ville. Marseille：Editions Panentbeses, 2000)

流经城市的运河。公元1593年又用先进的军事技术在城外较远的地方新建了城墙（图4-73、图4-74）。

公元17世纪初，阿姆斯特丹为了适应不断扩张的需要，制订了新的、规模更宏大的扩建计划，并集中开凿了三条流经城市的运河，还在城东建造了一座公园，扩建了造船厂。这三条半圆弧形的运河由西向东相隔一段距离依次排列。每条运河宽25m，有4条宽6m的航道。沿河有一条11m宽的便道，岸边种植行道树——榆树，运河之间有两条各为50m宽的地块（图4-75）。由于公元17世纪开凿的半圆弧形的运河是由若干段直线运河组成的，每段运河之间的建筑用地就有了规则的形状。沿河建筑的面宽几乎都一样，体现了经济规律的作用。同时由于没有法国君主集权制度下对城市市容的硬性规定，因而建筑立面非常丰富多彩，给人以深刻的印象，阿姆斯特丹成为这个时期欧洲城市中非常独特的一个例子。

第四章　文艺复兴与宗教改革时期的城市

图 4-74　公元 1544 年的阿姆斯特丹透视图
(Leonardo Benevolo. Traduit de l'italien par Catberine, Peyre. Histoire de la Ville. Marseille：Editions Panentbeses, 2000)

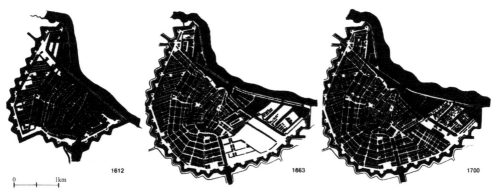

图 4-75　公元 17 世纪阿姆斯特丹城市简图（公元 1607 年城市扩建计划集中开凿了三条大运河）
(Leonardo Benevolo. Traduit de l'italien par Catberine, Peyre. Histoire de la Ville. Marseille：Editions Panentbeses, 2000)

5. 伦敦（London）

在中世纪和文艺复兴时期，伦敦由两部分组成：城区部分，差不多包括原来罗马时期的建成区，是当时英国最重要的商业中心；威斯敏斯特及周边地区，政府和议会的所在地。唯一的一座伦敦桥和佛罗伦萨的老桥一样，连接着泰晤士河南侧的中世纪的城郊（图4-76）。

从公元17世纪起，伦敦成为一座开放的城市，因为没有任何军事威胁，所以能持续不断地向外扩展。在城区周围沿乡间大道两旁出现了新的城郊。

公元1666年，一场大火将伦敦的城市核心，也就是城区的大部分和西部城郊的一半烧毁（图4-77）。

于是，在统一规划的基础上重新建造英国的首都成为当务之急。一些著名的建筑家们呈交给卡尔五世国王一系列设计方案，其

图 4-76 公元 16 世纪伦敦市中心：两边有联排式建筑的伦敦桥

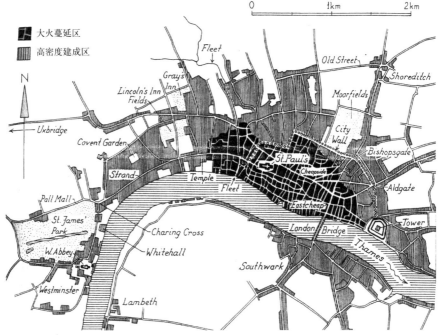

图 4-77 公元 1666 年大火之前的伦敦，城市的形态与泰晤士河有着非常紧密的联系

(Thomas Hall. Planning Europe's Capital Cities. Oxford: Alexandrine Press, 1997)

中有罗伯特·霍克的方格网状规划，克里斯托弗·雷恩的巴洛克式规划，他们都将劫后余生的公共建筑作为规划的视觉焦点（图4-78）。

但是由于多年的战争，以及刚刚重新巩固的英国君主政体既没有权威也没有实施这些项目的经费，雷恩的方案并没有得到充分实施，只有雷恩及其工作组用当时的形式重新设计建造的圣·保罗大教堂和许多教区教堂，成为彰显伦敦天际线的重要建筑，体现出巴洛克城市的特点（图4-79）。

虽然城市从尊重原有产权的角度出发，在短时期内只在中世纪城市的原格局上进行建设，但自公元1667年《伦敦建筑法令》（London Building Act）发布之后，除了对木构建筑、建筑高度等进行限制之外，也根据城市的发展需求拓宽了一些主要街道（图4-80）。

公元1689年，革命后的英国在短时间内成了欧洲最强的经济国，伦敦取代阿姆斯特丹，成为欧洲最重要的贸易和金融中心，城区不断扩大并最终成为欧洲最大的城市。公元18世纪时，伦敦城区面积超过巴黎，人口超过100万。

图4-78 伊夫林和雷恩提交的伦敦重建城市中心的规划方案

（Thomas Hall. Planning Europe's Capital Cities. Oxford：Alexandrine Press, 1997）

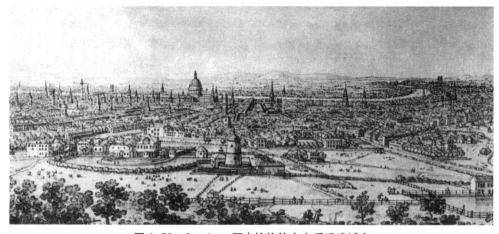

图4-79 Canaletto画中的伦敦大火后重建城市

（Thomas Hall. Planning Europe's Capital Cities. Oxford：Alexandrine Press, 1997）

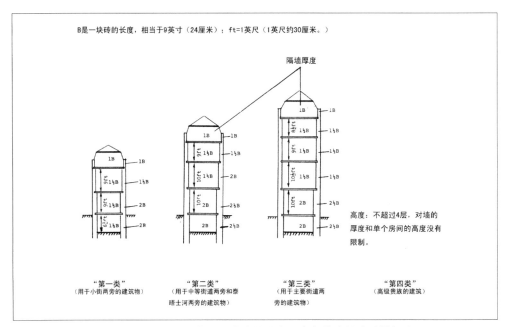

图 4-80　公元 1667 年《伦敦建筑法令》中有关建筑建造的规定

(Leonardo Benevolo. Traduit de l'italien par Catberine, Peyre. Histoire de la Ville. Marseille：Editions Panentbeses，2000)

　　事实上，伦敦是一座资产阶级的城市，其结构和形式不是通过政府的建筑活动而形成，也不由少数统治者所决定，它所体现的是许许多多有限个人的建造积极性的总和。因此，城市快速发展没有任何形式加以管理和控制：既没有像阿姆斯特丹那样，通过城市管理部门作出的城市扩建计划协调管理；也没有像巴黎那样，用绝对皇权的统一规定来控制。伦敦呈现出因为多样投资而形成的"城市拼贴"格局：贵族土地占有者和资产阶级土地占有者建造的建筑物与众多平民建筑物、公园、绿地相间并存。这种营建模式一方面创造出美丽的、和谐的局部建筑环境，如某些重要街道和广场四周建筑物的统一协调，中间是花园绿地。另一方面，城市的整体结构显得杂乱无章：城市向各个方向扩张，逐渐融入自然风景区之中，但是彼此间没有明显的分界线和联系（图4-81）。城市中心狭窄曲折的街道上挤满了行人和各种车辆。公元 18 世纪的伦敦已经表现出当今城市仍然存在的许多典型问题，而且在工业革命以后变得更为严重。

　　四、绝对君权时期的城市建设小结

　　（1）首次将城市看做一个空间的系统。巴洛克城市首次将城市看做一个空间的系统，用透视法展现城市的无限开展。把城市作为君权的象征。对城市形态有了整体上的设想，对今后的城市设计规划理论和实践的发展有深远的影响意义。

　　（2）重视街道景观，忽视城市的居住等其他功能。在新的规划中，城市空间受新的交通运输方式影响，城市规划的基本单位不再是居住区域，而是街道。大部分城市的市场活动都沿着交通线延绵展开。

第四章 文艺复兴与宗教改革时期的城市

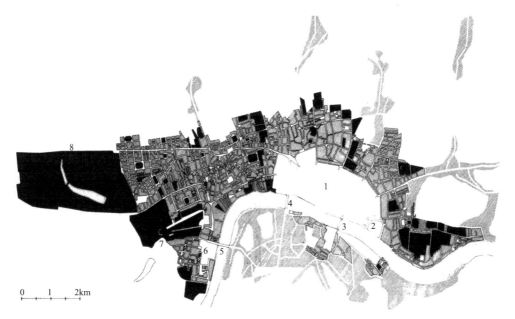

图 4-81 公元 18 世纪末伦敦四周的示意图
(L·贝纳沃罗著. 世界城市史. 薛钟灵等译. 北京：科学出版社，2000)
图中黑色表示公园和绿地：1—古城；2—伦敦塔；3—伦敦桥；4—黑菲尔斯桥；5—威斯敏斯特桥；6—威斯敏斯特；7—圣詹姆斯公园；8—海德公园

（3）偏重几何图形，造成经济上的极大耗费。城市的生活内容从属于城市的外表形式，这是典型的巴洛克规划方法。

第四章 主要参考资料

[1] Norman Pounds. The Medieval City. London：Greenwood Press，2005.

[2] Elodie Lecuppre-Desjardin, Anne-Laure Van Bruaene Turnhout. Emotions in the Heart of the City（14th-16th century）. Belgium：Brepols Publishers，2005.

[3] Matt Erlin. Berlin's Forgotten Future—City, History, and Enlightenment in Eighteenth-Century Germany. Chapel Hill and London：The University of North Carolina Press，1993.

[4] Thomas Hall. Planning Europe's Capital Cities—Aspects of Nineteenth-Century Urban Development. London：E and FN Spon，1997.

[5] David Nicholas. The Growth of the Medieval City—From Late Antiquity to the Early Fourteenth Century. New York：Longman，1997.

[6] Robert Lumley, John Foot. Italian Cityscapes—Culture and Urban Change in Contemporary. Exeter：University of Exeter Press，2004.

[7] Lewis Mumford. The City in History—Its Origins, Its Transformations, and Its Prospects. New York：Harcourt Inc.，1989.

[8] Leonardo Benevolo, ed. The European City. Carl Ipsen translated. Oxford and Cambrige：Blackwell Publishers，1995.

[9] Nicola Coldstream. Medieval Architecture—Oxford History of Art. Oxford：Oxford University Press，2002.

[10] Jean Castex. Renaissance. Baroque et Classicisme-Histoire de L'architecture 1420-1720. Paris：Editions La Villette，1990.

[11] Thierry Dutour. La Ville Médiévale. Paris：Editions Odile Jacob，2003.

[12] Charles Delfante. Grande Histoire de la Ville. Paris：Editions Armand Colin，1997.

[13] Leonardo Benevolo. Traduit de l'italien par Catberiae，Peyre. Histoire de la Ville. Marseille：Editions Panentbeses，2000.

[14] Leonardo Benevolo. La Ville Dans L'histoire Européenne. Paris：Editions du Seuil，1993.

[15] Paul Blanquart. Une Histoire de la Ville. Paris：Editions La Découverte et Syros，1997.

[16] R. Chartier，G. Chaussinand-Nogaret H. Neveux，E. Le Roy Ladurie. La Ville des Temps Modernes. Paris：Editions du Seuil，1980.

[17] Françoise Choay. L'urbanisme，utopies et réalités Une anthologie. Paris：Editions du Seuil，1980.

[18] Steen Eiler Rasmussen. Villes et architectures. Marseille：Editions Parentheses，2008.

[19] 刘易斯·芒福德. 城市发展史——起源、演变和前景. 宋俊岭，倪文彦译. 北京：中国建筑工业出版社，2005.

[20] 张世华. 意大利文艺复兴研究. 上海：上海外语教育出版社，2003.

[21] 坚尼·布鲁克尔著. 文艺复兴时期的佛罗伦萨. 朱龙华译. 北京：三联书店，1985.

[22] 彼得·墨里著. 文艺复兴建筑. 王贵祥译. 北京：中国建筑工业出版社，1999.

[23] 张京祥. 西方城市规划思想史纲. 南京：东南大学出版社，2005.

[24] 钟纪刚. 巴黎城市建设史. 北京：中国建筑工业出版社，2002.

[25] 荆其敏，张丽安. 世界名城. 天津：天津大学出版社，1995.

[26] 柴惠庭. 英国清教. 上海：上海社会科学院出版社，1994.

[27] 马丁·基钦著. 剑桥插图德国史. 赵庭，徐芳译. 北京：世界知识出版社，2005.

[28] 约翰·布克主编. 剑桥插图宗教史. 王立新，石梅芳，刘佳译. 济南：山东画报出版社，2005.

[29] 费尔南·布罗代尔著.15至18世纪的物质文明、经济和资本主义（II）. 顾良译. 施康强校. 北京：三联书店，1993.

[30] 王觉非编. 欧洲五百年史. 北京：高等教育出版社，2000.

[31] 谢觉民. 人文地理学. 北京：中国友谊出版公司，1991.

[32] 彼得·李伯庚著. 欧洲文化史. 赵复三译. 上海：上海社会科学院出版社.

[33] 张训谋. 欧美政教关系研究. 北京：宗教文化出版社，2002.

[34] 吴于廑. 大学世界历史地图——从地图看世界历史行程. 北京：人民出版社，1988.

[35] 马克斯·韦伯著. 新教伦理与资本主义精神. 于晓，陈维纲译. 西安：陕西师范大学出版，2006.

[36] 陈平. 外国建筑史. 南京：东南大学出版社，2006.

[37] 游斌. 民族与宗教互动的欧洲经验. 中国民族报，2008-05-06.

[38] 赵林. 英国宗教改革与政治发展. 学习与实践，2006-07-20.

[39] 赵林. 宗教改革对于西欧社会转型的历史作用. 江苏社会科学，2002-05-25.

[40] 张冠增. 16~18世纪大西洋沿岸城市的崛起与新型国际贸易的形成. 上海铁道大学学报，2000-07.

第五章　近代西方的工业化与城市发展

随着18世纪后半叶工业革命的到来，近代城市发生了翻天覆地的变化。首先是英国，然后是欧洲大陆各国，后来又逐渐扩展到全世界。工业革命带来机器大工业的生产方式，使城市日益表现出经济活动的社会化和生产专业化的特点：工厂企业迅速向城市地区集聚，人口规模急剧膨胀，城市空间快速扩张……，其发展之快、变化之巨超过了历史上的任何一个时期。

19世纪的城市发展以工业生产效益和经济发展为主导。由于缺乏全盘规划，城市空间任由资本持有者的意愿发展，由此产生了布局混乱、污染严重、生活质量下降、城市景观破败、社会矛盾尖锐等一系列问题，直接威胁到市民的生活和健康状况。到了19世纪中叶，城市问题更加突出和严重，已经到了非解决不可的地步。于是，针对这些城市问题，包括政府、社会和思想家在内进行了一系列的更新与改良措施，至19世纪末取得了一定的进展。

近代工业城市虽然存在着诸多尖锐的矛盾，但在城市建设方面也取得了很大的进步与发展，并引发了后续近代城市规划理论的诞生以及现代主义城市规划理论的形成。正如刘易斯·芒福德所说，"工业城市的最大贡献也许在于它所产生的对它自己最大过错的反思"。

第一节　工业革命与近代城市的产生与问题

一、工业革命的产生及影响

近代以来，海外贸易市场的需求不断扩大，航海业的发展使世界贸易总量显著增加，欧洲城市获得了惊人的发展。新的海外产品如饮料、染料、香料、食物等成为欧洲市民的主要消费品，而各种欧洲产品的商业价值也在急剧增长。海外贸易为欧洲的工业品和制造业提供了巨大的、不断扩展的需求市场，而早期的生产技术落后，远远不能满足其需求。所以，当科学技术的发展——利用热能为机械提供推动力成为可能时工业革命应运而生，蒸汽机、火车、电报等相继被发明出来，大批量的生产技术得到了改善和应用。

18世纪60年代发生了第一次工业革命，19世纪70年代发生了第二次工业革命。两次工业革命都带来了社会和经济发展的深刻变化。第一次工业革命以蒸汽机的发明为标志，称为"纺织时代"或"蒸汽时代"，确立了现代工厂制，以轻工业部门的发展为主体，其代表性的产业是纺织业。但第一次工业革命仅影响到少数几个国家，持续时间长而且进展缓慢。第二次工业革命以电力、电动机和内燃机的发明和应用为标志，确立了公司制、垄断制，以重工业部门为主体，代表性产业是以科学技术为基础的新兴产业部门，如电气、电机制造、钢铁、汽车、化工等，而且几乎同时在欧美各国展开。其特点是见效快、持续时间长，也被称为"电气时代"或"钢铁时代"。

工业革命如同脱缰的野马，以无法想象和预料的速度及规模，极大地改变了人类所赖以生存的自然环境以及人类社会生活本身。蒸汽机、轮船、火车等的发明，使人类在相当大的程度上克服了时间与空间的限制，进而扩大了工业生产规模，提高了生产效率，把现代工业集中到了城市之中。从此，城市在人类历史上成为经济生产的绝对中心，并以其巨大的集聚效应促进了资本主义国家的飞速发展。从1760年的产业革命开始到1851年，英国仅用了90年的时间，就成为世界上第一个城市人口超过总人口50%的国家，基本上实现了城市化。在1851～1950年期间，欧洲和北美等发达国家的城市化经历了推广、普及和基本实现阶段，虽然这些国家走过的城市化道路与英国不尽相同，但作为基本实现城市化的一个阶段，其主要特点仍与英国相似。比如，这些国家的城市都是靠产业革命来推动的，城市人口主要是由农村移入城市，但随着经济的发展城市病也日趋严重等。从经历的年限来看，除英国之外，欧美各发达国家花了整整100年的时间才把城市人口的比重提高到50%以上（1950年平均为51.8%）。

产业革命是彻底而伟大的。工业技术的提高离不开工业企业的集聚，离不开城市所吸引的大量人口。比如1760年时英国的城市人口为700万，1830年已增

近代西方几个大城市人口规模变化表（万人）　　　　　表 5-1

城 市	年 代		
	1800 年	1850 年	1900 年
伦 敦	86.5	226.3	453.6
巴 黎	54.7	105.3	271.4
柏 林	17.2	41.9	188.9
纽 约	7.9	69.6	343.7

工业化时期城市——农业人口比例变化表（%）　　　　　表 5-2

年度	英国		德国		法国		美国	
	农村	城市	农村	城市	农村	城市	农村	城市
1800	68	32	—	—	80	20	96	4
1850	50	50	—	—	75	25	88	12
1860	46	54	—	—	72	28	84	16
1870	38	62	64	36	70	30	79	21
1880	32	68	59	41	65	35	72	28
1890	28	72	53	47	62	38	65	35
1900	22	78	46	54	58	42	60	40
1910	22	78	40	60	55	45	54	46
1920	21	79	38	62	53	47	48	52

资料来源：同济大学等. 外国近现代建筑史. 北京：中国建筑工业出版社，1982.

加到1400万。从下列数字（表5-1、表5-2）可以看出当时城市人口发展的概况。

城市为了容纳集聚的工厂、企业、人口、交通、给水排水等基础设施而迅速扩张，城市面貌日新月异，但急剧的产业化也给城市环境带来超出预料的破坏。导致城市环境变化的因素主要有以下几个方面：

1. 大工业生产方式促使工业企业在城市的集聚

工业的聚集吸引了大量的农村人口和其他社会劳动力，导致城市人口迅速增长。因为城市能为工业企业提供稳定的雇员和便捷的交通设施，能显著提高产业的协作效益和规模经济，于是越来越多的工业企业，越来越多的人口都涌入城市。因此，每个国家近代内人口的分布都是工业革命造成的人口增长和生产力变化的结果。换言之，大工业生产方式带来了一个真正的城市化时代。

2. 生产关系的简化

与中世纪和前近代城市复杂的身份制度不同，工业化时代城市的生产关系被简单化为资本家和工人阶级，也就是说社会上只有两种身份：资本持有者和劳动力提供者。这样简化了的生产关系符合了集中大生产的需要，有助于促进生产效益。落实到城市的物质空间上，则是城市的空间结构和建筑形态的简化，不再有封建时代的那些繁文缛节，空间布局明朗、直接，建筑功能实用、完善。为适应新的外向型经济，城市空间呈现一种单一的向外扩张的形态。

3. 城市性质的转变

大工业的生产方式也引起了城市性质的变化，使原来的消费性城市变成了生产性城市，劳动人口变成城市人口结构中的主要成分。这一阶段城市的生产性质被置于主导地位，经济发展成为城市发展的核心。传统的控制城市环境的组织形式被抛弃，取而代之的是自由放任、不加控制的城市规划和建设观念，一切都是为了适应经济的快速发展。然而这种放任自流的建设后果是严重的，城市布局日益混乱，交通拥挤不堪，城市面貌丑陋肮脏，环境污染日益威胁到人们的生命安全，下层市民的生活越来越艰难，连上层社会的市民生活也受到干扰，人们对城市环境不满的情绪日渐高涨。

4. 交通工具、道路及其他基础设施的发展

工业革命时代技术的革新带来了交通工具的变革，从最初的马车公交、有轨马车公交到19世纪的蒸汽火车、蒸汽轮船、有轨电车、无轨电车、汽车等，改变了人们的出行方式及货物的运输能力，进而改变了城市的交通结构（图5-1）。

集中的大生产需要快捷有效的交通，于是铁路、街道、运河等建设大大加速。1760年英国开辟了可通航的运河，1830年修建了第一条蒸汽机驱动的铁路，新的运输形态很快向其他国家推广，越来越多的蒸汽船逐渐代替了帆船。虽然交通事业的发展加速了货物的运输，便利了市民的出行，但这些交通建设工程常常是强加在城市的空间上，占据了城市的重要位置，成为城市格局的决定性因素。所以，因交通建设而激化的城市空间矛盾和城市社会冲突越来越常见。

火箭号蒸汽机车模型 该机车被认为是现代机车的原型，短距离时速为58公里。火箭号的设计图一直沿用到蒸汽时代结束，它的成功之处在于引入多管锅炉，增大了锅炉内水的受热面积，从而获得更多的蒸汽。

图5-1 1829年诞生的"火箭号"机车模型

（彩图科技百科全书编辑部编．彩图科技百科全书·第五卷——器与技术．上海：上海科学技术出版社，2005）

除了繁忙的交通，以煤气、供电、电话、给水排水等为代表的新型基础设施，也必须在原先狭窄的城区中找到自己的位置，从另一个方面导致城市空间的日益更新与变化，传统的城市肌理被破坏，工作场所与居住空间的分离成为典范。

5．变化成为新的城市特征

许多城市空间和形态的变化只发生在短暂的几十年之中，而且变化的速度越来越快。许多城市不是逐步发展到一个稳定的阶段，而是被推动着去体会和适应更快、更深刻的新变化，往往是一个问题还没有得到解决就又产生了新的问题，一个变化还没有被大众所接受就又产生了新的变化。建筑物不能再按持久的价值标准来设计和建设，因为它可能随时被另一幢建筑所代替。因此，城市的每一块地皮都要根据新的内容，如交通、基础设施、公共设施等来确定自身的价值，而这些内容是随时间变化的，所以时间成为规划时所必须考虑的关键因素。

二、近代城市的特点及产生的问题

随着国家和城市经济的发展，工业开始占据主导的地位，而工业与服务业的密切关联又促进了服务业的空前大发展。大量的农村和小城镇劳动力转移到工业和服务业上来，城市的劳动力结构发生了相应的变化。城市功能也由工业革命前较为单一的内容——或政治性、或军事性、或商业性等，扩大为多元化的消费兼生产性城市的功能。大工业生产的社会劳动分工和专业化，使得城市不再只是居住和消费，而是兼有工业生产、行政管理、商务金融、零售运输、休闲娱乐、科技文化等多样的功能。城市不仅成为国家经济和文化的中心，同时也带动了农村的经济发展。

1．城市的结构与形态

1）城市呈现单中心、高密度、集中式及"摊大饼"式形态

这一时期城市空间扩展主要是围绕着单一的城市中心，以一种高密度、集中式、外延型、"摊大饼"的方式成长。在大、中、小各级城市的边缘地带都可以看到这种外延扩展现象。城市中随着人口的增多，能量在不断累积；累积的能量传递到市区边缘，迫使市区向外膨胀，蚕食郊区，扩大范围，于是村镇变成小城市，小城市又变成大城市。欧美各国现代工业城市几乎都是沿着这种方式演变而成的。

2) 中心商务区的出现

在工业迅猛发展的刺激下，各种工商业金融机构、商品消费、流通部门和交通站点等在城市中心进一步集中，开始出现集中的城市商务中心区，反映了新的工业资本在城市中的统治地位。

3) 社会隔离的圈层结构

工业城市的迅速发展带来了大量的社会问题，如失业、犯罪、工人运动、社会隔离等。城市中的富人区、中产阶级区和穷人区的分离现象越来越明显，城市空间明显表现出社会阶层的圈层布局结构。穷人因负担不起交通费，大都选择靠近城市中心的位置，租住在由资本家和地产商建造的、以谋利为目的的集体住宅内，它们多数为简陋狭小的联排式住宅或多层住宅。随着人口压力的不断增大，居住环境也日益恶化，逐渐形成了贫民窟；中产阶级多住在交通便利、卫生状况有所改良的城市外围的独立住宅内；资产阶级和富人住在远离城区，拥有优美的环境、新鲜的空气、舒适宽敞的高级别墅的郊区。城市中阶级对立和两极分化极端严重，在19世纪40年代的英国工业城市尤为突出。这样社会隔离的圈层布局特点，是从市中心开始的，城市社会按等级由低向高、居住环境由拥挤到宽敞向外辐射。

4) 各种城市功能的混杂与空间布局的混乱

大工业的生产方式带来城市功能的结构性变化，城市中出现了前所未有的大片工业区、交通运输区、仓库码头、工人居住区等，生产活动在城市中占有主导的地位。由于土地的私有制，城市建设呈无政府状态，工厂的厂房，以及围绕着厂房建立起来的交通枢纽、铁路和汽车车站、港口码头等随意分布，打乱了封建城市的那种以家庭经济为中心的城市结构。

工厂或厂区的外围往往分布着简陋的工人住宅区，工人住宅区又被新发展的工业所包围，随着城市的进一步扩大，形成工业与居住区的混杂局面。有的城市铁路站场直接插入市中心，形成了铁路对市区的分割；有的城市沿海岸、河道盲目蔓延，仓库、厂房、码头、堆栈占满了整条河岸。原来的市区不能满足城市新增功能的需求，于是便在周围形成了市郊区，出现新的居住空间。但郊区也往往缺乏系统的规划，豪华建筑、贫民区、工厂、仓库混在一起，相互之间毫无关联，杂乱无章，建筑的统一性荡然无存。

5) 城市道路结构的变化

一般工业城市的中心区还保留着中世纪城市的痕迹，保持着肌理琐碎、道路狭窄、街区局限、建筑密集等特点。随着城市向外延伸，道路和街区的尺度逐渐放宽、放大，道路线型逐渐取直，以适应新的交通方式与不断增加的交通流量。但由于城市的盲目扩展和混乱布局，再加上工业集中形成的大量人流物流，城市交通日益拥堵不堪，成为难以治愈的顽疾。

6) 城市整体呈现简化、开放的功用型形态

方格网状的城市道路利于新的城市交通及基础设施发展，利于城市的快速扩

张,所以这种道路网成了19世纪城市建设的首选,并在很大程度上决定了19世纪城市的形态。一般而言,19世纪的城市呈现出一种简化的功用性形态,显示了为满足城市快速膨胀的需求,用最基本和实用的态度,以整齐划一、简单机械重复的栅格式街区作为解决措施来建设城市的特点。这与工业生产价值体系以及工业生产技术有着直接的关联,并与在长期缓慢的中世纪中成长起来的有机城市秩序形成鲜明对比。

2. 城市污染严重,卫生条件恶劣

随着工业的盲目发展及聚集,城市变成了一个大工厂,大量污水、废气、垃圾严重污染了城市环境。19世纪城市的一大景观特点,就是随处可见冒着黑烟的烟囱和排放着工业废水的工厂车间。除了烟囱的污染,大量的炉渣、废料、垃圾任意倾倒,不断吞噬着人们的生存空间;化学工业、染织工业临河而建,在大量取水的同时,又把生产的污水、有毒物质排回水体,把清澈的河流变成一条条污水沟;城市里各种机动车辆、生产设备甚至劳动者本身都在制造震耳的噪声,城市上空飘浮着怪异的气体;还有成堆的垃圾、到处乱跑的牲畜等,进一步加重了城市卫生环境的问题,各类传染疾病蔓延,婴儿死亡率不断上升。所以,刘易斯·芒福德痛心地说:"有史以来从未有如此众多的人类生活在如此残酷而恶化的环境中,这个环境,外貌丑陋,内容低劣。东方做苦工的奴隶,雅典银矿中悲惨的囚徒,古罗马最下层社会的无产阶级——毫无疑问,这些阶级都知道类似的污秽环境,但过去人们从未把这种污秽环境普遍地接受为正常的生活环境,正常而又不可避免的。"(《城市发展史:起源、演变和前景》)

3. 城市空间拥挤,不堪负重

工业城市景观的另一特征就是"拥挤"。大部分的城市人口挤在城市中心,只有少部分上流阶层才享用得起郊区的花园别墅。而市区地价的昂贵又进一步增加了建筑的高密度,加速了居住条件的恶化和城市的畸形发展。

工业革命产生的基本变化之一就是住房的私有化,资本家不必专门为工人建造免费的宿舍,而是把他们投入大众住房市场,靠工人自己的薪水购买住房。与土地投机相关的其他金融投资往往给资本家带来巨大的利润,但住宅建设、特别是为工人居住的廉价住宅的投资则没有这样丰厚的回报,被认为无利可图。所以地产投机商们总是选择最廉价的材料,粗糙的建筑工艺和容易复制的建设方式来建造住宅,社会底层的穷人住宅质量非常差。住宅问题从19世纪末以来已变为急需解决的、资本主义社会最沉重的社会问题之一(图5-2)。

此外,工业革命严重破坏了中世纪狭小的城市空间结构。狭窄的街道已不能适应迅速增长的交通需要(图5-3);传统住宅过于窄小、紧张,也容纳不了持续涌入的居民;中世纪建造的位于市中心的很多重要建筑,包括贵族官邸和修道院等,由于社会的变革而大都被废弃,或者被分割成为许多小型的临时住房;市中心的绿化空间和开放空间逐渐被住宅和工厂车间所填满。

4. 城市建设艺术衰退

由于缺乏整体环境的考虑，也与近代以来简单机械地复制街区建设直接关联，在近代城市建设中明显感受到艺术的衰退，城市环境景观和质量也不同程度地下降。结果，城市本应有的丰富和复杂的社会表情被剥夺，城市景观和建筑变得浮躁和紊乱。正是在这样的环境中，邻里之间的关系开始冷漠化，人们由积极主动的行动者变成了沉默被动的观望者。城市空间不再被作为积极的、促进人们相互交流的场所，而变成一种冷漠的、消极的、能够让资本家榨取更多利益的实用性空间（图5-4）。

图5-2 出现在伦敦两座铁路高架桥之间的一个贫民区
（谭纵波著. 城市规划. 北京：清华大学出版社，2005）

图5-3 18世纪末伦敦城市交通状况
(Peter Whitfield. Cities of the World. University of : California Press, 2005)

图5-4 英国城郊住宅区的实例（土地主人尽可能建造有利可图的住房，因而导致了住宅区建设的极端模式化）
（L·贝纳沃罗著. 世界城市史. 薛钟灵等译. 北京：科学出版社，2000）

第二节　19世纪城市建设的发展与贡献

19世纪城市建设的问题是突出的,但从城市化的进程来看,其成效也是卓著的。人们开始对城市问题进行反思与改进并取得了一定的成效。19世纪城市建设的发展与贡献主要体现在以下几个方面。

一、新兴专业城镇不断涌现

生产的大工业化是一种集人力、财力、物力和科学技术力量为一体的规模经济。这种经济要求集中的产业地域,完备的基础设施,社会化、专业化的组织原则等,而这一切只有在城市区域中才能得到满足。因此,在工业化的快速推进过程中,不仅原先就存在的城市有了很大的发展,还兴起了许多新型的工业城市、矿业城市、港口城市、运河和铁路城市等。

其中铁路起着不容忽视的作用。19世纪40年代开始,铁路带动了工业卫星城的形成,它们多集中于新英格兰的水力资源丰富地带,还有伯明翰、曼彻斯特这些传统工业城市的周边;铁路也促进了大城市的毗邻地带的发展,沿着铁路线、在那些有铁路停靠站的地方呈现出串珠一样间隔分布的市郊。

二、城市基础设施的发展

面对近代城市产生的众多问题,起先基础设施的建设往往是在被动的条件下进行革新的,但随着先进的生产力及科学技术的发展,新的市政设施建设不断进步,新的内容不断被填充,如电灯、电话、煤气、自来水、电车等,在很大程度上提高了城市的物质生活条件,满足了近代市民的需求。

1．城市交通

进入工业化时代以后,城市人口迅速增加,城市范围急剧扩大,传统的马车及人力交通工具已满足不了当时对人流、货流运载速度和运载量的要求;此外,由于城市的发展,特别是大工业生产提出的集中、定时的要求,加快了市民生活的节奏,时间概念得到强化,同时信息媒介的发达也需要更适合的运转速度。因此在19世纪前后,西方的工业国如英、法、德、美、俄以及东方的日本等国,都借助新的科学技术发展了新的城市交通手段和工具,即采用机械动力的运输手段和成立新型的城市交通机构。

1）轨道交通

1825~1830年间,英国的利物浦至曼彻斯特的铁路运输正式开通,自此,人类进入了铁路的时代。伦敦、巴黎、纽约、维也纳等城市都在19世纪30年代前后建立了市内或市郊轨道交通机构,火车被应用到城市的交通之中。但由于蒸汽机车对城市环境的污染和影响,逐渐被内燃发动机和电力牵引车所取代。1879年,德国人W·西门子在柏林的工业展览会上展出自己开发的有轨电车,为城市轨道交通的发展开拓了新思路。城市的地铁建设作为城市轨道交通的重要组成部分,也随着铁道的兴起得到了发展。1863年世界上第一条地下铁路在伦敦问世,随后各国相继开工建造（图 5-5）。19 世纪末，柏林将高架引入城市交通体系之中，扩大了交通的空间，城市交通又进入了立体时代。城市铁路和地铁的发展，极大地改变了城市的面貌。在铁路沿线出现了成群的住宅小区和大型购物中心，还有体育设施和娱乐场所。特别是地铁所到之处，地下空间的价值被充分挖掘，迅速兴起了地下商业街、娱乐场、住宅、仓库等，而且这里永远没有黑暗和季节的变化，体现了高科技时代新"穴居生活"的艺术和魅力。

图 5-5　伦敦的地下铁道
（L·贝纳沃罗著. 世界城市史. 薛钟灵等译. 北京：科学出版社，2000）

2）道路交通

工业化时代之前，无论东方或西方，城市中的道路都没有使用良好的基础材料，大多是砖头、石块甚至是木头，且大部分道路是不铺设的，所以"无雨三尺土、有雨一尺泥"的现象比较普遍。1850 年法国人发明岩沥青浇注技术，1871 年美国人将沥青与砂石混合筑路，城市的交通状况才大为改善。大马路取代了传统的小街窄巷，加大了人与物的流量与速度，对城市经济的发展有着巨大的推动作用。

无轨电车是继 1881 年世界上第一条城市有轨电车在柏林开业以来，为适应城市道路狭小、曲折的环境而开发的轻便、灵活的交通工具。它没有工业污染，深受市民们欢迎。和铁路一样，无轨电车也带来市民出行距离的延长和城市范围的扩大，同时增加了更多的就业机会。

3）河运交通

1807 年美国人富尔敦发明了汽船。随着蒸汽机船的发明，河运成了一种便捷廉价的交通方式。各个国家及城市先后开凿运河，疏通河道以利交通。在 1759～1830 年间，仅英国就开凿了长约 3520km 的运河。

4）垂直交通——电梯

1869 年因为发电机的发明，电力开始作为能源被广泛使用，为电话、白炽灯和电梯等的使用提供了可能性。电梯的发明是在 1857 年，而摩天大楼的出现是在 1875 年，距今已有近一个半世纪。可以说，电梯是高层建筑发展的基础，而高层建筑又带来电梯交通的兴旺发达。原先的平面交通体系由于电梯和自动扶梯的发明形成多层网络，在同一幢大楼里面，人们的运动方式不再局限于水平方向，而可能成为垂直的。这种交通的特殊意义在于，人们很多的活动能够在立体空间得到解决，而城市也因为垂直交通的出现，更多地体现出工业化时代的特点。

2. 城市照明

19世纪以后，一些资本家发现照明可以延长工人的工作时间，为此极力发展这项新技术，结果却带来市政设施的革命，大城市开始用煤气灯照明，从此告别了黑夜。

英国伦敦在1807年开始使用煤气路灯，方便了市民夜间的出行。70多年后，美国的爱迪生发明了电灯，世界上的城市才真正地摆脱了时间的束缚，不再有白天和黑夜的区别。城市照明逐渐成为现代市民必需的市政设施之一，连照明灯柱的设计和装饰都成为新的城市景观。城市照明系统的发展，极大地改变了城市夜景，带动了新的城市产业，特别是夜晚的城市活动。

3. 城市给水排水及煤气、电话、邮政等其他基础设施

19世纪曾经是大规模疾病和传染病泛滥的时代，而经过改良的城市给水排水系统，非常有效地控制和减少了疫情蔓延，大大改善了城市的卫生状况，从此深为市政当局和市民所欢迎，城市给水排水因此也作为一项重要市政设施被确立下来（图5-6）。

19世纪的城市饮用水供应系统为当时城市优先建设的工程项目，是衡量一个城市居住生活水平和城市环境卫生的主要标准之一。在这方面各国的重要城市都投入大量人力物力来改善城市的饮用水系统（图5-7）。

此外，煤气、电话、邮政等基础设施的完备给城市带来了高效率、高质量的城市生活，提高了城市运营效益和管理水平，增加了市民就业机会，预示着城市现代生活的开始。

图5-6 巴黎下水道内的游客

（马克·吉罗德著. 城市与人——一部社会与建筑的历史. 郑炘，周琦译. 北京：中国建筑工业出版社，2007）

图 5-7　柏林，1856 年自来水厂安装的一套排水系统

(马克·吉罗德著. 城市与人——一部社会与建筑的历史. 郑炘，周琦译. 北京：中国建筑工业出版社，2007)

三、建筑的变革与发展

19世纪工业革命带来建筑业的变革与发展，在很大程度上决定着城市的物质景观，虽然在建筑艺术方面出现了一些衰退，但从长期历史发展来看，建筑的变革仍为整个社会的发展发挥了巨大的作用。

1．房屋建造量飞速增长，建筑类型不断增多

为适应工业的飞速发展、城市的不断扩大和市民生活方式的改变，出现了大批各式各样的工厂、仓库、铁路建筑，大规模的住宅、办公用房（市政厅、法院）、商业金融建筑（百货公司、市内市场、交易所、银行、保险公司）、服务建筑（公共图书馆、博物馆、大学、艺术画廊、宾馆）、火车站等。19世纪以来，城市内生产性和实用性建筑愈来愈重要，而在建筑史上长期被极度重视的宫殿、坛庙、陵墓则退居次要地位。新型建筑带来了新的要求：大跨度、高层数、复杂功能等，这些和历史上的同类建筑相比已经出现了较大的变化。越到近代以后，新建筑的类型增加得越快，建造的速度也不断刷新。历史上几十年甚至几百年都一成不变、发展缓慢的建筑形态，到了19世纪之后就完全被打破了。

2．建筑材料的发展

19世纪之前，建筑所用的大多是土、木、砖、瓦、灰、砂、石等天然的或手工制造的材料；19世纪之后，钢和水泥开始应用于建筑之中。最初是把铁用于房屋结构之中，用铁做房屋内柱，后来做梁和屋架，甚至是穹顶，19世纪中期水泥也渐渐用于房屋建筑之中。1894年巴黎用钢筋混凝土建造了一座教堂；1903年美

国辛辛那提市用这种材料建成了16层高的楼房。钢和水泥的应用使房屋建筑突破几千年来传统建筑材料的限制，给建筑业带来了革命性的变化。

3．建筑技术与结构的发展

结构科学的形成和进步，使人们越来越多地掌握房屋结构的内在规律，从而可以有效地改革旧有结构，创造新的优良结构。

1638年伽利略出版了世界上第一部材料力学的科学著作，此后又经过多代人的持续努力，人们终于在19世纪后期掌握了一般结构的内在规律，创立了建筑工程计算理论和方法，形成了系统的结构科学。它把隐藏在材料和结构内的力的性质揭示出来，可以预先计算出构件截面中将会产生的应力，从而掌握结构建成后的大致工作情况，作出比较合理的既经济又坚固的结构设计。1889年巴黎博览会的机器馆采用钢的三铰拱结构，跨度达到115m，同时建成的埃菲尔铁塔高度达到312m，这两座宏伟的结构表明了当时结构科学的重大进展（图5-8）。历史上数百年时间内房屋结构改进甚少的状态从此结束。在这100多年中，新型建筑结构之多、发展速度之快，超出19世纪以前的总合。

4．建筑的生产和经营

近代工商业资产阶级对建筑提出了许多新要求，建筑业的生产经营因此转入资本主义的经济轨道。同先前许多剥削阶级不同，近代工商业资产阶级把手中掌握的大量建筑物作为固定资本或商品，通过市场运作来获取利润。房屋建筑的这种社会经济属性在建筑活动的许多方面表现出其影响力。比如作为固定资本或商品的那一部分建筑物，其所有者都希望在最短的时间内、以最少的投资从中获取最多的利润。这一准则不仅直接反映在房屋建筑的物质生产过程中，而且通过曲折的途径和复杂的折光，在建筑设计、建筑思想以及建筑美学方面或隐或现地得到表现。

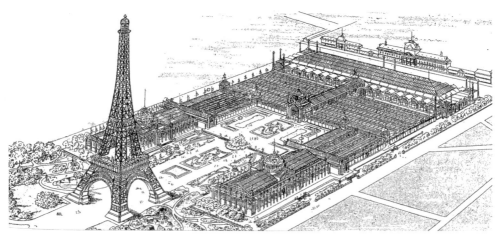

图5-8　1889年巴黎世博会全景示意图

（同济大学世博课题研究组编．世博园及世博场馆建筑与规划设计研究．上海：上海教育出版社，2007）

四、公园绿地的发展

18世纪后期，英国王室所拥有的狩猎场逐渐向民间开放，到了19世纪，原来供上流社会活动的林苑也大都向市民阶层开放。这些林苑一般建造在市区，拥有一定规模的绿色空地，与已经开放的公园成为英国城市早期开放空间系统的雏形。

所以说，在城市中系统地建造公园绿地最早始于19世纪的英国，随后逐渐影响到其他国家，带来了新一轮城市公园和广场的建设热潮。19世纪英国城市公园是城市化与工业化浪潮带来的必然结果，这些公园的开发主题、方法和功能与欧洲传统的园林有很大不同（表5-3）。

传统园林与城市公园的区别　　　　　　　　表5-3

	传统园林	城市公园
开发主体	皇室与贵族所建	一部分由英国皇室，大部分为各个自治体自主开发
服务对象	仅供皇室与贵族使用	面向社会全体大众
功能	贵族阶级娱乐的场所	改善城市卫生环境，缓和了城市社会矛盾
设计手法	传统的设计手法	伴随机动车的发展，公园在设计上采用了人车分离的手法，解决交通矛盾

英国城市公园的发展为公园绿地系统的形成奠定了基础，与此同时，公地保护运动与开放空间法的制定对绿地系统的形成也具有特别重要的意义。进入19世纪，城市的迅速发展使得公地成为城市内部珍贵的开放空间，但同时随着自由贸易的扩大，公地的农业生产功能迅速衰退，其结果就是工业与城市化的发展导致侵占公地的事例不断出现，公地作为城市绿地的作用因此被大大削弱。

在这样的背景下，19世纪中叶首先在市民阶层爆发了保护公地的运动，这场运动持续了近半个世纪。其间为了保护公地成立了"公地保护协会"等民间组织，他们与自治体一起从所有者手中购买公地以及其他私有庭园的所有权，将其建设成为面向公众开放的娱乐用地，以达到保护公地的目的。被保存下来的大量公地成为今天城市绿地系统的重要组成部分。1906年英国通过施行的《开放空间法》，首次以法律的形式确定了开放空间的概念与特点。

五、城市管理

1830年亚洲爆发了霍乱，后来又侵袭了欧洲，在各大城市中引起了极度恐慌，同时也唤醒了民众的环保意识。欧洲各国的政府被迫采取措施以消除城市环境卫生的弊端，其中英国率先对城市中的生活条件进行了调查，并在1848年制定了健康法；1850年法国政府也制定了类似的法律。这两套法律及后来其他欧洲国家制定的法律，为19世纪后期城市的管理提供了依据，标志着城市管理方式的一大进步。

这一时期内英国虽然还没有正式的城市规划法，但是与城市规划内容相关的政府法律也明确了地方当局对城市规划管理工作的权力。1875 年的公共卫生法规定，地方当局有义务提供标准的给水排水系统，有权制订规划实施细则，规定每一居室的最小面积，街道的宽度等。按照政府制定的规划实施细则所规定的最低技术控制指标，在英国许多城市地区尤其是工业集中地区，建造了大量的所谓"合乎标准的住宅"。

1875 年和 1890 年的《住宅改善法》是英国历史上第一次关于清除贫民窟的法律规定。它要求地方政府采取具体措施，对不符合卫生条件的居民区，即没有良好的给水排水设施、道路系统紊乱、缺乏必须的房屋日照间距、居室不能摄入充足阳光等的房屋进行改造。地方政府也制定了本地区的非标准居民区的改造计划，并经地方政府委员会审核批准。但由于政府经济实力有限，全国各地的非标准居住区的改造进程相当缓慢，大部分是单项住宅的消除重建，大规模的改造一时难以开展。

一般来说，在 1909 年的《城市规划法》没有颁布之前，所有的有关城市规划方面的政府法律，都只不过是对局部的住宅区以及住宅区周围的环境治理提出的法律规定，并不涉及整个住宅区的规划控制问题，地方政府的工作也仅仅局限于公共卫生和住宅开发。

第三节　近代西方重要城市的产生与发展

工业革命从英国开始，在为英国带来巨大成就的同时，也给整个世界的未来带来了许多难以解决的城市问题。此后，欧洲的其他国家——法国、德国、意大利、西班牙等毅然踏进工业革命的行列，进入到工业大生产带来的变革中。一些城市借助自身的资源优势、传统工业优势或特殊地理区位优势迅速发展起来（图 5-9）。

一、英国的城市

19 世纪英国城市的分布如图 5-10 所示。

18 世纪后半叶的工业革命，标志着英国从一个工场手工业占统治地位的国家转变成了以机器大工业占统治地位的国家，一跃成为当时最先进的资本主义国家，在世界工业和世界贸易中取得了垄断地位，

图 5-9　19 世纪欧洲重要城市分布图

时称"世界工厂"。从 1870 年到 1890 年，英国的工业生产一直居世界首位：铁的生产占世界的 1/2 以上，煤产量占 1/3，出口贸易占世界贸易额的 1/5～1/4。与此同时，城市开发作为一项特殊的国内工业生产，也从一个侧面影响和促进了这种经济的快速发展。

这种影响至少反映在两个方面：第一，由于工业开发需要建造大量的厂房和工人住房，城市开发成为一项资本积累的必需过程；第二，建筑业成为英国主要的经济支柱，其中住宅生产业历年都高于其他工业的平均产值和产量。

图 5-10　19 世纪英国城市分布图

工业城市一开始是自然形成的，其格局是：富有的统治阶层或工厂主居住在城市边缘地区，工人住宅和工厂交织在一起占据城市中心区。这种布局形式虽然不是经过规划而形成的，但英国的很多城市在相当长的时期内都效仿了这种方式，其背景是不合理的社会阶层分化与高强度的经济开发。

1．伦敦（London）

伦敦作为英国的政治、经济和文化中心，交通枢纽、全国最大的港口以及对外贸易集散地，一直是英国最大的城市。伦敦集中了庞大的国家行政机构、大批的工厂、金融和保险机构、宗教团体、俱乐部、博物馆、艺术馆，还有先进发达的服务业设施。

随着工业革命的发展，伦敦逐渐成为世界上最大的城市。19 世纪的上半叶，伦敦作为世界中心所发挥的职能，在世界上几乎没有城市可以匹敌，直到后半个世纪后巴黎和纽约才开始威胁到其统治地位。

1）伦敦人口的迅速增长

16 世纪初，伦敦的人口不过 5 万，到 1600 年人口增至 20 万；1700 年伦敦已是拥有 70 万人口的大城市了；1800 年伦敦的人口达到 85 万；到 1900 年伦敦的人口进一步增加到 200 万。人口的增长推动了城市空间的迅速扩张。

作为大英帝国的首都，伦敦吸引了众多殖民地和欧洲贫穷地区的移民。维多利亚时代大量的爱尔兰移民和因爱尔兰大饥荒（1845～1849 年）造成的各地难民纷纷来到伦敦，人口增加的同时也改变了原先比较单一的市民结构，伦敦形成有一定规模的不同人种的社区，如犹太人、中国人和南亚人定居的较大的社区，爱尔兰移民约占了伦敦人口的 20%。

同时，1888 年成立了新的伦敦县，由伦敦郡议会掌管。这是第一次成立大伦敦范围的行政机构，取代了先前的大都会工程局。当时伦敦县的范围广泛，曾涵

西方城市建设史纲

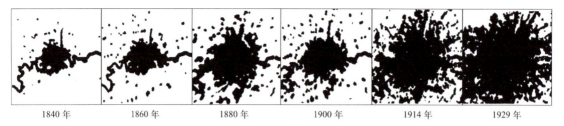

图 5-11　1840～1929 年间伦敦规模扩展变化图
(陈秉钊著. 当代城市规划导论. 北京：中国建筑工业出版社，2003)

盖了周边的城镇群形成了伦敦大都市区，但后来伦敦市的增长超出了伦敦县的边界。1900 年，伦敦县分成 28 个都会区，形成了更多的地方级行政县（图 5-11）。

2）伦敦的铁路发展与城市扩张

铁路的发展与建设给伦敦带来了巨大的变化。伦敦的第一条铁路线建立于 1836 年，从伦敦桥到格林尼治。紧接着，一个开放的铁路体系将伦敦与英国的每个角落都联系在一起。许多重要的铁路站点都是在这个时期内建成的，包括休斯顿车站（Euston，1837 年）、帕丁顿车站（Paddington，1838 年）、滑铁卢站（Waterloo，1848 年）、国王十字站（King's Cross，1850 年）和圣潘克拉斯车站（St Pancras，1863 年）等，极大地便利了市民出行。1863 年，世界上第一条地铁在伦敦建成并投入使用（图 5-12）。

新广域铁路网络的建成缩短了中产阶级和富人从周边郊区到城市中心的通勤时间，但同时，这种大规模的外向带动增长模式进一步加深了阶级之间的鸿沟。富裕阶层移居到空气新鲜、环境优美的郊区，穷人和劳动者居住在空气污浊、污染严重、环境脏乱的市中心地区。

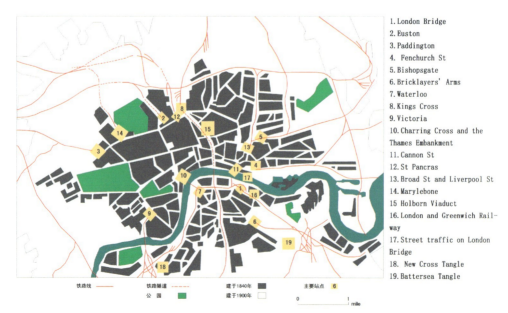

图 5-12　19 世纪中叶伦敦的铁路线及主要站点

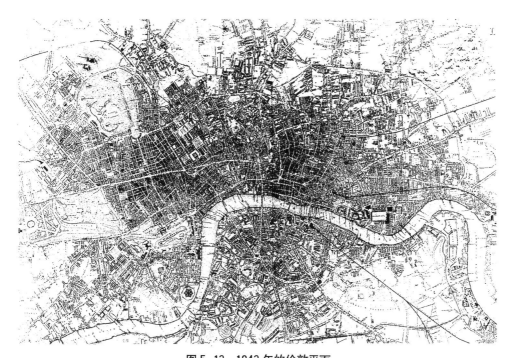

图 5-13　1843 年的伦敦平面

(L·贝纳沃罗著. 世界城市史. 薛钟灵等译. 北京：科学出版社，2000)

铁路的发展也加速了伦敦领域不断向外扩张，从中心区一直扩展到伊斯林顿、帕丁顿、贝尔格拉维亚、霍尔本、芬斯伯里、萧地奇、南华和兰贝思等地区。急剧的扩张造成城市基础设施不足、城市管理混乱、城市景观被破坏等一系列问题，所以在 19 世纪中叶伦敦市衰老的政府系统，包括古老的教区都在苦苦地挣扎，为应付迅速增长的人口和建筑而疲于奔命，但城市却日益显得拥挤、无序、肮脏和嘈杂（图 5-13）。

3）伦敦的基础设施建设

1855 年的大都会工程（市政）局开始为伦敦建设必要的基础设施，以应付未来的经济增长。其首要的任务就是解决伦敦的卫生问题。当时，未经处理的污水直接排入泰晤士河，最终导致了 1858 年的大恶臭：被污染的饮用水（同样来自泰晤士河）带来了疾病和传染病的流行。为此，议会终于同意建设一个大规模的污水渠系统，这也是 19 世纪最大的土木工程项目之一，由工程师约瑟夫·巴查尔格特负责设计。他主持建造了长达 2100km 的隧道和管道，以便排除污水和提供干净的饮用水。伦敦的污水处理系统完成之后，因不干净饮用水造成的死亡人数急剧下降，流行的霍乱和其他疾病也得到了控制。巴查尔格特建造的给水排水系统取得了巨大的成功，而且直到今天仍在使用。

4）伦敦的城市建设与建筑

1813～1827 年间由约翰·纳什实施建设了摄政街（Regent Street），长约

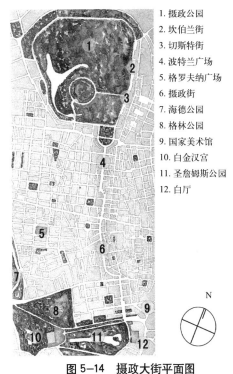

图 5-14 摄政大街平面图
(斯皮罗·科斯托夫著. 城市的形成. 单皓译. 北京：中国建筑工业出版社, 2005)

图中标注：
1. 摄政公园
2. 坎伯兰街
3. 切斯特街
4. 波特兰广场
5. 格罗夫纳广场
6. 摄政街
7. 海德公园
8. 格林公园
9. 国家美术馆
10. 白金汉宫
11. 圣詹姆斯公园
12. 白厅

2km，这是第一条能在欧洲拥挤的城市中心成功穿行的主干道的实例，也是在英国很少见的使用皇家特权来推行城市改造的一个特例。摄政街是为了将摄政公园的新的公共区和位于威斯敏斯特的行政部联系起来而规划的，北到摄政公园，南到圣詹姆斯公园。纳什为了降低成本，也为了不触动当时一些强权人物的财产利益，新规划的街道弯折迂回，造成了交通路线复杂多样。设计中纳什以精湛的手法将新旧街道系统组织到一起，形成了一种丰富生动的不对称性景观效果（图5-14）。

在道路交叉口建有广场，沿街有住宅、商店及银行等建筑物。由另一家保险公司出资兴建的郡火灾办公大楼（County Fire Office）是沿街标志性建筑之一，建于1819年。而街道南端，则坐落着联合服务夜总会和雅典娜夜总会，这两栋金碧辉煌的建筑隔着滑铁卢广场相望。

伦敦许多著名的标志性建筑都诞生于19世纪，其中包括特拉法加广场、大笨钟和国会大厦、皇家阿尔伯特音乐厅、维多利亚和阿尔伯特博物馆、塔桥等。

尽管19世纪伦敦增加了许多大尺度的建筑，但实际上当时的伦敦并没有留下什么震撼人心的感觉。在规划首都时中央政府没有过多插手，整个首都被划分成独立的几小块自留地，分别由伦敦、威斯敏斯特和其他60多个自治区商讨经营，所以首都没有全盘接受任何一种综合的规划。直到1855年才成立了一个由中央授权的机构——大都市工程董事会，然而这个机构的职能非常有限，致使伦敦整体规划的成效较弱。相对于城区，伦敦市郊的乡间别墅得到了较大发展。

5) 伦敦的公园建设与发展

自18世纪后，中产阶级对城市中四周由街道和连续的联列式住宅所围成的居住街坊中只有点缀性的绿化表示出极端的不满。在此情形下兴起的"英国公园运动"，试图将农村的风景引入到城市之中。这一运动的进一步发展出现了围绕城市公园布置联列式住宅的布局方式，并将住宅坐落在不规则的自然景色中的手法运用到实现如画景观的城镇布局中。

1809年约翰·怀特提出了圣玛丽波恩公园的开发议案，公园作为住宅的附属品和福利设施被引入。公园设计成圆环形，内有湖水、小岛、丰富的植被，周边被一排别墅和联排式住宅包围。1811年由建筑师约翰·纳什设计的摄政公园中，住宅完全包围了公园，其内星罗棋布的小岛分散在蜿蜒曲折的湖面上，郁郁葱葱

图 5-15 摄政公园景观

(马克·吉罗德著. 城市与人——一部社会与建筑的历史. 郑炘,周琦译. 北京:中国建筑工业出版社,2007)

的树木掩映着长长的步道（图 5-15）。由于这样的别墅公园地处时尚繁华的大都市边缘同时，却表现出乡村别墅的形制，被认为拥有城镇和乡村的全部优势。所以从 1820 年起这种别墅和城市花园遍地开花，种类丰富，遍布全国。1938 年摄政公园开始对外开放。这一时期的园林设计追求自然、变化、新奇、隐藏和田园的情调，强调蛇形的曲线美，有意识地保存自然起伏的地形。

6) 1851 年伦敦的世界工商业博览会

1851 年在水晶宫中举行的伦敦世界工商业博览会是 19 世纪一个最著名的事件。来自世界各地的游客蜂拥而至，显示了大英帝国当时在世界上的显赫地位。水晶宫是通过利用标准化和预制化方法，采用在工厂中生产的铁构件和玻璃，于 9 个月内完成了 92000m^2 的展览馆，创造了建筑史上的奇迹，也成为现代建筑利用标准化和预制化方法的开端。人们赞美这座通体透明、庞大雄伟的建筑，为英国人能开创世界建筑奇迹感到无比荣耀和自豪。水晶宫，这座原本是为世博会展品提供展示的一个场馆，不料却成为第一届世博会中最成功的展品。水晶宫成就了世博会的举办成为世博会的标志。而世博会的成功又为世界上第一次聚集众多国家，为了和平的目的进行不同文化的交流、展示最新的科技成果开创了先例（图 5-16）。

2. 曼彻斯特（Manchester）

1) 曼彻斯特城市发展背景

曼彻斯特市位于一块盆地中，北面和东面毗邻荒野，南面是柴郡平原，靠近利物浦港口和煤矿。市中心位于艾威尔河（Irwell）东岸,靠近麦诺克河（Medlock）

图 5-16 水晶宫的建造过程及水晶宫内景

(同济大学世博课题研究组. 世博园及世博场馆建筑与规划设计研究. 上海：上海教育出版社，2007)

和埃瑞克河（Irk）的汇流处，加上流经市区南部的默西河（Mersey），河道发达，水运优势非常突出。

14 世纪时曼彻斯特地区以纺织业为主，生产羊毛布和亚麻布，兼营棉织品贸易，逐渐成为一个市集；19 世纪曼彻斯特在工业革命和现代大工业生产方式的带动下，城市迅速扩张，一个小乡镇几乎一夜之间就成为英国的工业中心和世界闻名的工业大都市。19 世纪中期曼彻斯特发展成英格兰人口最稠密的地区之一（图 5-17）。

多种因素促进了曼彻斯特的发展，首先曼彻斯特具有丰富的水资源，这是进行纺织工业生产的必备条件；有较好的区位条件，曼彻斯特距离丰富的煤矿产地沃斯利只有几英里；运输体系发达，包括铁路和水路形成与主要港口和其他制造业之间完美的连接通道。

工业革命开始后，曼彻斯特逐渐发展为原棉和纱的自然分流中心，纺织工业产品的市场和分销中心。理查德·阿克赖特创建了适应瓦特蒸汽机生产的直接经营机制，并迅速将其运用于整个曼彻斯特和周边城镇的棉纺厂，进一步促进了服务于棉花产业的相关产业：漂白工程、纺织印花、工程车间和工厂等，曼彻斯特变成了一个真正的棉花城。连金融业也被吸引过来，1826 年英格兰银行的一个分部在曼彻斯特成立。伴随着经济的发展，古老的曼彻斯特教区容纳了众多的乡镇，涵盖了比今天的大都市区更广泛的领域（虽然不包括其完全发展的程度），在 1866 年成为公认的单独的民间教区。

2) 曼彻斯特的人口

这一时期，城市的增长首先得助于佛兰芒人的大量涌入和定居。他们建立了一批新的棉花工厂，使曼彻斯特迅速成为兰开夏郡的主要工业中心。但曼彻斯特的人口爆炸，更多的是因为人们从周边乡村或不列颠诸岛的其他地方蜂拥而来，特别是在 1840 年的大饥荒之后，大批爱尔兰人来到这座城市，他们的影响一直持续到今天。曼彻斯特每年 3 月都举办大型爱尔兰传统的圣帕特里克节游行，约 35% 的曼彻斯特和索尔福德（Salford）人口有爱尔兰血统。后来，大量来自中欧和东欧的移民（主要是犹太人）涌入曼彻斯特，他们为城市带来了同地中海东部、德国和意大利之间的棉花贸易。

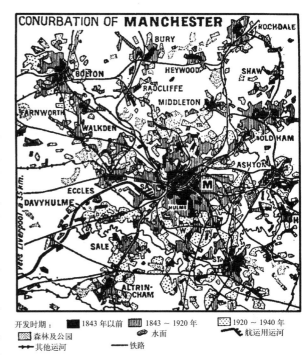

图 5-17 曼彻斯特 18～19 世纪的城市发展
(谭纵波著. 城市规划. 北京：清华大学出版社, 2005)

3) 曼彻斯特的运输体系

与城市增长相匹配的是运输体系的扩展。不断需求的蒸汽动力意味着煤炭生产量的猛增，为了满足这种需求，工业时代的第一条运河——杜克运河（Duke's Canal，通常称为布里奇沃特运河）于 1761 年通航，连接了曼彻斯特和沃斯利的煤矿。运河迅速开挖到默西河口，并形成广泛的运河网络，把曼彻斯特和其他英格兰地区连接在一起。

1830 年曼彻斯特再次站到了英国运输行业的前列，建造了通往利物浦的铁路——世界上第一条蒸汽机驱动的铁路，它为利物浦港口和曼彻斯特厂家之间原材料和成品的运输提供了一种更快捷的运输方式。1938 年，铁路连通到伯明翰和伦敦，1841 年连通到赫尔。当时曼彻斯特是比伦敦更大的铁路中心，随后又被伦敦快速地赶上。

曼彻斯特周围的很多地方都随着曼彻斯特的迅速发展及铁路的建成而崛起。离曼彻斯特不算太远，大致上与之连续的是一些卫星城市：艾希顿、欧德汉姆、斯坦利布瑞吉、斯托克波特、波顿、罗克戴尔和其他一些城市。一些铁路线横穿城市中心，对城市形成了较大的干扰，围绕铁路站点的地区往往形成一些公共设施。

4) 曼彻斯特的文化发展

在 19 世纪末期，曼彻斯特成为一个非常国际化的地方，它似乎是一个任何事情都可能发生的地方——新的工业流程、新的思维方式（即所谓的"曼彻斯特学校"）、促进自由贸易和自由放任的新的社会团体、教派和新形式的劳动组织等。曼彻斯特吸引着英国和欧洲各地受过高等教育的游客，当时流传着一句话"今天的曼彻斯特做了什么，明天的世界各地就在做什么"。

在这种非常规的背景下刺激了知识和艺术生活的成长。例如曼彻斯特学院（创立于1786年），是少数为非宗教信仰者提供教育的院校之一，而当时的牛津大学和剑桥大学是将这些人排斥在外的。曼彻斯特学院教授古典文学、激进神学、科学、现代语言、语言和历史。

5）曼彻斯特城市布局

在曼彻斯特的中心有一个很大的商业区，大约为一个0.8km长的正方形。这个区域内基本上为办公区和仓库区，也是一个没有永久的居民的城区，一到晚上就变得冷清空旷。它位于曼彻斯特中世纪老城的中心附近，被一些主要的街道分隔，这些街道往往承载繁重的交通，特别是在深夜更加繁忙，这块区域呈现出工业化时代城市中心区的通病：恶劣的环境与贫穷的阶级。商业区的周围是工人阶级的带状住宅区，有2.4km宽，工人住宅区之外是中产阶级和上流阶层的住宅区。但从1840年之后中产阶级开始意识到城市生活环境的变化，并率先向各个郊区移居，老城区逐渐变成了贫民区并且不断从老城向外蔓延：到处都是贫民的房子。沿着埃瑞克河、麦诺克和艾威尔河峡谷分布着工业区——到处都是污秽、噪声、烟雾和恶臭（图5-18）。

图5-18　1886年曼彻斯特城市地图（毫无疑问这是一张经过处理的地图，优秀的公共建筑被突显出来，空地部分基本是普通市民的住宅，工厂被删除了，避免破环城市的整体景观）

(Peter Whitfield. Cities of the World, 2005)

曼彻斯特的贸易与工业特别是棉纺产业，主要集中在三个地区：中心地带的交易所、中部的商业区和城郊的工厂区。仓库往往占据着市中心的重要位置，它们想被人们关注、被顾客造访，所以建造得越来越豪华，给人留下深刻的印象。有的仓库甚至建成宫殿的风格，这对海外的购物者来说增加了很多的信赖感，所以一时间宫殿风格的仓库风靡全国。

6）曼彻斯特的城市建设

1833年成立的曼彻斯特统计机构，仔细地搜集了数据作为实施改革的依据。1844年城镇区的安全警卫改革和1845年卫生措施改革建立了一个卫生健康的标准，这一标准在后来20年中不断得到加强，在此基础上住房条件缓慢地得到了改善。曼彻斯特从1847年开始供水设施的建设，为浴室及洗衣店提供了非常舒适干净的条件；1870年又成立了一个联合股份公司区，建造"像样的、合理安排的住所，并以很低的租金出租"。

同时，城市当局还建造了一系列公共设施，如：公共图书馆、艺术画廊、大学学院、旅馆、教堂、小礼拜堂以及宏伟的立法局及警察局，规模宏大的自由贸易大厦，可以满足哈勒管弦乐队（Halle Orchestra）演奏的剧场，越来越多的仓库等，以一种盛大宽松的方式塑造了城市的多样化形象。这些建筑物奢侈、艳丽、浮华中还带着点古怪，虽然都会因曼彻斯特的煤烟而很快变成黑色，但曼彻斯特的黄金时代仍然被视为是19世纪的最后几十年，许多伟大的公共建筑（包括大会堂Town Hall）都是在那个时期建设的。1868～1877年，新市政厅的尖塔在新的广场的边缘建立起来（图5-19）。曼彻斯特还被看做是美丽的或至少是浪漫的城市。

7）曼彻斯特的衰退

19世纪末期后曼彻斯特开始遭受经济衰退的打击，码头设施的过度消耗以及曼彻斯特对利物浦港口的过度依赖加剧了这一衰退状况。于是，市当局建造了曼彻斯特运河（Manchester Ship Canal）以扭转这一局面，它成为城市的直接入海通道。这意味着曼彻斯特可以不再依赖铁路和利物浦港口。这条运河于1894年建成，尽管要航行64km才能深入到内陆，但曼彻斯特仍然成为英国第三大繁忙的海港，码头运作直到20世纪70年代才停止。

图5-19 曼彻斯特新市政厅
(马克·吉罗德著. 城市与人——一部社会与建筑的历史. 郑昕，周琦译. 北京：中国建筑工业出版社，2007)

图 5-20 工业革命前 1731 年伯明翰平面图，显示伯明翰作为一个典型的有机生长的实例
(A. E. J. Morris. History of Urban Form. New York：Longman Scientific & Technical, 1994)

图 5-21 1839 年伯明翰城市平面图
(Melville C. Branch. An Atlas of Ranre City Maps——Comparative Urban Design 1830-1842. New York：Princeton Architectural Press, 1997)

3．伯明翰（Birmingham）

1）伯明翰城市的发展背景

伯明翰是英国工业革命的中心，是英格兰西米德兰兹郡的大型工业城市。16世纪的伯明翰只是一个很不起眼的小村镇，人口不满 500 人。17 世纪由于制铁工业的兴起，伯明翰成为一个大的生产中心，这里制造的枪支和金属纽扣闻名英格兰，产品畅销国外市场（图 5-20）。17 世纪末伯明翰的人口仅 1.5 万，18 世纪末增至 7 万。工业革命前伯明翰呈现出一种有机生长的城市形态，工业革命后，由于附近发现煤矿，城市迅速发展起来，人口由 1800 年的 7.5 万猛增至 1900 年的 65 万，城市空间迅速扩张（图 5-21）。

伯明翰在工业革命的带动下变得异常繁荣，各种产业都在迅猛发展，不仅有铁路机车、蒸汽机和船舶的制造业，还有发达的金融业。伯明翰铸币厂是世界上最早的独立造币厂之一，直到 2003 年英国的硬币还在伯明翰制造。作为伯明翰的重要产业支柱之一，著名的"米德兰银行"就是 1836 年在这里成立的。工业革命时期，伯明翰开凿了运河以利交通，使得这个地区同北海、大西洋、爱尔兰海连成一片，加上银行业的支持奠定了伯明翰成为大工业城市的基础。到 19 世纪中叶伯明翰已成为英国的第二大人口中心。

伯明翰增长和繁荣的基础是金属加工业，包括各种各样的商品生产：按钮、餐具、钉子和螺丝钉、枪、工具、珠宝、玩具、锁等，因而被称为"一千种交易的城市"。19 世纪的大多数时期，伯明翰市内布满了各种各样小型的生产车间，而不是集中的大型工厂。直到 19 世纪末，大型工厂才成为伯明翰的一个普遍的现象。

2) 城市交通发展及基础设施建设

1837 年伯明翰修建了连接曼彻斯特和利物浦的铁路，1 年后铁路连通到首都伦敦。不久后，又建立了伯明翰—德比枢纽（Derby Junction）铁路和伯明翰—格洛斯特（Gloucester）铁路。19 世纪 40 年代，这些早期的铁路公司分别合并为两家公司，并联合建造了伯明翰新街火车站开放于 1854 年，使伯明翰成为英国铁路系统中的一个枢纽。1852 年西部大铁路抵达伯明翰，从此又连通了牛津大学和伦敦的帕丁顿。

图 5-22　绘自 1886 年，前景是理事会大楼、大会堂及张伯伦纪念馆等优秀建筑，背景是浓烟缭绕的郊区

(Peter Whitfield. Cities of the World. Los Angeles：University of California Press，2005)

19 世纪上半叶城市建造了成千上万的密集住宅来容纳快速增长的人口，其中大部分都是劣质的建筑物，所以很快就沦为贫民窟。至 19 世纪中叶，随着城市人口的进一步扩张以及无序发展，更多的居民生活在拥挤低劣的环境下。虽然 1826 年伯明翰组建了供水公司并建造了许多水库，但水费依然昂贵，许多底层市民得不到干净的饮用水。直到 1904 年 116.8km 长的输水管道建成，才彻底解决了这个问题；污水管网于 1851 年建立，但只限于新建的房屋，许多老房屋需要等待几十年后才能连上污水管道，所以长期以来城市面貌得不到根本改善。伯明翰的许多其他基础设施也建于 19 世纪，如 1818 年有了天然气照明，1882 年开始发电，1873 年有了马拉轨道车，1890 年有了电力驱动的城市有轨电车。

3）城市的建设与改进

1873～1876 年约瑟夫·张伯伦担任市长，在他的领导下，伯明翰发生了较大转变，成立了专门负责城市建设的理事会，制订了一个雄心勃勃的城市改善计划：理事会购买了城市煤气和水工程，为城市改善照明，并提供干净饮用水，这些公用事业的收入又返回给安理会，并再一次运用到城市的其他基础设施建设上。城市中心建设了一条新的街道——公司街，很快成了一个时髦的购物街，理事会大楼和维多利亚法院也建在这条街上；许多公园陆续建设开放，同时伯明翰的一些最肮脏的贫民窟被清除。一些优良、美观的建筑，其中包括著名的伯明翰市政厅（1879 年）、伯明翰植物园、理事会大楼、博物馆和美术馆等也是在这一时期建成的。伯明翰的这些城市改进措施很快被其他城市所引用（图 5-22）。

二、法国的城市

19世纪法国主要城市分布如图5-23所示。

图5-23 19世纪法国主要城市分布图

法国的工业革命开始于18世纪初。从1715～1720年起，以实物产量表现的工业份额开始稳定增加，但由于与英国在农业结构上的不同，加上战争和大革命的影响，工业发展的速度明显慢于英国。18世纪法国人口仅次于俄国为1800万，而到了19世纪中叶，就猛增到3800万，但只有巴黎、里昂、马赛3个城市人口超过10万，虽然以后增加了波尔多和鲁昂，但真正实现工业化的城市只有里昂一个。巴黎是首都，是政治中心，其他城市均为商业中心，远远比不上英国城市的发展速度和水平。由于法国农村的基数过大，许多工业生产只能采用"家庭加工系统"的方式，19世纪中后期才完全由机器取代人工的纺织工业。

法国的运输业发展也比较滞后。直到1820年被大革命中断的运河才逐渐得到大规模的恢复，将各大城市沟通起来；铁路建设始于1827年，到1848年法国的铁路总长度是1800km，而同期的英、德、比等国都超过了1万km。19世纪中叶以后法国在铁路的推动下促进了商品的流通，形成了国内统一市场。

1．巴黎（Paris）

1）巴黎的城市背景

巴黎位于法国北部，是世界上最古老的城市之一，古城的核心是塞纳河上的西提岛。巴黎自17世纪以来一直沿着古典主义的道路发展，着眼于一些富丽堂皇的建筑和帝国首都的市容建设。工业革命后大工业在巴黎边远地区发展起来，但实际上这种工业化的发展趋势在大革命前就已开始了。大革命时期英国的经济封锁与军火生产的需要，直接促进了法国工业的发展。

到1848年巴黎已成为世界上最大的从事制造业的城市，有超过40万的工人在各种工厂里工作。这些工厂多是一些小型的、旧式的车间构成的，沿比耶夫尔小河（Bievre）一带成长起来，其历史可以追溯到中世纪，所以这条小河被称作一条工业河流。除了制造业，巴黎还拥有纺织业、重工业和化学工业。从19世纪20年代开始巴黎拥有了重要的制铁工业。工业的发展促进了金融业的发展，巴黎很快发展成为一个大的金融中心。

2）巴黎市的交通发展

为了发展工业，当时的巴黎市政府采取了一些相应的措施，如开辟运河、建造市场、铺设沥青路面，还出现了有定期路线的市区公共马车。

19世纪巴黎公共马车运输获得了大发展，拥有了好几家公共马车运输公司。

1855 年又成立了联合的公共马车运输公司，共有 1900 余辆车辆，每年运送 1915 万人次。与此同时巴黎市区修建了第一条有轨电车线路。到了 1873 年巴黎才形成有轨电车运输网。这些有轨电车主要是为了沟通巴黎市区与郊区的联系而修建的，其客运量超过了公共马车运输公司的客运量。19 世纪下半叶巴黎市区出现了机动运输车辆，其增长速度很快，到了 19 世纪末已达到 7200 多辆。

19 世纪上半叶巴黎开始修建铁路，第一条铁路通向凡尔赛，于 1845～1849 年间共建起了五个火车站。至 19 世纪末法国铁路系统已经相当发达，因此带来了巴黎制造业的繁荣。为了更好地加强巴黎与郊区的联系又修建了巴黎郊区铁路运输系统（图 5-24）。

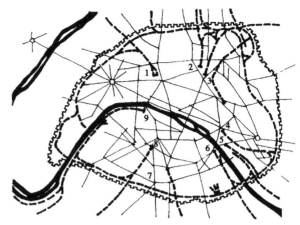

车站：1. 圣拉扎站；2. 北站；3. 东站；4. 文先站；
5. 里昂站；6. 奥尔良站；7. 丹费尔站；
8. 蒙帕纳斯站；9. 残废者站

图 5-24　巴黎第一次世界大战前夕主要道路和铁路枢纽
（赵和生著. 城市规划与城市发展. 南京：东南大学出版社，2005）

3）奥斯曼计划

到 19 世纪中叶拿破仑三世执政时期，法国闭关自守的政策造成了日益尖锐的社会矛盾。因为当时欧洲的铁路网已形成，而巴黎又是最大的铁路枢纽之一，城市现状与工业化之间产生了不可调和的矛盾，法国政府决定对巴黎进行大规模的改建。

依靠强大的拿破仑三世的政权、奥斯曼的才干、熟练的技术人员，再加上两套进步的法律（1840 年的《财产没收法》及 1850 年的《健康法》），这些条件使得巴黎在相当短的时间内富有成效地进行了广泛而深入的城市规划工作，并实施了规模宏伟的城市改建方案。1853 年拿破仑三世委任奥斯曼为塞纳省省长，在皇帝授意下制订巴黎扩建工程计划，史称"奥斯曼计划"，其蓝图由皇帝亲自绘制。这项扩建工程历时 17 年之久，耗资 25 亿法郎，巴黎面积因此扩大了一倍。

巴黎的城市改革主要包括下列内容（图 5-25）：

（1）重新形成中心区和确定街道的走向。奥斯曼在原先总长为 50km 的道路基础上又新建了 40 多公里，并将巴洛克式的林荫道与其他街道连成统一的道路体系，使这些林荫道成为延伸到郊区的现代化道路网的一部分。他还在郊区铺设了 70km 长的道路，增设连接市内塞纳河两岸的桥梁 8 座。

（2）发展城市的基础设施，包括自来水管网、排水沟渠网、煤气照明和公共马车交通网。

（3）增建公共设施。新建中小学校、医院、大学教学楼、兵营、监狱等附属的非生产性建筑；以及新建火车站、剧院、中心百货商场、住宅区、教堂等，

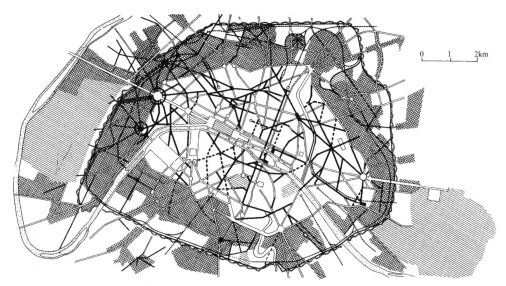

图 5-25 奥斯曼在巴黎所做最重要的工作的图示（黑色为新街道；交叉线表示新城区；斜线表示公园。城边的两大公园：左为布洛尼森林公园，右为文赛娜森林公园）

(L·贝纳沃罗著. 世界城市史. 薛钟灵等译. 北京：科学出版社, 2000)

丰富市民生活。

（4）新建城市公园，改善城市环境。奥斯曼新建街心公园 21 个、大公园 5 个。巴黎西部的布洛尼森林公园和城市东部的文赛娜森林公园经扩建后，使得周围的环境更加迷人。

（5）拆除贫民窟，建设新楼房。全巴黎共拆除旧房 11 万 7000 所，新建楼房 21 万 5000 幢，城内五层以上的成片新楼拔地而起。

（6）采用新的城市行政结构。撤销了 18 世纪形成的关税区边界，合并城界外的一些区域，使巴黎延伸到防御设施之外，所包括的面积达到 8750hm^2；巴黎被划成 20 个自治的城区即所谓的小行政区。

奥斯曼计划的实施花费了大量的财力，采取银行贷款的方式。因为城市建设的成功，市政府赢得了银行的信誉，被允许延缓偿还债务。在这个时期，巴黎的人口从 120 万增加到 200 万，同时市政府的收入增加了 10 倍。

为了使新的城市面貌显得雄伟壮观，奥斯曼沿用了传统的城市规划手法：力求规律和统一。他把古老的或较新的纪念性建筑物作为街道在视觉上的联系点，把街道规律性地通向重要的广场，沿主要街道的所有建筑立面都有统一的造型（如放射形广场上的建筑）。改建后的巴黎城市形态结构基本是由市中心环状向外发散，整个城市呈放射状结构；城内 5 层以上的成片新楼拔地而起，40m 宽的十字形主干道贯通全市，宽阔的街道四通八达；新建的火车站、中心百货商场、住宅区、教堂都别具一格；塞纳河由市中心穿过给巴黎带来了秀美和灵气。从塞纳河伸展出来的一系列轴向开发，使巴黎的布局变成了一个轴线交织的网络，轴向延伸的概念成为巴黎城市发展的一项重要支配因素。市内巍峨的喷泉、高耸的纪念碑引人驻足；市东西两侧的万森、布洛尼森林区扩建后更加迷人。巴黎这座历经沧桑的千年古城陡然变成一个雄伟、庄重、整洁和美丽的世界旅游名城（图 5-26、图 5-27）。

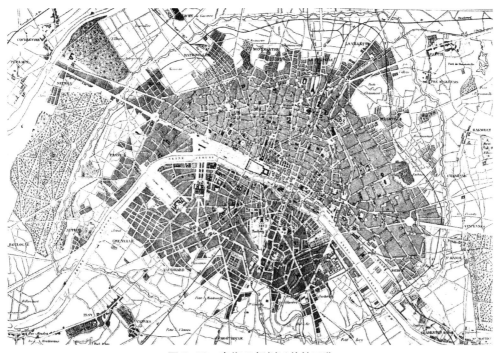

图 5-26　奥斯曼规划以前的巴黎
（L·贝纳沃罗著. 世界城市史. 薛钟灵等译. 北京：科学出版社，2000）

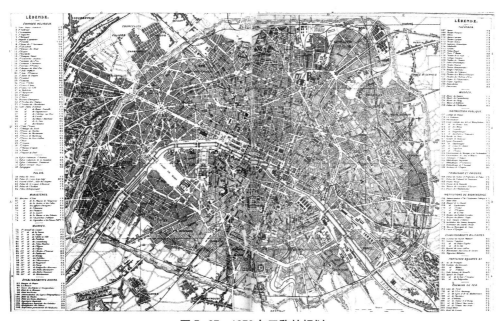

图 5-27　1873 年巴黎的规划
（L·贝纳沃罗著. 世界城市史. 薛钟灵等译. 北京：科学出版社，2000）

巴黎改建使城市景观得到了较大的改善，但同时也存在很大的局限性，这与其最初的设想有着直接的关联。巴黎改建目的是要对外炫耀帝国的实力，为向外扩张作准备；对内则主要加强首都的交通联系，便于调动军队，阻止市民的街垒巷战等起义行为。至于基本的城市功能，包括一般平民百姓居住区的城市改造计划则被搁置，这些都无疑加重了帝国的负担，同时也激化了社会矛盾。此外，快速的城市空间建设造成特色景观的消失和模糊化。由于新建城区的急剧扩张，原来的道路视线受到阻碍，不可能使每个段落的城市景观形成透视上的统一体，所以各要素都失去了固有的特性，建筑立面成了没有区别的背景，看起来个个都相似和雷同。新改建的巴黎变成了几十万个相互隔绝的私人空间，在这些小天地中生活着对周围环境麻木不仁的数百万巴黎市民。以前公共活动区和私人生活区总是联系在一起的；现在则相反，住宅、作坊、办公处、事务所和工作室等彼此间尽量远离，老死不相往来，人们只能想象它们是什么样子，或是借助于"魔术师"的手段，把屋顶揭开后才能看到它们独立的生活。一些文化活动都是在剧院或沙龙的封闭空间中进行的，只供少数人去享乐，造成了新的社会隔离与对立。这些文化设施的容量与城市人口规模十分不成比例。例如：新歌剧院只有2000多个座位，而全城却有200万居民（与古代的希腊相比较，雅典的狄奥尼索广场上的剧场几乎能容纳全体市民）。

巴黎改建未能解决城市工业化提出的新的要求，比如城市的贫民窟问题、因铁路网的形成而造成的城市交通障碍问题等。但奥斯曼对巴黎改建所采取的种种大胆改革措施和城市美化运动仍具有重要的历史意义，所以19世纪的巴黎被誉为世界上最能体现近代化的城市。

2．里昂（Lyon）

里昂位于法国巴黎和马赛之间。这个地区恰好坐落在西欧的十字路口，被地中海、大西洋以及东欧国家围绕。罗讷河（Le Rhone）和索恩河（La Saone）分别从城市的东、西两侧流过，于城市的南端汇合。索恩河西岸靠山，老城依山而建，四周曾有城墙环绕。借着索恩河的天然屏障和运输渠道功能，历史上里昂一直是皇权和教会争夺的目标。随着文艺复兴的发生，意大利商人的影响力传到法国，里昂经济在15世纪后期开始有明显的增长，特别是与意大利的贸易往来。

17世纪后期，由于经济的迅速发展，渐趋拥挤的城市开始向罗讷河东岸扩张，部分教会、商家及躲避西岸拥挤地况的贵族陆续迁移到罗讷河东岸的"半岛区"，这标志着另一个时代的开始。由于丝绸贸易的繁荣，里昂在19世纪成为法国重要的工业城市。里昂的发展离不开法国皇帝的推动，拿破仑一世曾命令所有的欧洲法院都必须使用里昂的丝绸，因此里昂的丝绸产业得到蓬勃发展。从18世纪开始，随着欧洲工业革命的发展，位于南岛的里昂汇流区成为里昂市的新兴的工业区。在1800～1848年间，里昂织机的数量从6000台增至6万台，有9万多雇工在丝绸工厂工作。

19世纪中叶在工业区(汇流区)与里昂市区(北岛)之间,规划了里昂市区(北岛)与南岛工业区和仓储业,建设了大量的工业厂房和仓库建筑。里昂的富有和全球性商业贸易鼓励了银行事业的发展,并吸引了远东地区的银行进入。这一时期里昂城市形态及城市景观有较大的发展变化(图5-28)。罗讷河西岸的老城由于长期以缓慢的速度自然生长,街区分割零碎,道路弯曲而狭窄;而罗讷河东岸街道划分呈规则的方格网,街区及道路也较为宽大,显示了经济快速发展下简单的功用型城市形态(图5-29)。这一时期代表性的建筑是富维耶圣母院,建于19世纪末,它融合并运用了角楼、枪眼、大理石和镶嵌细工等的建筑元素,成为里昂的象征。

三、德国的城市

19世纪德国城市分布如图5-30所示。

德国工业革命开始的时间比英国、法国和美国都晚,直到1850年左右,德国的工业才开始起步。但德国的城市化速度较快,城市改革也比较彻底,只用了约60年的时间就完成了城市化过程。到1900年德国城市人口在全国人口中的比例高达54.4%,远远超过法国、美国和

图5-28 1860年里昂沿河景观(http://zh.wikipedia.org)

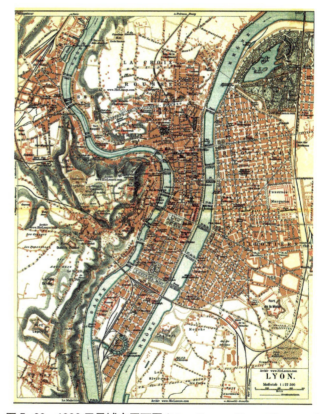

图5-29 1890里昂城市平面图(http://www.oldmapgallery.com)

俄国。19世纪初期德国只有5座人口超过6万的城市,如汉堡、柏林等,而工业化迅速将鲁尔地区、莱茵流域及中部高地的中小城镇变成了大城市,如杜塞尔多夫、法兰克福和德累斯顿等;这些增长与铁路的建设有密切的关系。铁路的延伸、煤炭运输的加快,促进了机械化工厂的建设,特别是在鲁尔和柏林周围形成新的工业中心。航运事业也有了长足发展,同期关税同盟的实现有力地推动了公路建设,数年间就有近5万km的道路用碎石铺成。

图5-30 19世纪德国城市分布图

德国之所以能够迅速实现城市化，其因素是多方面的。首先，德国工业革命是迅速实现城市化的基本动因和先决条件；其次，科学技术的进步极大地推动了德国城市发展的进程；再次，德国善于抓住国际和国内的历史机遇，同时善于从工业化起步较早的英法吸取经验教训，引进先进技术和设备，并结合本国情况加以消化改造，尽量少走弯路，使工业化、城市化在德国的土地上蓬勃发展。19世纪50年代前后，德国不断从英、法、美各国引进新的工艺、成套设备和管理方法，结合本国情况不断地加以创新，使技术和生产速度更上一层楼。德国还制定了一系列对农业人口流动有利的政策法规，对住房、交通、环境卫生等问题进行综合治理；不断完善和健全社会福利保障体系，解决失业、贫富差距等社会问题；同时致力于消除民族分裂，实现国家统一，这不仅为工业的发展、同时也为农业人口的流动消除了障碍，为农村劳动力的转移提供了重要保证。由于德国特定的社会历史背景，德国人口流动的方式和流向呈分散状，农业劳动力的转移没有出现过分集中的局面。

德国的中小城市数量多且分布比较均匀，人口过于集中的大城市少。从功能的角度看，有功能综合性城市如慕尼黑、明斯特等；有工业城市如埃森、波鸿、杜塞尔多夫、纽伦堡等；有海港城市如汉堡、不来梅、基尔等；有文化城市如柏林、波恩、威斯巴登等；从地域分布看，德国西南部和中部城市相对偏多，北部和东部较少，但未出现城市布局明显失衡状况，而且为数不多的大城市如柏林、汉堡、慕尼黑等，也没有看到明显的畸形发展。19世纪中叶开始的德国城市化一直影响到今天，并形成了今日德国城市布局的基本框架。

1. 柏林（Berlin）

1）柏林的发展背景

柏林位于德国东北部的低地平原上，平均海拔在70m以下，属于温带大陆性气候。施普雷河、哈维尔河和大量湖泊、运河点缀其间，为柏林提供了丰富的地下水，因此森林茂盛，环境宜人。1443年柏林成为勃兰登堡皇帝的京城。1640～1688年，腓特烈·威廉一世（大选帝侯）开创了柏林在文化和艺术上的繁荣，他兴建了皇宫、军械库、教堂和波茨坦离宫，使柏林一跃成为欧洲的重要城市之一。1701年勃兰登堡君主晋位为普鲁士国王，把柏林定位为首都。

从19世纪初开始，柏林进行了大规模扩建，成为德国最大的城市（图

5-31)。随着19世纪中叶大规模的工业化,柏林的经济迅速发展,人口急剧增长,市区也不断扩大。到20世纪初柏林已经在工业、经济和城市规模方面达到和伦敦、纽约、巴黎同样的水准,成为又一个世界性的政治、经济和文化中心。这一期间柏林建造了大量的道路、桥梁、地铁以及车站建筑,兴建了豪华的办公大楼、商业区和住宅区。到1900年柏林人口已经达到270万。

2) 詹姆斯·霍布雷希特(James Hobrecht)的柏林规划

1858~1861年,詹姆斯·霍布雷希特进行了整个柏林市的规划,并于1862年获得审批(图5-32)。城市中心为历史核心区,核心区旁边为17、18世纪的网格状扩建区——多罗西施塔特和腓特烈施塔特。穿过网格的宽阔的东西大道是林登大街,它将宫城(Schloss)同巨大的蒂尔加藤公园(Tiergarten)联系起来。规划交通主干道、非主干道和广场围绕着旧的市中心,并对柏林城墙外的面积进行了调整;在调整的过程中,规定那些较差的地段用来修

图5-31 1802年柏林城区及郊区平面
(Alan Balfour. Berlin—The Politics of Order 1737~1989)

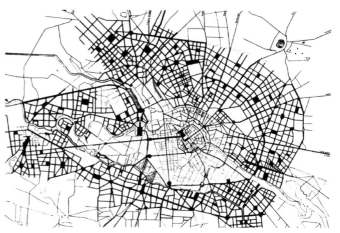

图5-32 詹姆斯·霍布雷希特在1862年设计的柏林市的建设规划
(迪特马尔·赖因博恩著.19世纪与20世纪的城市规划.虞龙发译.北京:中国建筑工业出版社,2009)

建道路和广场,剩下的较好地段则可根据1853年制定的建筑条例,在划定的建筑线内建造房屋。

19世纪20年代弗里德里希·威廉三世(Friedrich Wilhelm III)的皇家园林主任彼得·约瑟夫·伦内曾做过一个城市扩建方案,但未曾实现,后来便成为霍布雷希特规划的参照对象。伦内关注的是如何服务于贵族阶层,所以在他的规划中街道数量很少,而这些街道围合起来的巨型街块之内则是优雅豪华的住宅,日后这些巨型街块可以按照业主的愿望作进一步划分。然而到了霍布雷希特时代,柏林已经成为一个重要的工业中心,城市的首要任务是建造工人阶级的住宅。所

以在霍布雷希特的设计中，那些大致为 250m×150m 的巨型街块里填满了 5 层高的出租公寓排楼——这使得网格被新一代的城市学家视为贫民窟或者由过度拥挤的结构形成的混合体。因此这一规划在 1870 年遭到一些官员的激烈反对，他们认为该规划僵化、不适用、过度集中，在社会政治方面有着诸多缺陷等。

3）赖因哈德·鲍迈斯特（Reinhard Baumeister）——"城市扩展的基本特点"

1874 年，在柏林举办的首届"德国建筑师及工程师联合总会"的全体大会上，一致通过了由建筑工程师赖因哈德·鲍迈斯特事先提出的"城市扩展的基本特点"的主张。大会认为，在城市扩展中，发掘所有交通设施及其他基础设施是本质内容，并探讨了道路网的规划步骤及方法；大会对城区进行了分类，并就业主、非业主及政府的利益及权责关系进行了划分；制定了城市扩展计划决议的财产关系，以及需要征用土地的补偿方式方法等。在此基础上，1875 年颁布了普鲁士建筑线条例，该条例直到 1960 年才被联邦建筑法取代。至此，人们开始按照建筑在地皮上的利用方式和测量手段对建筑用地进行有计划的划分，而关于建筑等级的规定和建筑区域的规定等方面的内容，最终形成了建筑业可采用的规章。

4）柏林的城市绿化建设

普鲁士皇家园林总监林奈也为柏林的城市绿化作出了很大的贡献，他主持规划和建设了以柏林动物园为中心的大规模城市绿化带，修建了由椴树下大街和夏洛滕堡大街组成的柏林"东西轴线"，连接起柏林东部政府区与西部商业和园林区。柏林老城区以施普雷为中心，东到亚历山大广场，西到勃兰登堡门，这个范围也是城市的中心区；波茨坦广场、勃兰登堡大门、亚历山大广场等成为重要的城市节点。

5）新古典主义建筑

这一时期为柏林的发展作出贡献的还有建筑师朗汉斯和申克尔，他们修建了众多新古典主义纪念建筑，如国家剧院、远古博物馆、国立美术馆、勃兰登堡门、椴树下大街，特别是博物馆岛上的一系列博物馆建筑如：新老博物馆、国家美术馆、帕加蒙博物馆、腓特烈皇帝博物馆等，为此柏林赢得了"施普雷河畔的雅典"的称号。

2．慕尼黑（Munich）

慕尼黑位于德国南部巴伐利亚州的上巴伐利亚高原，距离阿尔卑斯山北麓只有约 45km，海拔高度约为 520m。多瑙河的支流伊萨尔河从城中西南至东北方向穿过，是慕尼黑的主要河流，绵延 13.7km，给城内留下一系列的湖泊，后来就形成了无数美丽的大小公园。1506 年巴伐利亚重新统一，慕尼黑开始成为整个巴伐利亚的首都，艺术与政治日益受到宫廷的影响。16 世纪慕尼黑是德国反宗教改革的中心，也是德国文艺复兴艺术的中心。1700 年时慕尼黑的人口还只有 2.4 万，此后大约每 30 年增加一倍，到 1852 年超过 10 万人，1883 年超过 25 万人，1901 年人口又增加了一倍达到 50 万人。这时慕尼黑已成为德国主要大城市之一。

1806 年巴伐利亚由公国升为王国，慕尼黑也升格为王都，设有国会以及新成立的慕尼黑—弗赖辛总教区。整个19世纪是慕尼黑蓬勃发展的黄金时代，慕尼黑的防御工事被拆除，为城市的大规模扩展扫清了障碍。紧接着郊区以格网状道路形态进行了快速开发和建设，为不断扩张的人群创造和提供了新的城市空间（图5-33）。此期间慕尼黑的道路交通事业也得到了较大发展，1839年铁路修筑到慕尼黑，1876年慕尼黑开通了城市有轨电车。此外由于历代王公都大兴土木，建造宫殿、修建街道，城市面貌大为改观（图5-34）。其中最有名的是路德维希一世（1825～1848年在位），他把一所大学迁到慕尼黑，修建了许多精美的建筑，包括数座博物馆和具有古典式风格的路德维希大街，使慕尼黑成为全欧洲闻名的艺术城市。开放于1850年的巴伐利亚光荣纪念堂是一座新古典主义风格的建筑。1871年德国统一后，慕尼黑仍然作为王都直到1918年。

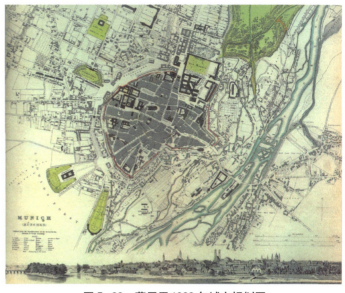

图5-33　慕尼黑1832年城市规划图

(Melville C. Branch. An Atlas of Ranre City Maps——Comparative Urban Design 1830-1842. New York：Princeton Architectural Press，1997)

四、意大利的城市

19世纪意大利城市分布如图5-35所示。

图5-34　工业化以后的德国慕尼黑城市形态

米兰（Milan）

米兰位于意大利的西北部，伦巴第平原上，是欧洲南方的重要交通要点。18世纪奥地利取代西班牙成为米兰的统治者。1800年初期，拿破仑曾短暂地在北意大利成立了一个共和国，并以米兰为首都，在他加冕后该共和国变成了意大利王国。此后米兰又沦为奥地利统治下的伦巴第—威尼斯王国的一部分。

1859年米兰被纳入萨丁尼亚王国版图，奥地利的统治结束。1861年萨丁尼亚王国改为意大利王国，在获得了政治统一后米兰成为主宰意大利北部的商业中心。随着一系列的铁路建设，米兰同时也成为意大利北部的交通枢纽中心。19世

图 5-35　19 世纪意大利城市分布图

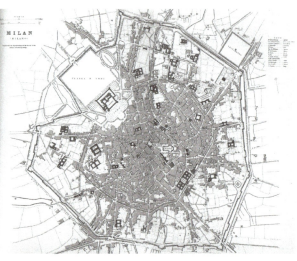

图 5-36　1832 年米兰城市规划图

(Melville C. Branch. An Atlas of Ranre City Maps——Comparative Urban Design 1830～1842. New York：Princeton Architectural Press，1997)

图 5-37　1913 年米兰城市地图

(http：//www.vintage-views.com)

纪 90 年代巴瓦—贝卡里斯大屠杀(Bava-Beccaris massacre)和高通货膨胀率引起的骚乱使米兰受到一定影响，但其始终是意大利快速工业化时代的工业中心，同时由于米兰银行统治着意大利的金融领域，又是国家不可动摇的金融中心。19 世纪末 20 世纪初米兰的经济增长带来了城市空间和人口的迅速扩张。从 1832 年米兰城市规划平面图（图 5-36）可以看出米兰城市空间呈明显的圈层发展结构，中心核心区为米兰的老城，曾是罗马人的社区。老城墙在罗马共和国和公元后 1200 年间曾向外移动过两次，最外围的城墙建于 17 世纪。随着城市的不断扩张，围绕着老城区沿着城墙及其防御工事的空间逐渐形成了环状道路。城市的对外交通干线呈放射状，加强了与外部区域的联系，一些建筑沿着这些放射性道路进行建设一直延伸到郊区。

对比 1913 年的米兰城市地图（图 5-37）可以发现，19 世纪的米兰跨越最后一道城墙并向外迅速扩张，外围的城市空间肌理及尺度逐渐放大，并尽量以格网状道路进行建设，整体上基本延续了 19 世纪圈层加放射状的城市形态。

第五章　近代西方的工业化与城市发展

图 5-38　19 世纪西班牙城市分布图

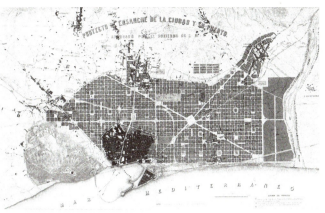

图 5-39　1859 年由伊尔德方索·赛尔达（lidefonso Cerda）作的巴塞罗那改建规划（城市的形成）

五、西班牙的城市

19 世纪西班牙城市分布如图 5-38 所示。

巴塞罗那（Barcelona）

巴塞罗那位于地中海西端，伊比利亚半岛东北部，西班牙东部，背山面海，气候宜人，冬暖夏凉。城市主体建于科尔赛罗拉山的一块高地上，高地面积约 160km²，城市占据了其中的 101km²。洛布里加特河流经城市西南，巴索斯河流经城市北边。距离法西边境的比利牛斯山脉约 160km。科尔赛罗拉山是沿海山脉的一部分，紧邻城市东北部，其最高点第比达博峰海拔 512m，从上可以鸟瞰全城。

巴塞罗那周边是欧洲大陆最早工业化的地区之一。18 世纪末纺织业逐渐兴起，到 19 世纪中期巴塞罗那成为纺织品和纺织机器的重要产地，从此机械工业在巴塞罗那的经济中扮演着越来越重要的角色。从 18 世纪末开始巴塞罗那作为地中海的重要港口且临近褐煤矿，在工业革命时期具有先天发展优势，巴塞罗那的港口也随着蒸汽船舶时代的到来而日益繁荣。

自 18 世纪中叶以来的一个多世纪，巴塞罗那古城墙内的城市人口翻了一番，迫于公众的压力，西班牙政府终于决定拆除了古城墙。西班牙建筑师和工程师伊尔德方索·赛尔达主张，必须对城市的扩展进行规划，使新的扩展成为一个有效率和适宜居住的地方，而不能容忍流行病横行，居住环境拥挤、肮脏的老城区继续衰败下去。

赛尔达为巴塞罗那作的规划经历了两次重大修改，1859 年第二个版本被西班牙政府所接受，其中集中体现了赛尔达规划的扩建区概念（图 5-39）。他首先完整保留了巴塞罗那老城区，用巨型林荫道网格（可惜未能实现）将其切开。18 世纪建造的巴塞罗尼塔的网格位于一个三角形的半岛上，规范化的网格铺满了中世纪城墙以外整个海滨平原——方圆约 26km² 的平地。街道的宽度全部相同约为 20m，方形街块的四角被切除，切角处斜边的长度等于街道的宽度。建筑同样也被锁定在这种比例关系当中，它们的高度必须与街道宽度相同。赛尔达认为，这种方形街块"是数学平等性的最清晰、最真实的表达，这种平等是权利和利益的平等，是公正本身"。看起来相同的格网显得单调且麻木，但单调只是一种表面现象，绝大部分街块只允许在两边建造房屋，而且这两边的位置并不总是相同；每个街块中除了建筑物之外必须是景观绿化；街道的交叉口、街区拐角处被规划为会议场所或社区广场；在这样的前提下，新建的方院楼也可以是现代主义之前的条形板楼。规划将街道的布局和方格网进行了优化，以适应行人、马车、马拉轨道车、城市铁路线、天然气的供应和大容量的污水渠，以防止频繁的洪水等，最新的技术创新也被纳入到规划设计中。一些区块结合了产业布置，使工作和生活不再分离；城市街区公寓密集，重点被放在一些关键需求上如住宅需要的阳光、自然采光和通风；此外，规划还重视公共和私人花园及开放空间的布置，几个街区结合形成了街区花园及开放广场，美化了城市环境。城市整体空间被统一在两条长的、交叉的对角轴线中。

但赛尔达并没有认真考虑私人所有制和投机市场的力量。他为街块上的建筑设定了 4 层的限高和 28% 的覆盖率，但在随后的一个世纪左右，这一花园城市式的建筑密度被翻了 4 倍，每个街块的四边都建起了房屋，而且高度也相应增加，街块的中央成为结构彼此相同的内院。今天，有些街块上的建筑高度达到 11 层，覆盖率高达 90%。原本计划体现赛尔达社会平等主义愿望的理想图形被扭曲了：中产阶级占据了宽大的网格区，工人阶级则被排挤到城市边缘的工业区或者老城破败的房屋中。最后，由于政治家屈服于土地投机者，规划中的低层建筑和街区花园很快消失，只有规划中两条对角线中的一条得到了实现。

1888 年巴塞罗那举办了世界博览会，这导致了城市空间的大规模扩张；到 1897 年时巴塞罗那又吸收了周边六个城镇，城市人口到 1900 年时达到 53 万。

六、奥地利的城市

维也纳（Vienna）

17 世纪欧洲城市的防御系统在耗资及复杂性上达到了一个新的高峰。除了城市自身的城墙占用了大量的土地之外，城市还有独立的堡垒，这些堡垒要么是单独的，要么与城墙相连；出于安全及防火的考虑，城墙四周往往会留有大片空地，后来被称为斜坡和游憩地，分别指的是城堡前的斜坡及其外的空地。在和平年代，随着军队数量的减少，城市宣布不再需要防御工程，于是外围出现大片可以再开发的土地。维也纳就是这样一个典型案例。

1804 年维也纳成为奥地利帝国的首都，并在欧洲和世界政治中继续发挥着重要作用。直到 1857 年城市还由一圈宽大的堡垒式城墙紧密地包裹着，堡垒前形成一条环形空地。空地或多或少是敞开式的，所以城市总是越过这一空地发展，从而形成环状郊区。城墙上种植着树木、花草，设计了散步道以供上流社会的绅士淑女们散步游憩（图 5-40）。城墙外的郊区、宫殿、教堂一直向外延伸到乡村。

图 5-40 维也纳城墙上的散步道
(1824 年，P·D·劳利诺 (P. D. Raulino) 作)
(图片来源：马克·吉罗德著. 城市与人——一部社会与建筑的历史. 郑炘，周琦译. 北京：中国建筑工业出版社，2007)

1857 年 12 月 20 日皇帝弗朗茨·约瑟夫颁布命令：拆毁堡垒式城墙及其防御工事，在中世纪的市中心与巴洛克时期的郊区之间进行规划建设，原先的郊区也被纳入维也纳市的发展计划。1859 年确定了最后的方案，环城街长廊于 1865 年开放，但是建设一直持续到 19 世纪 80 年代，维也纳的城市空间得到显著扩张。重建地带沿着原城墙的方向形成了两条环路——内部大的环城街长廊和郊外的拉斯腾长廊。以两条环路为基础，通过市中心的路网与郊区路网的衔接而形成规则的方格网，沿着原城墙位置的外围形成了一条宽阔的环路。环路两旁种植着树木，散布着公园绿地，并排列着风格多样的、雄伟的、大尺度的公共建筑和住宅建筑，如双尖顶的沃提夫教堂、新哥特风格的市政厅、新文艺复兴风格的博物馆双楼和歌剧院等（图 5-41）。市中心的景象是圣史蒂芬大教堂的尖顶，统领着高密度的中世纪城市组团，形成了一副壮丽的城市景观（图 5-42）。

虽然维也纳的重新开发包括的范围很大，但发展过程中没有发生任何像巴黎改建时的财政困难，大部分的资金可以通过出售建筑场地获得。因此，维也纳顺利地完成了一系列新的大型公共建筑、大型居住区和公园、广场、开放空间等的建设。

在环城长廊的设计里面充分考虑到了老城的特征，公共建筑的不同部分被赋予不同的特征，每一部分都有相应的公共建筑，可以容纳人们在里面生活和工作。例如环城街长廊从多瑙河上的纺织品仓库和办公室开始，经过商业金融地区，围绕着新的交易中心,再经过大学、新城镇礼堂和市政厅,到达博物馆区域;博物馆广场的两边建有维也纳艺术史博物馆和自然历史博物馆。从大学到博物馆是公共建筑物最集中的一条轴线,也是离霍夫堡皇宫最近的地方。随后环城街长廊穿过了城市中富人居住的巴洛克府邸,并随之改变了自己的特征:漂亮的室外建筑物是歌剧院,库尔沙龙相当于维也纳集会的场所,用来举办花卉展览和举行维也纳一年一度球赛的是费劳尔大厅。在这中间还有大型的旅馆,最大的公寓区和环城街长廊的延伸——靠近黑山广场的科索,那里是维也纳市民休闲散步的地方。

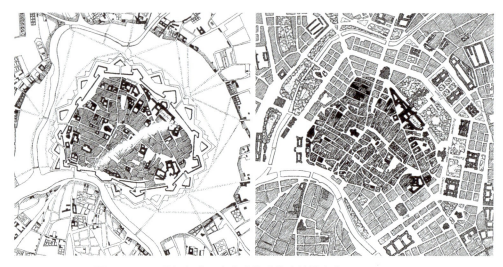

图 5-41 19 世纪中叶环路建成前后维也纳的市中心平面图对比
(L·贝纳沃罗著. 世界城市史. 薛钟灵等译. 北京:科学出版社,2000)

图 5-42 维也纳鸟瞰图
(1873 年由 G·魏斯所作)(斯皮罗·科斯托夫著. 城市的形成. 单皓译. 北京:中国建筑工业出版社,2005)

在围绕环城街长廊的公共建筑物之间的缝隙中，在新街道及外环路上还建造了密集的新公寓，有时商店和办公室占了一层，有时整栋大楼都是公寓。仅仅有少数的大型独户住宅。他们的那些所谓的富豪宅邸或称公寓宫，层高很高，装修奢侈讲究，室内还有豪华的楼梯装点着一些高档地段。而环城街长廊里的居民们随着自己社会地位的提升，也相应改变着自己的居住环境。比如当居民的财政情况变得足够富裕时，他们会搬到较为高档的地段，而一些老贵族们则继续生活在环内，由花园包围着已呈颓势的住宅，一部分则搬到了环路比较开放的地方，因为那里可以赢得他们期望的社会声誉。

通过对老城墙及空白地带的重新开发，维也纳迅速地赶上了巴黎的步伐，成为一个大型的现代城市。

第四节　城市规划理论的早期探索

18、19世纪之交是资本主义社会科学技术发展的重要时期。新的生产方法和交通通信工具已经发明并得到广泛应用。工厂代替手工作坊，城市在旧的躯体上迅速增长，同时成为各种矛盾的焦点。从文艺复兴以来，作为政治控制手段的城市规划完全适应不了新的城市发展环境，社会的发展变化促成了人们对未来城市规划的设想，这些新的设想充满了理想主义的味道。而工业革命时期产生的各种城市问题，特别是城市卫生环境的问题引起了众多学者的广泛思考和研究。因此各国开始出现了一系列有关城市未来发展方向的讨论。这一过程为现代城市规划的形成和发展，在理论上、思想上和制度上都作了充分的准备。

一些统治阶级、社会开明人士以及空想社会主义者，为尝试缓和城市矛盾，曾作过一些有益的理论探讨和部分的试验，其中著名的有空想社会主义的城市、田园城市、工业城市和带形城市的理论等。19世纪在美国的许多城市中，也开展了城市美化运动，建设了大量绿地与公园。

一、空想社会主义的城市——基于社会改良的城市规划思想

近代城市规划思想的萌芽，首先出自人们从社会改革角度出发解决城市矛盾和危机的种种探讨。19世纪30年代至50年代，一些空想社会主义者试图以住房、城市规划建设等不同方面的改良来医治社会的病症。他们承袭了15世纪托马斯·摩尔（1478～1535年）的《乌托邦》、16世纪康帕内拉（1568～1639年）的《太阳城》中提出的种种设想并加以发展。摩尔的空想社会主义的"乌托邦"（即乌有之乡、理想之国）中有54个城，城与城之间最远的一天也可以到达。每个城市都不大，市民要轮流下乡参加农业劳动，产品按需向公共仓库提取，设公共食堂、公共医院，废弃财产私有观念（图5-43）。稍后安得累雅的"基督教之城"、康帕内拉的太阳城也都主张废弃私有财产制。这种早期空想社会主义者的进步性是主张消灭剥削制度和提倡财产公用，其保守性是代表封建小生产者反对资本主义萌

芽时期已露头的新的生产方式。后期空想社会主义最著名的有19世纪初英国的工业慈善家欧文和法国的傅立叶等。

1. 欧文的新协和村

欧文（Robert Owen 1771～1858）曾是一个工厂的经理，他提出以"劳动交换银行"及"农业合作社"解决私人控制生产与消费所带来的社会之间的矛盾。他认为要获得全人类的幸福，必须建立崭新的社会组织，把农业、手工业和工厂制度结合起来，合理地利用科学发明和技术改良，以创造新的财富。而个体家庭、私有财产及特权利益，将随着社会制度而消灭，未来社会将按公社（Community）组成，其人数为500～2000人，土地划为国有并分给各个公社，实行部分的共产主义。最后，农业公社将分布于全世界，形成公社的总联盟，而政府则自然消亡。

欧文把城市作为一个完整的经济范畴和生产生活环境进行研究，并根据他的社会理想，于1817年提出了一个"新协和村"的示意方案。按照欧文的设想，新的城市规划应该是在大约500hm²的农田上建造可居住800～1200人的"新协和村"，村

图 5-43　托马斯·摩尔的乌托邦岛

（同济大学世博课题研究组. 世博园及世博场馆建筑与规划设计研究. 上海：上海教育出版社，2007）

子中间设公共厨房、食堂、幼儿园、图书馆、业余活动用的绿化设施和体育设施等；周围为住宅，住宅前面布置着花园；一条环形道路围绕着整个建筑群，便于外出及交往；村子附近有厂房和作坊等；耕地、牧场及果林设在村外；全村的产品集中于公共仓库里，实行统一分配（图5-44）。欧文曾呼吁英国政府采纳他的设想，却遭到拒绝。于是在1825年，他毅然用自己4/5的财产，带了900人从英国到达美国的印第安纳州，以15万美元购买了12000hm²土地建设新协和村。这个村的组织方式与1817年的设想方案相似，但建筑布局不尽相同。欧文认为建设这种共产村可揭开改造世界的序幕，但在整个资本主义社会的包围下，欧文的计划还是以失败而告终。

2. 傅立叶的"法兰斯泰尔"

傅立叶（Charler Fourier，1772～1837年）提出了兰斯泰尔（Phalanstere）的设想，该学派的追随者比利时的戈丁还将这一设想付诸实验，在Guise这个地方建成了"大

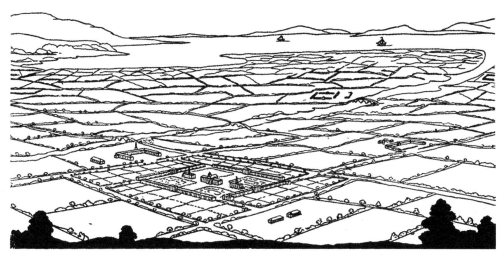

图 5-44　新协和村

(L·贝纳沃罗著. 西方现代建筑史. 邹德侬，巴竹师，高军译. 天津：天津科学技术出版社，1996)

图 5-45　"法兰斯泰尔"透视图

(西隐，王博著. 世界城市建筑简史. 武汉：华中科技大学出版社，2007)

家庭"(Familistere)，一个按照傅立叶的设想而加以具体化的建筑群。

1829年傅立叶发表了《工业与社会的新世界》一书。他主张以法郎吉(Phalanges)为单位，由1500～2000人组成公社，以社会大生产代替家庭小生产。通过组织公共生活，以减少家务劳动。他的空想比欧文更为极端，他把400个家庭(1620人)集中在一座巨大的建筑中，即著名的"法兰斯泰尔"(Phalanstere)，这是空想社会主义的基层组织，内容是一座"⊓"形的大型建筑物，与凡尔赛宫相似，中部有大庭院，还有许多辅助小院；建筑底层设置多条适合马车和货车通行的道路；整个一层围有连通的敞廊，将各个单元连起来，回廊同时也起到了街道的作用；成人住在二三层的住宅内，孩子和青年住在夹层，客房设在顶层（图5-45、图5-46）。

1871年戈定把傅立叶的思想变成了现实，他在法国北部的盖斯(Guise)这个地方进行了尝试，建成了名噪一时的"大家庭"模式（图5-47），但可惜的是，

西方城市建设史纲

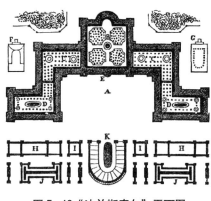

图 5-46 "法兰斯泰尔"平面图
(图片来源：http://www.ripongame.com)

这样的居住形态根本不能适应 19 世纪技术和社会发展的需要，所以与"大家庭"模式的失败同步，傅立叶的极端理想主义也走到了尽头。

空想社会主义者的理论与实践在当时未产生实际影响。但他们想通过对理想的社会组织结构及体制的架构，构建他们认为是理想的社区和城市。尽管这些实践由于社会制度的原因并不成功也不可能成功，但他们从解决最广大的劳动者的工作、生活等问题出发，从城市整体的重新组织入手，将城市发展问题放在更为广阔的社会背景中进行考察，并且将城市物质环境的建设和对社会问题的考虑结合在一起，从而能够更深刻地认识和解决城市问题，由

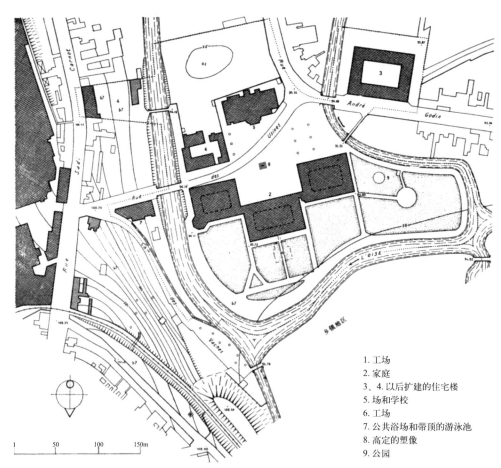

1. 工场
2. 家庭
3、4. 以后扩建的住宅楼
5. 场和学校
6. 工场
7. 公共浴场和带顶的游泳池
8. 高定的塑像
9. 公园

图 5-47 戈定建造的法兰斯泰尔居住建筑
(沈玉麟编. 外国城市建设史. 北京：中国建筑工业出版社，2001)

此引起了建筑师、工程师和社会改革者的热情和想象。在城市规划思想史上占有一定的地位，他们的一些设想及理论也成为其后"田园城市"、"卫星城镇"等城市规划理论的渊源。

二、田园城市

1．田园城市思想的源头

霍华德（Ebenezer Howard 1850～1928年）出生于英国的一个平民家庭，青年时期到美国闯荡并开始接触W·惠特曼、R·W·爱默森等人的著作与思想，特别是著名的美国政论家潘涅（T．Paine,1737～1809年）的思想对他影响很深。回到英国后，他长期在议会里担任速记员，对社会问题以及资产阶级政要的观点有了更深刻的认识。此外，空想社会主义者倡导的"乌托邦"对霍华德也有较大影响，从霍华德田园城市的规划思想中也可看到空想社会主义思想的影子。

19世纪末英国政府以"城市改革"和"解决居住问题"为名攫取政治资本，曾授权英国社会活动家霍华德进行城市调查和提出整治方案。霍华德借此机会对当时社会上出现的种种问题进行了充分调查与思考，如土地所有制、税收问题、城市的贫困问题、农民流入城市造成城市膨胀和生活条件恶化等问题进行了研究，于1898年著述《明天——一条引向改革的和平道路》。1902年再版时，书名改为《明日的田园城市》。

2．田园思想的内核——社会改良的主张

在1898年出版的《明天——一条引向改革的和平道路》中，霍华德提出了土地公有的倡议，要求废除地主的地租，消灭贫民窟，改革市政、住房和铁路税收，促进农业发展，建立儿童、妇女慈善机构，发放老年抚恤金等。

霍华德自始至终倡导的都是一种全面社会改革的思想，他更愿意使用"社会城市"而不是"田园城市"这个词语，更希望用形态的概念来表达他的思想，并以此展开他对"社会城市"在性质定位、社会构成、空间形态、运作机制、管理模式等方面的全面探索。同时，霍华德还对社会城市的收入来源、管理结构等进行了深入细致的论述。他认为工业和商业不能由公营垄断，要给私营主以发展的条件。但是城市中的所有土地归全体居民集体所有，使用土地必须交付租金。城市的收入全部来自租金，在土地上进行建设、聚居而获得的增值仍归集体所有。

3．田园城市的规划概念——"城乡磁体"

首先，霍华德提出了一个有关建设田园城市的论证，即著名的三种磁力的图解。这是一个关于规划目标的简练的阐述，即现在的城市和乡村都具有相互交织着的有利因素和不利因素。城市的有利因素在于有获得职业岗位和享用各种市政服务设施的机会，不利条件为自然环境的恶化；乡村有极好的自然环境。霍华德感赞乡村是一切美好事物和财富的源泉，也是智慧的源泉，是推动产业的巨轮。那里有明媚的阳光、新鲜的空气，也有自然的美景，是艺术、音乐、诗歌灵感产生之所。但是乡村中没有城市的物质设施与就业机遇,生活简朴而单调。因此,他提出"城乡磁体"(Town Country Magnet)的概念,认为理想的城市应兼有城与乡二者的优点,并使城市生活和乡村生活像磁体那样相互吸引、共同结合。这个城乡结合体称为田园城市,是一种新的城市形态,把高效率、高度活跃的城市生活和环境清新、美丽如画的乡村田园风光结合起来,以摆脱当时城市发展所面临的困境,并认为这种城乡结合体能产生人类新的希望、新的生活与新的文化(图5-48)。

4. 田园城市的空间模式

根据田园城市思想,霍华德建构了一种兼有城、乡二者优点的田园城市空间模式,进一步阐释其规划理论。这种田园城市空间模式分为两个层面:单个田园城市的结构和田园城市的群体组合,是一组城市群体的概念。

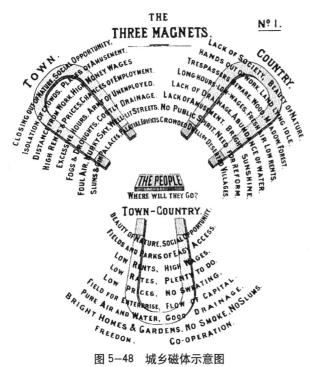

图5-48 城乡磁体示意图
(Spiro Kostof. The City Shaped. Boston:Bulfinch Press, 1991)

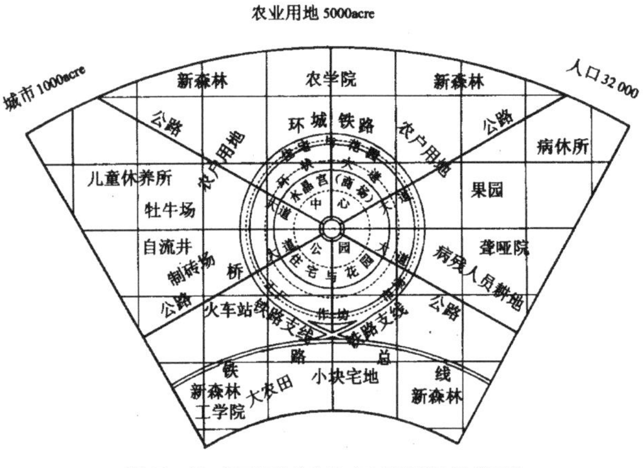

图5-49 "田园城市"及周围用地简图
(沈玉麟编. 外国城市建设史. 北京:中国建筑工业出版社, 2001)

1)单个田园城市的结构

城市人口规模为32000人,占地400hm²,外围有2000hm²农业生产用地作为永久性绿地。城市由一系列同心圆组成,6条各36m宽的大道从圆心放射出去,把城市分为6个相等的部分。如果城市平面是圆形,那么中心至周边的半径长度为1140m。

城市用地的构成是以2.2hm²花园为中心,围绕花园四周布置大型公共建筑,如市政厅、音乐厅、剧院、图书馆、画廊和医院。其外围环绕一周是占地58hm²的公园,公园外侧是向公园开放的玻璃拱廊——水晶宫,作为商业、展览用房。住宅区位于城市的中间地带,130m宽的环状大道从其间通过,其中宽阔的绿化地带布置6块16hm²的学校用地,其他作为儿童游戏和教堂用地,城市外环布置工厂、仓库、市场、煤场、木材场等工业用地,城市外围为环绕城市的铁路支线和2000hm²永久农业用地——农田、菜园、牧场和森林(图5-49、图5-50)。

2）田园城市的群体组合

为控制城市规模、实现城乡结合，霍华德主张任何城市达到一定规模时都应该停止增长，其过量的部分应由邻近的另一城市来接纳。所以，为了控制城市规模，单个田园城市的外围应布置有环城铁路和永久绿地，同时也起到改善城市环境的作用。霍华德认为，城市的扩展、疏解大城市的机能以及提高田园城市公共生活的质量应该以城市联盟的形式来解决，这样在保持田园城市的规模和乡村风光特色的同时，

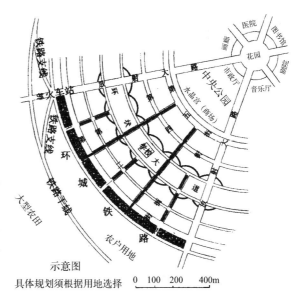

图 5-50 1/6片断的田园城市示意图
(沈玉麟编. 外国城市建设史. 北京：中国建筑工业出版社，2001)

可达到与大城市同等水平的公共生活质量，进而替代大城市。联盟城市的地理分布以"行星体系"为特征——在建设好一个32000人口规模的田园城市后，继续建设同样规模的城市，用六个城市围绕着一个55000人口规模的中心城市，形成总人口规模约25万人的城市联盟。各城市及中心城市之间以快速交通和发达的通信手段相连接，在政治上联盟、文化上密切相连而在经济上相对独立，这样就能够享受到一个25万人口规模的城市所拥有的一切设施与便利，而没有大城市带来的种种弊端。这种城市联盟的结构，通过控制单个城市的规模，把城市与乡村两种几乎是对立的要素统一成一个相互渗透的区域综合体，它既是多中心的，同时又作为一个整体在运行（图5-51）。

5. 田园城市的实践

1903年霍华德着手组织"田园城市有限公司"，筹措资金，在离伦敦56km的地方建立起第一座田园城市——莱彻沃斯（Letchworth）。林契沃斯由霍华德的追随者、建筑师恩温和帕克设计，总用地1547hm^2，其中城市用地745hm^2，规划人口7000户（图5-52）。但在很长的时间内人口远没有达到规划的目标。

正如所预料到的那样，霍华德设计的图表和数据运作起来十分困难，只能部分得以实现。人们还必须考虑到当地的实际情况，尤其是那些从中部穿过工地的铁路。城市建筑方案预计斜挨着铁路建一条林荫大道，这条林荫大道从火车站前广场延伸出来，并将穿过中央广场。无论从想象上还是从视觉意义上讲，第一个田园城市比计划更"绿色"，因为平均居住密度低于霍华德预计的规模。林契沃斯内居住人口的增长十分缓慢，直到1950年才首次超过2万人，如今才接近4万人的规模（图5-53）。

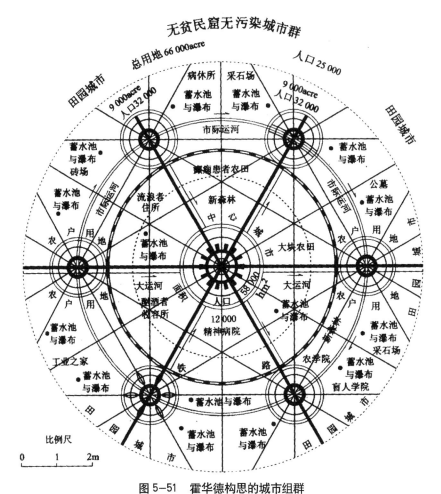

图 5-51 霍华德构思的城市组群
(沈玉麟编. 外国城市建设史. 北京：中国建筑工业出版社，2001)

  1920 年霍华德又着手在离伦敦西北 36km 的地方开始建设第二座田园城市——韦林 (Welwyn)。韦林由索依森斯设计，距离伦敦 27km，城市和农业用地共 970hm^2，规划人口 5 万人（图 5-54），其中乔治亚风格的建筑很快吸引了伦敦中产阶级的通勤者。

  规划将现存的铁路线通往城市的一个区；功能不同的城区通过地下道和立交桥连接起来；城市西南方是密集的市中心，与北边松散的住宅区毗邻；一条引人注目的 66m 宽、1.2km 长的公园路，成为整个城市规划的主导部分，它向北止于一个半圆形的文化中心（大学）；另一条 60m 宽、通往火车站的横向街道将发展成为商业中心。在城区的东北方，铁路的另一侧，将计划建立一片厂区，厂区向南与住宅区毗邻。韦林的住宅建筑同林契沃斯既有相似之处，也存在差异，它常常围绕着居民区建立，人们穿过干道支线或者穿过由公路组成的正方形广场就可以到达这些居民区。

英国田园城市的建立立即引起各国的重视，欧洲各地都纷纷效仿，但大都只是袭取"田园"其名，实质上只不过是城郊的居住区而已。

6."田园城市"的意义及贡献

霍华德"田园城市"的学说低估了在一个以赚钱为主的经济社会中，大都市的强大吸引力和高租金、交通拥挤的重要价值。由于工业扩张、人口扩张和土地扩张的速度使人们无法对其进行计划和抑制，因此，当城市还没有达到无法忍受的境地时，霍华德的伟大学说遭到社会拒绝也是必然的。虽然田园城市的实践没有达到霍华德最初的设想，但这无法掩盖"田园城市"学说的伟大意义及贡献。

霍华德针对现代工业社会出现的城市问题，把城市和乡村结合起来，作为一个体系来研究，设想了一种带有先驱性的城市模式，提出了一个比较完整的城市规划思想体系。它不仅对现代城市规划思想起了重要的启蒙作用，对其后出现的一些城市规划理论如有机疏散理论、卫星城镇理论也有相当大的影响。20世纪40年代以后，在某些规划方案的实践中也可以看到霍华德田园城市理论的影子。

霍华德的田园城市对近现代城市规划发展的重大贡献在于：

（1）在城市规划指导思想上，摆脱了传统规划主要用来显示统治者权威或张扬规划师个人审美情趣的旧模式，提出了关心人民利益的宗旨，表达了规划师应具有人文关怀的思想根本。

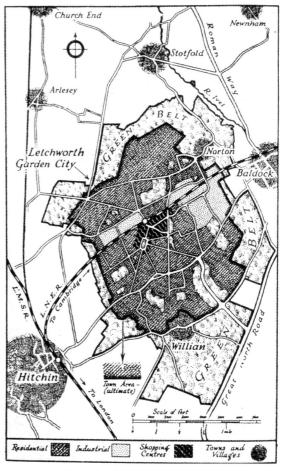

图 5-52 林契沃斯原来的规划图
（谭纵波著．城市规划．北京：清华大学出版社，2005）

图 5-53 林契沃斯鸟瞰图
(Spiro Kostof. The City Shaped. Boston：Bulfinch Press, 1991)

（2）针对工业社会中城市出现的严峻、复杂的社会与环境问题，摆脱了就城市论城市的狭隘观念，从城乡结合的角度将其作为一个体系来解决。

（3）设想了一种先驱性的模式，一种比较完整的规划思想与实践体系，对现代城市规划思想及其实践的发展都起到了重要的启蒙作用。

(4) 首开了在城市规划中进行社会研究的先河，以改良社会为城市规划的目标导向，将物质规划与社会规划紧密地结合在一起。

三、带形城市

1882年西班牙工程师索里亚·伊·马塔（Arturo Soria Y Mata 1844~1920）在马德里出版的《进步》杂志上，发表了他的带形城市设想，希望城市沿一条高速度、高运量的轴线向前发展。他认为传统的从中心向外一圈一圈扩展的城市形态已经过时，它只会使城市更加拥挤和环境恶化。在新的集约运输形式的影响下，城市将发展成带形的。城市应有一道宽阔的道路作为脊椎，其宽度应有限制，大约为50m，但长度可以无限延伸。沿道路脊椎可布置一条或多条电气铁路运输线，可铺设供水、供电等各种地下工程管线，最理想的方案是沿道路两边进行建设。马塔认为带形城市可以横跨欧洲，从西班牙的加的斯延伸到俄国的彼得堡，总长度2880km²。如果从一个或若干个原有城市做多方向延伸，则可以形成三角形的网络系统，这样不仅能使城市居民容易接近自然，又能将文明的设施带到农村。

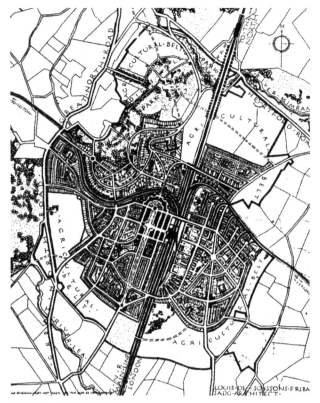

图 5-54　韦林田园城市规划图
（L·贝纳沃罗著. 西方现代建筑史. 邹德侬, 巴竹师, 高军译. 天津：天津科学技术出版社, 1996）

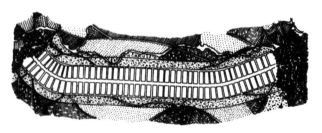

图 5-55　马塔在马德里外围建成的 4.8km 的带形城市
（赵和生著. 城市规划与城市发展. 南京：东南大学出版社, 2005）

1882年，马塔在西班牙的马德里外围建设了一个4.8km长的带形城市（图5-55）；后于1892年又在马德里周围设计一条有轨交通线路、联系两个原有城镇、长度约58km的马蹄状的带形城市（图5-56）；1909年又将1901年建成的铁路改为城市电车，居民在1912年时达到2000人。

带形城市对日后西方的城市分散主义思想有一定的影响，最典型的如1930年前苏联的米柳申的"连续功能分区"方案，城市由多条平行功能带来组织。他还以此理念主持规划了斯大林格勒和马格尼托格尔斯克两座城市。20世纪40年代，由现代建筑研究会（MARS）的一组建筑师所制定的伦敦规划（1943年）就采取了这种形式；此外，二战后的哥本哈根（1948年）、华盛顿（1961年）、巴黎（1965年）和斯德哥尔摩（1966年）的规划中，都多多少少看到带形城市理论的影响。

从华盛顿与巴黎的规划中都能证明，当私有经济者企图在指状或轴线式布局的中间空隙地带进行建设的情况下，带形规划是很难保持住的。所以，带形城市虽然有其明显的优点，但是忽视了商业经济和市场利益这两个基本规律，使得城市空间增长的集聚效益无从体现。此外，对地块的过密划分难以适应各类工业项目的技术要求，居住、工业的相对稳定忽略了城市功能的复杂性，割裂了城市内在的有机联系，当城市无限延伸时，城市的"脊椎"道路难以满足无限增长的城市交通的需要。

带形城市虽然是一种极端的畅想而不可能得到实施，但它对现代城市区域结构、城市形态和城市群等方面的探索有着重要的意义。

四、工业城市

法国青年建筑师戛涅（Tony Garnier 1869～1948）从大工业的发展需要出发，对"工业城市"规划结构进行了研究。他设想的"工业城市"人口为35000人，于1901年展出了这个规划方案，并于1917年出版了名为《工业城市》的专著。他对大工业发展所引起的功能分区，城市组群等都作了精辟的分析（图5-57）。

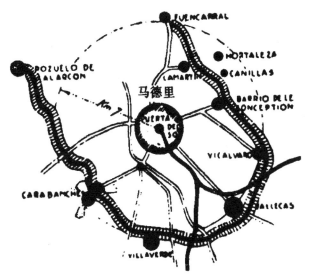

图5-56 马塔在马德里周围规划的马蹄形带形城市方案
(张京祥. 西方城市规划思想史纲. 南京：东南大学出版社，2005)

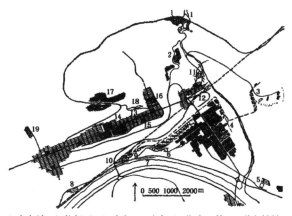

1.水电站；2.纺织厂；3.矿山；4.冶金厂、汽车厂等；5.耐火材料厂；6.汽车和发动机制动试验场；7.废料加工厂；8.屠宰场；9.冶金厂和营业站；10.客运站；11.老城；12.铁路总站；13.居住区；14.市中心；15.小学校；16.职业学校；17.医院和疗养院；18.公共建筑和公园；19.公墓

图5-57 戛涅的工业城市设想
(全国城市规划执业制度管理委员会编. 城市规划原理. 北京：中国计划出版社，2008)

戛涅的"工业城"模型建立在"未来城市必须以工业为基础"的信念上。他规定了一般工业城的建设原则和布局方式，提出了钢筋混凝土建造技术的结构模式，对城市的居住问题提出了具体的解决方案。戛涅理想的城市人口规模约为35000人，城市不同功能区块的布置方位通过分析进行了布局。在工业区的布置

中将不同的工业企业组织成若干个群体，对环境影响大的工业如炼钢厂、高炉、机械锻造厂等布置得远离居住区，而职工数较多、对环境影响小的工业如纺织厂等则布置在居住区附近，并在工厂区中布置了大片的绿地；在居住街坊的规划中，将一些生活服务设施与住宅建筑结合在一起，形成一定地域范围内相对自足的服务设施；居住建筑的布置从日照和通风条件的要求出发，放弃了当时欧洲尤其是巴黎盛行的周边式的形式，并留出一半的用地作为公共绿地使用，在这些绿地中布置可以贯穿全城的步行小道。城市街道按照交通的性质分成几类，宽度各不相等，在主要街道上铺设有轨电车线，可以把各区联系起来并一直通到城外，所有的道路均种植行道树以美化环境。

夏涅比较重视规划的灵活性，给城市各功能要素留有发展余地。他提倡运用20世纪初最先进的钢筋混凝土结构来完成市政和交通工程的设计，发展先进的城市交通，设置快速干道和供飞机发动的试验场地。市内所有房屋如火车站、疗养院、学校和住宅等也都用钢筋混凝土建造，形式新颖而整洁。

夏涅"工业城"最独特的贡献在于实行了城市的功能分区和适度分离，以最先进的交通方式加强城市各部分的联系，并且为城市的继续发展提供了广阔的空间。"工业城"模型在当时是一种全新的城市组织形式，具有极强的"现代性"，完全摆脱了传统城市规划追求气魄、大量运用对称和轴线放射的现象。在城市空间的组织中，他更注重各类设施本身的要求和与外界的相互关系。夏涅的功能分区思想对解决当时城市中工业居住混杂而带来的种种弊病具有重要的积极意义。这一思想直接孕育了《雅典宪章》所提出的功能分区原则。

五、西谛的城市形态研究

19世纪末，城市空间组织基本上延续了由文艺复兴后期形成的、定型化了的长距离轴线、对称、追求纪念性和宏伟气派的特点。此外，由于资本主义市场经济的全面发展，对土地经济利益的过度追求，城市建设中缺乏公共开敞空间的开发，且普遍采用死板僵硬的方格网道路系统、笔直漫长的街道以及呆板的建筑轮廓线等，引来了人们对城市空间组织的思索和批评（图5-58）。

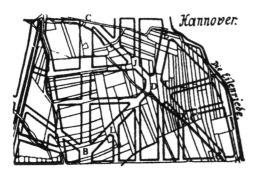 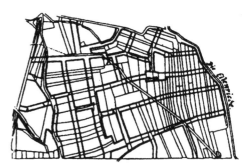

图5-58　西谛所批判的城市路网布局（左）和建议的城市布局方案（右）
（全国城市规划执业制度管理委员会编. 城市规划原理. 北京：中国计划出版社，2008）

1889年奥地利建筑师西谛（Camillo Sitte，1843～1903）出版了著名的《建筑艺术》一书，针对当时工业快速发展时代城市建设中出现的忽视城市空间艺术性的状况，提出"以确定的艺术方式"形成城市建设的艺术原则。西谛强调人的尺度、环境的尺度与人的活动及他们的感受之间的协调，从而建立起城市空间的丰富多彩和人的活动空间的有机互动。通过对城市空间的各种构成要素，如广场、街道、建筑、小品等之间的相互关系的探讨，总结出这些设施位置的选择、布置以及与交通、建筑群体布置之间建立艺术的和宜人的相互关系的一系列基本原则。在当时西方城市规划界普遍强调机械理性而全面否定中世纪城市艺术成就的主体社会思潮中，西谛用大量的实例证明并肯定了中世纪城市在空间组织上的人文与艺术杰出成就，认为当时的建设"是自然而然，一点一点生长起来的"，而不是在图板上设计完了之后再到现实中去实施的。因此，这样的城市空间更能符合人的视觉与生理感受。

西谛清楚地认识到，在社会发生结构性变革的条件下，"我们很难指望用简单的艺术规则来解决我们面临的全部问题"，而是要把社会经济的因素作为艺术考虑的给定条件，在这样的条件下来提高城市的空间艺术性。因此即使是在格网状的方块体系下，同样可以通过对艺术性原则的遵守而来改进城市空间，使城市体现出更多的美的精神。西谛通过具体的实例设计对此予以了说明。他提出，在现代城市对土地使用经济性追求的同时也应强调城市空间的效果，"应根据既经济又能满足艺术布局要求的原则寻求两个极端的调和"。"一个良好的城市规划必须不走向任一极端"。要达到这样的目的，应当在主要广场和街道的设计中强调艺术布局，而在次要的地区可以强调最经济的土地使用，由此而使城市空间在总体上产生良好的效果。

西谛关于城市形态的研究，为近现代城市设计思想的发展奠定了重要的基础。

第五节 现代城市规划理论的产生

一、英国的《城市规划法》

19世纪末欧美一些国家认识到城市规划是政府管理城市物质环境的一项经常的和重要的职能。1909年，英国第一次通过了城市规划法；同年，美国举行了第一次全国城市规划会议；德国、瑞典以及其他欧洲国家相继建立了规划行政机构并制定了相关法律。

英国城市规划的一项重大事件是1909年的《城市规划法》，它是英国城市规划的第一部正式法律，标志着英国城市规划体系的建立。

这部《城市规划法》第一次提出控制城市居住区的土地开发，并要求地方当局编制城市规划。至此，英国的城市规划时间和理论研究成为一项官方的工作，而不仅仅局限于少数资产阶级及激进分子的个人探索。

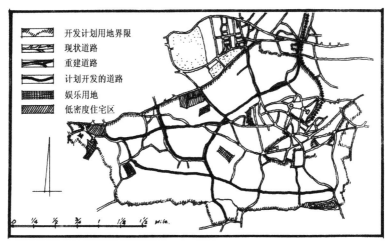

图 5-59　1911 年伯明翰北部地区规划图
(郝娟著. 西欧城市规划理论与实践. 天津：天津大学出版社，1997)

立法规定，城市住宅区（大部分位于城市郊区或城市边缘地区）的规划内容，必须包括住宅规划、街道道路网规划、建筑设计（结构设计和建筑立面设计）、室外场地布置、城区古建筑规划保护、住宅区的给水排水规划、水电供应以及辅助工程建造等。

《城市规划法》第一次正式以立法的形式规定了土地开发的补偿和赔偿政策。根据规划法，地方政府有权编制本地区的城市规划。但是，因为立法并未强调地方政府必须编制本地区的开发规划，所以工作进展相当缓慢。虽然在实际上这项政策并未得到真正的执行，但 1909 年的城市规划法颁布前后，曾一度带来英国城市规划运动的繁荣昌盛。

R·欧文在 1909 年发表了《城镇规划实践》一书，使得花园城市理论在全世界范围得到广泛的传播；1910 年利物浦大学成立了英国第一所规划分院，开创了城市规划的高等教育体系。

第一个编制城市土地开发规划的是 1911 年 1 月伯明翰北部地区的一项规划（图 5-59）。规划包括了该地区的 2320 英亩的土地。1911 年 3 月，地方政府当局又提交了两份伯明翰周边地区的开发计划，一处在伯明翰的东部，占地面积为 1442 英亩；另一处在伯明翰远郊区，占地面积为 5906 英亩。三项规划都严格按照 1909 年的立法规定进行，控制城市高密度发展，提供一定数量的游戏场地和空地，居住区内设置了部分工厂。

伯明翰规划完成之后，其他各市的开发规划都以其为蓝本，进行编制本地区的城市规划，侧重于交通设施、室外空地规划以及开发密度方面的指标控制等。

二、盖迪斯的区域规划思想

帕特里克·盖迪斯（Patrick Geddes，1854～1932 年），苏格兰的生物学家、社会学家、教育家和城市规划思想家，是西方城市规划走向科学的奠基人之一。

盖迪斯 1854 年 10 月出生于苏格兰的一个军人家庭。除了地质学和生物学之外，盖迪斯还对社会学具有浓厚的兴趣，并试图将生物学的基本三要素（环境、功能、有机体）及其相互作用的研究方法运用于社会学领域。他从生物学中得到很大的启发，最早明确地提出工业革命和城市化对人类社会的影响。盖迪斯身体力行，与国内外社会各阶层的人物和社会团体有广泛的接触、了解，并研究社会的各个方面。盖迪斯涉足城市规划领域一方面得益于其一贯主张的各学科之间的渗透和综合，另一方面则来源于其对社会改良所倾注的热情。

盖迪斯对城市规划思想的贡献主要有以下几个方面。

1．城市综合研究的思想

盖迪斯强调城市规划不仅要注意研究物质环境，更要重视研究城市社会学以及更为广义的城市学，因此，盖迪斯事实上是使西方城市科学由分散走向综合的奠基人。1904 年他发表了《城市学：社会学的具体运用》的演讲，1919 年发表了《生物学和它的社会意义：一个植物学家对世界的看法》的演说，指出"城市改造者必须把城市看成是一个社会发展的复杂统一体，其中的各种行动和思想都是有机联系的"。盖迪斯所谓的"城市学"就是强调要用有机联系、时空统一的观点来理解城市，既要重视物质环境，更要重视文化传统与社会问题，要把城市的规划和发展落实到社会进步的目标上来，这是盖迪斯认识城市问题的理论思想精髓。

2．区域协调的规划思想

盖迪斯是西方近代建立系统区域规划思想的第一人。在 1915 年《进化中的城市》一书中，盖迪斯系统地阐述了他的规划思想。在这里，他强调把自然地区作为规划的基本构架，首创了区域规划的综合研究，指出城市从来就不是孤立的、封闭的，而是和外部环境相互依存的。

他非常赞赏挪威按照水资源分布建立起来的人与自然环境有机平衡的城镇分布方式，指出"人类社会必须和周围的自然环境在供求关系上相互取得平衡才能持续地保持活力。荒野也是人类社区的组成部分，是文明生活的靠山，要平等地对待大地的每一个角落"。进而，盖迪斯提出了城镇集聚区（Conurbation）的概念，具体论及了英国的 8 个城镇集聚区，并有远见地指出这并非英国所独有而将成为世界各国的普遍现象。这个断言比 1957 年法国城市地理学家戈特曼提出的大都市带（Megalopolis）概念要早了 40 多年。

3．调查实践的规划方法

盖迪斯提倡规划应重视调查实践，传统的规划程序由盖迪斯恰当而简练地概括为："调查—分析—规划方案制定"三个步骤。即对现状进行调查，根据分析调查后的结论提出必须采取的措施，这些措施则具体地体现在规划方案中。

19 世纪 90 年代盖迪斯在家乡爱丁堡购置房产以建立"城市瞭望台"和社会学实验室（展览与观测的场所），提出了"先诊断，后治疗"的规划路线，强调要按事物本来的面貌去认识它、创造它。他的实践从 1897 年在塞浦路斯的拉纳卡设立收容难民的农场开始。1903年丹佛姆林的建设规划则是盖迪斯按照其方法和理念开展城市规划的第一次尝试，其规划成果《城市发展：给卡内基丹佛姆林托管委员会的报告》初步体现了盖迪斯有关城市与城市规划的思想和注重调查研究的方法。

4. 城市规划的人文关怀观

盖迪斯极度重视人文要素与地域要素在城市规划中的基础作用，因此他认为应该以人文地理学为规划思想提供丰厚的基础。他把以煤和蒸汽为基本动力，以追逐利润的资本家为决策者，很少考虑环境保护的时代称为"旧技术时代"；而把以电为基本动力，以联系和教导群众的政府为主要决策者，关心环境和艺术的时代称为"新技术时代"，他指出将城市从旧技术时代引向新技术时代是城市规划的重要目标之一。

盖迪斯深切关怀城市中广大居民的生活条件，主张规划要在经济上和社会上促进各系统的协调统一；尊重社区传统，对巴黎改建那样简单粗暴的"城市清理"持怀疑态度；强调规划是一种教育居民为自己创造未来环境的宣传工具。他很早就有了通过展览会促进公众参与的意识，直接向广大群众宣传他的区域和城市规划观点，并向他们揭示当地的优势、潜力和问题。

盖迪斯所有思想、学说、实践中都闪烁着深刻的人文主义精神光辉，被尊奉为近代人本主义城市规划思想的大师。作为一个城市规划方面的先驱者，虽然盖迪斯的成就很难在他有生之年被人充分认识到，但盖迪斯的思想强烈地影响了他的学生刘易斯·芒福德以及20世纪的其他规划思想家。

三、城市集中主义

在20世纪20年代，以勒·柯布西耶（Le Corbusier）、沃尔特·格罗皮乌斯（Walter Gropius）、密斯·凡·德·罗（Mies Van der Rohe）为代表的现代建筑运动之间成为建筑界的主流。现代建筑运动注重功能、材料、经济性和空间，反对装饰和形式主义的思想也表现在城市规划领域。体现为注重城市的功能，考虑到工业化时代社会生活方式的改变，充分利用新材料、新结构、新技术所带来的城市建设中的可能性，注重经济和实用，并主张以工业化时代的城市功能、尺度、风格和景观取代已经老化的城市中心。其中，勒·柯布西耶通过他的著述和规划设计方案勾勒出现代建筑理念在城市规划领域中的延伸和扩展。

1922年，勒·柯布西耶出版了《明日的城市》，较全面地阐述了他对未来城市的设想：在一个人口为300万人的城市里，采用现代化的几何构图形式，矩形和对角线的道路交织在一起（图5-60）；规划的中心思想是疏散城市中心，提高密度，改善交通，提供绿地、阳光和空间；规划布局中央为中心商业区，有40万居民居住在24幢60层的摩天大楼之中，高层的周围是大片的绿地，周围的环行居住带有60万居民住在多层连续的板式住宅之中，最外围是容纳200万居民的花园住宅（图5-61）。整个城市尺度巨大，高层建筑之间留有大面积的绿地，城市外围还设有大面积的公园，建筑密度仅为5%。规划中，柯布西耶还强调了大城市交通运输的重要性。在中心区，规划了一个地下铁路车站，车站上面布置直升飞机起降场。中心区的交通干道由三层组成：地下走重型车辆，地面用于市内交通，高架道路用于快速交通。市区与郊区由地铁和郊区铁路线来联系，可直达城市中心。

此后，勒·柯布西耶在1925年为巴黎中心区改建所做的伏埃森规划（Voison），18幢摩天大楼取代巴黎市中心拥挤的住宅，下层提供快速的交通、公园、商店和居民的户外开敞空间（图5-62）。规划在城市的建筑形态上完全抛弃了传统的街郭形式，而是城市空间向四面八方延伸开去。这种主张当时遭到各界的批评和坚决反对。其致命弱点是完全忽视了巴黎的历史文化传统和现存社会结构，在经济上也是不现实的。受他的影响，在20世纪60年代巴黎也建起了几幢摩天大楼，但很快就被制止了；70年代的巴黎规划对老城进行了更为严格的保护。

柯布西耶在1933年所提出的《光明城》（一个可以容纳2700人的居民联合体）概念，进一步修正了早年的

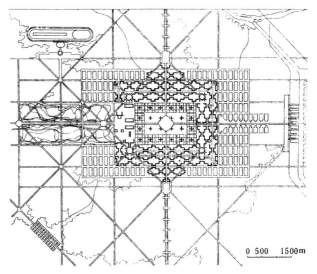

图5-60 勒·柯布西耶"明日的城市"总平面图
（A·B·布宁，T·萨瓦连斯卡娅著. 城市建设艺术史——20世纪资本主义国家的城市建设. 黄海华译. 北京：中国建筑工业出版社，1992）

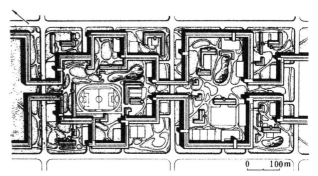

图5-61 "明日的城市"居住区局部（图上出现阶梯形住宅建筑带，连续不断地从一个街区跨过另一个街区，在建筑密度15%的条件下，人口密度达每公顷300人）
（A·B·布宁，T·萨瓦连斯卡娅著. 城市建设艺术史——20世纪资本主义国家的城市建设. 黄海华译. 北京：中国建筑工业出版社，1992）

一些城市规划思想。《明日的城市》中所体现出的勒·柯布西耶的建筑思想对第二次世界大战后的城市建设产生了广泛的影响。阿尔及利亚的首都阿尔及尔、比利时的安特卫普、英国伦敦的阿尔顿西区、印度的昌迪加尔（1951年）（图5-63）以及巴西首都巴西利亚等都是其中的实例。昌迪加尔新城的规划目标是要成为"印度自由的象征，摆脱过去传统的束缚，表达我们民族对未来的信心"，采用了格状系统模式形成清晰的交通网络，在可以发展拼接的格网中配置不同的功能组团，形成城市街区，并将全区分成48个大街区（图5-64）。昌迪加尔规整有序的布局在20世纪50年代受到广泛的称赞，但明确的功能分区加深了社会的分化，西方的城市文化显然还不能适应东方古国的生活模式。城市中心虽规模宏大，但布局

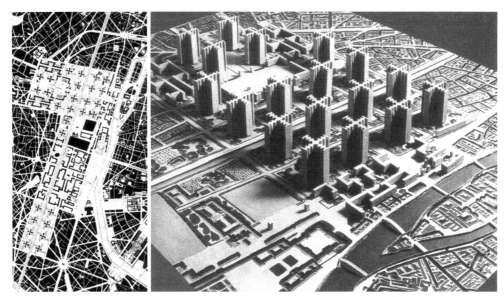

图 5-62　勒·柯布西耶巴黎中心区改建规划（1925 年）平面图及中心鸟瞰图

（左图：Le Corbusier. The City of Tomorrow and Its Palanning. New York: Dover Publications, INC；右图：同济大学世博课题研究组编. 世博园及世博场馆建筑与规划设计研究. 上海：上海教育出版社，2007）

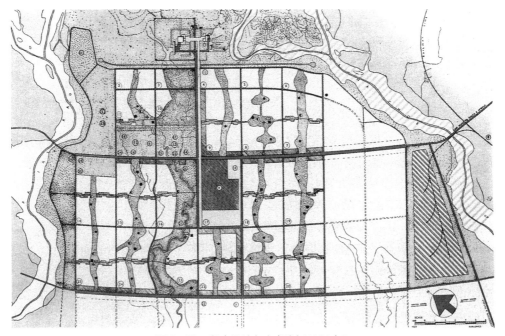

图 5-63　印度昌迪加尔规划（1951 年）

（斯皮罗·科斯托夫著. 城市的形成. 单皓译. 北京：中国建筑工业出版社，2005）

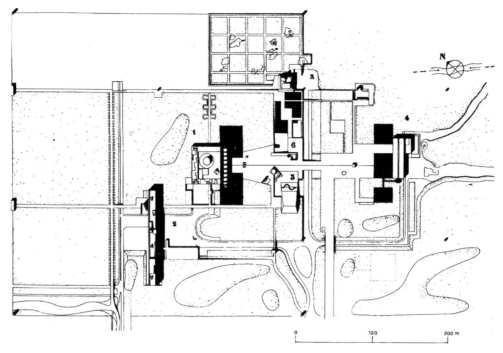

1.议会；2.各部办公室；3.首长官邸；4.最高法院；5.游泳池；6.山丘

图 5-64　印度昌迪加尔行政中心

(斯皮罗·科斯托夫著. 城市的形成. 单皓译. 北京：中国建筑工业出版社，2005)

过于生硬机械，城市空间空旷单调，未能形成亲切宜人的城市环境。

针对工业革命以来的城市问题，勒·柯布西耶的解决方案是来建设或改造大城市，被称为"城市集中主义"。他的城市规划思想充满着对工业时代的认同和赞美，皮特·霍尔将勒·柯布西耶有关城市规划的思想归纳为以下四点：

（1）传统城市由于规模的增长和市中心拥挤程度的加剧已出现功能性老化；

（2）采用局部高密度建筑的形式，换取大面积的开敞空间以解决城市拥挤问题；

（3）在城市的不同部分用较为平均的密度，取代传统的"密度梯度"（即越靠近市中心密度越高的现象），以减轻中心商业区的压力；

（4）采用铁路、人车分流高架道路等高效的城市交通系统。

四、城市分散主义

1．赖特的广亩城市

当柯布西耶提出了空间集中的规划理论的时候，美国建筑师弗兰克·劳埃德·赖特（Frank Lloyd Wright，1867～1959年）却提出反集中的空间分散的规划理论。他在1932年出版的《消失中的城市》和1935年发表于《建筑实录》上的论文《广亩城市：一个新的社区规划》，是他的城市分散主义思想的总结，充分地反映了他倡导的美国化的规划思想，强调城市中的人的个性，反对集体主义，呼吁城市回到过去的时代。

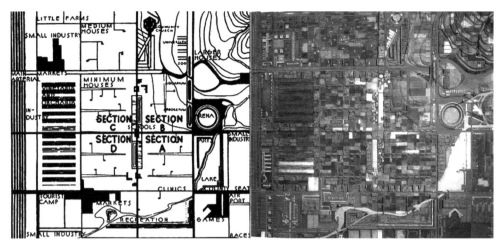

图 5-65　广亩城平面图

（左图：Richard T. LeGates, Frederic Stout, eds. The City Reader Third Edition. London and New York, 2003；
右图：同济大学世博课题研究组编. 世博园及世博场馆建筑与规划设计研究. 上海：上海教育出版社, 2007)

图 5-66　广亩城空间示意图

（川添登著. 都市与文明. 雪华社, 1970)

赖特认为所谓的"现代城市"并不能适应现代生活的需要，也不能代表和象征现代人类的愿望，是一种反民主的机制，因此这类城市应该取消，尤其是大城市。他要创造一种新的、分散的文明形式，它在小汽车大量普及的条件下将成为可能。汽车作为"民主"的驱动方式，成为他反城市模型，即"广亩城市"构思方案的支柱。在随后出版的《宽阔的田地》一书中，他正式提出了"广亩城"的设想。这是一个把集中的城市重新分布在一个地区性农业的方格网上的方案。他认为在汽车和廉价电力遍布各处的时代里，已经没有将一切活动都集中于城市中的需要，而最为需要的是如何从城市中解脱出来，发展一种完全分散的、低密度的生活、居住、就业结合在一起的新形式，这就是他规划设想的"广亩城"。在这种实质上是反城市的"城市"中，每一户周围都有一英亩（$4050m^2$）的土地来生产供自己消费的食物和蔬菜。居住区之间以高速公路相连接，提供方便的汽车交通。沿着这些公路，建设公共设施、加油站等，并将其自然地分布在为整个地区服务的商业中心之内（图 5-65、图 5-66）。

赖特对于"广亩城"的现实性一点也不怀疑，认为这是一种必然，是社会发展的不可避免的趋势。他写道："美国不需要有人帮助建造广亩城，它将自己建造自己，并且完全是随意的"。应该看到，美国城市在20世纪60年代以后普遍的郊区化可以认为是这种思想的实际体现。

从对后世的影响看，"广亩城"成为后来欧美中产阶级郊区化运动的根源。但是以小汽车作为通勤工具来支撑的美国式低密度蔓

图 5-67　芬兰大赫尔辛基平面图
（赵和生. 城市规划与城市发展 2005）

延、极度分散的城市发展模式，对大多数西方国家而言是无法模仿的，20世纪90年代以后更是被"新城市主义"（New-Urbanism）思想所竭力反对。

2. 沙里宁的有机疏散理论

为缓解由于城市过分集中所产生的弊病，霍华德和勒·柯布西耶提出了两种截然相反的解决方法。而芬兰建筑师伊利尔·沙里宁（Eliel Saarine 1873～1950年）提出了一种介于二者之间又区别于二者的思想——"有机疏散"理论。沙里宁的"有机疏散"思想最早出现在1913年的爱沙尼亚的大塔林市和1918年的芬兰大赫尔辛基规划方案中（图5-67）。整个理论体系及原理集中在他1943年出版的《城市：它的发展、衰败与未来》一书中。

沙里宁认为城市混乱、拥挤、恶化仅是城市危机的表象，其实质是文化的衰退和功利主义的盛行。城市与自然界的所有生物一样，都是有机的集合体，其发展是一个漫长的过程，在其中必然存在着两种趋向——生长与衰败。在这样的指导思想基础上，他全面地考察了中世纪欧洲城市和工业革命后的城市建设状况，分析了有机城市的形成条件和在中世纪的表现及其形态，对现代城市出现衰败的原因进行了揭示，从而提出了治理现代城市的衰败、促进其发展的对策——进行全面的改建，这种改建应当能够达到这样的目标：

（1）针对工业社会中城市衰败地区中的各种活动，按照预定方案，转移到适合于这些活动的地方去；

（2）把腾出来的地区，按照预定方案，进行整顿，改作其他最适宜的用途；

（3）保护一切老的和新的使用价值。

因此，有机疏散就是把大城市目前的那种拥挤的区域分解成为若干个集中单元，并把这些单元组织成为"在活动上相互关联的有功能的集中点"。在这样的意义上，构架起了城市有机疏散的最显著特点，便是原先密集的城区将分裂成一个

个集镇，它们彼此之间用保护性的绿化地带隔离开来。

要达到城市有机疏散的目的，就需要有一系列的手段来推进城市建设的开展，沙里宁在书中详细地探讨了城市发展思想、社会经济状况、土地问题、立法要求、城市居民的参与和教育、城市设计等方面的内容。对于城市规划的技术手段，他认为"对日常活动进行功能性的集中"和"对这些集中点进行有机的分散"这两种组织方式，是使原先密集城市得以从事必要的和健康的疏散所必须采用的两种最主要的方法。因为，前一种方法能给城市的各个部分带来适于生活和安静的居住条件，而后一种方法能给整个城市带来功能秩序和工作效率。所以，任何的分散运动都应当按照这两种方法来进行，只有这样有机疏散才能得到实现。要达到城市有机疏散的目的，需要有一系列的手段来推进城市建设的开展。沙里宁在《城市：它的发展、衰败与未来》一书中还详细地探讨了城市发展思想、社会经济状况、土地问题、立法要求、城市居民的参与和教育以及城市设计等方面的内容。

有机疏散思想对以后特别是二战后欧美各国改善大城市功能与空间结构问题——尤其是通过卫星城的建设来进行疏散，重组特大城市的功能与空间——起到了重要的指导作用。

五、雅典宪章

在20世纪上半叶现代城市规划基本上是在建筑学领域内得到发展的，甚至可以说，现代城市规划的发展是追随着现代建筑运动而展开的。在现代城市规划的发展中起了重要作用的《雅典宪章》也是由现代建筑运动的主要建筑师所制定的，集中反映的是现代建筑运动对现代城市规划发展的基本认识和思想观点。20世纪20年代末在国际现代建筑会议（CIAM）第一次会议的宣言中，与会者们就表明了对城市发展的基本认识："城市化的实质是一种功能秩序"。1933年CIAM召开的第四次会议的主题是"功能城市"，并通过了由柯布西耶倡导与亲自起草的《雅典宪章》。《雅典宪章》依据理性主义的思想方法，对当时城市发展中普遍存在的问题进行了全面的分析，其核心是提出了功能主义的城市规划思想，并把该宪章定为"现代城市规划的大纲"。

《雅典宪章》的思想基础是物质空间决定论。认为可以通过控制物质空间环境来控制和解决社会、经济、政治问题，促进城市的发展和进步。宪章提出了城市的"功能分区思想"，将城市中的诸多活动划分为居住、工作、游憩和交通四大基本类型。《雅典宪章》共分为八个部分，主要针对其所主张的居住、工作、游憩和交通四大城市功能，采用问题—对策的分析方法，系统地提出了科学制订城市规划的思想和方法论。宪章的主要观点和主张有：

（1）认为工业社会中城市的存在、发展及其规划有赖于所存在的区域（城市规划的区域观）；

（2）居住、工作、游憩、交通是城市的四大功能；

（3）居住是城市的首要功能，必须改变不良的现状居住环境，采用现代建筑技术，确保所有居民拥有安全、健康、舒适、方便、宁静的居住环境；

（4）以工业为主的工作区须依据其特性分门别类地进行布局，与其他城市功能之间避免干扰，且保持便捷的联系；

（5）确保各种城市绿地、开敞空间及风景地带；

（6）依照城市交通（机动车交通）的要求，区分不同功能的道路，确定道路宽度；

（7）保护文物建筑与地区；

（8）改革土地制度，兼顾私人与公共利益；

（9）以人为本，从物质空间形态入手，处理好城市功能之间的关系，是城市规划者的职责。

《雅典宪章》作为建筑师应对工业化与城市化的方法与策略，集中体现在以下特点：首先，现代建筑运动注重功能，反对形式的主张得到充分的体现，反映在按照城市功能进行分区和依照功能区分道路类别与等级等方面。其次，城市规划的物质空间形态侧面被作为城市规划的主要内容，虽然土地制度以及公有与私有之间的矛盾被提及，但似乎恰当的城市物质形态可以解决城市发展中的大部分问题。此外，《雅典宪章》虽然明确提出以人为本的指向，但现代建筑运动驾驭时代的自信使其通篇理论建立在"设计决定论"的基础上，改造现实社会的主观理想和愿望与可以预期的结果被当做同一件事情来论述。作为城市真正主人的广大市民仅仅被当做规划的受众和被拯救的对象。

事实证明，《雅典宪章》并没有能够有效地解决现代城市的种种问题，其根源在于对理性主义思想的过分强调。

（1）理性主义思想对事物的认识采取的是分解而不是组合的方式，"从最简单和最容易认识的对象开始，一步一步地循序而进直至最复杂的认识"（笛卡尔），以致城市整体被切分得支离破碎，城市中截然分明的功能分区使其成为秩序美与技术美相结合的机械社会、真正的"居住机器"，而否认了人类活动要求流动的、连续的空间这一事实。

（2）理性主义思想非常强调要清楚而明确地认知所有事物，根据这一思想，规划师对城市的认知只停留在纯粹的物质空间层面，而对各种丰富多彩的社会现实不予理睬，认为城市规划只不过是扩大了的建筑学。

（3）理性主义所要求的事物清晰明确、非此即彼和黑白分明等原则，恰恰成为现代功能主义城市规划与城市发展现实相脱离的症结——城市规划所要解决的实际问题并不仅仅是唯一、确定的物质对象，它还是活生生的城市社会、丰富的城市生活。

所以到了 20 世纪 60 年代末以后，《雅典宪章》的主体思想受到了越来越多的怀疑和批判，并最终导致了《马丘比丘宪章》（1977 年）的产生。《雅典宪章》虽有时代认识的局限性，但其中的主要思想和原则仍具有较深远的影响。

第五章 主要参考资料

[1] Spiro Kostof. The City Shaped. Boston Bulfinch Press, 1991.

[2] A. E. J. Morris. History of Urban Form. New York：Longman Scientific & Technical, 1994.

[3] Melville C. Branch. An Atlas of Ranre City Maps—Comparative Urban Design 1830−1842. New York：Princeton Architectural Press, 1997.

[4] Richard T. LeGates, Frederic Stout, eds. The City Reader Third Edition. London and New York, 2003.

[5] Peter Whitfield. Cities of the World. Berkeley Los Angeles：University of California Press, 2005.

[6] Alan Balfour. Berlin—The Politics of Order1737～1989.

[7] 川添登著．都市与文明．雪华社，1970．

[8] 张承安．城市发展史．武汉：武汉大学出版社，1985．

[9] （美）刘易斯·芒福德著．城市发展史：起源、演变和前景．倪文彦，宋俊岭译．北京：中国建筑工业出版社，1989．

[10] （苏）A·B·布宁，T·萨瓦连斯卡娅著．城市建设艺术史——20世纪资本主义国家的城市建设．黄海华译．北京：中国建筑工业出版社，1992．

[11] L·贝纳沃罗著．西方现代建筑史．邹德侬，巴竹师，高军译．天津：天津科学技术出版社，1996．

[12] 郝娟著．西欧城市规划理论与实践．天津：天津大学出版社，1997．

[13] 李其荣编著．世界城市史话．武汉：湖北人民出版社，1997．

[14] 张冠增著．城市发展概论．北京：中国铁道出版社，1998．

[15] 李其荣著．对立与统一——城市发展历史逻辑新论．南京：东南大学出版社，2000．

[16] L·贝纳沃罗．世界城市史．薛钟灵等译．北京：科学出版社，2000．

[17] 陈友华，赵民主编．城市规划概论．上海：上海科学技术文献出版社，2000．

[18] 沈玉麟编．外国城市建设史．北京：中国建筑工业出版社，2001．

[19] 钟纪刚著．巴黎城市建设史．北京：中国建筑工业出版社，2002

[20] 许浩编著．国外城市绿地系统规划．北京：中国建筑工业出版社，2003．

[21] 陈秉钊著．当代城市规划导论．北京：中国建筑工业出版社，2003．

[22] 宛素春等编著．城市空间形态解析．北京：科学出版社，2004．

[23] 高珮义．中外城市化比较研究．天津：南开大学出版社，2004．

[24] 斯皮罗·科斯托夫著．城市的形成．单皓译．北京：中国建筑工业出版社，2005．

[25] 赵和生著．城市规划与城市发展．南京：东南大学出版社，2005．

[26] 张京祥．西方城市规划思想史纲．南京：东南大学出版社，2005．

[27] 谭纵波著．城市规划．北京：清华大学出版社，2005．

[28] 乔尔·科特金著．全球城市史．王旭等译．北京：社会科学文献出版社，2006．

[29] 马克·吉罗德著．城市与人——一部社会与建筑的历史．郑炘，周琦译．北京：中国建筑工业出版社，2007．

[30] 周春山编著. 城市空间结构与形态. 北京：科学出版社，2007.
[31] （美）詹姆斯·E·万斯著. 延伸的城市——西方文明中的城市形态学. 凌霓，潘荣译. 北京：中国建筑工业出版社，2007.
[32] 西隐，王博著. 世界城市建筑简史. 武汉：华中科技大学出版社，2007.
[33] 乔恒利著. 法国城市规划与设计. 北京：中国建筑工业出版社，2008.
[34] 彩图科技百科全书编辑部编. 彩图科技百科全书·第五卷——器与技术. 上海：上海科学技术出版社，上海科技教育出版社，2005.
[35] 同济大学世博课题研究组编. 世博园及世博场馆建筑与规划设计研究. 上海：上海教育出版社，2007.
[36] 迪特马尔·赖因博恩著. 19世纪与20世纪的城市规划. 北京：中国建筑工业出版社，2009.
[37] 吴焕加. 近代建筑革命——外国近现代建筑史札记之一. 世界建筑，1982.

第六章 现代西方的城市

第一节 20世纪西方城市的发展过程和特点

20世纪初,新技术不断问世,铁路、汽车等交通工具的出现对城市发展产生了很大的影响。第一次世界大战后,出现了新建筑运动的思潮,西方国家开始大规模建设住宅;20世纪20年代是相对稳定的时期,各国经济复苏,建设活动更加兴盛;20世纪30年代是出现经济危机和酝酿新的世界大战的时期,建设活动受到干扰;1939年,第二次世界大战爆发,各交战国的城市建设趋于停顿。

第二次世界大战结束后,西方国家面临的任务有两个:一是进行战后重建,恢复生产和生活,解决战后住房短缺问题;二是有步骤、有计划地发展大城市,建设新城,整治区域与城市环境。由于战后的西方国家普遍进入了快速发展时期,以伦敦、巴黎为代表的大城市经济和人口急剧增长,导致市区用地不断向外蔓延,形成了单中心、高度聚集的城市形态,在住房、交通、环境以及管理等方面造成一系列严重的城市问题。以英国为代表,西方各国开始尝试通过开发城市远郊地区的新城,为分散大城市人口和产业发展提供必要的空间以及相应的设施,促使多中心规划结构的形成(表6-1)。

第二次世界大战后西方国家的新城开发　　　表6-1

时期	1946~1980年	1965~1994年	1950~1976年	1955~1976年
国家	英国	法国	瑞典	荷兰
新城数量(个)	32	9	11	15
城市	伦敦	巴黎	斯德哥尔摩	兰斯塔德地区
新城数量(个)	11	5	6	133

20世纪60年代,西方国家在大城市地区和重要的工矿地区开展了区域规划工作,英国、法国和荷兰还实现了有计划的国土整治。20世纪70年代初,西方经历了石油危机和环境危机,促使人们对当时的发展进行反思,旧城和历史建筑的价值被重新认识,同时新的居住区模式也遭到越来越多的质疑。城市发展的中心逐渐由新区建设转向旧城更新,并出台了新的特别法规及措施。20世纪80年代继续加强了城市的内部发展。通过对城市中心区的改造,建立步行街区,保护传统建筑文化,精心塑造城市公共空间等一系列行之有效的方法,不断提高城市

的空间及居住品质,增强城市中心的吸引力。大规模居住区和高层住宅的建设已经成为历史,住宅建筑更强调个性化和人性化,注重环境品质。同时,工业遗产的保护和再利用也成为热点。

可持续性发展成为20世纪90年代的城市发展主题。1992年在里约热内卢召开的全球环境会议对世界产生了巨大的影响。以可持续性为目标的城市发展,要求充分考虑自然资源的保护,注重可再生型能源的开发利用,大力推动城市公共交通系统,提倡自行车交通和步行交通等。另一方面,在交通、通信手段现代化的基础上,西方国家出现了以中心城市为核心,结合周边城镇的大都市区,这是城市化发展的新阶段。

20世纪末,西方城市发展的两个基本趋势更加明确:城市全球化和城市区域化。随着新国际劳动分工的逐步形成,跨国公司的不断渗透和信息通信技术的革命性进展,经济全球化进程大大加快,并涌现出若干在空间权力上跨越国家范围、在全球经济中发挥指挥和控制作用的世界性城市。同时,随着城市由生产向服务的经济转型,以及相应的空间结构调整,出现了城市区域化的态势。都市区成为现代城市发展的一个新的空间单元,也是全球化分工、合作以及竞争过程中的基本单位。事实上,都市区都已成为西方城市发展的主要模式和经济发展的主体。

第二节 两次世界大战之间的西方城市

一、两次世界大战之间的英国城市建设

1. 城市建设概况

第一次世界大战结束后,英国人口的增长速度明显减缓。但是,城市人口高度集中仍然是这一时期城市发展的基本特征。英国有2/5的人口居住在7个主要地区,即伦敦、曼彻斯特、伯明翰、约克、格拉斯哥、利物浦和泰纳赛德(Tyneside),其中仅伦敦地区就集聚了近900万人口,约占当时英格兰和威尔士地区人口总数的24%。各城市继续向外蔓延,城市与城市之间的界限变得模糊不清,甚至合并。人口开始向城市边缘区迁移,而城市中心的人口密度逐渐下降。

第一次世界大战结束后,英国的工业结构开始发生变化。纺织业、农业和个人消费品制造业开始减少,电子工业、文化娱乐设施、服务业、汽车制造业和建筑业的生产规模不断扩大,而采掘工业、重型机械工业和造船业市场不景气,一些地区出现了明显的失业现象。经济发展成为战后政府的头等重要任务,城市规划则一度被搁置。直到1940年前后,英国的城市规划理论和实践才有了新的发展。

在两次世界大战期间,住宅建设突飞猛进,尤其是受政府资助的住宅大量出现。1919～1930年间,地方政府资助建造的住宅总数为全部住宅的40%。在伦敦地区和其他大城市开发了一批由政府资助建造的公共居住区,但是城区内仍有大量需要修缮的旧住宅区和需要清除的贫民窟,城市的过分拥挤现象并没有完全解决。

大量的私人小汽车在第一次世界大战后开始出现。1927年英国首先使用交通信号灯管理交叉口的过往车辆,同时还进行了大量的道路改造工程,包括开挖隧道、修建桥梁、规划干道网和铺设步行道。由于政府投资有限,交通问题逐渐成为大城市的主要问题之一。

2．城市规划的立法

1909年,英国颁布了《住宅、城镇规划法》(The Housing, Town Planning, etc Act),第一次提出控制城市居住区的土地开发方式,并要求地方当局编制控制规划。该立法规定,城市居住区(大部分位于城市郊区或城市边缘地区)的规划内容,必须包括住宅规划、街道道路网规划、建筑设计（结构设计和建筑立面设计）、室外场地布置、城区古建筑规划保护、给水排水规划、水电供应以及辅助工程建造。此外,还规定了土地开发的补偿和赔偿政策。

1909年的《住宅、城镇规划法》颁布的前后时间,是英国城市规划运动的繁荣时期。1910年10月英国皇家建筑师协会（Royal Institute of British Architects,简称RIBA,成立于1837年）召开了第一次全体代表大会。1910年利物浦大学成立了英国第一所规划教育机构,开创了城市规划的高等教育。

1914～1918年的世界大战期间,英国的城市规划工作因为战争而全面停止,包括很多已经开始但还没有完成的城市规划。因此,战后的城市规划在很长的一段时间仍被战争的阴影笼罩,直到20世纪20年代,开始逐渐开展有关区域规划方面的理论和研究。

在英国,1919年颁布的新《住宅和城镇规划法》,改变了1909年规划法只关注住宅区开发的状况,将城市规划的调控内涵扩展到了大城市及区域发展。此后,1925年的规划法律授权郡县政府来制订促进本区域发展的城市规划方案；而1932年的规划法律则把以前的立法规定综合在一起,明确了对所有建设用地的规划控制制度,但是规划制度中仍然有许多内容是非强制性的。在欧洲的其他国家,城市规划的立法都晚于英国。如在瑞典和芬兰,规划法律的通过是在1931年,丹麦是1939年,意大利是1942年,而法国则是在二次世界大战以后才通过规划法。

3．田园城市理论的传播

英国在第一次世界大战前后,除了1903年兴建的第一个田园城市林契沃斯（Letchworth）和1920年兴建的第二个田园城市韦林（Welwyn）,按田园城市的基本概念规划的住宅区几乎遍布全国各地,特别是南部的伦敦地区及伦敦附近的地区。

1909年,建筑学家、城市规划专家雷蒙德·恩温发表了《城市规划实践》一书,推动了田园城市理论在全世界的广泛传播。在欧洲大陆,田园城市、花园郊区及花园村庄的概念被普遍应用。1913年,成立了国际田园城市和城市规划协会（IGCTPA）,有18个国家参加了这个协会。

4．卫星城理论与实践

"卫星城"模式是霍华德当年的两位助手恩温和帕克对田园城市中分散主义思想的进一步发展。1912年恩温和帕克在合作出版的《拥挤无益》（Nothing Gained by over Crowding）一书中，进一步阐述、发展了霍华德田园城市的思想，并在曼彻斯特南部的维滕夏沃（Wythenshawe）进行了以城郊居住为主要功能的新城建设实践，进而总结归纳为"卫星城"的理论。1922年恩温出版了《卫星城镇的建设》（The Building of Satellite Towns），在书中正式提出了"卫星城"的概念，主要是指在大城市附近，并在生产、经济、文化生活等方面受中心城市吸引而发展起来的城镇（图6-1）。

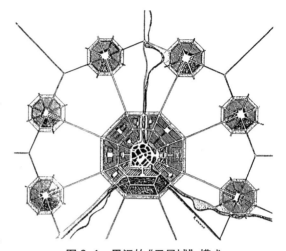

图6-1　恩温的"卫星城"模式
(迪特马尔·赖因博恩著.19世纪与20世纪的城市规划.虞龙发等译.北京：中国建筑工业出版社，2009)

恩温在20世纪20年代参与大伦敦规划期间，提出采用"绿带"加卫星城镇的办法控制中心城的扩展、疏散人口和就业岗位。从此，"卫星城"便成为一个国际上通用的概念。

1924年，国际住宅与城市规划协会在阿姆斯特丹国际会议上发表了有关大城市规划的七项原则：①大城市不能无限膨胀；②为防止过大城市的产生，可采用卫星城的方法疏散人口；③建成区应由绿化带包围；④重视汽车交通问题；⑤重视地方规划；⑥地方规划应有弹性；⑦重视土地利用规划。会议对"卫星城"进行了明确的定义，认为卫星城是一个在经济上、社会上、文化上具有现代城市性质的独立城市单位，但同时又是从属于某个大城市（母城）的派生产物。这一点和霍华德的田园城市思想有着本质的区别。

卫星城理论虽然在20世纪20年代就已经提出，但其实践主要在二战以后，特别是被广泛应用于伦敦等大城市战后空间与功能疏解以及新城建设之中。卫星城的思想广泛影响了欧洲、美国乃至全世界诸多国家。

5．区域规划的兴起

根据1919年颁布的新《住宅和城镇规划法》，英国成立了卫生部全面负责全国城市规划工作。卫生部委托联合规划委员会组成专门调查委员会，对南威尔士产煤区的人口分布情况和政府资助建造住宅的情况进行了详细调查，这实质上是关于区域发展问题的调查。

这次调查之后，联合规划委员会根据区域城市规划当局的指令，开始在曼彻斯特及附近地区编制区域性开发规划。区域规划解决的首要问题是如何进行和控制区域范围内的综合性土地开发，进而控制城市蔓延和保留有限的土地用于农业生产；其次是如何解决交通规划的问题。交通规划包括地面交通和航空运输，其中对航空运输的机场选址布点是区域规划工作的主要内容之一。1926年，曼彻斯特的区域规划的覆盖面达1000mile^2（约合2590km^2）。规划内容主要涉及区域范围内的道路网和交通规划、居住区、工业区和商业区布点，以及成片开放空间和绿地的布局。1932年之后，为了具体实施区域规划和管理区域内的土地开发，成立了区域规划办公室。

与曼彻斯特区域规划同时进行的还有伦敦区域规划。1928年12月，卫生部建立了负责伦敦区域规划的区域委员会，由恩温担任技术顾问。1929年，恩温提交了第一份关于伦敦地区区域开发的研究报告。研究报告涉及三项伦敦区域开发的主要难点：①伦敦城区内如何保护开发空间的问题；②伦敦地区内的绿带布置和控制问题；③伦敦地区沿主干道两侧的开发控制问题。随后，恩温又提交了两份补充报告：关于室外活动场地的现状使用报告和关于人口疏解的进展情况报告。在后一份报告中，他建议在离伦敦中心区12mile（约19km）左右的距离范围内，设立自我平衡的卫星社区（self-Contained Satellite Community），在12~25mile的范围内，建设工业田园城（Industry Garden City）。

由于1931~1932年之间，英国正在经历的经济危机，恩温的设想在当时无法实现。直到20世纪30年代中后期经济情况略有好转之后，才开始大规模地进行区域规划方面的工作。到1944年，英国各地相继成立了179个联合规划委员会。英格兰地区和威尔士地区70%以上的地方规划当局以联合规划委员会的形式开展了区域规划的研究。在苏格兰，组建了三个区域委员会负责三个主要经济区的土地开发规划和土地管理。

6．住宅建设的发展

第一次世界大战后，住宅建设成了英国政府工作的重要议题。1920年，卫生部组建了专门负责贫民区改造的机构（Unhealth Areas Committee，其前身为贫民区委员会Slum Areas Committee），工作重点在伦敦地区。1921年，该机构提交了伦敦地区住宅开发状况的研究报告，建议将伦敦地区现有的传统工业迁至附近的新城镇，重新开发新型的科技工业，并提出在伦敦地区大力建造住宅区。

尽管当时政府面临着战后的经济恢复、资金短缺等问题，但对住宅的开发给予了积极的扶持。中央政府每年向地方政府提供部分资助，以进行新的住宅区开发和旧居住区的改造。由政府资助建造的大型住宅区，以其低密度、自然分布的特征遍布全国，尤其集中在南部和中部地区。

二、两次世界大战之间的德国城市建设

1．德国的田园城市运动

田园城市的思想经英国传入德国，在1902年成立了德国田园城市协会。德国的田园城市运动以英国为榜样，在第一次世界大战前致力于住宅区建设，希望以其住房和社会改革计划实现一种新的城市模式。1925年，德国田园城市协会在战后重新组织和恢复运作，1937年被纳粹取缔。

德国田园城市运动取得第一个巨大成功的例子,是1906年德国手工业艺术事务所业主卡尔·施密特在德累斯顿郊外的海勒瑙建造的一座田园城市。该田园城距离市中心约6.5km,面积约140hm²。住宅除了乡村别墅外,也有行列式住宅和小房型住宅。道路根据功能分为交通路、住宅路和加宽的广场,道路宽度不同;基础设施包括一个发电厂、污水生物处理设备以及燃气和水供应设施;公共设施有作为文化中心的"住户之家",此外还有单身汉之家、食宿旅店以及培训基地(图6-2)。

从1910年至1914年第一次世界大战爆发,几乎所有规划的田园城市都变为现实,其中既包括德国田园城市协会创建的田园城市,也包括由私人推动、社会导向以及合作社组织建设的田园城市,还包括具有田园城市特征的住宅区。

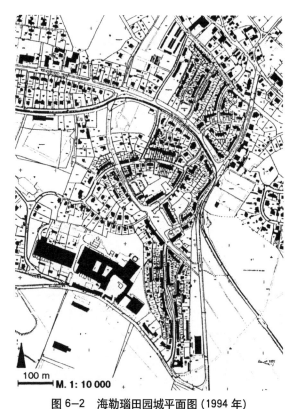

图6-2 海勒瑙田园城平面图(1994年)
(迪特马尔·赖因博恩著.19世纪与20世纪的城市规划. 北京:中国建筑工业出版社,2009)

2. 第二次世界大战前大型住宅区的建设

1925~1935年是德国城市规划的繁荣期,主要集中于住房建设。当时人们普遍认为,大城市过于集中严重危害了居民的健康条件,城市必须分散发展,既可以减轻市中心的交通负荷,而且把房子建到地价便宜的郊外,又可以使建筑方式更多样化。基于这种观点,完成了"新法兰克福"的城建及住房建设方案,其基本思想为:①在美茵河沿岸及铁路沿线布局工业区;②划分内城区的文化中心及行政管理中心;③减少内城区居民人口;④将城市周边地区的居民迁移到市郊住宅区或卫星城;⑤由林荫道、公园、体育场地与园林、农林工厂构成城市绿带;⑥构建包括有轨电车及无轨快速列车的分级交通道路网。法兰克福的住房建设计划原定10年内完成1万套住房,实际上在5年内已完工约1.2万套。总共建成近20个住宅区。

第一次世界大战前,柏林已经是世界上人口密度最大的城市,每公顷有750人,住房严重短缺。战后人口的增长,尤其是农村人口的入迁使居民数量由190万增加到380万。1924年的《国家住房建设法》制定了社会住房建设的基本文件,并领导成立了住房保障机构,在1924~1931年共建成住房14.6万套,平均每年建成约3万套住房,其中绝大部分为采光及通风良好的行列式住房。

3. 纳粹时期的城市规划和建设

1939年第二次世界大战爆发后,德国纳粹头目希特勒希望用城市规划来表达其政治思想,他宣布将在五个"元首的城市"柏林、慕尼黑、纽伦堡、汉堡和林茨建设大型广场、宽阔街道及雄伟的公共建筑,而一条宏伟的"城市轴线"则是展示国家权力的重要因素。1937年4月颁布了《德国城市改造法》,按照此法其他城市也应该重新改造。

按照纳粹的观点,建筑的任务在于传达视觉形象,并超越历史表现永恒的权力形式。希特勒打算在征服世界后将柏林建设成为"日耳曼世界之都"。城市南北主轴线被称为"光辉大街",由帝国首都改造计划的建筑总监阿尔伯特·施佩尔在1937~1941年间设计(图6-3)。这条大街长8km、宽120m,规模上超过巴黎的香榭丽舍大道。大街两旁将建有剧院、商店以及纳粹德国所有各部的办公大楼。大街中央将建造一座新的德国"凯旋门",高度是法国凯旋门的2倍,高117m,宽170m;并在"光辉大街"的中部修建一个能容纳100多万观众的阿道夫·希特勒广场。此外,希特勒和施佩尔还设计了一座庞大的铜质圆顶大厦作为大会堂。该建筑以罗马万神殿为模型,高达200m,能容纳15万人,建成后将成为世界上最大的会堂。为了实现这些规划,施佩尔制订了一项为期10年的建造方案。然而,随着希特勒自杀、施佩尔被捕、纳粹德国正式投降,"日耳曼世界之都"计划也随之化为泡影。

三、两次世界大战之间的法国城市建设

1. 社会住宅的建设

法国的社会住宅建设始于19世纪中叶。1850年,政府颁布法令,规定国家或地方政府可以为地方社会住宅的建设进行融资,社会住宅的建设必须达到卫生

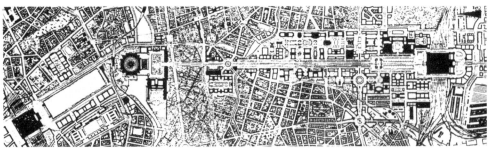

图6-3 阿尔伯特·施佩尔领导下的首都柏林"光辉大街"规划图,轴线的左端为"大会堂",右端为"凯旋门"

(迪特马尔·赖因博恩著.19世纪与20世纪的城市规划.北京:中国建筑工业出版社,2009)

和安全的要求，政府鼓励开发公司建设卫生、安全、低租金的住宅。随着19世纪末、20世纪初工业化的快速发展，农村人口大量流入城市，对低租金的社会住宅需求日益增加。法国于1912年颁布法令，创建了城镇低租金办公室，法国公共住宅服务体系由此开始形成。政府于1918年出台政策，鼓励非营利组织的私人资金投入到社会住宅的建设中来。从1925～1928年，巴黎市建成了20万套低价格的社会住宅和6万套中等价格的住宅，但此时全国对住宅的总需求约为100万套，远远满足不了居民对住宅的要求。20世纪30年代至第二次世界大战期间，是巴黎城市建设的又一高潮，在巴黎市区外围环线修建了大量的社会住宅，以应付巴黎住宅的紧缺和大量的移民对住宅的需求。

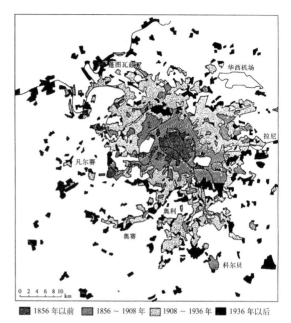

图 6-4　1934 年的 PROST 规划示意图

(刘健著. 基于区域整体的郊区发展——巴黎的区域实践对北京的启示. 南京：东南大学出版社，2004)

2. 巴黎地区空间规划（PROST）

从19世纪末开始，巴黎的城市发展进入扩张阶段，由此引发了交通拥挤、郊区扩散、公共设施严重不足等城市问题。有关部门意识到必须建立起以巴黎为中心的区域概念，从区域的高度协调城市的空间布局。因而，于1919年和1924年相继颁布了两条法令，以法律形式确立了城市规划的地位。1932年，法国第一次通过法律提出打破行政区域壁垒，根据规划的需要划定非行政意义的巴黎地区，提出编制《巴黎地区国土开发计划》，并规定各城镇的《土地开发、城市美化和建设用地扩展计划》必须与此保持一致，以形成区域和城镇两级规划体系。在1934年5月，巴黎地区空间规划（PROST）正式出台（图6-4）。

PROST规划旨在抑制巴黎地区郊区日趋严重的扩散现象，从大巴黎地区范围对城市建成区进行调整和完善。该规划将巴黎地区划定在以巴黎圣母院为中心、方圆35km的范围之内，对区域道路结构、绿色空间保护和城市建设范围三方面作出了详细规定。

（1）为满足当时盛行的汽车交通需求，规划提出放射路和环路相结合的道路结构形态。五条主要干道以巴黎为中心，从不同方向向法国腹地辐射，联系首都和其他国内及欧洲重要城市。位于巴黎地区边缘的环形公路将五条放射状道路联系在一起，成为郊区各城镇相互联系的依托。

（2）严格保护现有森林公园等空地和重要历史景观地段，并在城市建设区内规划形成新的休闲游乐场所，作为将来建设公共设施的用地储备。

（3）为了抑制郊区蔓延，规划限定了城市建设用地范围，将各城镇的土地利用划分为城市化地区和非建设地区两种类型，将非建设区视为未来城市发展的用地储备，严禁各种与城市直接相关的建设活动。

由于限定了可建设用地的范围，PROST 规划在遏止郊区蔓延的同时也限制了巴黎地区的合理扩展，而城市发展面临的巨大压力使得城市的建设范围很难控制。作为法国有史以来的第一次区域规划，PROST 规划富有远见地以绿色空间和非建设用地的形式保留了大面积的空地，作为未来城市发展的用地储备，其中包括了 30 年后确定的马恩河谷新城的一部分。

四、荷兰阿姆斯特丹的扩建

1901 年，荷兰第一部城市规划法生效，该法规定 1 万人以上的城市必须制订建设规划，每 10 年要达到一个新水平；国家向团体、组织提供财政帮助用于购买土地并实施公共工程，支持团体、组织建造社会公共住宅。1902 年，著名的建筑学家贝尔拉格受委托进行阿姆斯特丹城向南扩建的规划，后来的 30 年中即按此规划进行建设。1928 年阿姆斯特丹市政当局成立了独立的规划办公室，以落实贝尔拉格的设想。阿姆斯特丹的建设规划有三个新特征：

（1）首先请有关专家对人口进行科学调查与分析，预测 2000 年的人口状况及由此产生的问题。根据预测，规划开始人口为 65 万，今后将增加到 96 万，相应地在此期间要建造 84300 套新住房；用 13460 套新住房取代年久失修的危房；建 12000 套新住房提供市中心扩建办公、商业而搬迁的住房。

（2）在城市周围设置绿化带来隔离居住区，每个居住区约各有 10000 套住房（约居住 35000 人），住宅区配建城市生活必需设施。每一个居住区都按照规划逐一建设，每一个居住区的详细规划都是在开工前才确定，以便依据最新的经验和认识水平进行规划。

（3）每个项目的实施都受到经常性的监督。这样可以避免因不同的建筑师所设计的建筑而破坏整体的统一性。每一个新规划区域再分成若干小的整体，由上级派来的总建筑师负责审查每一幢建筑的设计，这些总建筑师和市政当局的规划办公室保持经常的联系。

受英国城市规划的影响，1929 年，阿姆斯特丹城市政府在 10km 半径内规划了 11 个容纳 5 万人左右的"田园城市"。然而，由于 20 世纪 30 年代的经济大萧条，这些疏散城市人口的措施被放弃了，城市规划重新采用集中布置方式，只在其周围建造了若干"田园村"。

1935 年通过的阿姆斯特丹总体建设规划是当时规划观念的代表作（图 6-5、图 6-6），城市形态为集中叶片式并在以后 30 年中得以实现。大部分新建区都在城市的西部，很容易与老城中心、港口连接起来，同时与城市北部沿着通往公海运河两岸的工业区联系起来也很方便。这些新区围绕一个人工湖布置。早期建设的居住小区。大多由传统的 4 层楼房组成，形成封闭的、半开敞的和开敞的居住

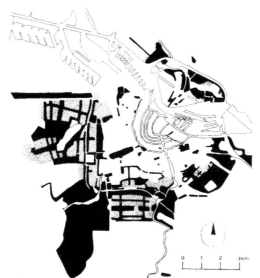

图 6-5　1935 年的阿姆斯特丹的总体建设规划简图
(L·贝纳沃罗著. 世界城市史. 薛钟灵等译. 北京：科学出版社，2000)

图 6-6　1935 年的阿姆斯特丹的总体规划图
(L·贝纳沃罗著. 世界城市史. 薛钟灵等译. 北京：科学出版社，2000)

街坊。战后建设的居住小区，形式多样，有独立住宅、连排式住宅、四五层的公寓住宅，也有 12 层的高层住宅。每个区都有绿化设施作为青少年和老年人的休息娱乐场所。此外，还有一个约 900hm^2 的城市公园，公园内设有齐全的体育、休闲设施。老城仍是由中世纪的城市中心及 17 世纪集中开凿的三条运河组成，尽力保持传统的城市风貌，重要的商业街禁止汽车通行并改为 1.5km 长的步行街区。

第三节　战后西方国家的城市重建与快速发展

一、英国城市战后重建和新城建设

1. 巴罗报告

1937 年，英国政府为解决大城市工业和人口向包括伦敦地区在内的大城市过于密集的问题，任命了一个由巴罗爵士任主席的皇家委员会（即"巴罗委员会"）负责调查工业与人口分布状况中的问题并给出解决办法。该委员会于 1940 年发表《皇家委员会关于工业人口分布的报告》（简称"巴罗报告"），报告将区域经济与城市空间问题综合考虑，得出高度集中型的大城市弊大于利的结论，指出伦敦地区工业与人口不断聚集，是由于工业所引起的吸引作用，因而提出了疏散伦敦中心区工业和人口的建议。巴罗报告的结论、工作方法以及按照其建议所开展的后续工作，直接影响到包括大伦敦规划在内的英国战后城市规划编制与规划体系的建立，在英国城市规划史上占有重要地位。

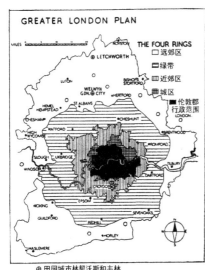

图 6-7 1944 年大伦敦规划图

(Ebenezer Howard. Garden Cities of To-Morrow. Cambridge: The MIT Press, 1965)

2. 大伦敦规划

按照巴罗报告所提出的应控制工业布局并防止人口向大城市过度集聚的结论，作为皇家委员会成员之一的艾伯克隆比于1942～1944年主持编制了大伦敦规划，并于1945年由政府正式发表，其后又陆续制订了伦敦市和伦敦郡的规划。

大伦敦规划总面积 6731km²，规划居住人口 1250 万。大伦敦规划为单中心的同心圆圈层结构，在距伦敦中心半径约为 48km 的范围内，由内到外划分了四个圈层：即城区、近郊区、绿带与远郊区（图 6-7）。

（1）城区：伦敦城区包括伦敦建成区及边缘地区，面积为 55000hm²，居住约 500 万人。该区控制工业，改造旧街区，计划将人口减少 40 万。

（2）近郊区：面积为 58000hm²，居住约 300 万人。计划建设环境良好的居住区，尽量利用空地进行绿化。

（3）绿带：宽约 5km 的绿带，由森林、大型公共绿地，各种游憩、运动场地，蔬菜种植地构成。

图 6-8 1944 年大伦敦规划中伦敦市中心区道路网

(L·贝纳沃罗著. 世界城市史. 薛钟灵等译. 北京：科学出版社，2000)

(4) 远郊区：距市中心 60～80km，用于疏散工业和人口。其中规划设置 8 个卫星城(新城)，并扩建 20 多个已有的城镇。

大伦敦交通组织采取放射路与同心环路相交的道路网（图 6-8）。中心区改造重点在西区与河南岸，并进行了详细规划。其基本观点是：在英国全国人口增长不大、伦敦地区半径 30km 范围内人口规模基本保持稳定的前提下，如果要改善城市的居住环境就必须疏散其中的工业和 60 多万人口，加上其他地区的疏散人口，要疏散到伦敦外围的人口总数将达 100 余万。为解决这一问题，艾伯克隆比大胆地提出，在当时伦敦建成区之外设置一条宽约 5km 的"绿带"，用来阻止城市用地的进一步无序扩张。需要疏散的 100 万人口由设在绿带外的 8 个新城和 20 多个已有的城镇接纳。在当时的交通条件下，这些大部分距离伦敦 20～50km 远的城镇尚不足以完全依托伦敦，因此必须考虑每个城镇中的就业平衡问题（图 6-9）。

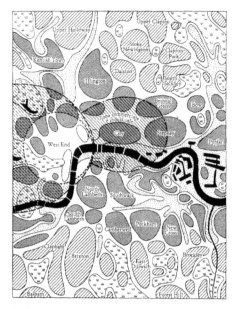

图 6-9 1944 年大伦敦规划中伦敦市中心区分析图

(L·贝纳沃罗著. 世界城市史. 薛钟灵等译. 北京：科学出版社，2000)

大伦敦规划充分吸取了当时西方规划思想的精髓。例如，以小城镇群代替大城市以及每个城镇保护就业平衡，相互独立的理想城市目标。在规划编制过程中采用了盖迪斯所倡导的"调查—分析—制订解决方案"的科学城市规划方法；在较大范围内将产业布局和区域经济发展问题与城市空间规划紧密结合。在当时对所要解决的问题在调查分析的基础上，提出了切合时宜的对策与方案，对控制伦敦市区的自发性蔓延、改善混乱的城市环境起了一定的作用。大伦敦规划对 20 世纪 40～50 年代各国大城市的规划有着深远的影响，成为现代城市规划里程碑式的规划案例。

大伦敦规划所采取的抑制大城市发展的策略集中体现了自霍华德以来的"城市分散主义"思想，但是对大城市在新兴产业条件下（如第三产业的发展）的优势估计不足，甚至对巴罗报告中明显过时并带有倾向性的结论全盘接纳。此外，带有主观理想性质的规划目标与土地私有制下的城市开发机制之间也存在根本性矛盾。因此，大伦敦规划在后来实施过程中出现了种种问题，例如外围新城的建设非但没有疏解中心城区的人口反而吸引了伦敦地区以外的人口；伴随着远距离通勤现象的出现导致新城的"卧城"化，以及中心城交通压力增大等。

20世纪60年代中期编制的大伦敦发展规划，试图改变1944年大伦敦规划中同心圆封闭布局的模式，使城市沿着三条主要快速交通干线向外扩展，形成三条走廊地带，在走廊终端分别建设三座具有"反磁力吸引中心"作用的城市，以期在更大的地域范围内，解决伦敦及其周围地区经济、人口和城市的合理均衡发展问题。

3. 英国新城建设

英国是新城建设的代表性国家。在二战尚未结束之时，英国政府就开始考虑伦敦和其他大城市的战后重建问题，并于1943年成立城乡规划部。1944年大伦敦规划提出在伦敦周围地区建立8个卫星城镇，以接纳从伦敦地区疏散出来的过剩人口和工业。战后新政府的一项重要工作就是成立新城委员会，

图6-10 英国新城分布图（至1975年）

（L·贝纳沃罗著. 世界城市史. 薛钟灵等译. 北京：科学出版社，2000）

起草新城发展的指导方针。新城委员会对新城的选址、设立、开发、组织和管理等各个环节都进行了研究，提出指导新城开发的一般原则：一是新城综合配套完善；二是新城能就地平衡就业和居住，保证新城居民的便利生活和工作。

英国政府对新城的建设予以高度重视，除将新城建设制订为优先发展的战略项目以外，1946年英国政府正式颁布《新城法》（New Town Act），标志着战后新城运动的正式启动。该法详尽地阐述了二战以后的政府开发新城的政策要点，确立了新城建设的方针和策略，具体规定了新城选址、建立新城开发公司及新城管理授权等问题。根据《新城法》，在1946～1950年间，确定了位于英格兰、苏格兰及威尔士的14个新城，其中的8个位于伦敦地区，与大伦敦规划中的新城数量恰好相同，但具体位置有所不同（图6-10）。

1946年，英国政府连续发布了三份关于新城开发的研究报告，强调了新城开发的三个特点：①战后新城建设的作用是缓解大城市地区的住宅短缺压力；②战后的新城不是一般的郊区住宅区，而是"既能生活又能工作的、平衡和独立自主的新城"；③新城的开发由政府组建的开发公司来进行。报告同时还明确规定新城开发中居住区开发的原则和新城的人口规模。各新城的人口规模一般控制在3万～5万。

1952年英国政府进一步通过《新城开发法》（New Town Developement Act），确定了在大伦敦周围对20座旧城加以改建、扩建。在这两个法案的推动下，至1974年，英国先后设立了32个新城。这些新城建设的目的各有不同：在伦敦地区新城建设的目的是疏解人口，创造良好的居住环境；在英国中部地区主要是解决工业衰败问题；其他地区则是为了解决当地的特殊问题，如增加就业等。同时，新城的建设也经历了从第一代到第三代的理论更新和目标转移。

英国新城与一般城市相比，其不同之处在于：①新城是由政府为主的新城开发公司统一规划和实施开发的。②新城必须与中心城市保持一定距离，且选用地价较低的农业用地，而不允许选用建成区边缘地带的土地。③新城开发不以赢利为目的，但以市场化方式来运作。新城开发公司拥有土地出售、转让、租用等权力。④新城强调配套和自给自足，力求居住与工作岗位的平衡。

1）第一代新城（1946~1950年）

第一代新城，主要指建于1946~1950年战后恢复时期的14座新城。这一代新城建设的最根本的目的是解决住房问题：一方面为无房户提供住房；另一方面是使一些大城市的居民改变居住质量低劣的状况。其中，伦敦周围的8个新城的主要目标都是从拥挤和堵塞的伦敦地区的人口。6个其他新城的建立是为了促进区域发展（表6-2）。

第一代新城的开发建设目的、名称及基本数据　　　表6-2

新城开发建设目的	新城名称	开发建设时间（年）	规划人口（万人）	距伦敦（km）
疏解伦敦过分拥挤人口	斯蒂文乃奇（Stevenage）	1946	6	51.49
	克劳利（Crawley）	1947	5	49.88
	赫默尔汉普斯特德（Hemel Hempstead）	1947	8	40.23
	哈罗（Harlow）	1947	6	33.79
	哈特菲尔德（Hatfield）	1948	2.9	37
	韦林（扩建）（Welwyn）	1948	5	37
	巴希尔顿（Basildon）	1949	2	46.66
	巴拉克内尔（Bracknell）	1949	1	48.27
促进区域经济发展	纽敦艾克里夫（Newton Aycliffe）	1947	1.5	—
	东基尔布莱德	1947	5	—
	格伦罗西斯	1948	3.2	—
	彼得利（Peterlee）	1948	2.5	—
	昆布兰（Cwmbran）	1949	4.5	—
	科比（Corby）	1950	5.5	—

资料来源：迈克尔·布鲁顿，希拉·布鲁顿著．英国新城发展与建设．于立，胡伶倩译．城市规划，2003（12）．

第一代新城有以下特点：①规划规模较小，规模一般不大于3.5万人；②人口和建筑密度较低，大部分是带花园的独立住宅；③住宅按"邻里单位"进行建设，每个邻里有各自的中心，有小学及其他公共设施（幼儿园、商店等），各邻里之间有大片绿地相隔；④居住区和工业区等功能分区较为明显；⑤道路一般由环路和放射状道路结合组成，放射状道路主要连接新城中心和各邻里中心，环路则连接各邻里中心，力求不造成新城中心的交通压力；⑥快速车道两旁都有较宽的绿化带，一些重要的公共设施（如中学）设在绿化中。

第一代的14座新城在功能和空间布局上基本相似，较多考虑社会需求，强调独立自足和平衡的目标，对经济发展问题和地区不平衡等问题考虑较少。随着英国战后经济的恢复，人口不断增长，人们对生活的要求也逐渐提高。第一代新城的一些缺点也逐渐显露，主要表现为：①建筑密度太低，不但增加了市政投资，而且缺乏城市的生活氛围；②人口规模偏小，医院、学校、影院等公共设施的配置不足，或运营困难；③一些新城的中心区缺乏生气和活力。下面举几个新城的实例。

斯蒂文乃奇新城（Stevenage）

斯蒂文乃奇新城是1946年《新城法》正式颁布后建设的第一个新城，是英国第一代新城的典型代表（图6-11）。斯蒂文乃奇位于伦敦以北，靠近M25轨道和高速公路，并在3个主要机场的近距离范围内，是为了配合伦敦中心城市的疏解政策，接纳从伦敦疏解出来的产业和人口而设置的。其规划目标是建成一个面积25km^2，人口6万人，有6个邻里居住区的新城。1977年4月，政府决定把规划的人口规模调整为8万人。

斯蒂文乃奇新城按规划分为6个邻里居住区，每个邻里单位的规划人口为1万~1.2万人。每个邻里有一处商业中心，有小学2~3所，还有健身设施、商店、社区中心和教堂等公共设施。各个邻里都有主要道路联系，并间隔有大片绿地。新城的工业区主要布置在西部，与生活区之间隔有铁路，在新城的东北角也有小

图6-11 斯蒂文乃奇新城规划，1949~1966年

(Borough Council. Stevenage Conservation Areas Review, 2005)

部分工业。工业门类较多，主要有电子、照明工程、航空航天、信息技术和财政服务等。

斯蒂文乃奇新城的布局有以下特点：①在住宅布局上采用了人车分流的雷得朋原则。住宅布局避免较长的行列式住宅和长而笔直的道路，而是采取弯曲的道路，尤其是尽端路，住宅布置在尽端路周围。住宅的前院通常与步行小道相接，而机动车道和车库通常设在住宅的背面。在新城的商店、学校和其他室外游戏空地等人流集中区，一般都设有步行道，人们通过步行天桥或地下步行通道来穿越主要的机动车辆道路。②设立新城中心及英国的第一条步行街区，营造良好的公共活动氛围。斯蒂文乃奇新城中心区是英国现代城镇中第一个禁止机动车辆进入的步行街区。中心区呈长方形，由交通干道围合，南部主要是政府

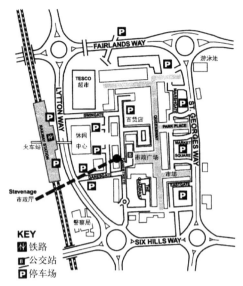

图 6-12　斯蒂文乃奇中心区平面
(www. stevenage. gov. uk)

办公大楼、图书馆、医疗中心、警察局等，自 1961 年以来陆续建成了歌舞厅、青年中心、艺术与体育中心、超级市场、电影院等设施。中心区内最主要的步行街为皇后街，南北向的皇后街分出两条东西向的步行街，步行街的两边多是二、三层的商店。(图 6-12)。

作为英国第一个建设的新城，斯蒂文乃奇新城的建设基本上实现了最初的规划目标，通过价格相对较低的住宅、较为齐备的公共设施以及良好的自然环境等吸引了从伦敦疏解出来的一部分人口。经过几十年的发展，斯蒂文乃奇新城也逐渐暴露出一些问题：①开发密度过低，使其缺少城市氛围，而低密度导致新城过度依赖私人小汽车，限制了公共交通的发展。②高租金、与新城就业相应的住宅分配政策、住房私有化的不足严重等限制了新城的居住者，没有有效地缓解伦敦所面临的巨大的住宅需求压力。③中心区的各类设施的标准偏低，各使用功能之间缺少平衡，使得中心区的整体效能不能得到充分的发挥。④交通组织方面的问题。首先，中心区周边环形道路对步行者和骑自行车的人是一道不友好的屏障，所有步行者进入城市中心区都要过桥或穿过地下通道。其次，现有汽车站、火车站无法满足日益增长的新居民的需求。此外，中心区现有 6200 个停车位，多为地面停车，造成了土地资源的低效使用，同时也模糊了市中心的场所感。

哈罗新城（Harlow）

哈罗新城坐落在伦敦东北，由英国著名建筑师、城市规划师吉伯德（Frederick Gibberd）于 1947 年设计，占地 25.6km^2，最初规划人口 6 万人，后修改为 8 万人。哈罗新城的规划按照田园城市和邻里单位的思想采取了明确的功能分区，将各项城市用地及设施布置在围绕火车站所形成的半圆形地区内（图 6-13）。新城中心

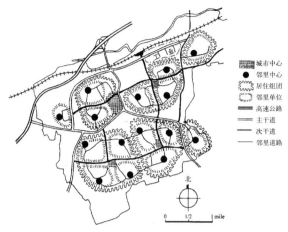

图 6-13 哈罗新城规划结构示意图
(L·贝纳沃罗著. 世界城市史. 薛钟灵等译. 北京:科学出版社, 2000)

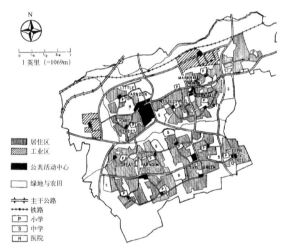

图 6-14 哈罗新城土地利用规划图
(L·贝纳沃罗著. 世界城市史. 薛钟灵等译. 北京:科学出版社, 2000)

布置在火车站南侧；工业用地沿铁路分设新城东西两端；居住用地被分成了4个片区，并进一步分为由 13 个 4000～7500 人组成的邻里单位，各居住片区之间设有公园绿地及农田；城市干道在各居住片区之间穿过，城市次干道将各个片区联系在一起，在各个邻里单位中设有一所小学以及由商店、会堂、酒吧等组成的社区中心；每个邻里单位中又被分成数个 150～400 户组成的居住单元，其中设有集会场地和儿童游乐园。每个片区都面向绿化带，而多条绿化带走廊贯穿了整个新城，两所中学就设在这些绿化带中间。此外，铁路附近还有两个广场区（图 6-14）。但哈罗新城因就业困难、缺少城市生活而人口增长缓慢，直到 20 世纪 70 年代中期才达到了规划中的人口规模。

2）第二代新城（1955～1966 年）

第二代新城一般指从 1955～1966 年始建的新城。1952 年《城镇开发法》正式颁布，疏解大城市人口的方针开始向已有城镇的改造与扩建倾斜。在整个 20 世纪 50 年代，只确定了苏格兰的坎伯诺尔德（Cumbernauld）新城。但进入 20 世纪 60 年代之后新城建设活动重新变得活跃起来，1961～1966 年间确定了利文斯通（Livingtone，1962 年）、朗科恩（Runcorn，1964 年）、欧文（Irvine，1966 年）等 7 座新城（表 6-3）。第二代新城主要关注于改善公共交通，并针对第一代新城日益暴露的弊端，在规划上注意集中紧凑，加大开发密度，淡化了邻里的概念。在布局中，尽量使居住区与新城的中心区联系便捷化。

与第一代新城相比，第二代新城有以下特点：①城市规模增加，通常规划人口在 10 万人左右，因而又被称为"新城市"（New City）；②开发密度提高；③更多地注重城市景观设计；④城市用地功能分区不如第一代新城分明；⑤淡化了邻里的概念；⑥在建设目标上，不再是单纯地为了吸收大城市的过剩人口，而是综合地考虑地区经济发展问题，把握新城作为地区经济的增长点；⑦应对私人小汽车的增长、道路交通的处理较为复杂。

第二代新城的开发建设目的、名称及基本数据　　　　表 6-3

新城开发建设目的	新城名称	开发建设时间（年）	规划人口（万人）	距伦敦（km）
疏解格拉斯哥过分拥挤人口	坎伯诺尔德（Cumbernauld）	1956	5	
	利文斯通（Livingtone）	1962		
疏解伯明翰／中西部地区过分拥挤人口	泰尔福特（Telford）	1963	9	54.70
	雷迪奇（Redditch）	1964	9	22.53
疏解利物浦过分拥挤人口	斯凯尔默斯代尔（Skelmersdale）	1961	10	22.53
	朗科恩（Runcorn）	1964	80	12.87
疏解英格兰东北部过分拥挤人口	华盛顿（Washington）	1964	8	20.92

资料来源：根据《新城模式——国际大都市发展实证案例》和《世界城市史》整理。

坎伯诺尔德新城（Cumbernauld）

坎伯诺尔德是第二代新城的代表，最初规划人口规模为 5 万人，但设施的容量可扩大到 7 万人。坎伯诺尔德新城在规划设计上有较全面的突破，在规划上不用邻里单位的布局形式，而是在道路系统中将干道引入人流密集的中心地区，利用不同的标高实行人车分离（图 6-15、图 6-16）；居住密度加大，全城平均人口密度为每公顷 214 人，中心地区为每公顷 300 人。住宅采用 2 层、4～5 层乃至 8～12 层等多种类型，以容纳较多的人口。

坎伯诺尔德规划特色有：①新城中心区的主要建筑在形式上统一，使城市有一种整体感；②人行道与机动车道完全分离，设置了与住宅区相隔的停车库区，通过道路的层次性和独立的步行系统来解决交通问题，较好地适应机动车交通的要求；③开敞绿地设置于市区的外围。这样，尽管住宅区未建高层建筑，但人口密度仍相对较高，结果 1/3 的人口居于距市中心区 500m 的范围内，3/4 的人口在 800m 的范围内，而且任何住宅与附近公交车站的距离不超过 300m。工业设在该城南北部，商业则基本集中在中心区，小学布置于住宅区，中学、运动场、公园布置在城市边缘。但是，坎伯诺尔德新城在空间联系上过分依赖新城中心区，不利于未来的空间拓展。

3）第三代新城（1967～20 世纪 80 年代初）

第三代新城一般是指从 1967 年起建设的新城，大致止于 20 世纪 80 年代。1964 年，英国政府认为已建的新城作用不大，主张建设一些规模较大的有吸引力的"反磁力"城市。为此决定在伦敦周围扩建三个旧镇，每处至少增加 15 万～25 万人口，密尔顿·凯恩斯（Milton Keynes，1967 年）、彼得伯勒（Peterborough，1967 年）、北安普顿（Northampton，1968 年）等第三代新城开始出现，包含已有城镇在内，其人口规模增至 20 万～25 万人左右（表 6-4）。进入 20 世纪 70 年代

西方城市建设史纲

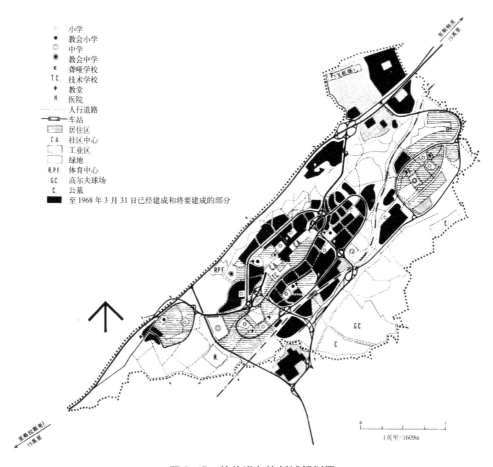

图 6-15　坎伯诺尔德新城规划图
(L·贝纳沃罗著. 世界城市史. 薛钟灵等译. 北京：科学出版社，2000)

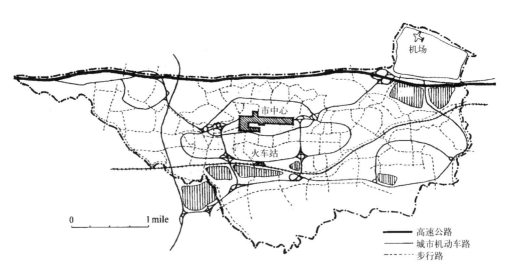

图 6-16　坎伯诺尔德的机动车道路网和人行道路网
(文国玮著. 城市交通与道路系统规划. 北京：清华大学出版社，2001)

第三代新城的开发建设目的、名称及基本数据　　　　表 6-4

新城开发建设目的	新城名称	开发建设时间（年）	规划人口（万人）	距伦敦（km）
疏解伦敦过分拥挤人口	密尔顿·凯恩斯（Milton Keynes）	1967	25	78.84
	彼得伯勒（Peterborough）	1967	19	130.33
	北安普顿（Northampton）	1968	30	106.19
疏解伯明翰／西中部地区过分拥挤人口	泰尔福特（Telford）	1963	22	54.70
	雷迪奇（Redditch）	1964	9	22.53
疏解利物浦过拥挤人口	斯凯尔默斯代尔（Skelmersdale）	1961	8	20.92
	朗科恩（Runcorn）	1964	10	22.53
疏解曼彻斯特过分拥挤人口	沃灵顿（Warrington）	1968	20	28.96
	中兰开夏（Central Lancashire）	1970	43	48.27
疏解英格兰东北部地区过分拥挤人口	华盛顿（Washington）	1964	8	12.87

数据来源：迈克尔·布鲁顿，希拉·布鲁顿. 英国新城发展与建设. 于立，胡伶倩译. 城市规划，2003（12）.

后，随着英国总人口数量趋于稳定以及既有城市内部问题的凸显，采用建设新城的方法来解决大城市问题的规划方针受到质疑，至1978年《内城法》颁布实施起，新城建设的政策被正式停止。

较之20世纪70年代以前的新城，第三代新城首先在功能上有了明显的扩大，设施配套进一步完善，独立性更强。其次是规划人口的增加，一方面是因为战后全国人口的大幅增长，另一方面是中心城市内的大规模旧区改造。因此新城不仅需要应对新增人口的压力，也需要安置因内城改造而迁出的大量人口。大规模的新城在经济上更有能力建设较大型的商业、文化等公共服务设施，既便利居民生活、丰富新城文化，也可创造新的就业岗位。同时，新城规模的不断扩大也创造了良好的投资环境，吸引了科研、办公等行业，使得第三代新城的功能更趋向综合平衡。再者，第三代新城预留了大量土地，为今后的城市产业结构转型和可持续发展提供了空间上的保障。

密尔顿·凯恩斯新城（Milton Keynes）

密尔顿·凯恩斯是20世纪英国建设的规模最大、最成功的新城之一，是第三代新城的代表。密尔顿·凯恩斯坐落在伦敦与伯明翰之间，1967年开始规划设计，是在三个小镇的基础上发展起来的。地区原有人口4万，1970年开始建设，规划人口25万，面积88.7km^2，2005年实际人口达到21.7万。

密尔顿·凯恩斯的规划较为集中地体现了20世纪以来的英国田园城市及新城运动的成果，主要在城市规模、城市形态以及追求城市居民的阶层多样化和提供生活多样化方面有显著变化。

首先，规划城市人口达到前所未有的 25 万人（含现状中的 4 万人），将"新城"的概念进一步拓展为"新城市"，试图改变第一代新城规模较小、功能单一、独立性差、本地就业不充分等缺陷。

其次，城市形态发生了本质性的变化，一改哈罗新城中通常采用的围绕小学形成邻里单位，再由数个邻里单位组成片区，最终形成整个城市的层级式空间组织方式，而改由方格道路网下的均衡布局，在这一格局下，新城的布局呈以下特点：

（1）略带弯曲的方格道路网构成均质城市的基本框架；并将城市用地划分成大约 $1km^2$ 左右的大街区，每个街区在城市中的地位相对均衡。

（2）人行交通在街区中部与上述方格道路网立体交叉，形成另一个间距约 1km 的方格路网，两个系统互相嵌套但不交叉。

（3）功能分区不再以片区或组团来划分。虽然城市中心依然位于整个城市的几何中心，工业用地、大学用地等分布在城市周边，但都仅占用某个划定的大街区或大街区的一部分（图 6-17）。

图 6-17 密尔顿·凯恩斯土地利用规划图
（弗雷多·塔夫里，弗朗切斯科·达尔科著. 现代建筑. 北京：中国建筑工业出版社，2009）

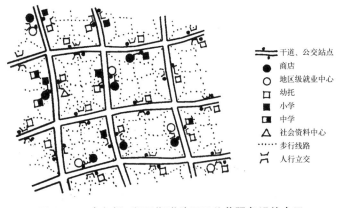

图 6-18 密尔顿·凯恩斯道路网及公共服务设施布局
（文国玮. 城市交通与道路系统规划. 北京：清华大学出版社，2001）

（4）学校、商店等组成社区中心的设施不再被安排在大街区的中央，而是结合公共汽车站，人行、车行系统，立交等布置在城市干道两侧，使大街区内居民利用这些设施时的可选择性大大增加。

（5）绿化与开敞空间系统也不再是向心的层级式布局，而是结合道路网与现状地形和村落，形成穿越并联系各个大街区的带状系统（图 6-18）。

密尔顿·凯恩斯的规划除在物质空间形态方面作出较大的改变外，还以建立接纳不同阶层共同居住生活的均衡社会为主要目标,并以提供就业、住房和公共服务设施的多样性和可选择性作为实现这一目标的具体措施。

此外,连接密尔顿·凯恩斯与伦敦的高速铁路和高速公路在城市中心附近穿过,使其在保持较高独立性的同时,具有便捷的通向中心城市的可达性。因此,密尔顿·凯恩斯更像是伦敦与伯明翰之间高速通道上的一个城市。

二、法国区域规划和新城建设

20世纪30年代的世界经济危机以及随后而至的第二次世界大战给法国经济造成沉重打击,巴黎地区的社会经济发展基本处于停滞状态。二战结束后,法国政府立刻着手开始战后重建,通过颁

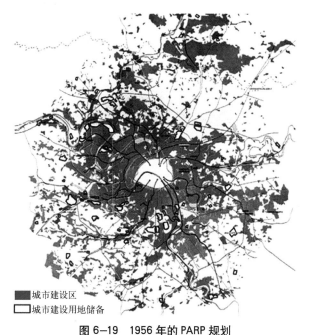

图6-19 1956年的PARP规划
(刘健. 巴黎地区区域规划研究. 北京规划建设, 2002 (1))

布经济计划和区域规划刺激经济复苏。巴黎地区曾先后进行了三次区域规划,提出了区域均衡发展、多中心空间布局、城市优先发展轴等新观点,加上巴黎大区行政建制的正式成立,使区域规划的现实性和操作性更强。20世纪60年代,法国政府颁布新城政策,并于20世纪60年代末70年代初开始在巴黎地区建设新城。作为从区域层面协调城市发展、重构区域空间布局的重要手段,新城建设对促进巴黎地区的均衡发展、增强巴黎以及巴黎地区的竞争力发挥了重要作用。

1. 巴黎地区区域规划

1) 巴黎地区国土开发计划 (PARP)

1939年PROST规划经法定程序批准,被命名为《巴黎地区国土开发计划》(简称PARP规划)。由于二战的影响,规划只得到了部分实施,1944年战争接近尾声时,又经过多次改动,直至1956年才开始新一轮的审批程序(图6-19)。

PARP规划沿承了PROST限制城市扩张的思想,继续主张通过划定城市建设区范围来限制巴黎地区城市空间的扩展,同时提出降低巴黎中心区密度、提高郊区密度、促进区域均衡发展的新观点。规划建议:①贯彻落实工业疏散政策,要积极疏散中心区人口和不适宜在中心区发展的工业企业,促进中心区的更新改造;②借中心区人口和企业向郊区迁移之机,加强对现有郊区建设的改造,提高郊区的人口密度和建设密度;③在郊区新建若干相对独立的大型住宅区,并向当地居民提供必要的服务设施和就业岗位;④在城市建设区边缘建设配备良好的公共服务设施和一定经济生产能力的卫星城,与中心区之间利用大片农业用地相互分隔,又通过公路和铁路交通相互联系,保持相对的完整性和独立性;⑤在原有环路加放射路的区域道

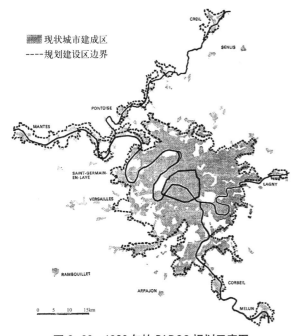

图 6-20 1960 年的 PADOG 规划示意图
(刘健. 巴黎地区区域规划研究. 北京规划建设, 2001 (1))

路结构基础上,将以巴黎为中心的环路从 1 条增加到 4 条,并建议建设区域快速轨道交通网,以改善巴黎市区与边缘地带的城市化地区之间的相互联系。

PARP 规划的重点是城市建设布局、区域交通结构、社会住宅开发等具体的物质环境建设规划。规划的城市建设区范围比 PROST 规划更为紧凑,并且将新的城市建设见缝插针地布置在城市建成区的空地上,以确保郊区人口增长不会导致城市用地的蔓延,从而达到提高郊区密度的目的。但是,PARP 规划回避区域社会经济加速发展的现实,提出限制城市空间的规模增长,违背了城市化发展的客观规律,因此在实施中难以取得预期效果。

2)巴黎地区国土开发与空间组织总体计划(PADOG)

20 世纪 50 年代末至 60 年代初是法国城市化进程的一个重要转折时期,1962 年法国城市人口比重达到 62%。1958 年法国通过颁布法令开辟"优先城市化地区",极大地促进了大型住宅区在巴黎郊区的建设,致使巴黎城市聚集区的蔓延发展没有出现丝毫减缓的趋势。发展形势的迅速变化使政府不得不放弃 1956 年才通过的 PARP 规划,于 1960 年公布了新的《巴黎地区国土开发与空间组织总体计划》(Plan d'aménagement et d'organisation général,简称 PADOG 规划),为未来巴黎地区的城市发展提供战略指导(图 6-20)。

与前两次区域规划不同,PADOG 规划没有否认地区人口的增长,但对人口增长的速度和规模持谨慎态度,并认为未来巴黎地区城市发展的重点不是继续扩展而是对现有建成区的调整,规划提出:①利用企业扩大或转产的机会向郊区转移,以疏散巴黎中心区;②通过改造和建立新的城市发展极核对已基本实现城市化的郊区进行空间结构调整,形成多中心的城市空间格局;③在巴黎以外地区,通过鼓励周边城市的适度发展或新建卫星城镇,提高农村地区的活力,保护农业区。

PADOG 规划是 PARP 规划思想的延续,主旨仍是通过限定城市建设区范围来遏止郊区蔓延,追求地区整体的均衡发展。其创新之处在于:①将建设新的发展极核作为调整城市空间结构、促进区域均衡发展的重要手段。为了避免城市极核建设刺激巴黎地区的人口增长和空间蔓延,规划放弃了新建城镇或扩建原有城镇的做法,根据交通联系的便利程度,在巴黎东、南、西、北四个方向分别规划了四个集就业、居住和服务等功能于一体的郊区城市发展极核,西边的极核就是德方斯。②将形成多中心的城市空间格局作为城市发展战略的重要内容。利用区域道路系统,把巴黎和郊区城市发展极核联系在一起,共同组成多中心的城市聚集区。③提高郊区服务设施的配置水平。建议在巴黎近郊的城市化优先地区和大型住宅区内,利用所剩无几的空地建设十多个城市次中心,通过提高服务设施的配置水平加强郊区的空间凝聚力,实现郊区的空间结构调整。但由于实际的人口增长速度远比预测要高,给巴黎地区造成了巨大的压力,规划的城市建设区很快就被突破了。

3) 巴黎大区国土开发与城市规划指导纲要(SDAURP)

1964年巴黎大区政府成立,辖区面积扩大到约1.2万km^2。1965年出台了《巴黎大区国土开发与城市规划指导纲要(1965~2000)》(简称SDAURP规划)。SDAURP规划放弃了以前历次区域规划关于地区发展速度的保守估计,认为在未来相当长时期内地区城市发展的步伐不会变缓,人口规模和城市用地规模将继续扩大;区域规划应引导新的建设在规划的地域内有序进行,而不是通过见缝插针的建设继续增加现有建成区的密度,或者在现有建成区基础上继续无序蔓延,因此规划的重点是开辟新的城市发展空间和调整现有城市化地区的空间结构。

针对现状城区城市发展在多个层面上存在不平衡现象,SDAURP规划指出未来城市发展必须有利于促进区域整体的均衡发展:一方面要大力开辟新的城市建设区,容纳新增城市人口和就业岗位,特别是快速增长的服务行业;另一方面要把城市建设置于自然环境保护的框架内,将河流谷地、森林绿地作为生态、景观、休闲地带加以严格保护,不允许进行任何形式的城市开发,同时尽可能使绿色空间沿放射状交通线渗透到建成区内部,缓解高强度的城市建设带来的压抑感。

基于人口规模从900万人增长到1400万人和建成面积从$1200km^2$扩大到$2300km^2$的预测,SDAURP规划对可能的区域空间布局模式进行了探讨,反对当时盛行的中心放射、"第二个巴黎"、英国新城和单中心聚集等设想。根据城市发展的经验,规划认为主要交通线路的走向决定了城市空间形态的演变和发展。因此建议:①将新的城市建设沿公路、铁路、区域快速轨道等区域主要交通干线布局,形成若干城市发展轴线,重点建设,优先发展;②结合新城建设和巴黎城市功能疏散,在郊区和新城市化地区内新建多功能城市中心,打破现有的单中心城市布局模式;③通过建设覆盖整个地区的区域交通网络(包括公路交通和轨道交通),联系现有的城市化地区以及规划建设的新城市化地区,统筹安排巴黎地区的空间布局,加强区域整体性。

综合考虑到巴黎地区的自然环境、地理条件、历史发展以及实施的可行性,SDAURP规划在塞纳、马恩和卢瓦兹河谷划定两条平行的城市发展轴线,从现状城市建成区的南北两侧相切而过,并在这两条城市发展轴线上设立了8座新城作为新的地区城市中心,与巴黎近郊城市发展极核相联系,构筑了多中心、整体化的区域空间格局,并且预见了未来新的城市发展沿两条轴线向东西两侧延伸的可能性(图6-21、图6-22)。

西方城市建设史纲

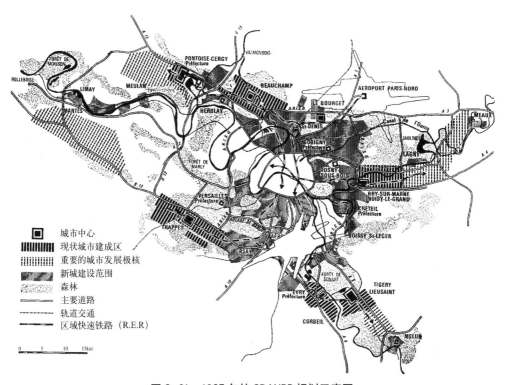

图 6-21 1965 年的 SDAURP 规划示意图
(Présentation du SDAURP de 1965)

图 6-22 1965 年的巴黎地区整治规划管理纲要
(Présentation du SDAURP de 1965)

图 6-23　巴黎大区的多中心结构
(SDAURIF de 1976)

4）法兰西之岛地区（巴黎大区）国土开发与城市规划指导纲要（SDAURIF，1976 年）

根据相关法律规定及 20 世纪 60 年代后期人口和经济增长放缓的事实，巴黎地区政府于 1969 年调整了 SDAURP 规划，将新城数量减少到 5 个，每个新城的人口从 30 万～100 万降为 20 万～30 万。经过 1975 年再次修编，于 1976 年颁布了《法兰西之岛地区国土开发与城市规划指导纲要（1975～2000）》（简称 SDAURIF 规划）。

作为 1965 年 SDAURP 规划的继续，SDAURIF 规划强调无论是原有城市化地区还是建设中的新城，都应遵循综合性和多样化的原则，以创造未来良好的生活环境。针对区域空间布局，规划重申了以下几条基本原则：①主要城市建设沿南北两条城市优先发展轴线布局，通过建设多功能的城市中心，在巴黎地区形成多中心的空间格局（图 6-23）；②通过划定"乡村边界"界定区域开敞空间的位置和范围，严格保护重要生态效益的自然空间，限制城市化地区的自由蔓延，同时将农田、河谷、森林、公园等不同类型的绿色空间联系起来，形成贯穿整个地区的绿色脉络（图 6-24）；③以现状环路加放射路的区域交通系统为基础，积极推进公共交通网络向更大的地域范围扩展，为多中心的区域空间布局提供便利的交通联系。

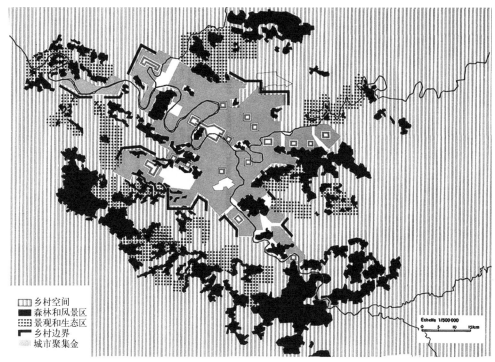

图6-24 巴黎大区的乡村空间保护和管理
(SDAURIF de 1976)

图例：乡村空间；森林和风景区；景观和生态区；乡村边界；城市聚集金

针对不同区域的城市发展，规划规定：①巴黎作为区域城市中心，应保持多样化的居住功能，稳定就业水平，减缓人口递减趋势；②巴黎近郊作为中心区的延续，应保持和完善现有城市结构，整治和改善当地环境，建设以德方斯为代表的郊区发展极核；③作为新城市化的主要空间载体，巴黎远郊应大力发展新城，并通过建设环形轨道交通系统加强与巴黎及近郊发展极核的联系（图6-25）。

与SDAURP规划略有不同的是，尽管SDAURIF规划仍强调城市扩展和空间重组是巴黎地区发展战略的两个重点，但更侧重于对现状建成区的改造与完善，主张城市要体现社会公平、加强保护自然空间，在城市化地区内部开辟更多的公共绿色空间。这些变化与20世纪70年代中期法国经济趋于萧条和自然环境问题引起全球关注等都有着直接关系。

5）巴黎德方斯副中心（La Defense）

德方斯区位于巴黎市的西北部，巴黎城市主轴线的西端，距凯旋门5km。在1958年，成立了"德方斯公共规划机构"，提出要把德方斯建设成为工作、居住和游乐等设施齐全的现代化的商业和商务区。1965年制订的《巴黎地区整治规划管理纲要》（SDAURP规划）中，德方斯被定为巴黎市中心周围的九个副中心之一。

当时的德方斯是一块750hm²大部分未开发的地区，规划先期开发250hm²，其中商务区160hm²，公园区（以住宅区为主）90hm²。规划建设写字楼250万m²，提

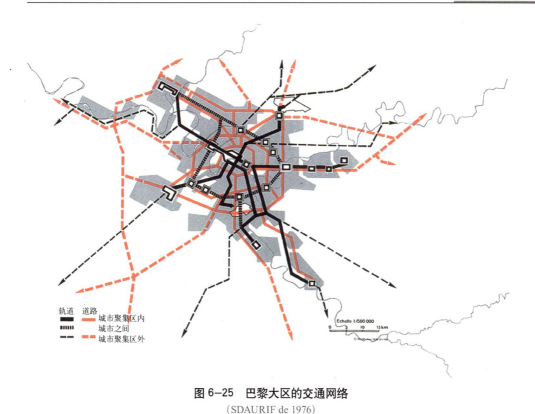

图 6-25　巴黎大区的交通网络
(SDAURIF de 1976)

供 12 万就业岗位，并首先在德方斯兴建国家工业及技术中心，将办公楼、商店、各种博物馆、陈列馆、公共建筑及 3 万人的住宅群集中在一起，并配以发达完备的基础设施，最终建成巴黎市新的商务中心区（图 6-26）。

德方斯的建设经历了起步、危机、复苏直至最终的成功，历时 30 余年。它的特点如下：

（1）商务活动高度密集。德方斯前就业人数约为 10 万余人，其中 50% 以上从事行政、管理工作，其商务高度集中程度在世界各国中名列前茅。目前已建成写字楼 247 万 m²，其中商务区 215 万 m²、公园区 32 万 m²，法国最大的企业约一半都在这里。

图 6-26　德方斯总平面 (www.ladefense.fr)

（2）重视居住区的开发。德方斯居住区的发展与商务的发展紧密相关。早在 1964 年的第一期建设项目中就建立了一系列花园居住区，居住人口达 2.5 万。随后，又根据需要，建成住宅区 1.56 万套，可容纳 3.93 万人。居住区周围绿化环境优美，有绿地、公园及各种娱乐、游憩场所，吸引了大量的巴黎市民。

（3）基础设施先进完备。德方斯通过开辟多平面的交通系统，严格实行人车分流系统：车辆全部在地下三层的交通道行驶，地面全作步行交通之用。区域快速铁路、地铁1号线、14号高速公路、2号地铁等在此交会，是欧洲最大的公交换乘中心。中心部位建造了一个巨大的人工平台，长600m，宽70m，有步行道、花园和人工湖等，不仅满足了步行交通的需要，而且提供了游憩、娱乐的空间。

图6-27 德方斯建筑分布图
(www.ladefense.fr)

（4）配套设施完善。商业服务设施采取分散与集中相结合的布置方式。九个邻里商业中心，分设在办公楼和住宅底层，居民可以就近购买生活用品。集中的商业中心规模巨大，如欧洲最大的"四季"商业娱乐中心，设有百货商店、超级市场、电影院、饭店和舞蹈学校等，总面积105000m^2。

（5）重视美学因素。虽历经30余年的发展、变化，但德方斯不同阶段的建筑风格均经统筹设计和安排，构成了极为协调的格局（图6-27）。其中最为突出的标志性建筑物是丹麦建筑师奥托·冯·斯普里格森设计的大拱门（Grande Arche），位于德方斯的主轴线西段，是一个巨大的中空立方体，被誉为"新凯旋门"，也是十大"总统工程"之一。其总建筑面积达12万 m^2，主要是办公用空间，顶部为国际会议中心，历时6年的建设，于1986年落成。此外，在67hm^2的步行区内布置了多尊雕像及各式各样的建筑小品，居住区与办公区均有绿地及花园，共同构成了宜人的环境。

6）巴黎新城建设

法国的新城开发相对较晚，开始于20世纪60年代后期。《巴黎地区国土开发与空间组织总体计划》（PADOG规划）首次提出将新城作为平衡巴黎中心区人口和就业的主要方式，确定规划一个新的多中心布局的区域，提出在市区南北两边20km范围内建设5座新城（当时规划全国建9座新城，另外4座将建在经济落后的地区），沿塞纳河两岸形成两条轴线，并在近郊发展9个副中心，以防止工业与人口继续向巴黎集中。

巴黎新城集中在巴黎周边40～50km范围内，一般选择原有城镇较为密集的地区率先发展，规划和建设较为完备的新城主要为5个，分别是塞尔日-彭图瓦兹（Cergy-Pontoise）、埃夫利（Evry）和默伦塞纳（Melun Senart）、圣康旦-伊夫林（St Quentin en Yvelines）和马恩河谷（Marne la Vallée），它们分别位于巴黎市的四个角，各自具有独特的区位和地形，在新城的规划建设中也逐渐形成了自身独特的新城格局（表6-5）。

巴黎新城的开发规模和开发时序　　　　　　　　表 6-5

新城名称	始建年代（年）	规划面积（km²）	规划人口（万人）	距离巴黎（km）
塞尔日-彭图瓦兹（Cergy-Pontoise）	1965	80	33	25
埃夫利（Evry）	1965	41	50	25
圣康旦-伊夫林（St Quentine Yuelines）	1968	75	30	30
马恩河谷（Marne la Vallée）	1969	150	30	10
默伦塞纳（Melun Senart）	1969	118	30	35

数据来源：根据《基于区域整体的郊区发展》和《法国城市规划40年》整理。

5个新城规划总人口为150万，新城距离城市中心平均约为25km，通过良好的公共换乘系统与巴黎连接。每个新城均有自己的娱乐中心、大学城、产业基地等，就近满足居民工作和生活需求，保证了居住与就业的平衡。其规划特色是：①城市性质均是综合性的，规模25万～50万人之间。②新城充分利用原有城镇基础，建设周期较短，而不像英国的多在空地上建设；新城的内部结构比较松散，原有各村镇之间有大片的生态平衡带。③新城占地广，乡村气息浓厚，比如距市中心最近的马恩河谷（Marne la Vallée），规划建设用地150km²，比巴黎全市20个区10km²的面积还大。为促进新城发展，法国还通过新城法案，实施优惠政策吸引市区的二、三产业到新城落户，使新城60%～80%的居民能就地工作。④为吸引巴黎居民，各新城都建立与老城同等水平的市中心，使新城能享受与旧城居民同等水平的文化娱乐与生活服务。巴黎新城的建设较好地疏散了中心城区的人口，到1990年，已建成的5座新城共吸引了超过20万的人口从巴黎迁出。

与英国新城建设相比，法国的新城建设有以下特点：

（1）所有的规划与建设均由政府机构统一控制。政府部门设立EPA（Establishment Public é 'Amanagement de la region）机构负责新城的规划与开发建设，其中包括以规划人员为核心的各个方面的专家，如建筑师、景观设计师、经济学家、社区代表等。一座新城的初期开发建设可能需要10～20年时间，这些专家一起工作到新城中心区的开发建设基本成形。

（2）制定强有力的土地政策和工程准备政策。法国自1966年开始，即对巴黎区域规划范围内的土地由政府加以收购，并控制地价，同时政府承担了所有的公共设施的建设，按照规划发展程序以贷款方式修建道路、交通、沟渠等公共工程，以利于开发新城镇。新城的开发操作首先通过政府出售土地给开发商，由开发商来负责土地的开发操作，但建设必须按照政府提供的土地指标和城市设计内容进行。

（3）实行"新城镇综合开发公司"制。法国新城镇规模在10万～80万人不等，占地面积从30～500km²不等，并且大多是依托旧的城镇而联合发展起来的（图6-28）。法国于1970年通过新城镇内各村镇重新组合法。这个法令规定一个新城镇内各村镇的所有税收和各种设施的开支均由新城镇综合开发公司统一管理、统一重新组合、统一建设。新城镇综合开发公司是一个权威性组织，开发公司将规划发展范围内所有土地都征购下来，进行主要公共设施的建设，对新城镇开发实行统一规划设计、财政计划、工程准备和建设。

（4）注意生态环境保护和自然生态平衡。20世纪60年代兴起的生态环境学在新城镇规划中得以实践。巴黎新城镇中，采用村镇组合而不是整片发展。每3万~10万人形成一个相对独立的居民村镇。各村镇之间用广阔的绿带加以分隔，以改变大城市过度集中的现象，使新城镇的生态环境具有更大的魅力，把大都市的吸引力转向新城镇。

1）塞尔日－彭图瓦兹新城（Cergy-Pontoise）

塞尔日－彭图瓦兹新城位于巴黎市区的西北部，位于卢浮宫至德方斯的轴线延伸线上。新城建立的主要目的是创建一个巴黎近郊的公共艺术文化中心，同时又能与巴黎的近郊区有所区别。新城规划人口规模为30万~40万居民，用地约100km²，目前已有18万居民（图6-29）。

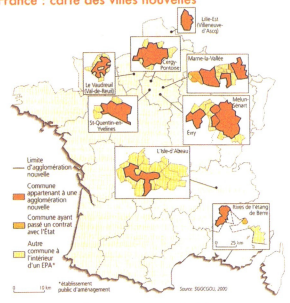

图6-28 法国新城分布图

（米歇尔·米绍等主编. 法国城市规划40年. 北京：社会科学文献出版社，2007）

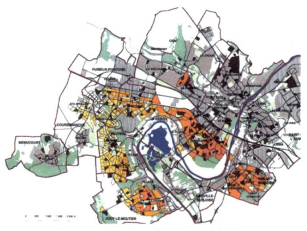

图6-29 塞尔日－彭图瓦兹新城规划图

（米歇尔·米绍等主编. 法国城市规划40年. 北京：社会科学文献出版社，2007）

塞尔日－彭图瓦兹新城是一个以公共艺术与文化为主题的新城，新城的产业也以文化创新和旅游度假产业为主。如创建大学城、国际新城规划研究中心等，强化新城的文化和研究性机构特点。新城政府在新城的管理中始终贯彻环境保护的理念，强调环境是新城的生命线，由于在新城中心可与巴黎德方斯遥遥相望，也是塞尔日－彭图瓦兹新城居民最为骄傲的资本，优美独特的环境为新城每年带来众多的游客，旅游产业正成长为新城的主导产业。

2）埃夫利新城（Evry）

埃夫利新城位于巴黎市区的东南角，位于巴黎通往里昂的高速城际铁路线上，与巴黎中心区通过城际快速铁路（RER）和快速巴士实现便捷的交通联系。依托城际快速铁路、塞纳河以及埃夫利省政府所在地的基础，新城在塞纳河两侧较为平整的地块上呈组团布局。

在1960年最初规划了14个社区，预测城市人口规模为25万人。1971年新城政府建立，开始建设住宅和工厂。1975年在市政府旁边规划和建设了大型的公共中心，吸引了周边城镇的人口向中心区集聚，同时公共中心的功能开始综合化和多元化。同年在中心区开始规划建设火车站和长途汽车站，强化与巴黎中心区的交通联系。1978年，在火车站和公共中心之间建设大型居住社区，随后逐年规划一定量的住宅，每年以1000套左右的住宅数量递增，其中主要以独立住宅为主，在中心区也建有少量的集合住宅和廉租住宅。住宅的规划建设一直持续到20世纪90年代。当新城的人口逐步形成规模以后，政府部门开始着手考虑新城的产业配套，寻求新城自给平衡的产业系统，于是在1991年，将原政府搬迁至火车站，在中心区配套建设教堂、大学城。其中仅大学城就容纳了14000名学生。1998年，法国基因遗传研究中心在新城中心区落户，新城政府开始通过选择大型国家工程来带动新城的中心区建设。

在新城持续30多年的规划建设过程中，共新建了3万套住宅，其中1/3是独立式住宅，还包括市中心区的集合住宅和廉租住宅。新城还提供了5万就业岗位，其中一半为工业，其余主要为旅游业、服务业等，但工业一般均为规模很小的都市型工业，没有大规模的集中用地，就分散于市中心区周边的办公楼群中。

3）圣康旦－伊夫林新城（St Quentin en Yvelines）

圣康旦－伊夫林新城位于巴黎市区西南部高地上，与凡尔赛宫相距仅7km左右，与巴黎市区通过区域快速铁路实现便捷交通。圣康旦－伊夫林新城由原来共2万人的7个村庄发展起来，规划人口为25万，目前圣康旦新城人口规模为15万人。主要以高品质的独立住宅为主，主导产业为休闲旅游业。

为了吸引居民，圣康旦－伊夫林新城从公共设施的配套入手，同时在公共服务设施周边开始建设集合住宅和廉租住宅，吸引中心区的人口集聚。由于圣康旦－伊夫林新城环境优越，且具有良好的文化底蕴，因此大量的富人在此购地建房，绝大多数建设的是独立住宅，分散布局在新城的绿化之中。由于新城内部主要以私家汽车交通为主。新城政府开始考虑限制汽车的使用，采用公交专用道，推行太阳能等新能源为动力的公交车，减少环境污染和私人汽车的增长。

新城一方面接纳巴黎的办公机构外迁，同时吸引大型跨国公司研发中心落户于此，著名的雷诺汽车研发中心就是新城最主要的一个产业引擎，同时结合凡尔赛宫开展休闲旅游业，培育现代服务业，目前服务业就业人数占到总就业岗位的70%以上。

4）马恩河谷新城（Marne la Vallée）

马恩河谷新城位于巴黎市区东部的马恩河谷地带，依托马恩河谷和城际快速铁路为轴线带状发展，在原有的 26 个分散的小镇基础上建设而成。新城用地规模为 150km^2，最初规划人口规模为 35 万人，目前已达到 26 万居民，由于用地规模大，城市发展的空间相对充裕，城市按照原有的行政体制分为四个片区，均沿城际快速铁路和马恩河南岸布局，每个片区之间采用大片的森林和绿化隔离开来，新城的南面以自然森林为界。大片的独立住宅散落在绿化之中，每个片区设置一个公共服务中心。

马恩河谷新城是 20 世纪 60 年代以来法国新城建设的缩影。新城的规划建设大致分为三个主要阶段：第一阶段从 1970 年持续到 1980 年，主要是政府主导的规划建设行为。巴黎市政府负责安排新城的人口规模和项目设置，新城镇综合开发公司配合政府部门对新城进行干预新城开发建设。第二阶段从 1980～1990 年，新城的建设初具规模，政府开始逐步放权，协助规划建筑机构进行新城的建设工作，不再强制干预。第三阶段为 1990～2000 年，政府完全放手，由新城居民代表和地方政府完成新城的开发建设，重点研究环保、历史保护等内容。从 2000 年以来，新城的开发建设进入了一个新的阶段，重点考虑可持续发展，研究节能建筑，改造 1960 年以来建设的老住宅。

马恩河谷新城在 1990 年人口已经达到 20 万以上，由于初期未能考虑充分的产业平衡，导致新城就业岗位严重不足，于是政府开始严格控制住宅的建设，同时加大力度引入新的产业项目，迪斯尼就是一个成功的例子。自 2000 年进驻马恩河谷新城后，迪斯尼不仅带动了新城开发建设的进程，同时提供了近 2 万个就业岗位。马恩河谷新城也逐渐形成以休闲娱乐、科技研发为主体的产业特征。

5）巴黎新城规划特点

从以上几个新城可以看出，巴黎新城的规划具有以下几个特点：

（1）新城中心距离城市中心较近，平均距离仅为 25km 左右，且与巴黎中心区有一定的空间轴线关系，如主要依托塞纳河、瓦兹河、马恩河发展而成。

（2）新城都有良好的公共换乘系统，与巴黎市区均有区域快速铁路实现便捷的交通，但新城内部结构较为松散，以公共服务中心作为片区中心。内部交通主要依赖机动车交通。

（3）强调新城的就业与居住的平衡，新城集聚了众多的大学、服务业、研发和轻工业等产业活动。为保证居住与平衡，增强新城吸引力，就近满足郊区居民工作需求和生活需求，新城功能较为综合，如每个新城均建有自己的休闲娱乐中心、大学城、大型产业基地等。

（4）新规划的社区均以低层、低密度为特点，禁止建设高层，在规划建设中非常注重与自然环境的融合，将天然水系或人工湖泊巧妙地组织进来，外围有绿带环绕，并与原有的城市化区域隔离开。

三、德国城市战后重建

在二战中,德国的许多城市都遭受重创。战后重建的方式有三种:一是按照战前的格局和面貌的基本恢复;二是完全抛弃原有的格局,按照新的建筑理念来进行建设,如法兰克福;三是恢复部分战前的格局,其他的部分按新的理念进行建设。以下为德国柏林、汉堡、纽伦堡、法兰克福、德累斯顿五个城市的战后重建过程(图6-30)。

1. 柏林(Berlin)

柏林位于德国东部的中央,人口340万,面积700km²。第二次世界大战结束后,柏林被美、英、法、前苏联四国分区占领。美、英、法三国占领的西柏林成为前联邦德国的一个城市,前苏联占领的东柏林则成为前民

图6-30 德国城市分布图(作者自绘制)

主德国的首都。前民主德国与前联邦德国统一后,德国议会于1991年重新确立柏林为德国首都(图6-31)。

柏林在第二次世界大战之后的大规模重建重点是福利住宅,主要原因是在1961年柏林墙建成前,有大量东柏林市民越过分界线,涌入西部生活和就业。因此,20世纪60年代西柏林面临着非常严重的住房短缺问题。到60年代末,西柏林计划拆除其中心区,包括那些被战争破坏了的危旧建筑,因为这些旧街区已成为街头暴力的集中地。20世纪80年代,又提出了"精心的城市更新",以减少城市犯罪。其内容是重建西柏林市中心一片老居住区,以塑造新的城市形象。

图6-31 柏林市中心影像图(www.dlr.de)

西方城市建设史纲

图 6-32　柏林市波茨坦广场影像图（www. dlr. de）

　　波茨坦广场在第二次世界大战前是柏林最繁荣的商业和流行文化的中心，但在二战中严重被毁。1990年两德统一后开始重建，是当时欧洲最大的建设项目之一。经过国际竞标，波茨坦广场周围全是由知名建筑师设计的宏伟建筑，按确立的城市规划和建筑原则修建起来的，现在成为集中体现柏林作为欧洲及世界大都会风貌的交通、商业及娱乐中心的所在（图6-32）。

　　柏林文化广场的规划与建设自第二次世界大战后一直持续至今，是在柏林影响最大、也是最具争议性的项目之一。第二次世界大战后，建筑师汉斯·夏隆负责柏林城的重建规划，提出要在蒂尔加滕（Tiergarten）这片柏林最大绿地的东南建设重要的文化机构，并与柏林原来的历史中心共同构成未来柏林的文化中心。在当时既是作为西柏林城市发展的重要部分，也是为了表现与在历史老城大兴土木的东柏林的城市建设的抗衡。

2．汉堡（Hamburg）

汉堡是德国北部一座美丽的港口城市，位于易北河的支流阿尔斯特河下游。9～11世纪，汉堡屡毁屡建，但通过沟通德意志诸地区同北欧与斯拉夫城市之间的贸易而逐渐兴盛起来。1189年，汉堡从巴巴罗萨皇帝那里得到特许权，可以在易北河下游至北海之间自主征税。中世纪时期，作为"汉萨同盟"的主要发起者之一，汉堡享受了三个世纪的"自由贸易"特权，成为同盟最重要的北海港口。1510年，汉堡成为"帝国自由市"。而在欧洲发现美洲新大陆和开通亚洲航道之后，汉堡又跃升为欧洲最重要的输入港之一。

近代以来，汉堡多次遭受天灾人祸袭击：1806～1814年被拿破仑的军队占领；1842年的大火灾烧毁了城市的三分之一；1943年盟军的轰炸将汉堡大半个市区和港口设施、船只设备、造船工业，均毁于炮火之中，使战后的汉堡面临艰巨的重建工作。为推动战后的重建工作，1947年汉堡制定了"总体修建规划"，1950年及1960年制定了汉堡"建设规划"。

1947年的修建规划只安排了在第二次世界大战中被毁的住宅与工作场所的重建，而1950年的建设规划已考虑以后十年内城市及工业生产经济的发展，其目标是：①在被毁地区的建设过程中，要疏散过去建筑密集的居住区，预留的居住用地安排在外围；②重建战争中被毁的港区和工作场所；③发展一个统一的交通网。规划城市人口为180万人，比1937年多10万人。城市发展采取分区与疏散的布局，人口密度每公顷不超过500人。

在编制1960年的建设规划时，汉堡的重建已进入后期。因此，在1960年的建设规划中考虑了居住面积、一系列公共设施的增长（如停车场用地）以及道路交通增长的需求。当时预计1970年人口将达到190万人，人均住宅建筑面积将由$22m^2$增加到$25m^2$。另外，由于缺少住房，须调整临时住房及增加居住区内居住用地。

由于公众对城市规划不断增长的兴趣和对规划中许多方案的批评，市政府组成了一个独立的规划委员会，它的成员包括城市规划工作者、社会学家、经济和财政专业人员、交通专家、律师以及卫生工作者，并委托这个委员会审查1960年的建设规划。1967年委员会发表了对1960年建设规划的审定意见书，并提出了进一步发展汉堡的指导思想。委员会认为，轴线的构思是解决汉堡城市发展的一个很重要的方法，应重视与强调轴线构思的实现。此外，必须加强汉堡地区与其相邻州的规划工作的联系，并提出了整个地区用地规划的构思。1968年市政府采纳了其建议，1969年7月，建设局发表了汉堡"城市土地使用规划"（图6-33）。

汉堡"城市土地使用规划"的重要主导思想反映在城市发展模型中，共有四点：轴线规划、中心体系、交通网、交通密度分配体系。其主要特点如下：

（1）汉堡和它周围地区发展的主要设想是轴线规划，即汉堡的发展通过八条对外区域轴线向外疏散。另外，还有两条城市主轴线和四条副轴线。为了实现其

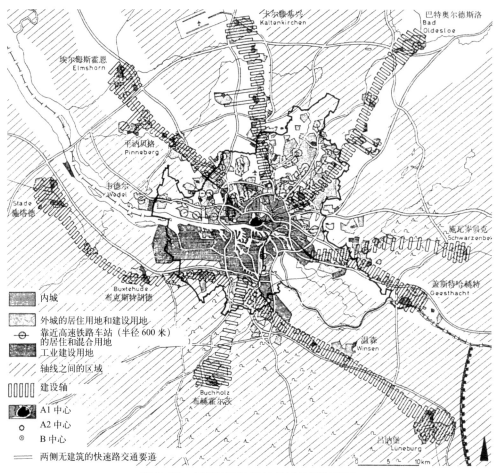

图 6-33 汉堡及周边地区发展轴规划草图
(1969年,由市中心和轴线组成的点轴体系构成了该地区住房、工作、休养、教育以及交通用地的规划要素)(迪特马尔·赖因博恩著.19世纪与20世纪的城市规划.虞龙发等译.北京:中国建筑工业出版社,2009)

目的,建设均沿着轴线加密,并使开敞的自然空间接近市中心。每条轴线的用地用高速公路或主要交通干道联系,轴线上各区中心用快速电气火车联系。轴线之间的土地用于农业生产,不允许再修建其他建筑物。

(2)根据历史上的管理和供应模式及未来发展需要,确定市区及外围的中心点体系,各级中心服务均布置于相适应的范围内。全市中心(A1)作为生活和经济中心,不仅要为汉堡及周围地区260万人服务,还要为整个德国区域北部服务。估计到经济管理用地的增长,又设置了城市辅助中心(A2),以及16处地区中心(B)等(表6-6)。

(3)把解决好客运近程公共交通、货运交通问题作为城市交通的指导思想,并重视个人小汽车的最大流动性。在汉堡市区,近程公共交通有特别重要的作用,而在外围地区,个人汽车交通较为重要。有轨快速交通只限于在较密居住的轴线地区使用,其附近还要由公共汽车交通作为补充。高速道路网也是汉堡及其外围

中心分级、功能及服务范围　　　　　　　　　表6-6

中心分级		类型	功能	服务范围及居民数
A	1	市中心	经济管理、服务、行政管理	区域
	2	市辅助中心	经济管理	区域
B	1	区中心	经济管理、服务、行政管理	约20万人
	2	区辅助中心	服务	约15万人
C	1	地段中心+地方机关	服务、行政管理	2万~7万人
	2	地段中心	服务	2万~7万人

数据来源：世界城市规划与建设编写组．世界大城市规划与建设．上海：同济大学出版社，1989．

地区轴线规划的重要组成部分。为了减少放射方向的交通，还增加了环线和切线道路的联系。从汉堡市区向外辐射的快速有轨交通网由市内快速火车与区域火车组成，所有线路从市区出发到外围重点站的乘车时间不超过45分钟。另外，在外围地区与市区之间的过渡地区以及外围的有轨交通车站安排了停车-换乘设施。

（4）全市居住的建筑密度从市区外围向近市中心区方向逐渐增大。根据汉堡及其周围地区的密度分配模型，在快速铁路客运轴线上的居住区，居住密度较高。根据建设用地距快速火车站距离的不同，建设用地也分为核心区、中间区与边缘区，各制定不同的建筑密度（表6-7）。

快速铁路客运上居住密度模型　　　　　　　　　表6-7

用地类型	至快速火车站距离（m）	用地面积（hm²）	建筑面积系数	每人建筑面积为33m²时居民建筑容量（人）
核心区	300	28	1.3	3500
中间区	300~600	85	0.9	14000
边缘区	>600	不限		不限

3．纽伦堡（Nurnberg）

在中世纪后期和文艺复兴时期，纽伦堡是欧洲北部、巴伐利亚和阿尔卑斯山通向整个陆路贸易的中间站。因此，它成了德国最富有的城市之一。纽伦堡在二次世界大战开始时扩展成为有42万人口的中心枢纽。法西斯统治时期，德国纳粹党每年在纽伦堡组织一次大规模的集会，还专门建造了用平台和台阶围成的广场。

在第二次世界大战的空袭中，全城125000幢建筑中有57000幢全部被毁坏，55000幢建筑部分被损坏，仅有13000幢完好地幸存下来。古城中心也完全被毁。这座被毁坏的城市成了闻名的1945~1946年对战争罪犯进行审判的地方。

在重建城市的过程中，纽伦堡制定了古城中心的重建规划，尽可能修复古城中心和恢复中世纪的城市面貌（图6-34、图6-35）。对于最重要的历史性建筑，则根据当时的描绘，完全忠实于原有形式进行重建，如今的城市已是历史建筑与现代建筑的完美结合。

4. 法兰克福（Frankfurt）

坐落于美因河畔的法兰克福是德国第五大城市（前四位是柏林、汉堡、慕尼黑和科隆），约有人口66万。它又是一座文化名城，歌德的故乡，还保存着歌德的故居。

第二次世界大战中，法兰克福80%的城市建筑被炸毁，千年古城变为一片废墟。作为二战后重建的新型金融城市，法兰克福迅速崛起，市区内高楼林立，古老与现代同时融入城市之中。罗马广场是法兰克福现代化市容中唯一保留着中世纪古街道面貌的广场。广场旁边的建筑物有旧市政厅，由三幢精美的阶梯状人字形屋顶的哥特式建筑组成。它不仅是法兰克福的城市中心，还曾是德国国王的加冕之地。二战中，围绕着这个五角形广场的楼房遭到了彻底摧毁，但二战后不久广场就得以恢复重建。

5. 德累斯顿（Dresden）

德累斯顿历史上是萨克森王国的首都、拿破仑的重要军事基地、德国东部重要的文化、政治和经济中心，它以17、18世纪丰富精美的巴洛克艺术闻名。第二次世界大战时，该市遭到盟军的大规模空袭，德累斯顿内城共15km² 建筑物被彻底摧毁，其他区域也不同程度受到破坏，城市面貌已经面目全非。

二战以后，德累斯顿归属于前民主德国，作为一个重要的工业中心，并拥有大量的科研设施。战后重建在20世纪50年代初从市中心

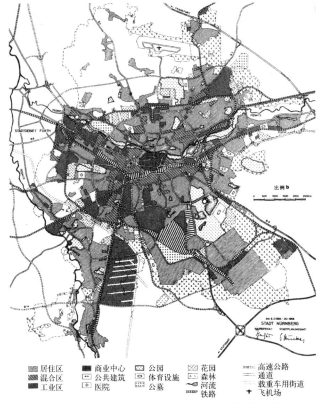

图6-34　1958年纽伦堡城的结构图
(L·贝纳沃罗著. 世界城市史. 薛钟灵等译. 北京：科学出版社，2000)

图6-35　纽伦堡城古城中心的重建规划
(L·贝纳沃罗著. 世界城市史. 薛钟灵等译. 北京：科学出版社，2000)

第六章 现代西方的城市

图 6-36　德累斯顿圣母教堂的重建现场（张冠增摄）

的住宅和代表性历史建筑开始。出于经济和意识形态的原因，在重建大片地区时，市当局选择采用了社会主义现代风格，如住宅采用前苏联的工人新村式建筑，一些重要的历史建筑也得到了重建，如德累斯顿国家交响乐团（萨克森州剧院）和茨温格宫。

自 1990 年德国重新统一后，德累斯顿再度成为德国东部的文化、政治和经济的中心，并运用西部的资金复原了许多历史建筑物和历史遗迹。如花费 7 年时间重建的圣母大教堂。建筑师使用三维电脑技术对旧照片和每一块残留的碎石进行分析，有 1/3 的大教堂石头都来自原来的废墟。为了更好地保留原有的风貌，甚至在重建时，每一块石头都务必放置在原来的位置，连当年巴赫在这个教堂里曾多次演奏的管风琴，都在一些残片的基础上得到了修复（图 6-36）。除了圣母教堂外，位于诺伊曼克特区的历史街区也进行原汁原味的重建。

尽管市区在二战中几乎毁灭殆尽，但在 60 年的重建工作之后，德累斯顿已基本上恢复了原来的风貌，除了仅有的几处残缺外，几乎所有的古老建筑都得到修复，再度成为一个拥有丰富旅游资源的城市。德累斯顿如今是记载历史记忆的重要文化中心，每年 2 月 13 日的盟军轰炸纪念日，成千上万的民众都会聚集在一起举行纪念活动。2004 年，联合国教科文组织宣布将德累斯顿和周围的易北河河谷列为世界文化遗产。

图 6-37 斯德哥尔摩的轨道系统与主要新城
(Robert Cervero. The Transit Metropolis: A Global Inquiry. Washington DC: Island Press, 1998)

四、瑞典新城建设

瑞典也是战后较早规划建设新城的国家，斯德哥尔摩于 20 世纪 40 年代末就开始建设新城，但规模都较小，其居住人口规模往往不超过 5 万，吸纳的就业人口规模也就在 2 万左右；同时每个新城又由多个居民点组成，每个居民点的规模都控制在 1 万人左右。若干新城组成一个区，并在区内的某个新城中建设一定规模的商业中心为邻近的新城服务。与英国新城强调自我的独立完备不同，瑞典有意偏离了英国模式，而在城市邻近地区建设卫星城，居民可借助于新的公交系统进行通勤。

1. 斯德哥尔摩（Stockholm）

斯德哥尔摩是城市发展与轨道交通协调发展的典范。作为瑞典首都，同时也是瑞典最大的城市，约 72 万人口中大约一半都居住在市中心，其余的居民中又有大约一半居住在规划的新城中，这些新城环绕在斯德哥尔摩市中心周围，通过放射状的区域轨道系统与市中心相连。

第二次世界大战后，为了扭转城市无序扩张的趋势，把斯德哥尔摩建成一个以公共交通为主导的大城市，政府 1952 年制定了城市总体规划。整个区域呈放射状多中心布局，市中心向周围 6 个方向延伸，沿地铁、郊区铁路和快速路发展，每一方向形成一条发展带，沿发展带布置若干个组群（图 6-37）。城市总体规划的思路是通过轨道交通来连接斯德哥尔摩城区和新城，每个新城都设计成一个邻里单位，中间是社区和商业中心，靠近车站的是高密度的住宅，外围是低密度住宅以及自建的独栋住宅。在邻里单位之间建设由绿地和公园组成的、作为分隔的绿色空间。

上述原则适应了 20 世纪 50 年代和 60 年代城市的迅速发展，到 60 年代中期，地铁系统延伸达 65km，从新建的近郊地区乘车，在 40min 内即可到达市中心。近郊组群的规模平均为 8000 户，2 万人左右；各组群并不都是供居住的卧城，在靠近市中心的一些近郊新城，大约有 50% 的居民到市区工作。为了解决其他人的工作岗位，各组群采用组团布置方式，3～4 个组群为一组，形成一个地区中心，中间安排工业和行政办公用房，并选择一个组群中心作为地区的中心，拥有较大的服务设施以便为全地区的居民服务。

目前斯德哥尔摩的 72 万城市人口中仅有一半住在中心城区，其余的居民则散居于各大新城，通过快捷、放射状的区域轨道系统与市中心相连，人均公交搭乘次数已高达 325 人次／年。区域公共交通体系与周边城镇土地开发的互相结合、彼此支撑，已成为瑞典近半个世纪来贯穿整个新城建设的一条基本思路和根本原则。这种规划思想实质上正是 TOD（Transit–oriented Development）开发模式的核心内涵所在，旨在创造支持交通的土地使用模式和多种可行的出行模式，进而有效控制和引导小汽车的发展。战后斯德哥尔摩的新城建设根据开发的时序及规划思想、建设理念的演化，大致可分为两个阶段，并先后建成了第一代和第二代新城（图 6-38）。

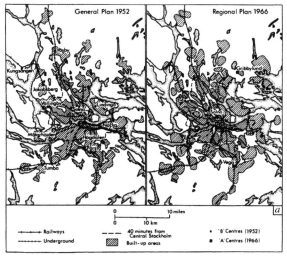

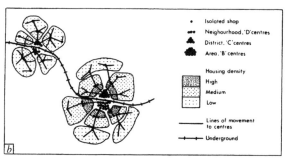

图 6-38 （*a*）1952 年和 1966 年的斯德哥尔摩规划图；（*b*）斯德哥尔摩郊区卫星城组群图示

(Peter Hall. Urban and Regional Planning. Routledge, 2002)

2. 第一代新城

1945～1957 年间，随着区域轨道系统前三条线路的建设，第一批新城也开始同步建设（表 6-8）。斯德哥尔摩的第一批新城被称为 ABC 城镇（A= 住房，B= 就业，C= 服务），即居住、就业、服务三位一体的新型城镇，用地性质的复合也避免了纯粹"卧城"的建设。

斯德哥尔摩第一代新城的建设概况　　　　表 6-8

新城	建设时间	特征	备注
魏林比（Vällingby）	1950～1954 年	斯德哥尔摩战后建设的首座新城，占地 170hm²，依山而建	Sven Markeliu 主持建设，在现代城市的规划和建设史上占据重要的一席之地
法斯塔（Farsta）	1953～1961 年	工业化的建筑手段，预制混凝土模板的广泛运用，5000～7000 居住单元	Vällingby 中心区在南部的翻版
斯科尔赫蒙（Skärholmen）	1961～1968 年	瑞典新城最大的商业中心，密集的步行商业街和各种商业设施，多层住宅	拥有斯堪的纳维亚半岛最大的多层停车楼

资料来源：吴晓. 斯德哥尔摩战后新城的规划建设及其启示. 华中建筑，2000（9）.

图 6-39 魏林比混合的土地使用

(照片前景中，商业大厦与高层建筑毗邻地铁线路，轨道交通列车正在进站，公交车则停靠在轨道交通车站旁等待换乘乘客。照片远景是绿树环绕的低密度住宅区)

(Robert Cervero. The Transit Metropolis：A Global Inquiry. Washington DC：Island Press，1998)

第一代新城所遵循的一些共同原则为：

（1）建立一个居住人口和就业数相对平衡的新城，人口总规模控制在 8 万～10 万左右，住房中多层公寓的比例大于 60%。"一半一半"的人口原则是第一代新城规划的一项核心内容：新城的一半居民在新城外工作，而新城一半的就业人口来自别处。

（2）建立多层次的新城中心，新城的商业和市民中心设在轨道交通车站附近，居住区中心布设在距离市中心 600m 范围内，并设有学校和社区公共设施。

（3）建筑密度由新城中心向外递减，轨道车站周围的住宅密度最高，然后是中密度的建筑，距离市中心较远的地区住宅密度最小；这种布局使大部分的居民可以步行或骑自行车方便地到达地铁车站。

1）魏林比（Vällingby）

斯德哥尔摩第一座卫星城魏林比于 1954 年落成，拥有 2.5 万人口，位于市中心以西 13km 处。在魏林比的地铁车站周围是高层公寓，远离车站的有包括别墅区在内的各种用地。地铁的中心车站建在一个大型的、开放的鹅卵石广场和市民综合建筑下面，此外，车站还与一个大型超市结合在一起，人们在晚上下班回家时可以购买一些日常用品。车站附近还建有儿童保育中心，便利的条件使得每天早上父母可以带孩子步行到市中心，将他们放在保育中心，然后自己乘地铁去上班（图 6-39）。

魏林比的路网包括连接各个社区的环路，以及与机动车流隔离的人行道与自行车道网络。所有的道路与市中心呈放射形连接。因为魏林比在机动车普及之前就已建成，因此在城镇中心预留的停车位很少。在大部分住宅小区仅有规模很小的、集中的停车场。

2）法斯塔（Farsta）

第二座卫星城法斯塔拥有4.2万人口，位于地铁线南端终点站处，距离斯德哥尔摩市中心22km。1912年，法斯塔的农田被市政府购买，并于1956年用于新城发展。由于法斯塔由个体开发商承建，因而工业化的建筑手段和预制混凝土模板被广泛用于公寓的修建。在法斯塔，高楼大厦分布在开阔的步行街周围，步行街一带提供的停车位是魏林比中心区的三倍，该城住宅小区的规模为5000～7000居住单元。与其他新城相比，法斯塔拥有大量的轻工业，它们多数分布在城市的外围。

3）斯科尔赫蒙（Skärholmen）

在20世纪60年代，第三个新城斯科尔赫蒙落成于斯德哥尔摩市中心以西14km处，现有人口2.9万。斯科尔赫蒙被规划为郊区的中心，是瑞典所有新城镇中最大的商业中心，拥有密集的步行商业街和各种商业设施。全斯堪的纳维亚半岛最大的多层停车楼（可容纳4100辆车）也已在这里落成。与前述两个城镇不同的是，斯科尔赫蒙没有高层住宅楼，大部分住宅楼仅有两至四层。在这里，居民住宅楼沿东西方向面山而建。地铁车站对面是市民广场，广场中设有两个大型水池和树林，可以为市民在热天提供荫凉。

3. 第二代新城

斯德哥尔摩市以轨道交通服务为主的第二代新城，是在第一代新城建设实践的经验教训之上兴建起来的，并在规划与建设方面呈现出不同的特征（表6-9）。

第二代新城的建设虽然也是以TOD的规划思想为基础和依托，但是在功能定位、规划风格、空间结构、上下班通勤等方面，不但同第一代新城相差甚远，彼此之间也存在着明显的区别：①新城规划建设思想的转变。第一代新城规划建设的基础——在独立的新城内部实现居住和就业的自平衡——开始让位于新城之间的总体平衡。新城内部的出行也不再被过多地强调，而是鼓励新城之间由快捷交通带来的平衡交通流，公共交通流的平衡已经取代居住和就业的自平衡，成为新一代新城规划的新标准。②新城规划建设思想的个体性差异（尤其是第二代新城）。

斯德哥尔摩第二代新城的建设概况　　表6-9

新城	建设时间	特征	备注
斯潘夏（Spånga）		以低收入产业工人和外来移民为安置主体，双中心结构，以居住功能为主的"卧城"	斯德哥尔摩平均收入最低的新城
吉斯塔（Kista）	1973～1980年	IT产业园区＋多层住宅区，高科技园区为启动的科技新城，斯德哥尔摩最具高科技产业特征和国际影响力的新城	被誉为欧洲的"移动谷"和移动通信的"动力之源"
斯卡尔普纳克（Skarpnäck）	1982～1985年	以街区为单位的院落围合，方格网的街道布局，紧凑的用地，以低多层为主的建筑，街边零售店及沿主要街道设在人行道上的咖啡店	摒弃传统的功能主义规划原则，对新城市主义理念作出反应，并延续欧洲的传统街区结构

资料来源：Robert Cervero. The Transit Metropolis：A Global Inquiry. Washington DC：Island Press，1998.

每一个第二代新城的设计都有独特之处。如斯潘戛（Spånga）镇是一个不同民族混居的"卧城"；吉斯塔（Kista）镇是一个高新技术新城；斯卡尔普纳克（Skarpnäck）镇是瑞典对新城市主义理念的一种响应等，在整体上呈现出特色各异的多元性和差异性。

斯潘戛是在过去军事基地上开发起来的，有两个主要的中心。20世纪60年代末期，大量非、欧洲移民的涌入使得斯潘戛的开发相当紧迫，政府希望它能吸引低收入产业工人居住，因此两个中心地区中多数的公寓为3~6层，并集中在一起建设。在斯潘戛设计了瑞典一流的住宅区的停车库，减少了停车对土地的占用，使得即便在高密度的建筑区内也能保证开放式的绿地。斯潘戛还打破了居住—就业的平衡模式，被规划成一个居住型社区（1990年，就业与居住比仅为0.31），同时，该城也是新城中平均收入最低的城市。斯潘戛设有两个地铁车站，车站对面是农贸市场，居民可以在晚上下班时在车站附近的市场购物。

距斯德哥尔摩市中心西北方向16km的吉斯塔是瑞典首批高新科技新城之一。20世纪80年代早期，由于吉斯塔毗邻阿尔兰大国际机场，并处于通往乌普萨拉（Uppsala）大学城的主要干道上，一批跨国电子公司落户于此。如今，这里已有大约240家公司和超过2.4万名职员。吉斯塔的工作与住房比为3.84，很难实现居住和就业的平衡。在这里，大部分公司与地铁车站间通过与其他交通隔离的步行道系统相连，人们可以便捷地到达车站。吉斯塔的中心是一个室内综合购物商场，并包括有健身和会议设施。与早期的新城相比，吉斯塔的住房种类更多，有高层公寓、平顶花园别墅、复式公寓和分离式单元房。

最近兴建的城镇是斯卡尔普纳克，位于斯德哥尔摩市中心以南10km处。斯卡尔普纳克作为新一代的新城，与以前的那些新城完全不同。规划师们反思了早期新城建设中的过大的建设尺度和制度化的建设风格，在斯卡尔普纳克新城规划时试图创造一个更人性化的区域环境：两层或三层建筑、方格网状的街道布局、紧凑的土地使用、街边零售店，以及设在主要街道边人行道上的咖啡店。这里没有立交桥，所有街道交叉口都是平面的；中、高密度的公寓位于城中心，而低密度住宅区则远离城中心；大部分住宅区和办公区停车场是在住宅楼和办公楼后面的场地上。尽管斯卡尔普纳克的路网布局是方格网形的，但新城中其他街道均设置为断头路，这样可以让城区边缘的低密度住宅区免受外来交通的打扰。

4. 新城规划特点

斯德哥尔摩新城具有以下特点：

（1）新城选址一般都在距离斯德哥尔摩市中心城区10km以上的范围内，围绕着母城呈放射状、组团式分布，新城的空间布点和辐射区域相对均衡，放射式布局可以在各组团之间保留大片的生态绿地和景观廊道，并为城市日后的建设预留宝贵的发展空间。

（2）新城都位于由市中心向郊区呈放射式延伸的地铁沿线上，不但沿袭了当初以公共交通为导向的郊区发展策略和基于 TOD 思想的新城建设方针，还可以极大地提升新城的交通可达性和居住／就业的吸引力。

（3）新城土地利用采取 TOD 的开发模式，每个 TOD 单元都是一个空间紧凑、组织严密的社区，一个由商店、办公、住宅等功能复合而成，围绕公交站点布置的步行可达区块；交通枢纽与新城中心有机结合——地铁、公共汽车、小汽车以及步行区，均要结合中心区的规划设计完成立体换乘和多向转接；充分利用交通与土地之间的互动关联，高密度的住宅区分布在轨道交通车站的周围，低密度的住宅区则通过人行道和自行车道与轨道交通车站相连，以确保更多的人能够利用公交系统。

但实际上，无论是第一代还是第二代新城均难以达到规划的居住人口规模，同预期目标存在一定的现实反差。由于就业与居住的平衡难以在新城内部独立完成，依此建成的新城也会具有更多的半独立特征（表 6-10）。

斯德哥尔摩两代新城的建设概况 表 6-10

新城	建设时间	居住人口规模	就业人口规模	距市中心距离
第一代新城	魏林比（Vällingby）	2.5 万	5.1 万	位于市中心以西 13km 处
	法斯塔（Farsta）	4.2 万		位于市中心以南 22km 处
	斯科尔赫蒙（Skärholmen）	2.9 万		位于市中心西南方向 14km 处
第二代新城	斯潘戛（Spånga）	4.4 万	2.1 万	位于市中心西北方向 12km 处
	吉斯塔（Kista）	3.6 万	1.9 万	位于市中心西北方向 16km 处，并处于通往国际机场及大学城的主要干道上
	斯卡尔普纳克（Skarpnäck）	2.6 万	1.4 万	位于市中心以南 10km 处

资料来源：Robert Cervero. The Transit Metropolis：A Global Inquiry. Washington DC：Island Press，1998.

五、著名西方城市的城市总体规划

1．阿姆斯特丹（Amsterdam）

在第二次世界大战后，阿姆斯特丹城市的增长超出了 1939 年规划的预测，1958 年总人口已有 87 万。为了不破坏阿姆斯特丹西部与哈勒姆（Haarlem）之间的绿化用地，城市部门决定城市本身不再扩大，而发展扩大城市南北的小城镇。为此目的又制订了一个新的建设规划，这个规划涉及阿姆斯特丹的大部分郊区。1968 年决定建设市内轨道交通系统，老城中心区的轨道建在地下，而郊区轨道建在地上（图 6-40、图 6-41）。

1965 年建筑师巴马克和范·登·布罗克提出了一份阿姆斯特丹东部扩建计划图，计划在城市与须德海围海田之间的人工岛屿上建造一座容纳 35 万人口的长条城市，城市地铁网和快速电车系统贯穿其间。按这个计划，新城有 35 个能居住一万人的居住小区，分布在距交通干线 1.5km 的范围内。每一个居住小区都有高

图 6-40　阿姆斯特丹 20 世纪 60 年代新的建设规划
（L·贝纳沃罗著. 世界城市史. 薛钟灵等译. 北京：科学出版社，2000）

图 6-41　阿姆斯特丹及郊区的总体规划
（L·贝纳沃罗著. 世界城市史. 薛钟灵等译. 北京：科学出版社，2000）

密度、中密度和低密度的建筑物。中心部分有地铁和快速电车通过，建筑密度最大，不仅有办公楼也有住宅；中心区的两侧是多层住宅部分，这些住宅因高差、平面及高度各异，相互之间有宅间小路连接。每一幢住宅或公寓都面朝小区内的组合扩建（如学校和商店）和两个居住小区之间的绿化用地。绿地内有水面、花园、游乐场和其他设施，绿地宽度至少有300m。这种以单位重复为基础的新住宅体系和阿姆斯特丹的旧体系之间，形成了鲜明的对比。

2．哥本哈根（Copenhagen）

丹麦首都哥本哈根于1948年编制了著名的"指状规划"，城市沿着选定的几条轴线，建设新型高速交通线，并通过延长手指建设新城，几条轴线之间的地区保留着楔形绿地。

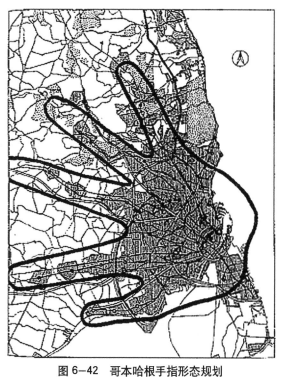

图 6-42　哥本哈根手指形态规划

(Robert Cervero. The Transit Metropolis: A Global Inquiry. Washington DC: Island Press, 1998)

1）"指状规划"

在二战期间，哥本哈根地区就已经拥有了100多万人口。受到战后英国城镇规划原则的影响，1947年的"指状规划"提出沿狭窄"手指"走廊集中发展，这些手指分别指向西兰岛北部地区的五个老城镇。"指状规划"引导大哥本哈根地区延长由轨道交通线路支撑的走廊，连续地开发建设城镇，并在发展中的"手指"间保留开放的绿楔用地（图6-42）。在大哥本哈根地区城市规划产生后，当局又颁布了严格的城市乡村区划规定以确保该规划的有效实施。

与斯德哥尔摩相似，"指状规划"的核心是通过延伸已确定的交通走廊轴线发展，以保证区域内相当比例的就业人口能够使用轨道公共交通上下班。轨道线路就像在绿楔中的"手指"，既可以实现有效的、放射状的向心通勤，也有助于维持中心城区的合适规模。这种居住模式有利于保持原有的居住习惯并有效控制基础设施的发展成本。

在"指状规划"及其以后演变修正方案里所列出的目标中，有许多是以实现区域的可达性和可持续性为目标原则来构建的，其中包括：①减少日出行距离和次数；②尽量减少中心城区的交通拥堵；③根据劳动力供给的状况合理安排工业和商业区位置；④保持建成区和开放空间的平衡。这些原则如今已被广泛地接受，城市的发展大多集中在"五根手指"沿线，直到今天，"手指"间的绿楔还没有受到严重侵占。

2）新城发展

在"指状规划"的引导下，轨道交通的投资与新城的发展成功地结合在一起，使得哥本哈根成为一个公共交通为主导的城市。新建城镇沿着区域的五条形似"手指"的走廊分布，这五条走廊分别指向南面、西南面、西面、西北面以及北面。其中大多数的新城集中在南面和西南面，它们由丹麦政府负责城镇设计、提供资金和实施。

大哥本哈根区域内新城并没有过多地去强调居住人口和工作岗位数的平衡。郊区环线内（主要沿西南走廊）的新城如格洛斯楚普（Glostrup）和阿尔伯特斯兰德（Albertslund）存在大量的就业岗位，并在轨道交通车站周围集聚了大型的零售中心和多种产业。大多数郊区环线以外的新城已经发展成了城郊住宅区，居住人口和工作岗位数的不平衡使这些新城产生了许多的外部通勤出行。

在新城，人们可以通过步行和公交方便地到达轨道交通车站。往哥本哈根中心城区时，高效的轨道交通，以及对机动车出行和停车的限制使得乘坐公共交通成为一种明智的选择。此外，哥本哈根并不只是沿"手指"建设轨道交通支撑的新城，当地政府通过改善传统城市中心活力和城市艺术加强了公共交通系统与城市发展的整合。街道和路边空间已经被划为行人和自行车专用空间。大多数的公共交通使用者是通过自行车和步行到达中心城区的轨道交通车站。

3．华沙（Warszawa）

波兰的首都华沙建立于公元13世纪，位于欧洲北部平原心脏地带，横跨维斯瓦河两岸。城市面积约500km²，市区居民160余万。自1596年成为首都以来，华沙一直都是波兰的政治、行政中心，也是驰名世界的波兰作曲家、钢琴家肖邦的故乡。华沙古城是城市中最古老的地方，初建于13、14世纪之交，扩建于15世纪，改建于17世纪，建筑风格为哥特式。古城的中心有个宽广的方形市场，当时的市政机关、商店和手工业作坊都集中在这里。为了防御，在古城周围筑有城墙和护城河。二战末期，华沙举行反纳粹占领者起义，起义总指挥部设在古城内。起义失败后，希特勒曾下令把"把华沙从地球上永远抹掉"，华沙遭受到空前的破坏。在二战中，华沙有86万居民丧生，85%的建筑物被摧毁，包括极具历史价值的旧城区及皇家城堡，90%的工业遭到彻底破坏，城市基础设施也多被毁于战火。

1）华沙重建规划

1945年2月，波兰政府为了尽快重建首都，成立了首都重建办公室，负责制订《华沙重建规划》，目标是把华沙建成一座满城绿荫的现代化城市。华沙在战前的城市发展主要是采用集中布局的形式，城市建设集中在较小的范围内。战后为了引导城市在更大范围内发展，把城市改变为多带发展的模式，即城市用地将主要沿维斯瓦河发展。1954年制订的"华沙重建规划"中，规划新辟一条自北向南穿城而过的绿化走廊地带，扩展维斯瓦河沿岸的绿色走廊，城市扩建出现沿河发展的态势。具体措施有：

①调整土地使用功能，将城市分为居住区和工作区；②重建华沙古城，并把它有机地组织到城市布局之中；③市内原有的森林和绿地尽可能地得到保护和利用，新辟一条自北向南穿城而过的绿化走廊地带，以及扩展维斯瓦河沿岸的绿色走廊，形成楔形绿地，从郊外深入城市中心，与街道、广场、房屋综合考虑，使自然与建筑密切配合，形成整体；④降低建筑密度，扩大开敞空间的面积，改善居住环境；⑤在城市南北主干道元帅大街与热合乌列斯基大街的交叉处建设城市中心区和中央火车站；⑥发展维斯瓦河东岸布拉格新区，形成城市的副中心区。

2) 修复历史古城

在战后的波兰，存在着关于如何重建首都华沙的激烈争论，一种主张是完全建一座新城；另一种主张是按历史面貌恢复古城。绝大多数居民赞成后一种观点，当恢复华沙古城的消息传开后，流浪在外的华沙人一下子归来了30万，整个国家都掀起了爱国的热潮。华沙人民进行了长期的艰苦努力，严格按照保存下来的原设计图纸修复了最古老的中世纪部分，包括古城、新城和16～18世纪的一些建筑物；扩建了19世纪的贸易—住宅中心、19～20世纪建造的住宅区和工业—住宅区；修建了科学文化宫、国家经委大厦等现代化建筑；修筑了瓦津卡等新的交通干线。到1966年，所有古城的纪念建筑都依照14～18世纪的原样重新修建。被战火摧毁的王宫、大教堂、桥头堡、箭楼等700余座具有历史意义的古代建筑重新闪现出灿烂的光辉。

华沙重建工作并非一味地复原、复旧，在修复工程中，煤气管线等公共设施都得到更新完善。城市面貌是古老的，但是内部设施和生活条件却已大为改善。这种方式已成为日后历史保护中设施更新、环境整治的主要模式。1980年，战后重建的华沙历史中心区被联合国教科文组织作为文化遗产的特例列入了《世界遗产名录》，对欧洲的古城保护产生了重要影响。

3) 华沙发展规划

1972年华沙重新制订了城市发展规划（图6-43）。通过分析城市基础设施的投资门槛、经营管理费用，居民上下班花费的时间等问题，对不同功能结构和布局的方案进行比较，最终确定了城市沿维斯

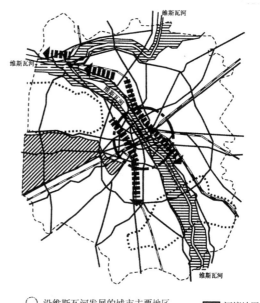

图6-43 华沙地区的发展规划方案
(奥斯特洛夫斯基. 现代城市建设. 冯文炯译. 北京：中国建筑工业出版社，1986)

瓦河并向外辐射形成四条发展带的布局结构。每条城市带划分为四级单元的城市结构。一级结构单元5000～10000人，主要布置日常生活所需的基本服务设施；二级结构单元为2万～5万人，作为居住区级，设有定期使用的公共设施；三级中心彼此间有公共交通相连，集中专业性产品；华沙则是整个地区的主中心。

今天的华沙市依然保持着古城和新城的布局。各种历史纪念物、名胜古迹大都集中在古城，每年都吸引着大批游客。在新城区，现代化的高楼林立，布局合理，居民住宅区环境幽雅，生活便利。为了减少城市的工业污染，工厂都避开市中心地带，建在远离住宅的地方。

第四节　20世纪70～80年代的西方城市规划思潮

一、马丘比丘宪章

由于在理论和实践中均出现一些脱离社会现实和矫枉过正的情况，现代建筑运动在20世纪50年代中期前后开始受到质疑和指责。在这种背景下，一批城市规划学者于1977年12月在秘鲁的利马进行学术讨论，并在古文化遗址的马丘比丘山签署了《马丘比丘宪章》，根据1930年之后近半个世纪以来的城市规划与建设实践和社会实际变化，对《雅典宪章》进行了补充和修正。

《马丘比丘宪章》共分为11个部分，对当代城市规划理论与实践中的主要问题作了论述，对《雅典宪章》中所提出的概念和关注领域逐一重新进行了分析，并提出具体的修正观点。这11个部分分别为：城市与区域、城市增长、分区概念、住房问题、城市运输、城市土地使用、自然资源与环境污染、文物和历史遗产的保存与保护、工业技术、设计与实践、城市与建筑设计。首先，《马丘比丘宪章》声明所进行的是对《雅典宪章》的提高和改进，而不是放弃，承认后者的许多原理依然有效。在此基础上，主要在以下几个方面阐述了需要修正和改进的观点：

①不应因机械的分区而牺牲了城市的有机结构，城市规划应努力创造综合的、多功能的环境；②人的相互作用与交往是城市存在的基本依据，在安排城市居住功能时应注重各社会阶层的融合，而不是隔离；③改变以私人汽车交通为前提的城市交通系统规划，优先考虑公共交通；④注意节制对自然资源的滥开发、减少环境污染、保护包括文化传统在内的历史遗产；⑤技术是手段而不是目的，应认识到其双刃剑的特点；⑥区域与城市规划是一个动态的过程，同时包含规划的制订与实施；⑦建筑设计的任务是创造连续的城市框架，建筑、城市与绿化景观是不可分割的整体。

此外，《马丘比丘宪章》还针对世界范围内的城市化问题，将非西方文化以及发展中国家所面临的城市规划问题纳入到考虑问题的视野之中。宪章强调了"规划必须在不断发展的城市化过程中反映出城市与其周围区域之间的基本动态的统一性"，"规划过程应包括经济计划、城市规划、城市设计和建筑设计，它必须对人类的各种要求作出解释和反映","规划、建筑和设计,在今天,不应当把城市当做一系列的组成部分拼在一起来考虑,而必须努力去创造一个综合的、多功能的环境","在建筑领域中,用户的参与更为重要,更为具体"等观点。该宪章是继 1933 年《雅典宪章》以后对世界城市规划与设计有深远影响的又一文件。

二、城市旧城更新和历史保护

1960 年以后,随着战后大规模的住宅重建和新建,城市中大量历史环境迅速消失,导致了人们怀旧情绪的加重和历史保护意识的增强。20 世纪 70 年代是欧洲城市保护中最有意义的时期,这与当时的经济背景有关。1973 年爆发的石油危机以及由此引发的经济问题,使新开发建设项目出现了滑坡现象,也促使人们开始思考如何充分利用旧城区的原有设施和现有资源。1975 年欧洲议会为振兴处于萧条和衰退中的欧洲历史城市,为保护文物古迹而发起了"欧洲建筑遗产年"的活动。

欧洲议会通过的《建筑遗产的欧洲宪章》,明确了历史保护的现实意义。特别强调建筑遗产是"人类记忆"的重要部分,它提供了一个均衡和完美生活所不能或缺的环境条件。城镇历史地区的保护必须作为整个规划政策中的一部分;这些地区具有的历史的、艺术的、使用的价值,应受到特殊对待,不能将其从原有环境中分离出来,而要把它看做是整体价值的一部分,尽量尊重其文化价值。1975 年,作为"欧洲建筑遗产年"重要事件的欧洲遗产大会在阿姆斯特丹举行,这次会议通过的《阿姆斯特丹宣言》中指出:在城市的规划中,文物建筑和历史地区的保护至少要放在与交通问题同等重要的地位。从此,历史保护的概念和实践在欧洲开始走向成熟。

在实践方面,20 世纪 60 年代是欧洲城市保护的起步时期。第二次世界大战以后,欧洲许多被战争摧毁城市的重建活动,引发了人们对历史文化遗产保护问题的进一步思考。20 世纪 60 年代后,欧洲的建筑和城市遗产保护经历了一个快速发展的阶段。波恩、慕尼黑、布达佩斯等被战争破坏的古城,都按照"修旧如旧"的原则进行了很好的维修。这些城市都把恢复历史建筑和保护古城,视为重建民族精神的重要手段,并取得了显著的效果。

经历了战后几十年的发展,遗产保护已成为欧洲国家的主流思潮。由保护可供人们欣赏的艺术品,发展到保护各种作为社会、文化见证的历史环境与建筑,进而保护与人们当前生活息息相关的历史街区乃至整个历史城镇。由保护物质实体发展到非物质形态的城镇传统文化等更加广泛的保护领域。这种现象反映出人类现代文明发展的必然趋势,保护与发展已成为各国的共同目标。历史保护取代了战后的城市更新,成为社区建设的主要方式。

1978 年联合国教科文组织开始确定自然风光、文物古迹为世界自然和文化遗产,欧洲的一些历史城镇作为"世界遗产城市"也列入了世界遗产名录。恢复历史城市风貌的华沙古城作为特例被列入《世界历史文化遗产名录》(《名录》一般拒绝重建的东西列入），对欧洲城市历史保护产生了很大影响。

三、城市环境保护运动

世界性环境保护浪潮是从20世纪60～70年代的发达国家开始的；环境保护意识的推动则是通过一些环境保护论著推动发展的。如：

1962年美国学者蕾切尔·卡逊在波士顿出版了《寂静的春天》，分析了自第二次世界大战以来一直被广泛使用的高效杀虫剂——DDT的聚积过程；1968年美国学者奥尔多·利奥波德发表《沙乡思考》一书，大声疾呼环境危机；1968年美国斯坦福大学教授普尔·埃利希写了《人口爆炸》一书，强调人口过剩不仅是环境危机的加速剂，也是更大环境危机的前兆；1972年英国经济学家B·沃德和美国微生物学家R·杜博斯组织的58国152名专家，发表《只有一个地球》报告，指出："人类生活的两和世界——它所继承的生物圈和它所创造的技术圈——业已失去了平衡，正处在深刻矛盾之中。"同时，一系列环境污染造成对居民生活的严重影响，并推动环境保护运动的开展。

1972年6月，联合国在斯德哥尔摩召开了人类环境会议，通过了《人类环境宣言》。宣言："保护和改善人类环境已经成为人类的一个迫切任务"。这次会议强调要协调发展与环境的关系，制定健全发展战略，提出两类不同的环境和污染问题：贫穷污染是由发展不足引起的；发达国家的环境污染如大气、水质、辐射、噪声、化学、热源等方面的污染，则是经济高度畸形发展和生活方式的奢侈浪费造成的。

1970年以来，环境保护意识已开始引起人们的普遍关注。许多国家成立了环境管理机构，1972年联合国大会确定每年6月5日为世界环境日。1973年1月，联合国成立了环境规划署，几十项有关环境问题的国际协议或地区性协议开始生效。

20世纪80年代以来，伴随环境污染和大范围的生态破坏出现了战后第二次环境保护运动高潮。全球行动重视保护环境已成为大趋势，并且逐渐成为各国政府首脑关注的问题。与此同时，出现了许多群众组织以至政党。1971年以"拯救地球"为己任的绿色和平组织宣告成立，并很快发展为一个国际性组织。

1.《寂静的春天》

从20世纪40年代起，人们开始大量生产和使用六六六、DDT等剧毒杀虫剂以提高粮食产量。到了50年代，这些有机氯化物被广泛使用在生产和生活中。1962年，美国生物学家蕾切尔·卡逊经过4年时间，调查了使用化学杀虫剂对环境造成的危害后，出版了《寂静的春天》（Silent Spring）一书。在这本书中，卡逊描写了因过度使用化学药品和肥料而导致的环境污染、生态破坏，以及最终给人类带来的不堪重负的灾难。她特别阐述了农药对环境的污染，用生态学的原理分析了这些化学杀虫剂对人类赖以生存的生态系统带来的危害，指出人类用自己制造的毒药来提高农业产量，无异于饮鸩止渴，人类应该走"另外的路"。

《寂静的春天》是一部划时代的绿色经典著作。当时美国的一些城市已经出现了比较严重的环境污染,但政府的公共政策中还没有关于"环境保护"的条款。因此,《寂静的春天》受到与之利害攸关的生产与经济部门的猛烈抨击。这本书也是一部警示录,强烈震撼了社会广大民众,引发了公众对环境问题的注意。由于它的广泛影响,美国政府开始对书中提出的警告进行了调查,最终改变了对农药政策的取向,并于1970年成立了环境保护局。美国各州也相继通过立法来限制杀虫剂的使用,最终使剧毒杀虫剂停止了生产和使用。

《寂静的春天》在阐述了杀虫剂对生态环境的危害的同时还告诫人们:关注环境不仅是工业界和政府的事情,也是民众的分内之事。围绕《寂静的春天》引起的广泛争论为民间环保运动的蓬勃兴起奠定了坚实的基础。

2. 罗马俱乐部和《增长的极限》

1968年,正当工业国家陶醉于战后经济的快速增长和随之而来的"黄金时代"时,来自西方不同国家的约30位企业家和学者聚集在罗马,共同探讨了关系全人类发展前途的人口、资源、粮食、环境等一系列带根本性的问题,并对原有经济发展模式提出了质疑。这批人士的聚会后来被称为罗马俱乐部。罗马俱乐部是一个非正式的国际协会,其宗旨是要促进人们对全球系统各部分——经济的、自然的、政治的、社会的组成部分的认识,促进制定新政策和行动。

1972年3月,美国麻省理工学院的丹尼斯·米都斯教授领导的一个17人小组向罗马俱乐部提交了一篇研究报告,题为《增长的极限》。他们选择了5个对人类命运具有决定意义的参数:人口、工业发展、粮食、不可再生的自然资源和污染。全书分为"指数增长的本质"、"指数增长的极限"、"世界系统中的增长"、"技术和增长的极限"、"全球均衡状态"五章,从人口、农业生产、自然资源、工业生产和环境污染几个方面阐述了人类发展过程中,尤其是产业革命以来,经济增长模式给地球和人类自身带来的毁灭性的灾难。书中以各种数据和图表有力地证明了传统的经济发展模式不但使人类与自然处于尖锐的矛盾之中,并将会继续不断受到自然的报复。

这项研究最后得出地球资源是有限的,人类必须自觉地抑制增长,否则随之而来的将是人类社会的崩溃这一结论。该书向当时的人们敲响了一个从未有过的警钟,因此报告发表后,立刻引起了爆炸性的反响。这一理论又被称为"零增长"理论。尽管理论界对此仍有争议,有人甚至写过一本《没有极限的增长》来进行反驳,但这本书仍可以说是人类对今天的高生产、高消耗、高消费、高排放的经济发展模式的首次认真反思,它的论证为后来的环境保护与可持续发展的理论奠定了基础。

四、后现代城市规划

二战以后,因为经济、社会和政治转型以及传播媒介、电子技术、信息技术等的发展,西方国家进入了一种不同于工业化社会的新时代,人们通常把20世纪60年代末以后的社会称为"后现代社会"。西方国家社会经济深刻的变化引发了西方思想家对人、对社会、对未来的深切关注和思考。正是在这一背景下，西方世界中形成和发展了丰富多元的后现代社会思潮。在城市规划领域，在对现代主义的反思和批判中，强调功能理性的现代城市规划逐步转变为注重社会文化的"后现代城市规划"，开始从社会、文化、环境、生态等各种视角，对城市规划进行新的解析和研究。

（1）对规划中社会公正问题的关注。与原来只重视物质空间建设的做法不同，20世纪70年代后人们日益关心规划的社会目标，人本主义成为后现代城市规划思想的核心。规划师的成员队伍构成也日益多元化，除了传统的建筑师、规划工程师以外，社会、法律、经济、地理等领域的工作者也越来越多、越来越积极地参与到这个行列中来。规划思想中对社会公正关注的另一个重要表现是对妇女在规划中的地位的不断重视。

（2）对社会多元性的重视。后现代城市规划思想中的一个重要方面是充分认识到社会构成的复杂、多元，承认规划的背景环境是一个多元世界，其中存在许多目标各异的利益团体并导致了空间过程的复杂化、个性化。20世纪60年代末后发展起来的分离—渐进理论、混合审视理论、非正式的协调性规划、概率规划、自下而上的倡导性规划等，都是力图体现城市规划对多元社会现实的尊重。在这方面最重要的著作是戴维多夫与瑞纳合著的《规划选择理论》（A Choice Theory of Palnning，1962年）。戴维多夫发表的《规划的倡导与多元主义》，对规划决策过程和文化模式进行了理论探讨，强调通过规划过程机制来保证不同社会集团、尤其是弱势团体的利益。

（3）人性化的城市设计。后现代城市规划思想对传统的物质空间规划手法和城市设计观产生怀疑，尤其是对大规模的城市改建持严厉的批评态度。简·雅各布斯在《美国大城市的生与死》一书中，从社会分析的视角对城市规划界一直奉行的一些最高原则进行了无情的批判。她指责这些浩大的改建工程并没有给城市带来想象的生机和活力，反而破坏了城市原有的结构和生活秩序；她认为柯布西耶所推崇的现代城市规划模式是对城市传统文化多样性的彻底破坏。雅各布斯对现代城市规划的批判引发了规划师对社会公正、人性化等全方位价值判断的深刻思考，一部分人开始转向对现代城市设计思想的探索。1987年，雅各布斯与D·阿普里亚德出版了《走向城市设计的宣言》（Towards an Urban Design Manifeto），提出城市设计的新目标：良好的都市生活、创造和保持城市肌理、再现城市的生命力。

（4）对城市空间现象背后的制度性思考。20世纪70年代中后期，新马克思主义理论的兴起为西方学者深刻认识城市问题提供了新的工具。新马克思主义者认为：资本主义的城市结构和城市规划本质上是源自对资本利益的追求，他们强调从资本主义制度的本质矛盾层面来认识、理解城市的空间现象，并且通过对制度的更新来获得新的、健康的城市环境。按照新马克思主义的视角，城市规划的本质被认为更接近于政治，而不是技术或科学，城市规划被视为以实现特定价值观为导引的政治活动；对城市规划的评估也不再被认为是单纯的技术问题，而与价值判断密切相关。基于对城市规划本质是政治过程这样的一种认知，西方理论研究中开始更多地关注城市规划的政治问题，进一步引发了对城市规划理论实质的探讨。

五、城市可持续发展

1．可持续发展和可持续发展战略

1987年，由挪威前首相布伦特兰夫人领导的联合国世界环境与发展委员会在《我们共同的未来》报告中第一次阐述了可持续发展的概念："既满足当代人的需要，又不损害后代人满足需要的能力的发展"。这个定义实际上包含了三个重要的概念：其一是"需求"，尤其是指世界上贫困人口的基本需求，应将这类需求放在特别优先的地位来考虑；其二是"限制"，这是指技术状况和社会组织对环境满足眼前和将来需要的能力所施加的限制；其三是"平等"，即各代之间的平等以及当代不同地区、不同人群之间的平等。目前，这一概念已被世界各国广泛接受和运用。

可持续发展战略，是指实现可持续发展的行动计划和纲领，是多个领域实现可持续发展的总称，它要使各方面的发展目标，尤其是社会、经济与生态、环境的目标相协调。1992年6月，联合国环境与发展大会在巴西里约热内卢召开，会议提出并通过了全球的可持续发展战略——《21世纪议程》，并且要求各国根据本国的情况，制定各自的可持续发展战略、计划和对策。

2．城市可持续发展的研究内容

围绕城市可持续发展问题，各国专家学者分别从不同的角度进行了深入的研究：

（1）资源和环境的角度。从资源角度研究城市可持续发展问题，主要集中于城市的自然资源禀赋与城市经济发展之间的矛盾。城市要想可持续发展，必须合理地利用其本身的资源，并注重其中的使用效率，不仅为当代人着想，同时也为后代人着想。从环境角度研究城市可持续发展问题主要集中于城市经济活动中的污染排放与自然环境的自净能力之间的矛盾。这类研究着重于城市环境污染治理和减排的技术、经济和法律手段。

（2）城市生态的角度。从生态学的角度看，城市是一个独特的生态系统。"生态城市"最早是在联合国教科文组织发起的"人与生物圈"计划中提出的一个概念。随后，这个概念得到非常迅速的传播，成为城市发展的一种新理论。生态城市是可持续的、符合生态规律和适合自身生态特色发展的城市。目前，生态城市的理论研究已经从最初的应用生态学原理阶段，发展到包括自然、经济、社会和复合生态观等的综合城市生态理论。

（3）经济发展的角度。城市作为一个生产实体，其经济活动通过劳动力、原材料、资金等的输入，生产出物质性产品。而生产、生活环节由于城市的不断膨胀，规模愈来愈大，所以在这些环节上出现局部的混乱和不协调，必将对城市的发展，特别是对城市的可持续发展产生极为严重的影响。世界卫生组织（WHO）提出，城市可持续发展应在资源最小利用的前提下，使城市经济朝更富效率、稳定和创新的方向演进。

（4）城市空间结构的角度。随着可持续发展思想的提出，许多学者认为，作为城市经济载体的城市空间结构及城市形态对城市可持续发展起到至关重要的作用。可持续城市应该是"适宜步行、有效的公共交通和鼓励人们相互交往的紧凑形态和规模"，具体包括：①通过社会可持续的混合土地利用，促使人口和经济的集中，减少人们对出行的需求，有效地减少交通排放；②提倡使用公共交通，减少小汽车使用，鼓励步行和自行车使用，以解决城市交通问题；③通过有效的土地规划，统一集中供电和供热系统，充分节约能源；④形成高密度的簇团状社区，有助于生活设施系统充满活力，可以增强社会的可持续性。

（5）城市社会学角度。有许多学者从社会学角度研究城市可持续发展问题。随着全球经济的发展，进入 20 世纪中后叶，收入、分配、就业、隔离等社会问题和生态环境问题同样摆在了人们的面前，并且与贫困化共同作用，严重地影响着城市的进一步发展。可以说，城市的社会问题也是制约城市可持续发展的重要因素。

第五节　20世纪末的全球化与大都市区发展

一、世界城市体系

在全球化过程中，世界经济活动出现了新的分工：一方面生产和制造业出现了"分散"的趋势，制造业从北美、西欧和日本等向一些发展中国家，特别是亚洲各城市移动，一些城市成为新的制造业中心。制造业产品主要供出口，因此对外贸易越来越成为国家经济的支柱，更加依附于全球市场。另一方面，全球资本、高新技术和销售网络（现代服务业）的控制和管理出现了"集中"的趋势，若干发达的大城市成为全球性的经济控制和管理中心，成为全球经济体系中的重要节点，这些城市就是"世界城市"或"全球城市"。

英国城市和区域规划师帕特里克·盖迪斯在其所著的《进化中的城市》（1915年）一书中，最早提出"世界城市"这一术语，他指的是"世界最重要的商务活动绝大部分都须在其中进行的那些城市"。但真正最早从事现代世界城市研究的西方学者是英国地理学家、规划师彼得·霍尔。1966年，霍尔将那些对全世界或大多数国家发生经济、政治、文化影响的国际第一流大都市定名为世界城市，并作出了较全面的解释，即专指那些已具体包括以下几个方面的，并指出它们有几个特征：①主要的政治权力中心；②国家的贸易中心；③主要银行所在地和国家金融中心；④各类专业人才聚集的中心；⑤信息汇集和传播的地方；⑥大的人口中心，而且集中了相当比例的富裕阶层人口；⑦娱乐业已成为重要的产业部门。他从政治、贸易、通信设施、金融、文化、技术和高等教育等多个方面对伦敦、巴黎、兰斯塔德、莱茵—鲁尔、莫斯科、纽约、东京7个世界城市进行了综合研究，认为它们居于世界城市体系的最顶端。

1986年，约翰·弗里德曼在"世界城市假说"（The World City Hypothesis）这篇论文中，详细阐述了有关世界城市的几个基本观点：①一个城市与世界经济的融合形式和程度以及它在新国际劳动地域分工中所担当的职能，将决定该城市的任何结构转型；②世界范围内的主要城市均是全球资本用来组织和协调其生产和市场的基点，由此导致的各种联系使世界城市成为一个复杂的空间等级体系；③世界城市的全球控制功能直接反映在其生产和就业结构及活力上；④世界城市是国际资本汇集的主要地点；⑤世界城市是大量国内和国际移民的目的地；⑥世界城市集中体现产业资本主义的主要矛盾，即空间与阶级的两极分化；⑦世界城市的增长所产生的社会成本可能超越政府财政负担能力。弗里德曼指出，现代意义上的世界城市是全球经济系统的中枢或组织节点，它集中了控制和指挥世界经济的各种战略性的功能。他提出了世界体系假说：城市的凝聚力、辐射力以及城市体系的空间尺度已由国家范围扩展到全球范围，世界上一批具有重要国际化功能和全球影响力的枢纽城市（即世界城市）正在发展，而每一个世界城市的国际性功能决定于该城市与世界经济一体化的方式和程度（表6-11）。

世界城市体系的等级网络　　　　　　　　　　表6-11

等级	主要城市
1	伦敦、巴黎、莫斯科、约翰内斯堡、纽约、芝加哥、洛杉矶、东京、悉尼
2	阿姆斯特丹、布鲁塞尔、法兰克福、维也纳、米兰、马德里、多伦多、旧金山、休斯敦、迈阿密、墨西哥城
3	北京、香港、新加坡、里约热内卢
4	上海、台北、曼谷、马尼拉、加尔各答、孟买、布宜诺斯艾利斯

资料来源：J. Friedmann. The World City Hypothesis. Development and Change, 1986.

1995年，研究世界城市的另一著名学者萨斯基娅·萨森提出了"全球城市"（Global Cities）、"次全球城市"（Subglobal Cities）的概念。她认为，全球城市就是那些能为跨国公司全球经济运作和管理提供良好服务和通信设施的地点，是跨国公司总部的聚集地。全球城市应具有以下4个基本特征：①高度集中化的世界经济控制中心；②金融和特殊服务业的主要所在地；③包括创新生产在内的主导产业的生产场所；④作为产品和创新的市场。

上述这些学者都认为，由于各种跨国经济实体正在逐步取代国家的作用，使得国家权力渐次空心化，全球出现了新的等级体系结构，分化为世界级城市、国家级城市、区域级城市、地方级城市，即形成"世界城市体系"。

目前，世界城市体系正由传统的严格等级中心型向网络型演化，但在网络型城市体系中仍然存在垂直性的等级关系，这种垂直性的等级关系越来越成为跨国公司纵向生产的组织分工；而网络状联系则表现为由此形成的社会经济联系及交通、信息等基础设施的运作。各城市按照它们参与经济全球化的程度以及控制、协调和管理这个过程的程度，在国际城市体系中寻找自己的位置。各个城市在网络中形成多方位的动态交叉等级关系，其在网络中的节点地位取决于自己拥有的创新环境以及对发展机遇的把握，而与规模及生产的综合化程度等传统区位因素不再有必然的关联。在这个网络中，空间极化和城市职能的专门化、特色化趋势将进一步加强。

1999 年，全球化与世界级城市研究小组与网络（简称 GaWC）以英格兰莱斯特郡拉夫堡的拉夫堡大学为基地，尝试为世界级城市定义和分类。GaWC 的名册以特定的准则为主，以国际公司的"生产性服务业"供应，如会计、广告、金融和法律，为城市排名，确认了世界级城市的 4 个级别及数个副排名（图 6-44）。

二、大都市区的发展和规划

1. 法国巴黎大区（Ile-de-France）

巴黎大区（Ile-de-France，即法兰西之岛）是法国 22 个行政大区之一，由巴黎市和周边 7 省组成。巴黎大区没有设立独立的行政层级或区划，只是一个经济区域（或都市圈）的概念，但它是法国的政治、经济、文化中心，是政府、立法机构、重要行政机关和一些国际组织的所在地。从 1964 年开始明确了 12000km² 的都市区界限，占全国面积的比例为 2.2%，全区人口 1100 万，占全国的 18.8%。从历史与区位看，巴黎都市圈具有欧洲乃至全球大都市的众多优势，在欧洲乃至整个世界都占有重要地位。

1）法兰西之岛地区发展指导纲要（SDRIF）

1994 年公布的《法兰西之岛地区发展指导纲要（1990～2015）》（简称 SDRIF 规划）是在 1965 年和 1976 年的"巴黎地区整治规划管理纲要"的基础上

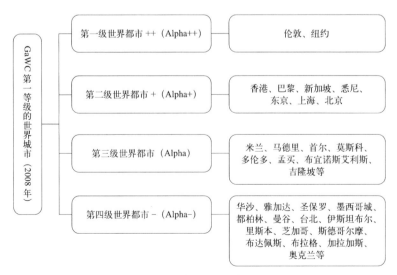

图 6-44　GaWC 第一等级的世界城市（2008 年）(www.lboro.ac.uk/gawc/)

制订的,也是目前巴黎大区建设发展的指导性法律文件,其中就包含着"巴黎大区整治计划"这个有关大区建设的指导性内容。

巴黎大区总体规划(1994年)旨在制订巴黎大都市圈发展的框架结构和目标,在经济全球化的国际宏观背景下,针对巴黎地区在世界、欧洲、法国、巴黎盆地等不同区域层次的城市功能定位,重新审视巴黎地区的地位和功能,阐述区域发展的总体目标和基本战略,并且从自然环境保护、城市空间整合和运输系统建设三个方面,对规划总体目标和基本原则进行详细说明。

1994年批准的《巴黎大区总体规划》中最突出的特点是:首先强调巴黎都市圈整治的基本原则是强化均衡发展,城市之间应合理竞争,大区内各中心城市之间、各大区之间应保持协调发展;其次将大区内部划分为建设空间、农业空间和自然空间,三者兼顾,相互协调,均衡发展;再者是明确了政府不干预规划的具体内容,但是要对重大项目的决策负责,如大型基础设施建设、建筑产业政策、城市开发组织、环境保护与巴黎盆地地区的协调等。

为了加强巴黎都市圈与其他世界城市的联系,巴黎将重点发展航空与高速铁路,在具体项目中注意航空港的建设如何积极适应对外开放的需求,并且留有足够的发展用地。发达的高速铁路网,既可以增进法国城市与欧洲其他大城市之间的联系,又可以促进巴黎都市圈内的流动,推动区域的社会功能高效运转,并且为人们的工作、娱乐、休憩等各种活动提供最为方便的服务。

规划的土地利用原则是:①保护自然环境和文化遗产,取得大区内自然环境和人文环境的平衡;②优先发展住房,能够提供就业以及有利于地区协调发展的服务设施项目;③预留交通设施用地,预留能够促进居民参与社会活动、享受商业服务与娱乐休憩等项目的建设用地。

通过分析现有的欧洲发展轴线就可以发现,由伦敦到米兰的发展轴线恰好从巴黎大区旁边绕道而过(图6-45);此外,随着欧盟的东扩,欧洲的发展中心进一步向东偏移,巴黎大区面临着从中心退为边缘的挑战。要应对这个挑战,需要全法国领域内的总协调,同时也要与欧盟的总体发展目标相协调。

巴黎大区位于西欧经济区与地中海盆地经济区之间,区域的平衡发展极为重要。为此,要严格遵循协调发展与均衡受益的原则。在规划中提出巴黎大区的发展应与全法国其他各大区的发展取得协调,在其发展的同时也应

图6-45 欧洲的发展轴线 (SDRIF, 1994)

积极促进巴黎盆地的发展。强调了巴黎大区的龙头作用，同时要求在整个巴黎盆地范围内通过设立多级中心，形成均衡的城乡聚居网络（图6-46）。规划还提出了全法国人口适度发展、就业平衡的目标。

巴黎大区的整治也是规划的主要目标之一。针对巴黎大区范围，规划提出了以下的整治内容：①积极保护自然环境。规划指出，尊重保护与发展改善是相辅相成的，不应该被看成是对立的行为。已建成的城市，应将自然风光引入城市空间，同时，改善城市生活质量、减少环境破坏也是积极保护自然环境的有效措施。②加强相互联系。规划针对目前住区存在的问题，提出了加强相互联系的住区改善目标，其中包括提供更多的住宅、减少就业与居住之间的不平衡、解决居住质量分化问题等具体措施。③建设便捷的交通。快捷高效的交通是城市健康发展的基础。规划提出的方法有：促进巴黎大区与外界的交流；促进巴黎大区内部的交通联系；增加交通选择的可能性；改善交通的流量分配。

2）巴黎大区整治计划

巴黎大区总体规划中包括《巴黎大区整治计划》。整治计划的基本原则是强化均衡发展，认为巴黎大区内的任何建设都应以社会、经济、文化、环境持续均衡发展为前提；二是重视三种空间的协调发展，即巴黎大区的发展要充分体现城市空间、农业空间和自然空间三者相互协调和共同发展的理念。

图6-46　巴黎盆地城市网络图（SDRIF，1994）

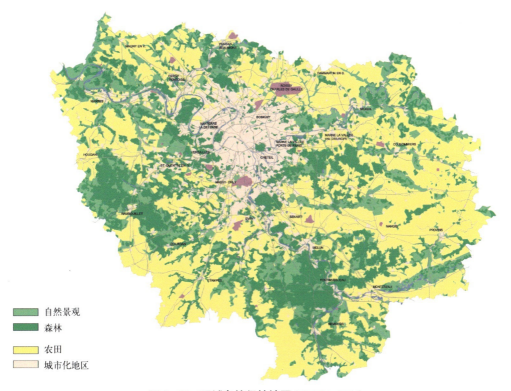

图 6-47　区域自然保护地区 (SDRIF, 1994)

巴黎大区的整治计划具体实施措施包括以下几点：①在城乡居住区保留自然环境，在远郊区保留农业生产空间，为都市圈提供丰富的土地与自然景观（图6-47）；②在近郊区保留和加强"绿带"建设，历史上形成的巴黎近郊的环状森林绿带不仅仅是城市空间结构的重要组成部分，而且为市民提供了广阔的休憩场所，所以在《巴黎大区整治计划》中进一步强化了它的地位；③在城市高密度聚居区内修建绿地，通过绿地和水面建设等来提高城市环境质量。

巴黎大区整治计划中提出，在大区内通过多中心的组织来承担城市的职能和完善城市设施，在巴黎市区的周围，建立多个规模不等的副中心（图6-48），这些副中心的尺度、功能以及位置应该多样化；整治计划提出了具体的有利于大区整治计划实施的交通网构思，要求维持和改善现有公共交通网络，并提供多种交通选择，加强公路网建设并优先完善路网的环形联系。

《巴黎大区总体规划（1994）》与《巴黎大区整治计划》实际上是巴黎大区在二战以后区域规划思想的延续与完善。1965年和1976年的管理纲要强调的是工业分散和新城建设，1994年的总体规划则更加强调区域协调和均衡发展。

当前巴黎大区的发展状况与趋势是：对边缘地区和农村区域的城市化控制不力，远超过了1994年的规划预期；黄带政策形成负面的影响；新的人口和就业分

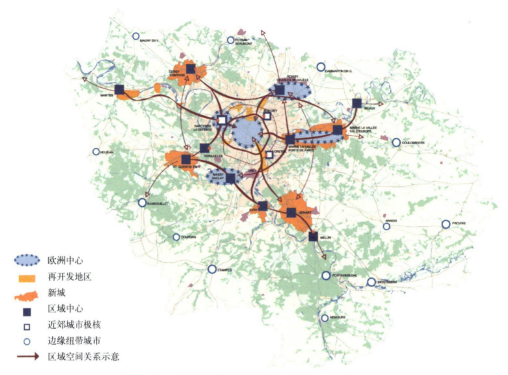

图 6-48　多中心的区域空间布局模式 (SDRIF, 1994)

布强化了新的区域交通组织，越来越多的人口在郊区生活和工作，刺激了郊区通勤的增长；由于其他一些城市区域的兴起，巴黎大区目前增长速度有所缓慢。

2. 英国大伦敦地区

大伦敦地区包括伦敦城、内伦敦和外伦敦，共 1580km²，人口 750 万左右，共有 33 个区，其中伦敦城是核心区，面积只有 1.6km²。泰晤士河基本上从西向东横穿大伦敦。

大伦敦的发展在近代经历了一个集中、疏散、再集中的过程。其人口在 1939 年达到最高峰，为 860 万人。1944 年，设立了伦敦外围的绿带，从此大伦敦的空间扩张被约束在绿带内。从 1945 年起，英国政府开始开发新城，以疏散大城市尤其是大伦敦的人口。由于这一疏散战略的实施以及工业转移和居住郊区化的发展，大伦敦人口开始持续下降，685 万，1983 年达到最低点，约为 680 万，从 1985 年前后开始，随着经济全球化趋势的加剧，伦敦作为世界级城市的地位逐步得到强化，其吸引力不断提高，大伦敦的人口又开始逐年增加，目前已达到约 750 万人。预计人口增长趋势在未来 20 年还将延续。但主要是由于海外移民而不是国内人口的迁入造成的。

1986 年，积极奉行市场化和分散放权的撒切尔政府取消了大伦敦市政府，而改由大伦敦的各区政府分别制订其各自的城区发展规划。由于缺乏统一的规划，缺乏与之配套的足够的基础设施投资，大伦敦的基础设施已跟不上城市发展的需要，交通不畅、房价急速上涨、城市贫富分化日益严重，一系列问题已影响到大伦敦在21世纪的竞争力。为改变城市中存在的社会空间分布不合理以及严重的阶层差异所带来的城市空间蔓延现象，解决都市区内大小行政单位和开发公司在发展和管理上的矛盾，英国在1999年通过了《大伦敦市政府法》，并根据该法在2000年选举成立了大伦敦市政府，并要求市长组织编制大伦敦发展战略规划及对整个都市区进行战略性管理。编制完成后，各城区的规划应与该战略规划协调一致。从2000年开始，伦敦市长开始组织编制"大伦敦战略规划"，简称"伦敦规划"(The London Plan)。2004年2月发表了《伦敦规划》的终稿。

1)《伦敦规划》的原则

《伦敦规划》的原则包括发展、公平和可持续性三个方面，并按照以下四个内容实施：①在现状的开发中采用高密度和高容积率的开发模式，伦敦必须变成一个更紧凑的城市；②未来开发用地与规模的选择必须充分利用现有的公共交通，以加强其可达性；③为了保证增长，必须具备适当的配套设施供给。这些配套供给包括商业空间、住宅、相应水平的劳动力、交通和高质量的环境；④要有明确的空间优先发展权。近几年发展较慢的伦敦地区（特别是伦敦东区）应该在未来的发展中获得优先发展权，其他地区包括伦敦中心区和郊区城镇中心，也应该提出相应的增长极。

英国国家《区域规划导则》（RPG）在发展原则上与此一致：即为了国家以及伦敦自身的利益，伦敦必须发挥其作为一个世界城市的潜能。在过去的重建过程中，伦敦面临的最大问题是社会分异与种族隔离。因此，《伦敦规划》提出需要提供更多的经济适用住宅，为教育、健康、安全、就业、社区服务等方面的发展提供更多的政策支持；同时需要解决歧视问题，为发展提供平等的机会。

2)《伦敦规划》的发展定位及目标

《伦敦规划》确定在未来，伦敦应该维持其在英国的世界城市地位，在欧洲的主导城市地位，以及首都城市和大都会区域的中心城市地位，因此明确了六个发展目标：①不侵占开放空间，在行政边界范围内实现增长；②把伦敦建设成为一个更适宜居住的城市；③使伦敦成为一个更繁荣的城市，有较强劲的经济增长和多样化的经济发展；④改善社会分异，防止贫困和歧视；⑤改善伦敦的交通可达性；⑥使伦敦成为更具吸引力、经过良好设计的绿色城市。

上述目标是基于市长肯·利文斯顿提出的"大伦敦的发展目标展望"制订的，他说："我的目标展望是，通过以下三个互相交织的战略措施，将伦敦发展成为一个备受推崇的、可持续发展的、世界级的城市：①强劲、多元、持久的经济增长；②富于兼容性的社会，使所有的伦敦人都能分享伦敦未来的成功；③大大改进伦敦的环境及其对资源的利用。"

3）挑战和机遇

伦敦在未来面对的主要影响因素有：

（1）人口增长：从2003年的730万增加到2016年的810万；家庭构成（小型化）、年龄构成（年轻化）、种族构成（多元化）发生显著变化，每年需要新建约30000套住宅。

（2）产业转型：在过去30年中，金融／商务产业的就业岗位增加60万个，其他服务业（包括创意／休闲／零售／旅游）增加18万个，制造业减少60万个。产业结构转型的趋势还将持续。

（3）环境制约：以可持续发展的方式来容纳城市增长，鼓励公共交通而不是依赖私人小汽车，更多地利用废弃场地而不是占用农田。

（4）生活方式：年轻化和多元化的人口，工作和闲暇紧密融合的生活方式，紧凑集聚和混合使用的建成环境；价值观念的独立化，要求建成环境提供更多的灵活性和选择性。

（5）信息技术：信息技术将使居住、闲暇和工作场所变得更为灵活，尽管面对面的交流仍然是无法取代的。

（6）社会公正：在平均收入水平和生活品质普遍有所提高的同时，贫富差别也在明显扩大。劳动力市场的极化带来贫民窟差别，住房价格高昂更加剧了收入水平极化。

4）空间发展框架

伦敦的空间发展框架可以概括为：1个中央活动区（Central Activity Zone）、4条发展走廊（Development Corridors）、5个次区域（Sub-regions）、3类发展策略地区（Policy Areas）（图6-49）。

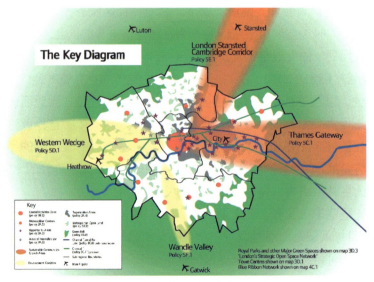

图6-49　大伦敦地区的空间发展战略
(The London Plan, 2004)

第六章 现代西方的城市

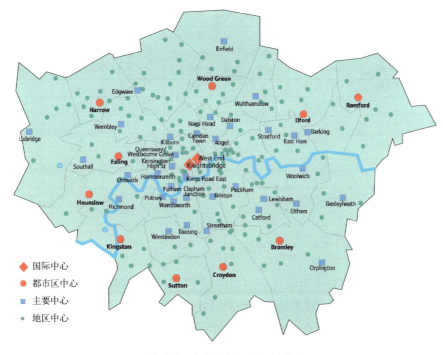

图 6-50　大伦敦地区的城镇体系
(The London Plan，2004)

（1）中央活动区（Central Activity Zone，CAZ）是伦敦作为世界城市的核心功能区。与传统的中央商务区(Central Business District,CBD)相比，中央活动区的地域范围更为扩大，产业功能更为综合。

（2）4条发展走廊（图6-50）：一是往东的泰晤士河入口地区发展走廊。这是伦敦协调发展的战略要地，因此需要为整个泰晤士河入口地区制定实施战略以及战略性交通规划，并且包括伦敦东区的有机会发展地区。二是往北的伦敦-斯坦斯特-剑桥发展走廊。在这条发展走廊上要规划许多发展区，包括伦敦里谷（Lee Valley）的发展地区、哈罗和斯坦斯特发展区。三是往西的三角区和泰晤士流域区。在此需要两个区域规划和经济发展相互协调，并力图实现可持续发展。四是往南的围绕格特威机场发展走廊，这里需要提供更多的发展机会。其中，往东和往北是主要的发展轴线。

（3）5个次区域：大伦敦分成中心区、东区、西区、南区和北区共5个次区域，分别讨论各次区域的空间发展战略，以容纳预测增加的人口和就业岗位（表6-12），而减少对伦敦土地利用、交通和城市密度的影响。

（4）3类发展策略地区：机遇地区（opportunity areas）：具有客观发展潜力的地区，至少能够容纳5000个就业岗位或2500套住房，已经或将会具有良好的公共交通条件；强化地区（areas for intensification）：具有提高发展强度的潜力地区，能够获得良好的公共交通服务；复兴地区（areas for regeneration）：衰退严重、需

2001～2016年次区域人口、住房和就业增长参数　　　　表6-12

次区域	人口			住房	就业岗位		
	2001（万人）	2016（万人）	年增长（万人）	年最少增加（千套）	2001（万个）	2016（万个）	年增长（万个）
中心区	152.5	173.8	1.42	7.1	164.4	188.3	1.59
东区	199.1	226.2	1.81	6.9	108.7	133.6	1.66
戏曲	142.1	156.0	9.30	3.0	78.0	86.6	0.57
北区	104.2	119.9	9.00	3.1	38.6	41.2	0.17
南区	132.9	138.0	3.40	2.8	58.7	62.3	0.24
伦敦	730.8	811.7	5.39	23.0	448.4	512.0	4.24

资料来源：The London Plan, 2004.

要进行城市复兴的地区。

5)《伦敦规划》的主题

除了空间发展战略，大伦敦还在同期编制了《经济发展战略》、《空间战略》、《交通战略》、《文化战略》、《城市噪声战略》、《空气质量战略》、《市政废物管理战略》和《生物多样性战略》等八大战略。为保持各战略规划的一致性，伦敦市长确定了五个共同的主题：人人共享的城市，经济繁荣的城市，社会公平的城市，交通便捷的城市，绿色环保的城市。

3. 德国柏林和勃兰登堡州地区（Berlin-Brandenburg）

柏林和勃兰登堡是德国的两个联邦州。柏林在政治上既是一个城市也是一个联邦州，位于勃兰登堡州的中心。柏林与环绕在四周的勃兰登堡州共有土地3万多km²，占德国国土面积的9%，人口600万。其中，柏林891 km²，人口350万；勃兰登堡州2.81万 km²，人口250万。

随着德国的统一，柏林成为德国的首都和欧洲重要的文化大都市，成为联系东、西欧政治、经济、文化的重要桥梁，为柏林和勃兰登堡州的发展提供了新的发展动力（图6-51）。柏林与勃兰登堡州地区中断的联系、经济和社会交流、移民和通勤稳步增加。两个州也面对自然景观资源保护、投资、劳动力、住房、交通基础设施和通信网络、水电供应和废物处理等区域可持续发展的共同挑战。柏林与勃兰登堡州曾试图通过合并来共同面对地区发展的挑战，这一建议在1996年的公民投票中因为未能获得勃

图6-51　欧洲都市区网络
(Joint Planning for Berlinand-Brandenburg, 2004)

兰登堡州居民的同意而搁浅。为了使柏林与勃兰登堡州的区域发展能够协调统一，1996年，柏林和勃兰登堡州联合成立了一个在州层面上的永久区域规划机构（Joint State Planning Departmen）。这个机构旨在协调和合作两个州的区域规划和空间规划，采取共同的发展策略和空间政策。

1）发展策略

柏林与勃兰登堡州区域发展的主要任务是寻求合适和必要的政策及法律支持，通过各种手段，促进整个区域的协调发展，实现不同规划层次和不同专业之间的利益共享与互动。区域规划部门为此制定了以下几条基本原则：①尽可能地促使聚落密集发展，在现有的科研、商业和工业能力基础上发展经济，并做到以人为本；②尽可能地保持地区中心之间的便捷联系，加强柏林都市中心与勃兰登堡州的休闲中心和自然保护区之间的交通联系，并在此基础上保护生物多样性和自然环境，做到以自然为本；③采取共同行动，在房地产开发、土地管理、交通与能源基础设施建设等方面实现相互协调；④坚持以可持续发展为主，采取切实可行的城镇发展策略，注意利用已有的基础，例如密集的城镇聚落和多样的自然条件，保护农业、生态和自然资源。

2）空间发展模式

根据上述原则，无论柏林与勃兰登堡州能否合并，都需要加强区域合作，实现利益共享，为此提出了下列空间发展模式：

（1）执行多中心的城市体系发展策略。为了公平处理各个地区的空间和聚落发展要求，除了将柏林作为该区的大都市中心外，在勃兰登堡州距柏林市中心60～100km的范围内还设立4个地区中心，包括奥得河畔法兰克福、歌特布斯、波茨坦、勃兰登堡市以及2个含有部分地区中心职能的次中心；此外，在勃兰登堡州其他14个县和4个县级市中共设立25个次中心和3个具有补充职能的次中心。以此构成较为完整的多中心体系（图6-52）。

（2）采取分散集中的空间发展模式。在空间发展方向上采取疏散和集中并举的策略，将集中在柏林大都市的建设压力向外疏解，分散到城市地区的各个中心，以避免乡村聚落和农业用地受城市持续扩张的影响导致相互割裂，发挥各个部分的整体功能和竞争能力。为了照顾城市密集地区以及其他地区的发展要求，柏林市与勃兰登堡州同意在共同的空间发展目标下，采取具体措施，加强对区域发展薄弱点的财政支持。

（3）形成网络化的开敞空间体系。柏林拥有多种多样的城市公园、林荫大道、广场和

图6-52 柏林-勃兰登堡州多中心空间概念规划

(Joint Planning for Berlinand-Brandenburg, 2004)

花园别墅；勃兰登堡州也拥有丰富的河流水系、森林植被以及历史文化遗迹，所有这些构成了柏林和勃兰登堡州美丽而多样的开敞空间体系的基础，成为地区发展的重要自然资源。为此，柏林和勃兰登堡州特别重视保护这些绿色的自然空间，希望将占地区总面积3%的自然生态保护区（95km²）和18%的景观保护区（550km²）组成系统，形成围绕柏林的绿色项链，利用自然的开敞系统保护地区水源，防治环境污染，降低噪声。

（4）加强对建设用地增长的区域管制。随着经济的逐步改善，柏林和勃兰登堡州的建设用地呈现持续增长的趋势。建设用地的开发主要集中在城镇密集地区，特别是沿高速公路和国道两侧。在地价方面，无论是居住、工业还是商业用地，柏林与勃兰登堡地区有着很大的差距。开发的热点和地价的差异很容易导致城内和城外建设用地的无序发展。因此从可持续发展出发，柏林和勃兰登堡决定加强对城市核心地区住宅的修缮和改造，在外围地区控制工业区和住宅区的开发以限制建设用地的无序增长（图6-53）。

3）柏林的城市发展策略

首都柏林是柏林与勃兰登堡区域发展的重点。加强柏林的中心职能，满足首都发展的需要，保护健康的社会发展空间条件，是柏林和勃兰登堡州区域发展的

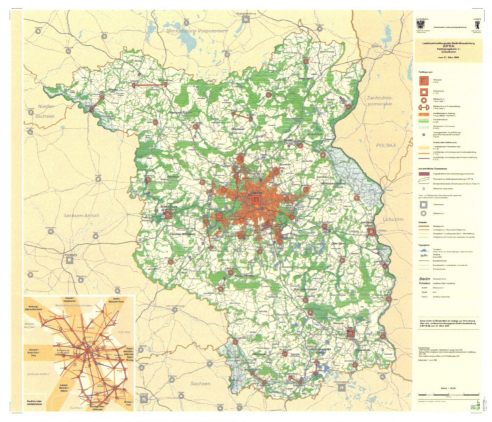

图6-53　柏林-勃兰登堡州区域规划图（Joint Planning for Berlinand-Brandenburg, 2004）

共同目标。为此采取的发展策略是，进一步发挥大都市的职能，消除东、西柏林在经济、社会发展方面的差异，减少环境污染，发展合理、安全和多中心的城市结构。柏林的首都建设导致内城出现了大面积的建设用地需求，但受用地数量的限制和建设密集型城市的要求，这些用地只有通过功能的混合和综合处理，以及对废弃用地的重新利用才有可能加以解决。为此，柏林当局决定，10%的新增居住用地在新开发的用地中予以解决，其他部分则通过重新利用来进行平衡。大部分的新增商业被要求利用密度不高的现有商业用地进行建设，以进一步发展历史形成的多中心商业中心。

在交通方面，柏林采取短路程、高密集的城市模式，公共交通将承担到达内城约80%的交通量。在规划措施上，主张城市修补和城市改造，对现有的聚落结构进行谨慎的调整。对于东柏林强调传统街区的功能和作用，以此提升城市社区的中心功能。受历史条件的制约，柏林的首都功能和政府职能需要在比较小的地域内集中加以解决。为了符合短路程、高密集城市的特点，因此，柏林的首都职能被安排在1.5～2km的范围以内，并避免过境交通的穿越，体现出短路程、高密集城市的特点。总体说来，追求动态、密度、可持续发展、城市空间和特色是柏林和勃兰登堡州城市发展的主要特点。

4）勃兰登堡州邻近柏林地区的城市发展策略

勃兰登堡州邻近柏林地区约有276个社区，4479km^2，82万人。它与柏林市相加，相当于柏林和勃兰登堡州总面积的18%，人口约占70%。这个地区的城市发展目标是减少柏林的发展压力，为疏散柏林服务，为勃兰登堡州的发展服务。为此采取的策略是，实行中心化的发展模式，保护自然生态环境，保护开敞空间，保护和开发原有的聚落结构，特别要保护波茨坦具有文化特色的乡村景观；对具有就业和基础设施发展条件的聚落空间要作为发展重点，加强财政支持。

为了在空间上保持这一地区的发展动力，采取了多中心的发展模式，并注意生产、服务、基础设施和文化设施的建设。在这一地区共选择了26个具有发展潜力的聚落作为发展重点，并提出"向内发展"优先于向外的开发，特别重视火车站附近地区的建设密度，以集中的扩展来取代沿道路的带状建设，以多功能的混合布局来取代单一功能（图6-54）。另外，还强调保护生活休闲、农业生产等大面积的开敞空间，只有在特殊情况下，才会允许开发这类开敞空间。此外，特别加强了距离柏林60km范围内的地区开发力度，建设一些特别的居住区、经济开发区，来减轻柏林的城市发展压力，进而达到改善包括柏林和勃兰登堡州在内的整个区域生活环境质量的目的。

5）勃兰登堡州其他地区的城市发展策略

加强经济发展，特别是稳定地区人口的增长，改善区位条件，保护与改善自然空间的生态潜力，保护与发展农业经济，是勃兰登堡州其他地区的主要发展策略。从自然生态和经济发展的角度看，现有的城镇是这一地区可持续发展的主要

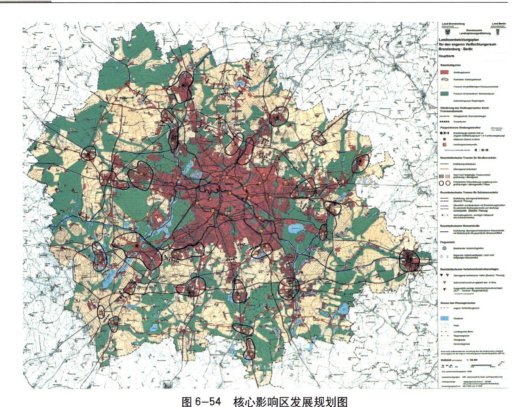

图 6-54 核心影响区发展规划图
(Joint Planning for Berlinand-Brandenburg, 2004)

基石，为此要重视城镇内部的聚落发展，加强对历史地区和核心地区的旧城改造，重新利用已有的工业用地和原有的军事基地，以确保工业用地的区位条件，改善居住区和城镇的城市景观，为当地居民创造一个可居住的生活家园。根据发展策略，作为城镇发展的重要推动力，勃兰登堡在州这一地区将提供 3100hm^2 的工业用地，为 15 万人提供就业岗位。另外，还将开发 4000hm^2 居住用地，以满足相应的居住需要。从经济发展和人口增长导致的交通发展出发，勃兰登堡州还将轨道交通枢纽和车站建设作为城市发展的重点，选择 24 个火车站进行重点建设，使之开发成旅游点，促进经济发展。对于乡村地区的发展，除了重视农业生产技术的提高和改善外，还需要进一步发展村庄的手工业、服务业、工业，对村庄进行更新改造，以发挥原有的文化潜力，提高农村居民的生活条件（图 6-55）。

4．荷兰兰斯塔德地区（Ranstand）

荷兰西部的兰斯塔德城市群地跨南荷兰、北荷兰和乌德勒支三省，是一个由大中小型城镇集结而成的马蹄形环状城镇群（或城市区）（图 6-56）。其开口指向东南，长度超过 50km，周长为 170km，最宽地带约 50km，中间保留一大块称为"绿心"的农业地区，所以兰斯塔德城市群也被称为"绿心大都市"（Green Heart Metropolis）。

第六章 现代西方的城市

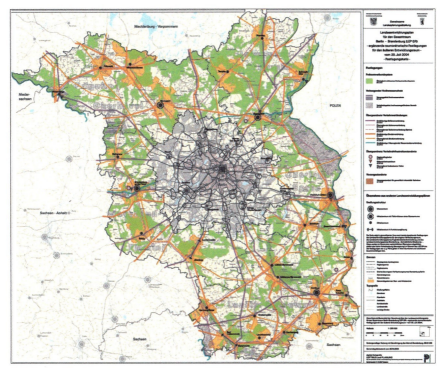

图 6-55 外部发展区发展规划图
(Joint Planning for Berlinand-Brandenburg, 2004)

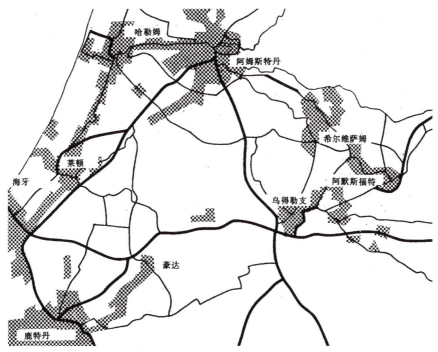

图 6-56 兰斯塔德城市群的主要城市分布
(邹军等主编．都市圈规划．北京：中国建筑工业出版社，2005)

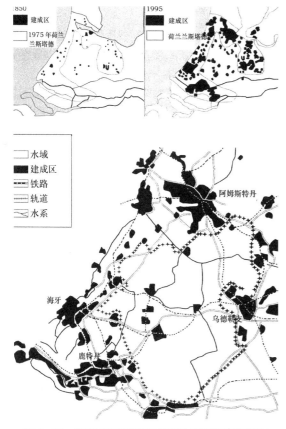

图6-57 荷兰兰斯塔德城市群的范围和空间演变
(邹军等主编. 都市圈规划. 北京：中国建筑工业出版社，2005)

兰斯塔德是在1850～1950年的大约一个世纪内形成的。它的兴起与发展，主要得益于荷兰发达的海上运输、对外贸易和农业生产。兰斯塔德位处北海航运要冲，是西欧内陆的进出口。这一优越的交通地理位置，促使沿海各城镇早在中世纪就开始兴起，在19世纪贸易和工业革命以后更加蓬勃发展，第二次世界大战后，遭到战火毁坏的鹿特丹等大城市迅速得到重建。伴随着现代化城市和现代农业的迅速成长，到20世纪50年代，各大城市与周围小城镇又互相靠拢、延伸，于是形成了环状城镇群——兰斯塔德。

兰斯塔德的人口和城镇分布比较集中。它所在三省是西欧人口最稠密的地区之一。兰斯塔德地区面积约6800km²，人口约700万，相当于在全国26%的土地上聚集着总人口的45%。它包括3个50万～100万人口的大城市：阿姆斯特丹、鹿特丹和海牙；3个10万～30万人口的中等城市：乌德勒支、哈勒姆、列登以及许多小型城镇和滨海旅游胜地。这些城镇以阿姆斯特丹、鹿特丹、海牙和乌德勒支为中心，由西部沿海逐渐向东南延伸扩展，城镇之间距离一般只有10～20km左右。

1）空间发展

兰斯塔德与伦敦、巴黎等西欧或北美其他都市区的区别在于，这里城市专属的多种职能，包括政治、商业、金融、工业、文化教育、服务等，不是集中在某一个大城市，而是分散于几个相对较小的城市或周围若干城镇，这些城镇既互相分离而又密切联系。例如首都阿姆斯特丹是全国的金融和航空运输中心，鹿特丹是世界上吞吐量最大的港口，海牙是中央政府和外事机构、国际组织及多国企业总部的所在地，乌德勒支是全国的铁路枢纽和服务中心。而这几个主要城市周围的城镇，如列登、哈勒姆、希尔沃萨姆等，也都分担着各种城市职能，并与兰斯塔德这个群体保持密切联系。这种具有几个互相联系紧密、职能分工和专业化特点明显的中心的城镇群，称之为"多中心型都市区"（Polycentric Metropolis）（图6-57）。

虽然兰斯塔德地区至今尚未成立相应的区域管理机构，但该地区长期以来的协调发展主要得益于两个方面：一是中央政府的有效干预。自第二次世界大战后荷兰进入快速增长阶段以来，国家先后进行了5次全国性的空间规划，旨在对荷兰的城市发展进行宏观调控，其中兰斯塔德地区成为历次规划的重点，与该地区发展密切相关的重要规划均由中央政府有关部门负责编制；二是3个相关省份的积极合作。长期以来，组成兰斯塔德地区的3个省份的省政府对绿带建设、区域公共交通网络以及政策等多项内容上提出观点、达成共识和形成规划，对确保城市地区和绿色网络、基础设施环绕经济节点之间的均衡发展发挥了积极作用。

2）经验和问题

从兰斯塔德的发展过程来看，这类多中心型城镇群具有以下优点：①相比伦敦、巴黎等西欧其他综合性大城市，各种城市功能分散于几个大城市和周围许多中小城镇，因此兰斯塔德在人口就业困难、工作与居住地点相距过远、市中心地区土地利用高度集约、地价高昂、交通拥挤等城市压力方面有所减轻。②城市群内各城镇之间规划有宽度不等的缓冲地带，整个城镇群又嵌入"绿心"农业带，有利于形成中小城镇，分散大城市的负担，从而控制大城市规模。

然而，兰斯塔德成为多中心城镇群以后，在进一步发展当中如何发扬上述优势，如何保持居民良好的生活条件，也是当前需要解决的问题（图6-58、图6-59）。

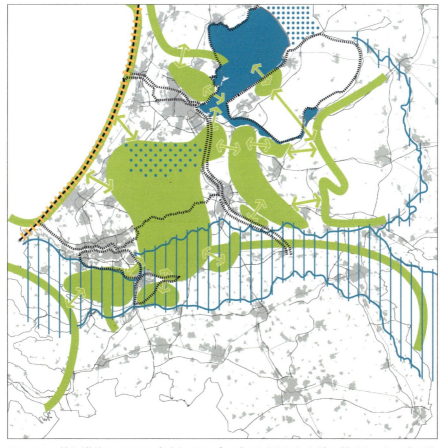

图6-58　兰斯塔德2040远景规划：从西南三角洲到艾瑟尔湖地区的"蓝—绿三角洲"

(Structuurvisie Randstad 2040, 2008)

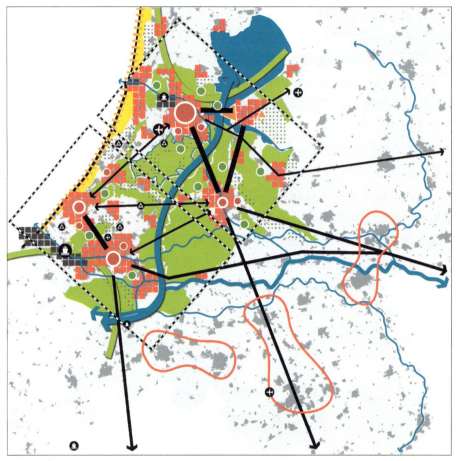

图 6-59　兰斯塔德 2040 远景规划结构图
(Structuurvisie Randstad 2040, 2008)

为此，政府将继续努力：①探讨兰斯塔德地区土地的可持续利用。目前城市用地分为四种：一是供应城市花果蔬菜的温室栽培和园艺用地，承担着荷兰 40% 的园艺作物生产；二是重工业和港口设备用地；三是住宅用地；四是休闲游憩用地。随着工业和服务业的发展，各种用地之间的矛盾可能激化。特别是随着郊区的逐步扩大和城市人口的不断增长，对兰斯塔德的供水、环境、交通等产生越来越大的压力；②继续保持"多中心型都市区"的结构与形态。近年来兰斯塔德边缘地区如鹿特丹西南、阿姆斯特丹以北、"绿心"农业带以及兰斯塔德以东的人口都有显著增加趋势，而且增长速度高于兰斯塔德的增长本身。如果不采取必要措施，一旦城镇之间的缓冲地带和"绿心"被城市郊区或新的城镇填满，就将使兰斯塔德丧失原有的"多中心"特征；③挑战气候变化，保护生态环境。除了上述的空间和经济因素之外，对于兰斯塔德地区来说还有一项重大任务，那就是在保护生态和景观的同时，要面对和避免气候变化所带来的洪涝灾害等，目前政府正在为此制定新的行动路线。

第六章 主要参考资料

[1] Ebenezer Howard. Garden Cities of To-Morrow. Cambridge：The MIT Press，1965.

[2] Lewis Mumford. The City in History, Its origins, Its Transformations, and Its Prospects. New York：Harcourt Brace & Company，1989.

[3] A. E. J. Morris. History of Urban Form：Before the Industrial Revolution. Second edition. New York：John Wiley& Sons，Inc.，1990.

[4] Edmund N. Bacon. Design of Cities. London：Thames and Hudson，1992.

[5] Peter Hall. Cities of Tomorrow. Qxford and Cambridge：Blackwell Publishers，1996.

[6] Peter Hall. Urban and Regional Planning. London and New York：Routledge，2002.

[7] Peter Whitfield. Cities of the World：A History in Maps. Berkeley：University of California Press，2005.

[8] Robert Cervero. The Transit Metropolis：A Global Inquiry. Washington, DC：Island Press，1998.

[9] Marian Moffet, Michale Fazio, Lawrence Wodehouse. A World History of Architecture. London：Laurence King Publishing Ltd.，2003.

[10] Spiro Kostof. The City Shaped：Urban Patterns and Meanings Through History. Boston：Bulfinch Press，2003.

[11] Scott Campell, Susan S. Fainstein. Readings in Planning Theory. Oxford and Cambridge：Blackwell Publishing，2003.

[12] 北京市城市规划管理局科技处情报组. 城市规划译文集2：外国新城镇规划. 北京：中国建筑工业出版社，1983.

[13] P·霍尔著. 城市和区域规划. 邹德慈，金经元译. 北京：中国建筑工业出版社，1985.

[14] 乔尔·科特金著. 全球城市史. 王旭等译. 上海：同济大学出版社，1989.

[15] 沈玉麟. 外国城市建设史. 北京：中国建筑工业出版社，1989.

[16] 世界城市规划与建设编写组. 世界大城市规划与建设. 上海：同济大学出版社，1989.

[17] L·贝纳沃罗著. 西方现代建筑史. 邹德农等译. 天津：天津科学技术出版社，1996.

[18] 赫娟著. 西欧城市规划理论与实践. 天津：天津大学出版社，1997.

[19] L·贝纳沃罗著. 世界城市史. 薛钟灵等译. 北京：科学出版社，2000.

[20] 文国玮著. 城市交通与道路系统规划. 北京：清华大学出版社，2001.

[21] 张松著. 历史城市保护学导论. 上海：上海科学技术出版社，2001.

[22] 钟纪纲编著. 巴黎城市建设史. 北京：中国建筑工业出版社，2002.

[23] 刘健著. 基于区域整体的郊区发展——巴黎的区域实践对北京的启示. 南京：东南大学出版社，2004.

[24] 陈劲松主编. 新城模式——国际大都市发展实证案例. 北京：清华大学出版社，2005.

[25] 张捷，赵民编著. 新城规划的理论与实践——田园城市思想的世纪演绎. 北京：中国建筑工业出版社，2005.

[26] 张京祥编著. 西方城市规划思想史纲. 南京：东南大学出版社，2005.

[27] 邹军等主编. 都市圈规划. 北京：中国建筑工业出版社，2005.

[28] 谭纵波著. 城市规划. 北京：机械工业出版社，2006.

[29] 顾朝林等主编. 都市圈规划——理论·方法·实例. 北京：中国建筑工业出版社，2007.

[30] Man Ellin 著. 后现代城市主义. 张冠增译. 上海：同济大学出版社，2007.

[31] 米歇尔·米绍等主编. 法国城市规划40年. 北京：社会科学文献出版社，2007.

[32] 孙施文. 现代城市规划理论. 北京：中国建筑工业出版社，2007.

[33] 西隐，王博著. 世界城市建筑简史. 武汉：华中科技大学出版社，2007.

[34] 周春山编著. 城市空间结构与形态. 北京：科学出版社，2007.

[35] 乔恒利著. 法国城市规划与设计. 北京：中国建筑工业出版社，2008.

[36] 张京祥等著. 全球化世纪的城市密集地区发展与规划. 北京：中国建筑工业出版社，2008.

[37] 迪特马尔·赖因博恩著.19世纪与20世纪的城市规划. 虞龙发等译. 北京：中国建筑工业出版社，2009.

[38] Peter Hall. 全球城市. 陈闽齐译. 国外城市规划，2004（4）.

[39] 谢守红，宁越敏. 世界城市研究综述. 国外城市规划，2004（5）.

[40] 吕颖慧，曹文明. 国外新城建设的历史回顾. 阴山学刊，2005（2）.

[41] 赵学彬. 巴黎新城规划建设及其发展历程. 规划师，2006（11）.

[42] 李广斌，王勇. 西方区域规划发展变迁及对我国的启示. 规划师，2007（6）.

[43] 许光青. 城市可持续发展理论研究综述. 讲学与研究，2006（7）.

[44] 邹欢. 巴黎大区总体规划. 国外城市规划，2000（4）.

[45] 刘健. 巴黎地区区域规划研究. 北京规划建设，2000（1）.

[46] 吴晓. 斯德哥尔摩战后新城的规划建设及其启示. 华中建筑，2000（9）.

[47] Dave Shaw 著. 西方区域规划发展变迁及对我国的启示. 王红扬译. 国外城市规划，2001（5）.

[48] 吴唯佳. 奔向协调发展的柏林与勃兰登堡州地区. 国外城市规划，2001（5）.

[49] 迈克尔·布鲁顿，希拉·布鲁顿著. 英国新城发展与建设. 于立，胡伶倩译. 城市规划，2003（12）.

[50] Joint State Planning Berlin-Brandenburg. Joint State Planning Berlin-Brandenburg Planning Department

[51] The London Plan: Spatial Development Strategy for Greater London. Greater London Authority, 2004

[52] Le Schéma Directeur d'Aménagement et d'Urbanisme de la Région de Paris (SDAURP). 1965

[53] Le Schéma Directeur d'Aménagement et d'Urbanisme de la Région d'Ile-de-France(SDAURIF), 1976

[54] Le Schéma Directeur de la Région d'Ile-de-France (SDRIF). 1994

[55] Randstad 2040. Zoals vastgesteld in de Ministerraad, 2008

[56] Stevenage Conservation Areas Review. Borough Council，2005

[57] www.lboro.ac.uk/gawc/

[58] www.dlr.de

[59] www.ladefense.fr

[60] www.historiccoventry.co.uk

[61] www.stevenage.gov.uk

第七章 美国城市发展过程

第一节 美国城市的形成和早期发展

与历史悠久的欧洲城市相比，美国的城市发展历史很短，从殖民地时期到今天还不到400年。由于很少受到外来因素的干扰，在自由市场经济直接而强烈的影响下，美国城市的发展进程与欧洲城市明显不同，可以说美国城市的建立是与美国的开发同步进行的。随着美国领土向西部的扩张，经济建设不断向西部内陆推进，城市发展也依此呈现"自东向西"的依次推进过程，最后遍及美国大陆。

发现新大陆后，早期的欧洲移民普遍定居在美国东部沿海一带，所以，美国城市首先兴起于18世纪殖民地时期东部和南部的港口。在殖民地时期，美国的经济属于典型的服务于宗主国的殖民地经济，与宗主国的通商奠定了北美殖民地的经济基础，城市成为商业贸易和简单工业加工中心。

19世纪对美国内地城市影响最大的是运河和铁路的发展，一系列运河的开挖将东部沿海和内地连接起来，为货物和人提供了方便的交通方式。1825年开挖了连接五大湖区和纽约河道的364英里（约合582km）长的伊利（Erie）运河，将内地和沿海连接起来。"运河时代"极大地促进了匹兹堡、辛辛那提、圣路易斯、新奥尔良等沿河港口城市和芝加哥、布法罗、底特律等中西部工业城市的发展。同时，铁路的发展也起到了类似的作用，陆续铺设的横贯大陆的铁路作为沟通东部和西部的大动脉，对西部城市化的推动作用更加明显。19世纪50年代末西部贵重金属的发现和开采，使远西部得到开发，出现了很多综合性的矿业城镇，如丹佛、盐湖城、旧金山、洛杉矶、波特兰和西雅图等。此时，初步形成了东北部、中西部和西部三大经济中心（图7-1）。

一、东部殖民地城镇

1. 发展背景

17世纪初，欧洲开始向北美移民。1607年第一批英国移民在美国弗吉尼亚州的詹姆斯镇（Jamestown）建立了英国在北美最初的永久性聚居地，从此掀起了向北美大陆的移民潮。从1607年第一批移民踏上弗吉尼亚至1733年最后一个殖民地佐治亚的建立，英国先后在北美东海岸建立了13个殖民地，由英国派来的总督统治，这就是美国最初独立的13个州。欧洲的大量移民使得美国东海岸的城市最早得到发展（图7-2）。

早期殖民地城镇的发展特点是数量少、规模小，殖民地建设是城镇形成的直

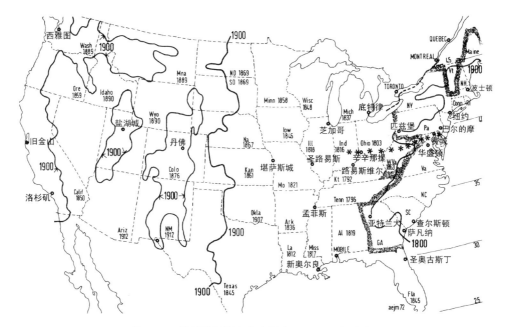

图 7-1 美国早期城市分布图（1800～1900 年）
（阴影线是最初的 13 个殖民地范围，* 线表示 1790～1890 年从东部到西部的人口迁移路线）
(A. E. J. Morris. History of Urban Form：Before the Industrial Revolution. Second edition. New York：John Wiley & Sons, Inc., 1990)

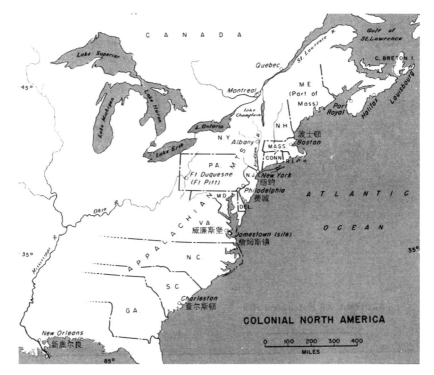

图 7-2 美国早期东部殖民地
(Perry-Castañeda Liberary online maps, www.lib.utexas.edu)

接推动力。早期的美国城市都是以经济输送为主的商业性城市,主要功能是出口原材料,进口制成品,贸易对象主要是欧洲的宗主国,尤其是英国。因此,美洲殖民地城镇又以港口城市为主,比如纽约(1652年成立)、波士顿(1630年成立)、费城(1681年成立)和查尔斯顿(1683年成立)等,都是位于大西洋沿岸的港口城市。除查尔斯顿外,基本都分布在中部和北部。

经过百余年的发展,到18世纪中叶,殖民地的城镇规模已有不同程度的扩大。由于殖民地内外贸易集中在北部和中部,所以城市也最多。波士顿、纽约、费城、查尔斯顿遥遥领先,被称为殖民地的四大经济中心。它们不仅在规模上远胜过其他城市,而且其影响也扩展到广阔的腹地(表7-1)。波士顿经济主要是造船业,同时生产咸鱼、木材、松节油;纽约和费城运送农产品以及毛皮和动物制品;查尔斯顿控制加勒比海贸易,用内陆运来的蓝靛、稻米及动物毛皮换取英国的工业制成品。

殖民地四大经济中心城市人口增长(人) 表7-1

城市	1700年	1750年	1800年
波士顿	6700	16000	24900
纽约	5000	15000	60500
费城	5000	20000	41200
查尔斯顿	2000	8000	18900

数据来源:王旭. 美国城市发展模式. 北京:清华大学出版社,2006.

美国殖民地城镇一般都有专门的规划,主要沿袭欧洲的城市规划传统,具有以下几个特征:①街道系统呈网格状分布,并且按照不同街道等级进行规划和建造;②城市发展预留空地,用于建造公共设施、公园和绿地;③建筑物之间保持适当的间距,以符合防火、通风和采光的要求;④城市空间结构中突出市中心的功能;⑤由地方政府规划管理城市的土地使用和社区发展。

2.城市的成长变化

1)威廉斯堡(Williamsburg)

威廉斯堡是英国在北美大陆最早的移民点之一。1606年12月20日,第一批英国移民144人从英国伦敦出发,经过5个多月海上航行,于1607年5月13日到达北美洲,在今天美国的弗吉尼亚沿海的詹姆斯镇(Jamestown)建立了英国人的第一个永久居留地。当时的经济活动很少,直到1617年英国本土大量购买殖民地的烟草,才促进了殖民地的经济发展。在后来的100多年中,不断有英国移民来到这里,带来当时英国先进的技术和文化,并在詹姆斯镇附近建立了威廉斯堡。从1699年到1780年,威廉斯堡一直是当时全美13个殖民地中最富裕、最发达的弗吉尼亚的首府,同波士顿、纽约和费城并列为当时全美的政治、社会和文化中心。威廉斯堡在独立战争中也有着重要的地位,1776年,弗吉尼亚代表会议在这里向参加大陆会议的弗吉尼亚代表们发出一项指令，要求他们向大陆会议提出宣布独立的建议，由此开始了美国独立战争。

威廉斯堡是严格按照规划建设起来的，规划者是弗朗西斯尼克尔森，他以"T"形轴线组织城市空间，并注重了绿地系统的规划。威廉斯堡虽然规模较小，但对后来的首府华盛顿的规划有一定影响。城市主轴线是东西向的 30m 宽、12km 长的格洛斯塔公爵大街，首府大楼和威廉与玛丽学院（图 7-3）一起组成了主轴线的两个有纪念意义的终端，代表着权力中心和知识中心。而另一条南北向短轴线与其十字交叉，交点附近环绕的是代表信仰的教区教堂和代表军事力量的卫戍部队司令部，短轴线的尽端是行政长官官邸。威廉斯堡的建筑基本上属于殖民地时期的乔治亚风格。

从 1926 年开始，美国政府拨款按照殖民时期原样对威廉斯堡留下来的 90 多栋老建筑进行了修复，其中包括民房、商店、火药库、理发店、饭店、旅馆、教堂和政府大楼，形成了一座占地 173 英亩（约合 69.2hm^2）的"殖民时期的威廉斯堡"步行小镇，包括 88 座历史建筑物和 400 多个其他设施，成为展现美国 18 世纪殖民时代历史的活博物馆，并被列为美国的"殖民地历史保护区"（Colonial Site of Historic Area）（图 7-4、图 7-5）。

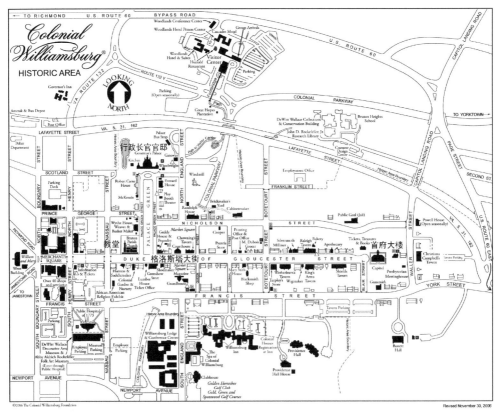

图 7-3　威廉斯堡殖民地历史保护区总平面图（www.history.org）

图 7-4　威廉斯堡步行商业街（作者摄）

图 7-5　威廉斯堡威廉与玛丽学院（作者摄）

2) 纽约 (New York)

纽约位于纽约州东南哈德逊河口，濒临大西洋。最早的居民点在曼哈顿岛的南端，原是印第安人的住地。1524年欧洲殖民者在此建立了首个永久殖民地；1613年荷兰人从印第安人手中买下曼哈顿岛辟为贸易站,名为"新阿姆斯特丹"(New Amsterdam) 和"新尼德兰"(New Netherland)；1652 年，这个殖民城市被授予自治权。1664 年，英王查理二世的弟弟约克公爵征服了这个殖民地,把它改名为"新约克"(New York)，但随后的 1673 年 8 月又被荷兰人收复，城市被改名为"新奥兰治"(New Orange)。直到 1674 年 11 月，这块殖民地才永久地被割让给英国；1686 年纽约建市。独立战争期间，纽约是乔治·华盛顿的司令部所在地和他就任美国第一任总

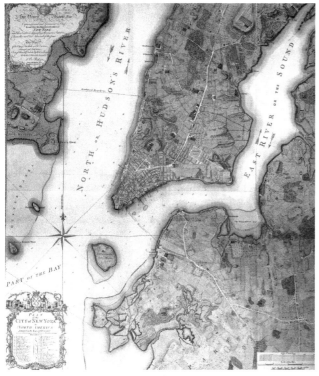

图 7-6　1776 年的纽约地图
(Peter Whitfield. Cities of the World：A History in Maps. Berkeley：University of California Press, 2005)

统的地方，也是当时美国的临时首都。1825 年，连接哈德逊河和五大湖区的伊利运河建成通航，以后又兴建了铁路，沟通了纽约同中西部的联系，促进了城市的大发展。到 19 世纪中叶，随着移民的大量涌入，纽约逐渐成为美国最大的港口城市和集金融、贸易、旅游与文化艺术于一身的国际大都会。

纽约曼哈顿的规划是严格的方格网形式，从南到北划出整齐的 12 条大道 (avenue)，东西笔直分划为 155 条街 (street)，这样构成一个 12 条经线、155 条纬线的方格道路网。在早期，纽约的建设主要分布在曼哈顿岛的南半部，北部还是很开阔的空间（图 7-6）。

虽然在 1800 年前后，曼哈顿才仅仅开始建造到 26 街，但在后来 200 多年的发展中，纽约的建设一直按照这种早期就确定的布局形式，没有出现大的变动。1811 年，纽约城市规划委员会向市政府提交有关纽约规划原则的报告，报告明确提出：法国盛行的巴洛克风格、圆圈式的中心广场和放射状的街道布局并不适用于美国，作为一个将要发展为大城市的纽约不应该采取这种方法。规划委员会的报告指出：要避免城市中采用星形广场、圆圈形广场、椭圆形广场作为中心。一个城市的规划，重在良好的使用功能，方便、舒适、通畅是城市规划的中心。报告认为方形的城市功能最好，也最适合人居住，建筑也是同样的，而且建造价格

比较低廉，因此，方格形式应该是未来纽约的规划模式。报告中对城市中预留公用土地持批判态度，认为曼哈顿岛由于三面环水，因此交通与商业都非常方便，从而导致土地将来会十分紧缺，土地价格必然节节升高，甚至有可能达到惊人的高价水平。因此，无须保留太多的公用土地，造成土地资源的浪费，纽约的发展应该尽量发挥土地的商业价值。纽约市政府完全同意这份报告提出的原则，并且通过法规来严格执行报告提出的规划原则。

1811年纽约规划委员会提出的纽约市规划原则的报告，以及这个委员会设计的方格形式在世界城市规划史中具有重要的意义。它明确指出城市规划是一种规范，必须严格执行；建筑应按照规划的原则进行建造、调整和拆迁；在规划和建造一个城市的时候，必须在规划上体现历史的延续性原则，不能随意改动。此外，1811年的纽约规划委员会的曼哈顿计划同时也标志着美国殖民地时期的"封闭式方格"（closed grid，有严格的城市边界的方格网布局）规划的结束，"开放式方格"（open-grid，指没有外围限制的方格网布局）规划的开始。由于没有城市外围的边界，城市可以自由扩展，可以沿方格这种简单的规划标准向外延伸，扩展速度快、土地交易方便。此后，曼哈顿的规划逐步扩展到东河以东的地段，皇后区、布鲁克林区，还有北部的布朗克斯区、南部对河的斯坦顿岛区，也采用了部分或全面的方格形式（图7-7、图7-8）。

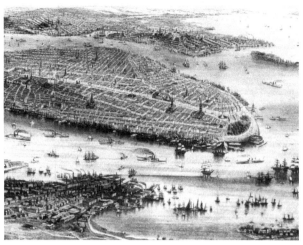

图7-7　1850年的纽约

(A. E. J. Morris. History of Urban Form: Before the Industrial Revolution. Second edition. New York: John Wiley & Sons, Inc., 1990)

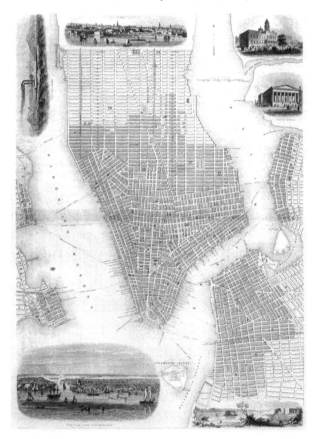

图7-8　1869年的纽约地图，曼哈顿岛南面是1811年纽约规划委员会提出规划限制之前的不规则的方格网

(A. E. J. Morris. History of Urban Form: Before the Industrial Revolution. Second edition. New York: John Wiley & Sons, Inc., 1990)

3）波士顿（Boston）

波士顿是美国马萨诸塞州的首府，也是新英格兰地区最大的城市。波士顿由英国殖民者创建于1630年，是历史最悠久的殖民城市。它建造在一个半岛上，通过一条狭窄的通路与大陆相连，并被马萨诸塞湾和后湾—查尔斯河的河口所环绕。半岛上有三座小山丘，并与海港毗邻。当时，波士顿的居民绝大多数是来自英国的清教徒，他们非常重视社会道德和教育，创立了美国第一所公立学校波士顿拉丁学校（1635年）和美国第一所大学哈佛大学（1636年）。18世纪70年代初，英国人企图通过征收重税来全面控制13个殖民地，结果导致了1776年美国革命的爆发，波士顿正是这场战争的中心。波士顿屠杀、波士顿倾茶事件以及美国革命几个早期的战役——莱克

图7-9　1776年的波士顿地图
(Peter Whitfield. Cities of the World: A History in Maps. Berkeley: University of California Press, 2005)

星顿和康科德战役、邦克山战役和波士顿围城战，还有保罗·里维尔著名的午夜骑行等，都发生在波士顿城内或附近。因莱克星顿的枪声而声名大噪的波士顿从此成为美国自由的诞生地。

美国革命以后一段时期内，由于波士顿是距离欧洲最近的一个主要港口，因而海外贸易发展迅速，成为当时世界上最富裕的国际商业港口之一。从1630～1890年，通过填平沼泽、海滩和码头之间的缝隙，波士顿的城市规模扩大了三倍。1634年，波士顿作出了一个重要的决定，划分一块土地作为"公地"（Common），后来成为美国最古老的城市中心公园（图7-9）。

为了满足城市增长对土地的需求，波士顿在19世纪进行了巨大的"削山填海"的改造工程，即把山上的土方填到半岛周围的浅水区，逐渐形成了波士顿南区、波士顿西区、金融区和波士顿唐人街。到1865年，波士顿成为美国第四大制造业城市，也成为区域的金融服务中心，包括银行业和保险业。工业化、铁路和人口的增长使得城市不断扩张。到1860年，波士顿市有18万人口，原来半岛上316hm^{2}的土地已经扩大为近1000hm^2（图7-10）。

4）纽黑文（New Haven）

1638年殖民地城市纽黑文的规划方案被认为是在美国境内的第一个城市规划，它和1683年威廉·宾设计的费城并称为美国标准的英国殖民地时期的城市设计，

在美国的"西进运动"中对城市规划有很大的影响。

纽黑文建于1638年，是当时的皮毛交易中心，也是清教徒的理想城市。当时的规划设计方案是将城市划分为九个方格，另外还有一片从最低的一角至港口之间的长方形区域。建设者将九个方格正中间的方形（大约总面积的10%）作为城镇的公共绿地。与其他新英格兰地区的公共绿地一样，它被用作修建公共建筑、市场和其他市民活动场所。在18世纪晚期以前，这片地区被称作"市集广场"，在随后的改建中，它被命名为"绿地广场"，因周边有榆树环绕。在19世纪初，纽黑文又被称为"榆树之城"，城市中充满着森林的气息。19世纪早期，纽黑文在绿地广场上划出了三个地块修建教堂。这种在公众广场上修建三处或更多教堂的布局体现了早期美国城市的特点：即宗教信仰在城市生活和城市规划中发挥着极其重要的作用。

绿地广场最初的形状至今仍十分清晰，但是纽黑文原有的九个方格区域被分割成更小的部分。现在，这座广场被圣殿大街分成两块大小不一的部分。较大的位于西北侧，其间的三座教堂深深隐藏在绿叶丛中。东南侧的部分则对外开放，作为举办节日庆典和其他活动的场所。绿地广场的西南侧与耶鲁大学

图7-10　1880年的波士顿地图
(Perry-Castañeda Library online maps www.lib.utexas.edu)

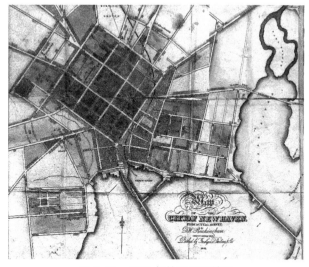

图7-11　1830年的纽黑文地图
(www.library.yale.edu)

相接，绿地广场的西南角是礼拜大街，现在是纽黑文主要的商业街区。沿着广场的东南是教堂大街、纽黑文市政厅、金融机构和政府办公楼。广场的东北是榆树大街，分布有耶鲁大学的一些建筑、公共图书馆和州最高法院（图7-11）。

5）费城（Philadelphia）

费城是宾夕法尼亚州的首府，位于特拉华河入海处，远洋巨轮可直抵其港口。费城始建于1681年，由宾夕法尼亚的殖民地业主威廉·宾亲自规划建设。根据

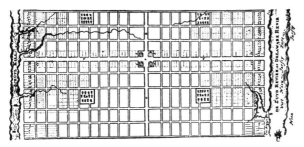

图 7-12 威廉·宾的费城规划（1682年）
(A.E.J.Morris History of Urban Form: Before the Industrial Revolution. Second edition. New York: John Wiley & Sons, Inc., 1990)

威廉·宾在1683年的规划，费城城区东至特拉华河，西至斯库尔基河，与今天的市中心范围大致相当（图7-12）。他认为，城市不仅要有利于经济发展，也要有助于道德健康。因此，他把费城设计成一个绿色相间的城市，农田位于城市外围，市区分布有公共建筑、居住区、小型工厂、市场、教堂、娱乐区和公园等；街道按方格网状的布局，并有东、西、南、北四条交叉的宽阔主干道将城区分为四个区域；每个区域中各设一个公园或广场，中央干道交会处则设中央广场和主要公共建筑；沿两条河用道路网均匀划分居住地块，每块面积为1英亩（约合4000m^2）或1.5英亩。

费城中心城区的空间结构非常明晰，东西有两条河作为边界，南北有两道主轴线，四个城区各有一处开放空间节点，市中心有中央广场和大型公共建筑，地块被方格网状街道均匀切割，这些思想为后来美国城市规划所效仿。费城中心城区由四条大街、五个广场确定下来的总体格局沿袭至今基本未变，但道路和地块的划分有细化和调整。威廉·宾的规划使费城从一个普通的殖民地发展成为殖民地中最具特色的一座城市，到美国革命前夕，费城的人口仅位居纽约之后，居全美第二。独立战争时期，费城在工业、商业、教育、艺术和

图 7-13 独立厅（Independence Hall）(作者摄)

科学方面超过了殖民地的其他所有城市。

费城在美国历史上享有独特的地位：它是美国革命的象征，是美利坚合众国的诞生地，独立战争后，又曾作为1790~1800年间的临时首都。费城也因此拥有多处独立战争时期的历史建筑和文物古迹，如1753年建成的独立厅（图7-13），两部代表美国自由与民主的最重要文件——1776年的《独立宣言》及1787年的《美国宪法》均在此拟定、签署。费城还有独立钟、国会厅、美国第一银行、第二银行、全美最古老的商业交易所、第一届大陆会议会址（木匠厅）、总

统故居等代表美利坚合众国早期政治、文化的文物古迹，以及其他多处历史街区、历史建筑。这些在今天都已作为国家独立历史公园（Independence National Historical Park）被保护起来。总之，费城不仅是一座文化繁荣的历史名城，更是孕育了美国自由与民主的城市。

6）查尔斯顿（Charleston）

在殖民地四大城市中，查尔斯顿是典型的南方城市，它位于南卡罗来纳州，建于1683年，以英国查尔斯二世国王的名字命名。查尔斯顿是从南弗吉尼亚的诺福克到佐治亚州萨凡纳之间近450km海岸线上唯一的一个理想的港口。由于位于大西洋沿岸库柏河和阿什利河交汇处半岛上的独特位置，查尔斯顿成为英国最早在北美建立的殖民地之一，支配着整个南部的对外贸易。

18世纪起，当地商人从事大米和棉花的海运交易，积累了大量财富。18世纪

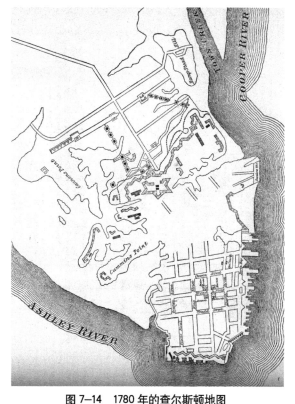

图7-14　1780年的查尔斯顿地图
(Perry-Castañeda Library online maps, www.lib.utexas.edu)

中叶，查尔斯顿发展成一个坚固的海港和繁荣的殖民地城市。1790年以前，查尔斯顿一直是南卡罗来纳州的首府，也是那时美国南方最富有、最繁华的城市。到1800年，查尔斯顿成为当时仅次于费城、纽约、波士顿的北美第四大城市。

美国南北战争之前的查尔斯顿主要生产棉花，水稻等农作物，沿阿什利河建造了许多种植园，劳动力则完全依赖奴隶，查尔斯顿因此成为奴隶交换的集散地。

最早的查尔斯城位于库柏河和阿什利河的交汇处，港口即建于较宽的库柏河上，呈南北向的方格路网与库柏河垂直或平行。为了保护城市免受法国人、西班牙人和海盗的袭击，英国的统治者围绕查尔斯港口，沿河筑起了一道防御墙，还建造了其他防御工事（图7-14），最著名的工事当属萨姆特尔城堡，在这里打响了美国南北战争的第一枪。

经历了美国独立战争和南北战争，查尔斯顿目前仍完整地保留着从独立战争前至19世纪的2000多座建筑（图7-15），早在1931年就建立了美国第一个历史区域（Historic District）。

7）萨凡纳（Savannah）

萨凡纳位于乔治亚州东南部萨瓦纳河口，濒临大西洋。萨凡纳是该州最古老的城市，也是乔治亚州东南部和南卡罗来那州南部的经济中心。萨凡纳是一个精

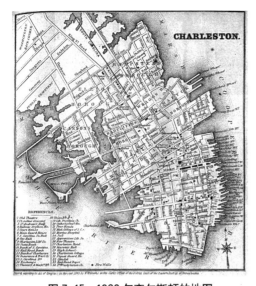

图 7-15　1869 年查尔斯顿的地图
(Perry-Castañeda Library online maps, www.lib.utexas.edu)

心规划的城市，其创建者詹姆士·奥格尔索普 1733 年的规划是美国城市化规划史上的经典之一（图 7-16）。

与美国的大多数方格城市不同，萨凡纳规划最大的特点是城市由"单元"（Wards Unit）组合而成（图 7-17）。每个大"单元"包括 40 个住宅单位（house plots），有固定的布局方式：外围四角布置有 4 组住宅单元，每组 10 个单位；内部四边布置 4 个较大的单位，用于建设公共建筑，公共建筑和住宅围合成一个以雕像为中心的方形公园。主要的街道宽 75ft（1ft≈0.3m），次要街道宽度减少一半，建筑后面的进出道路宽 22.5ft，最宽的街道穿过"单元"

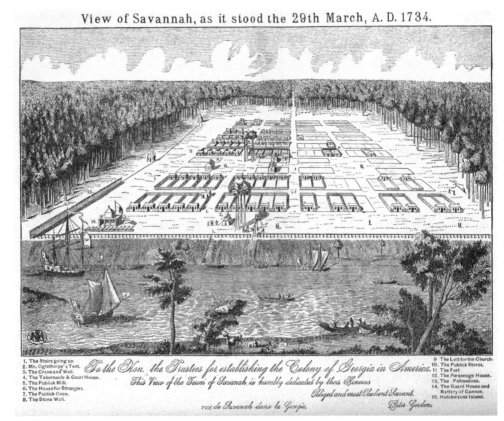

图 7-16　1734 年的萨凡纳城
(Perry-Castañeda Library online maps, www.lib.utexas.edu)

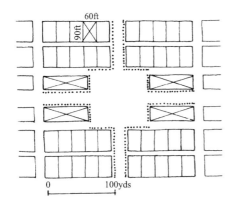

图 7-17　萨凡纳的"单元"组成

(A. E. J. Morris. History of Urban Form：Before the Industrial Revolution. Second edition. New York：John Wiley & Sons, Inc., 1990)

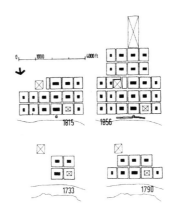

图 7-18　萨凡纳的四个成长阶段，黑色为中心广场

(A. E. J. Morris. History of Urban Form：Before the Industrial Revolution)

的中心广场，"单元"之间的街道交通受到限制（图 7-18）。沿河设有平行的宽阔的林荫大道，与林荫大道垂直的轴线，通过"单元"的中心，延伸到后来 19 世纪建造的公园，提供了未来城市伸展一条"脊梁"，保证了萨凡纳通过"单元"的复制不断扩展，而不失去尺度的连贯性（图 7-19）。

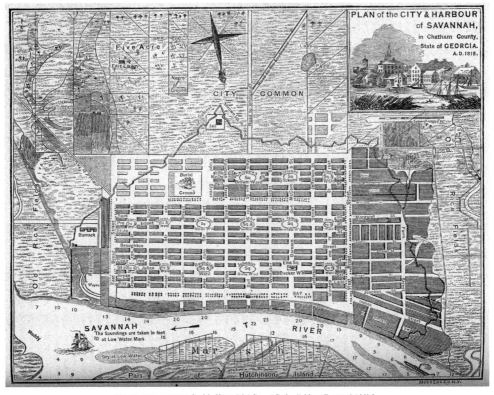

图 7-19　1815 年的萨凡纳城，城市"单元"不断增加

(Perry-Castañeda Library online maps, www.lib.utexas.edu)

由于萨凡纳的网格状结构比标准的方格形式更加复杂,因此其网格状结构在美国的"西进运动"中从没有被效仿过。这样的网格状结构不仅仅分隔土地,还构成了萨凡纳的城市空间排列顺序。虽然都是由方格组成,但是每一条街道的人行道和车行道的空间排列都是不同的。从交通上,规划满足了环绕广场的区域性交通需求和划分街区的主干道交通需求,机动车可以在外围行驶而不必穿过广场。

在美国南北战争时,北方军队烧毁了佐治亚州所有的大城市,唯有萨凡纳因为放弃了战争而完整地被保留了下来。萨凡纳现在是一个众多历史遗迹的历史保护城市,分布有各式各样受法国17、18世纪建筑风格影响的南方建筑,具有浓郁的美国南方风情。

二、内河港口城市

1. 发展背景

1776年,美国在政治上获得独立,但在经济上仍然同英国息息相关。影响独立后美国城市发展的主要因素包括:①开发西部,最初依靠天然河流,然后开挖运河,最终是依靠铁路运输;②经济转型,南方种植园经济转换成棉花经济。从南方运往英国的棉花都在纽约中转,使得纽约的交通地位迅速上升。

独立后的美国城市的发展速度开始远远超过殖民时期,1803年的路易斯安那购买使得美国领土扩展到密西西比河流域,那些位于沿河战略点、联系新的西部领土与大西洋沿岸大城市的港口城市得到显著的增长,如新奥尔良、辛辛那提、圣路易斯等。它们通过密西西比河将南方同中西部连接起来,形成东西向的贸易走廊。

中西部第一批较有影响的城市出现在俄亥俄流域。俄亥俄河源自阿巴拉契山,穿越美国东半部,最后汇入密西西比河。俄亥俄河南部的开拓使那里的人口剧增,1792年建成肯塔基州,1796年建成田纳西州。俄亥俄河以北森林覆盖的地区在1785年土地法令中被划定为"西北领地",同时规定了西部土地的测量方法,即以6mi(约9.6km)为边长的正方形为一个镇区,每个镇区又可划分为36个1mile^2(1约2.59km^2)的地块,每个地块合640英亩(约1hm^2)。开始时规定土地必须整块购买,以免剩下无人要的地块。于是,一些人合资组成公司,进行土地投机,再将购得的土地分成小块卖给一般移民,这就初步打开了向西移民的主要障碍。1803年,这片地域最东面的部分组建为俄亥俄州。到1830年,阿巴拉契山和密西西比河之间的人口已达全国总人口的1/4。

纽约州伊利运河的开通使中西部真正变成居住地。1825年伊利运河通过哈德逊河将纽约和五大湖地区连接起来,从而鼓励人们向纽约州和北俄亥俄州迁移,产生了布法罗(Buffalo)和其他城镇,纽约成为商业中心。这个时期是美国工业化和城市化进一步发展的重要时期。1790~1830年期间,美国人口从不到400万人猛增到1300万人。1830年,美国2500人口以上的城市数目为90个,城市人口占总人口的比例约9%,城市体系在美国初步形成。

但从独立初期到向西扩张时期,美国的城市规划逐步步入低潮,殖民地时期的城镇规划传统被逐步放弃。这一时期的城市规划基本特征如下：

（1）由于殖民地时期的美国城市均为商业城市和港口城市，独立后的美国城市相互争夺腹地以扩大贸易。尤其是宪法颁布以后，州政府通过县政府直接管理地方事务，而地方政府只是根据州政府的有限授权维持城市内部秩序和提供基本服务，对私有土地和房产没有控制权，造成城市建设的混乱状态。

（2）根据1785年颁布的法令，美国政府在阿巴拉契山以西的广大西部地区建立了一套勘探坐标系统，西部大开发从此开始。向西扩张和发展使得土地投机拍卖非常盛行，网格状街道系统的规划主要是为了方便土地划分和买卖，但城市发展缺乏整体规划。

（3）在19世纪上半期美国中西部开发的热潮中，大部分形成的城市处在便于水运的贸易交叉点上：如匹兹堡和圣路易斯在两条大河的交汇处，路易斯维尔在俄亥俄河的瀑布处，布法罗在五大湖的东端，底特律在两个大湖的交汇处，因此被称为"内河城市"时期。

2．城市的成长变化

1）华盛顿（Washington DC）

虽然这一时期美国的城市规划处于低潮，但是首都华盛顿的规划引人注目。1783年，北美殖民地独立之后，面临的最大难题就是应当选择哪个城市作为首都，先是暂定在纽约，3年后又搬到费城，始终没有固定。1800年时南北双方都作出了让步，从马里兰州和弗吉尼亚州中划出了一块100mile^2（约259km^2）的土地，作为美国的新首都。这块地位于波托马克河与阿纳卡斯蒂亚河交汇处，正好位于13个州的中央，选在这里建新都，是南北方各州政治上和解的产物。这块土地是一个边长10mi（约16km）的正方形，被称为哥伦比亚特区（District of Columbia），新首都华盛顿就在此诞生，它是世界上第一个在选定的地域上新规划建设的近代首都。

受华盛顿总统的委托，法国建筑师朗方（Pierre Lenfant）于1789年进行首都总体规划。为了规划好美国的首都，朗方对当时威廉斯堡、安那普利斯、费城的城市规划，以及纽约的城市改造计划都作了深入的了解。几个月后，他提出了首都总体规划：以俯视波托马克河的国会山和总统府为中心，用西北东南走向的宾夕法尼亚大道将两者连接起来；国会前是宽阔的大草坪和林荫大道，在大草坪两侧设立博物馆和学术机构，并规定市内建筑都不得高于国会大厦，以象征国会的权利高于一切；首都的道路将以国会大厦为轴心，开辟以美国独立时的13州命名的13条大道向四面八方辐射，将城市内部的主要建筑物和用地连接起来，大道交会处形成15处重要的城市广场，然后在这个放射性街道系统上覆盖较密的网格状街道系统，形成一个内部有序、功能分明的街道系统。朗方设想，未来华盛顿的街道一般宽度为100ft（约30m），而主要大街宽度则为160ft（约48m），最主要的首都干道宽度将达400ft（约120m），长1mi（约16km）。朗方规划中最重要的

图7-20 朗方的首都华盛顿规划图
(Peter Whitfield. Cities of the World: A History in Maps. Berkeley: University of California Press, 2005)

一点,就是确定了首都的中轴线。这条中轴线从国会山向东西两边延伸,分别抵达西边的波托马克河和东边的安那科斯蒂阿河(图7-20、图7-21)。

朗方规划气势宏伟,表现出他对美国首都的无限希望。但当时大多数人无法接受朗方的过于宏大的规划方案。1791年4月,华盛顿总统批准了朗方的总体设计构想,朗方接着着手建筑物以及街道、花园等细部等规划。由于同政府部门之间的意见相左,朗方被迫辞职。另一个建筑师安得鲁·伊里科特对朗方规划进行了修正。但是,地方政府缺乏必要的权力来实施这一规划,朗方规划最后被束之高阁。

进入19世纪,国会大厦、白宫和政府各部办公楼陆续建立起来。1814年,英国侵略军攻陷华盛顿,放火焚毁国会大厦和总统官邸,以及政府各部办公楼。美军收复华盛顿后即开始了一系列重建首都的工作,除了重修国会和白宫,政府各部办公楼纷纷修造起来,到19世纪20~30年代,华盛顿已初具规模。1835年,华盛顿和巴尔的摩之间修通了铁路,3年后铁路就延伸到了纽约,当时华盛顿的发展仅限于波托马克河以东的部分。1861~1865年的南北战争中,首都华盛顿是南北两军争夺的焦点,南北战争以联邦军队取得胜利、美国保持统一而告结束。

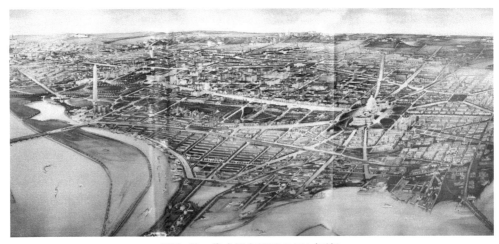

图7-21 华盛顿鸟瞰图(1901年绘)
(Paule E. Cohen, Henry G. Taliaferro American Cities: Historic Maps and Views. Assouline, 2005)

此后，华盛顿进入快速发展时期。到1880年，华盛顿的人口达到17.76万人，成为当时美国人口速度增长最快的大城市之一。

2）匹兹堡（Pittsburgh）

匹兹堡位于宾夕法尼亚州西南部，阿勒格尼河与蒙隆梅海拉河汇合成俄亥俄河的河口（图7-22）。它是阿巴拉契山以西的第一个规模较大的城市，也是以制造业为主的城市。当时阿巴拉契山以西的初步开发，使当地经济具有了一定的实力。因此，匹兹堡制造业的投资大部分来自本地，而不是东部。当时的匹兹堡被看做是美国的"伯明翰"，有希望成为世界上最大的制造业城市。匹兹堡制造业的主导是炼铁业，1815年时，其制造业产值中有四分之一是铁制品。更重要的是技术上的变化，蒸汽

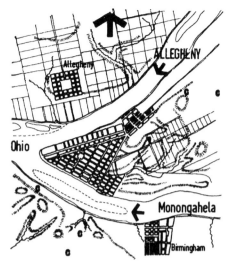

图7-22 1815年的匹兹堡，位于阿勒格尼河与蒙隆梅海拉河汇合成俄亥俄河的河口
(A. E. J. Morris. History of Urban Form: Before the Industrial Revolution Second edition. New York: John Wiley & Song, Inc., 1990)

动力代替了水力，成为中西部城市普遍的机械动力来源。这样，城市的选址变得灵活多了，城市的活动范围也扩大了。1830年，匹兹堡的人口达到2.2万人，被称为通往西部领地的钥匙。而此时，匹兹堡下游300mi（约480km）处的辛辛那提，人口已达2.68万。

3）辛辛那提（Cincinnati）

辛辛那提位于俄亥俄州西南部俄亥俄河畔。1788年，新泽西的约翰·C·西姆斯公司在俄亥俄河北岸支流大迈阿密河、小迈阿密河之间购买约200mile的大片土地，在此基础上形成了后来的辛辛那提。1789年1月，西姆斯公司在此建造小木屋，11户人家在此定居。数月后，联邦政府在此建造一要塞，将此地命名为辛辛那提。辛辛那提距上游的匹兹堡450mi（约720km），下游是低矮的丘陵，环绕着一个巨大的盆地，过往的船只很容易停泊在这里，特别适宜进行河上贸易。

早年辛辛那提的居民开荒种地，将剩余农产品卖给驻守要塞的士兵。1803年联邦军队将印第安人彻底打败并从要塞撤兵，这时大量移民西进，辛辛那提成为一个主要的给养供应地，其农产品还供应远在1500mi（约2400km）之外、密西西比河口的新奥尔良。1811年俄亥俄河上开始使用蒸汽机船，从新奥尔良到辛辛那提的逆流航行问题迎刃而解，从此辛辛那提开始在南北向贸易中发挥举足轻重的作用。在航运业的带动下，辛辛那提造船业兴盛起来，同时蒸汽机技术的应用也带动了传统制造业和加工业的发展。19世纪40年代，辛辛那提是美国的猪贩中心，市内出现了很多肉类加工业巨头，每年屠宰生猪15万头，被冠以"猪都"的头衔。

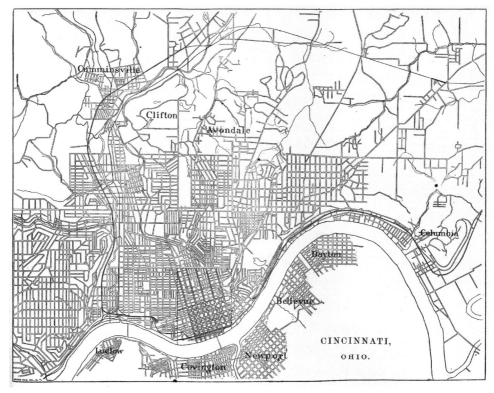

图 7-23 1880 年的辛辛那提
(Perry-Castañeda Library online maps, www.lib.utexas.edu)

在汽船业兴盛之时，辛辛那提也不失时机地汇入遍及全国的开凿运河热潮中。它于1832年完工的运河将迈阿密河与伊利湖连接起来，便利了与北部的联系，交通费用大大下降。19世纪40年代中期，辛辛那提再修建铁路。到1855年，通往密西西比河上的圣路易斯铁路竣工，两年后，再向东铺设铁路，与巴尔的摩－俄亥俄铁路连为一体，这样又打通了与大西洋沿岸城市的联系。在19世纪上半叶，辛辛那提与南部的经济联系更密切，与东部城市的联系只处于辅助地位。当时它通过汽船经俄亥俄河和密西西比河抵达南部的成本，远低于经铁路和运河前往东部的成本。1819年，辛辛那提建制为市，当时人口为9000人。到美国内战前，它还是一个典型的运河城市，工业的初步发展强化和扩展了它的商业基础和地位。1850年的人口达到11.5万（图7-23）。

与匹兹堡和纳什维尔一样，辛辛那提是一个美国向西扩展时期的边疆城市。而作为一个内陆港口和运河城市，它可以与路易斯维尔、圣路易斯和新奥尔良相比。美国内战爆发前，辛辛那提是黑人奴隶从南方逃往北方的"地下铁道"（Underground Railroad）的一个重要站点，因为它正好位于肯塔基州与反奴隶制度的各州的边界上。当时北面的芝加哥已建成了稠密的铁路，对辛辛那提的肉类加工业构成实质性威胁；西面的圣路易斯也因处于西部开发中心以东而有望取代辛辛那提在河上

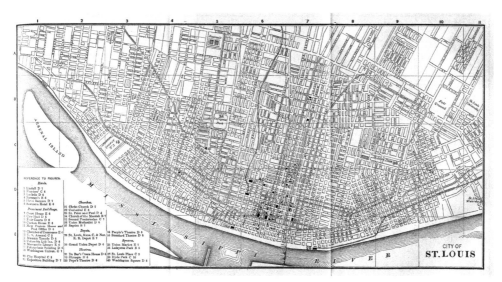

图 7-24 1885 年的圣路易斯
(Perry-Castañeda Library online maps, www.lib.utexas.edu)

贸易的地位。内战的爆发对辛辛那提是巨大的打击，却也因此促成了与其竞争对手的共同崛起。

4）圣路易斯（Saint Louis）

圣路易斯位于密苏里州密西西比河西岸，密苏里河和密西西比河汇合处，是美国中西部的交通枢纽。它是由新奥尔良来的一个法国公司创建于 1764 年。1803 年，杰斐逊总统购买路易斯安那地域后划归美国。在西部开发中，圣路易斯被称为"西进的大门"。1812 年，密苏里领地建成，其立法机构设立在此，人口才逐渐增加。

汽船的到来对圣路易斯具有划时代的意义。从此，圣路易斯不仅强化了它与伊利诺伊州南部的联系，更重要的是，它与新奥尔良的贸易额翻了一番。这段时期它的经历与辛辛那提相似，只是地位略低于后者。它同样是向西开发的补给地，其次是皮货加工、面粉加工、少量铁器制造等。密西西比河及其支流共计 5000mi（约 8000km）的流域支撑着圣路易斯的河流贸易。一旦移民开拓浪潮到达密西西比河一线，圣路易斯就会对辛辛那提的地位构成威胁。事实上，加利福尼亚淘金热的出现为其带来了机会，因为圣路易斯是到达加利福尼亚的天然中间站，成群结队的东部移民乘船到这里，补充给养，再向西进发。到 1850 年，圣路易斯的人口达到 7.7 万人。1854 年，圣路易斯的河运量超过了辛辛那提，成为美国河上贸易的中心之一。圣路易斯同时也汇入铁路建设的热潮，一是建造向西横穿密苏里的密苏里－太平洋铁路；二是向东与辛辛那提相连，并试图打造一个中西部的铁路中心（图 7-24）。

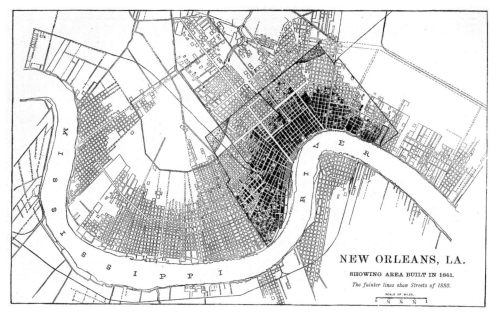

图 7-25　1841 年的新奥尔良
(Perry-Castañeda Library online maps, www.lib.utexas.edu)

5）新奥尔良（New Orleans）

新奥尔良位于路易斯安那州南部的密西西比河河口三角洲北边，濒临墨西哥湾，距圣路易斯 1300mi（约 2080km），距辛辛那提 1500mi（约 2400km）。它是由法国人 1718 年建立的，1762 年转让给西班牙，1800 年拿破仑战争期间被法国购回，1803 年作为路易斯安那州购地的一部分并入美国。

得天独厚的地理位置赋予新奥尔良重要的战略地位和经济地位，它几乎是内陆地区对外联系的必经之地。由于欧洲各地冒险家在 19 世纪初蜂拥而至，新奥尔良在出口贸易上长期居美国第一位。1830 年，新奥尔良人口达 4.6 万人，在全国居第 5 位，在南方城市中遥遥领先，超过殖民地南部重镇萨凡纳和查尔斯顿（图 7-25）。

伊利运河的开凿是新奥尔良历史上的一个转折点。开始时，俄亥俄河北部的农民把农产品运到伊利湖，再经过伊利运河发往纽约，而不再经俄亥俄河和密西西比河船运到新奥尔良；1882 年宾夕法尼亚运河开通，将辛辛那提与伊利湖连接起来。从此，贸易的南北流向彻底被东西流向所取代，新奥尔良绝大部分的棉花航运业务被纽约夺走，这给新奥尔良的商业带来沉重的打击。到 1850 年，纽约已远远超过新奥尔良，成为美国商品出口的主要口岸，新奥尔良和查尔斯顿一样开始屈居次要位置。随着铁路在内陆地区的普遍铺设，完全依赖水运交通的新奥尔良的地位再次受到根本动摇。而圣路易斯和辛辛那提都及时抓住了机会，步入铁路时代，辅以河上运输，其地位得到巩固。在 1862 年的南北战争中，新奥尔良的港口贸易又一次

图 7-26 1852 年新奥尔良鸟瞰图
(Paule E. Cohen, Henry G. Taliaferro. American Cities: Historic Maps and Views. Assouline, 2005)

受到沉重打击,直到 19 世纪 80 年代才恢复到 19 世纪 50 年代的水平。

但外来移民为新奥尔良引入了丰富多变的文化,因为居住人口中大多是黑人及欧裔人士,其中法国区克里奥人是早期法国殖民者的后代,他们还保存着祖先的语言与文化。这样,新奥尔良成为爵士乐和法国区克里奥(Creole)文化的发源地,被誉为美国最有异国情调的城市(图 7-26)。

三、中西部工业城市

从 18 世纪 30 年代到第一次世界大战前是美国从农村经济向城市经济转变的时期,也是美国工业化的关键时期。在欧洲工业革命的影响下,依靠移民的廉价劳动力和一些技术发明,美国工业最初在美国东部沿海和北部地区发展起来。而后,运河和铁路的建设把中西部和东北部连接起来,推动了美国中西部地区的城市化和工业化进程。城市不断地随着交通系统的扩展而孕育成长,中西部的许多城市,如芝加哥、布法罗、底特律因此成为美国重要的工业城市。以南北战争为界,这一时期可分为战前(1830~1865 年)和战后(1865~1920 年)两阶段。

1. 发展背景

1) 南北战争前(1830~1865 年)

1830~1865 年期间最重要的交通建设是运河和铁路。运河和铁路建设使得美国西部开发加速,首先得到开发的是中西部和五大湖地区,中西部成为美国经济的第二中心,芝加哥成为美国中西部最重要的交通枢纽。美国的工业化首先从纺织业开始,并在南北战争后得到了迅速发展。

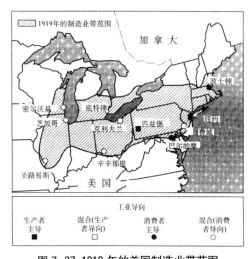

图 7-27 1919 年的美国制造业带范围
(保罗·诺克斯. 城市化. 北京：科学出版社，2009)

1860 年美国总人口达到 3200 万，其中 20% 为城市人口；2500 人以上的城市数目从 90 个增加到 392 个，10 万人以上的城市数目从 1 个（纽约）增加到 9 个。其原因之一是国际移民的大量增加。在 1850～1860 年间，超过 250 万的爱尔兰人、德国人和其他欧洲移民进入美国，成为新的劳工阶级。1860 年时，全美最大的 50 个城市人口中约 40% 为外国出生的移民。

这一时期的城市发展特点包括：①交通主要以马车和电车为主，但仍然是"步行城市"；②城市规模有所扩大，密度逐步提高，但居住和卫生条件较差，环境污染、城市贫困等城市问题开始出现。

2）南北战争后（1865～1920 年）

1865～1920 年期间是美国工业革命和城市发展的最重要时期，美国的城市规划也在这一时期产生。1890 年，美国的城市体系已经形成，西部开发大致完成，国土一直延伸到太平洋。工业中心也从东海岸一直扩展到中西部，形成规模巨大的制造业带，其他西部地区的经济和城市也得到一定的发展（图 7-27）。

城市就业结构也发生变化，1920 年，只有 25% 的就业人口从事农业，40% 从事制造业、建筑、交通和通信，其余的从事商业和个人服务业。从城市人口的变化来看，1920 年，全美人口超过 1 亿，50% 以上为城市人口。国际移民继续增加，在 1860～1920 年间，美国人口增长的 40% 都是移民，其中大多数移民都迁到了纽约等大城市。

这一时期的城市发展特点包括：①工业革命使得城市发展迅速，从而吸引了欧洲移民的大举移入。尤其在 19 世纪 40 年代，遭受饥荒的爱尔兰移民大量移民美国；②城市人口的迅速增加造成城市住房问题突出，城市卫生状况恶化，导致死亡率上升；③城市内部各种用地混杂，居民生活和环境质量下降；④社会阶层分化逐步显现，富人逐渐搬离市中心，开始出现城市郊区化。

3）交通运输网建设

19 世纪对美国内地城市化影响最大的是交通运输网的完善。这一时期的交通运输网主要由运河及汽船等水上运输系统和陆地铁路系统组成。从 1815～1854 年是开挖运河的高潮期。人们根据东北部河流众多的特点，因地制宜，修建运河，开通了联系五大湖和哈德逊河、俄亥俄河和密西西比河的运河网，形成了两条东西向的贸易走廊，极大地促进了沿河城市的发展：第一条走廊从纽约经哈得逊、伊利运河（1825 年开通）延伸至五大湖的东部地区，布法罗、克利夫兰、底特律、芝加哥和密尔沃基等城市因此成为重要的集散中心；第二条走廊从费城和巴尔的摩穿山越岭通至匹兹堡和俄亥俄大峡谷，那里的辛辛那提和路易斯维尔成为重要的内陆港口。

运河建设在南北战争爆发前已经基本完成，1860年时，运河总里程约为4250mi（6800km），但随后运河交通很快被铁路代替。1830年5月24日，连通巴尔的摩与埃利朱科特，全长21公里的第一条铁路开通，此后铁路铺设速度日益加快。为了鼓励私人铁路公司兴建铁路，联邦政府将大量铁路沿线的土地划拨给铁路公司，这些公司因而成为美国当时最主要的开发商，他们在铁路沿线修建了很多新城镇。铁路除了连接大西洋沿岸城市外，还呈放射状伸向内陆，在中西部形成支线，基本上完善了东北部的交通运输网。19世纪50年代，美国开始建设第一条州际铁路，并在整个19世纪50年代完成了3万mi（4.8万km）以上的铁路建设。1862年，联邦国会通过《太平洋铁路法案》，开启了横

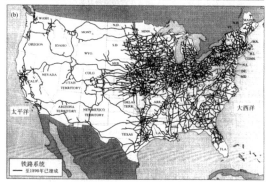

图7-28　1860年和1890年的美国铁路网
（保罗·诺克斯．城市化．北京：科学出版社，2009）

贯大陆铁路建设的时代。1869年，第一条横贯北美大陆的"联合太平洋铁路－太平洋中央铁路"在犹他州普罗蒙特里胜利接轨，它东起奥马哈，经内布拉斯加、怀俄明、犹他、内华达，西抵加利福尼亚州的萨克拉门托，将东、西部连为一体，标志着一个划时代的变革。此后20余年时间里，先后又有4条横贯大陆的铁路线建成。到1890年，美国铁路总里程达近13万mi（20.8万km）（图7-28）。

铁路的重要作用之一就是彻底改变了美国国内的贸易走向：由南北变为东西流向。同时，铁路的发展也调整了城市体系的运输结构。铁路线向西部的延伸可以使大量的玉米和小麦直接运往东部，而不需要通过圣路易斯和新奥尔良的水路运输。结果，这些增长减缓的城市连同较小的中转港只能越来越依靠区域贸易和服务功能。相反，那些沿着两条主要的东西向集散中心走廊的城市（纽约－布法罗－底特律－芝加哥－密尔沃基和费城－辛辛那提－路易斯维尔）则日益繁荣，主要得益于贸易量的增加和运输费用的减少。

2．城市的成长变化

1）芝加哥（Chicago）

如东北部的纽约一样，芝加哥是中西部最有代表性的城市。芝加哥的地理位置十分优越，它位于五大湖中密歇根湖的最南端，是纽约经伊利运河和五大湖的水上交通所能到达的最佳地点：东边是发达的东北部，西边是尚待开发的密西西

比河西部的广袤地区，南部是富庶的中西部平原，腹地极为广阔。

19世纪初，芝加哥还是印第安人部落领地。1803年美国陆军在此建立了迪尔伯恩要塞；1816年，当地的印第安部落与美国政府签订圣路易斯协定，让出了土地。1833年，芝加哥镇成立，当时只拥有350名居民，随着移民的增加1837年正式成为芝加哥市。芝加哥商人们积极鼓励建造道路、运河与铁路，特别是在19世纪40年代后期，在商界的积极鼓动之下，州政府出资开凿了伊利诺伊－密歇根运河，将五大湖区与密西西比河这两大水系连接起来。1848年，美国第一条跨国铁路建成，铁路通过芝加哥，城市人口增长到3万。1870年，芝加哥人口达到30万，城市建成区面积90km^2，一举成为美国中西部的经济重镇。

1871年，芝加哥遭受特大火灾，全市三分之二化为灰烬，10万余人无家可归，但是芝加哥迅速开展了重建并很快恢复了经济增长。在重建期间，诞生了世界上第一栋采用钢构架的摩天大楼，以此芝加哥开始不断地开创新的城市建筑形态。1880年，芝加哥人口恢复到50万人，水运、铁路构成的运输网络带来了贸易的发展，食品、机械、金属加工成为主导产业。1890年人口达到110万，城市进一步沿着通勤铁路线发展，郊区城镇开始成长，初步显示出大都会区的框架。1893年，芝加哥主办了世界哥伦布博览会，获得极大的成功，共吸引到2750万游客前来参观，并带动了全美国的城市美化运动。1900年，芝加哥人口达到170万，一跃而成为美国第二大城市、全国的制造业中心和交通中心，建成区面积达486km^2，并开始建造地铁和穿过城市的高架铁路。1909年制订的芝加哥规划成为城市发展的里程碑，沿湖滨规划了长达39km、宽1km的公共绿化地带；商业中心位于芝加哥河与密歇根湖的交界处；工业区主要沿芝加哥河分布，在南部开始发展钢铁工业基地。

从1850～1950年的芝加哥城市范围演变图（图7-29）可以看出，1850年铁路通车后的芝加哥市仅仅是一个数万人的小居民点；40年后的1890年，芝加哥已

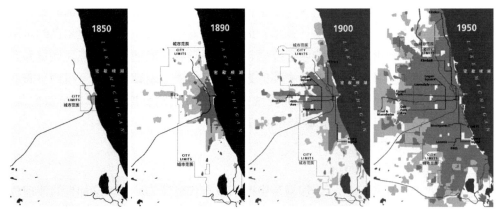

图7-29　1850～1950年芝加哥城市范围

（张庭伟. 大芝加哥地区经济和城市空间的演变及对武汉城市发展的借鉴. 武汉市城市规划设计研究院，2005）

图 7-30　1916 年芝加哥中心区鸟瞰
(Paule E. Cohen, Henry G. Taliaferro American Cities : Historic Maps and Views. Assouline, 2005)

经成为一个百万人口的大城市，城市边界大大扩展，而南部的钢铁工业基地刚刚开始建立。在芝加哥发展过程中，城市用地主要沿芝加哥河、密歇根湖的滨水区向南北两面延伸，随后西部的发展开始越过城市边界，进入郊区(图 7-30)。自 1855 年起，芝加哥开始建设美国大城市中第一个完备的污水排放系统，这一举措在很大程度上改善了城市的面貌和普通市民的生活条件。而下一个 50 年是芝加哥城市高速扩展的时期，城市发展向各个方向扩展，形成了今天芝加哥市的城市范围，并跨越城市边界向郊区延伸。引导城市发展的是交通系统：沿密歇根湖滨的湖滨大道是南北交通干道；东西向的是 290 号高速公路。郊区的卫星城，如橡树园发展成为完整的小城市，有居住、商业服务，通过地铁和通勤铁路和中心区连接。

2）布法罗（Buffalo）

布法罗（又译为水牛城）是纽约州西部伊利湖东岸的港口城市，位于尼亚加拉河南口，西与加拿大伊利堡隔尼亚加拉河相望。1758 年法国皮货商在此建立皮毛贸易站，1790 年荷兰人又在此地建立了定居点，1803 年布法罗正式建市（图 7-31）。1825 年伊利运河开通后，布法罗成为五大湖区和伊利运河水道的衔接点，逐渐繁荣起来，在 20 世纪初期，由于地处五大湖区与伊利运河的交界，布法罗及周边地区曾经长期从事商业铁路、钢铁工业、汽车制造、五大湖航运以及谷物储藏，吸引了来自爱尔兰、意大利、德国和波兰的大量移民到此地的钢铁厂及面粉企业工作，当时在五大湖区的地位仅次于芝加哥。

布法罗参照首都华盛顿进行规划设计，城市面朝伊利湖，沿湖设置港口。城市中心是公共广场，有9条主要街道从公共广场向外辐射，形成在方格上叠加放射型的路网（图7-32）。值得一提的是，美国著名风景建筑师奥姆斯特德设计了布法罗的环状公园体系，其中最大的特拉华公园占地365英亩，并保留至今，使布法罗好像是一座森林之城。

3）底特律（Detroit）

底特律位于圣克莱尔湖和伊利湖之间，是密歇根州最大的城市。1701年法国军方在底特律河畔建立了蓬查特兰堡作为皮毛交易中心，同时也为往来于五大湖的法国军舰提供保护。1760年，在法印战争期间，英国军队控制了该地区并将地名简化为底特律（图7-33）。1796年，根据《杰伊条约》，底特律加入美国。在1805～1847年间，底特律一直是密歇根州首府。

1805年，一场大火几乎烧毁了底特律所有的房屋与建筑，仅留下一座仓库和一个砖制的烟囱。大火后，密歇根领地的首席法官奥古斯塔斯·伍德沃德为底特律制订了城市规划。这个规划明显受到首都华盛顿规划的影响，主要的街道呈放射状，交会处形成半圆形或方形的广场，最北部是一个占地5.5英亩的大环形广场，7条道路在此交会。在环形广场和底特律河之间，是城市中心区，靠近河滨的中心区仍旧采用方格网的布局方式（图7-34）。

18世纪末，底特律建造了大量豪华的建筑，并因此被称为"美国的巴黎"。由于占据五大湖水路的战略地位，随着航运、造船以及制造工业的兴起，底特律逐渐成为了一个交通枢纽。1896年，亨利·福特在此制造出了第一辆汽车；1904年，福

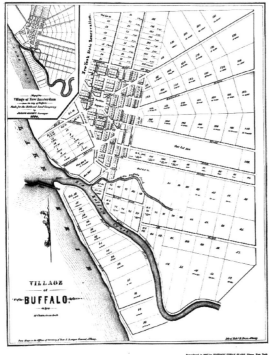

图7-31　1804年的布法罗地图
(www.BuffaloResearch.com)

图7-32　1896年的布法罗地图
(www.BuffaloResearch.com)

特 T 型车下线，底特律逐渐成为世界汽车工业之都。工业的发展吸引了大量来自南方的居民，使得底特律的人口数量在 20 世纪上半叶增长迅猛。

四、西部矿业城市

1. 发展背景

整个 19 世纪的美国历史就是一部持续不断向西推进的历史。19 世纪上半期，主要集中在阿巴拉契山至密西西比河之间，这里土地肥沃，林木茂密，河系发达，适宜农耕。因而，农业开发的速度很快，随后出现工业化和城市化的高潮。再向西就是落基山脉，如一道天然的屏障，将太平洋沿岸地区（即西海岸）与大西洋沿岸（即东海岸）和中西部两大经济中心分开。限于边远的地理位置和丛山阻隔，难以开发更远的西部。

1847 年，在加利福尼亚萨特锯木厂内发现的几块黄金触发了美国历史上的淘金热潮，旧金山也因此由一个不起眼的西班牙殖民据点一跃而成为太平洋沿岸的大商埠，成为淘金热时代的象征，与此同时，萨克拉门托、斯托克顿等一系列小城镇也随之兴起。19 世纪 50 年代末西部贵重金属的发现和开采，使旧金山海湾地区和科罗拉多州北部派克峰一带出现了很多矿业城镇。这类城镇除了丹佛和盐湖城外，几乎都分布在太平洋沿岸，

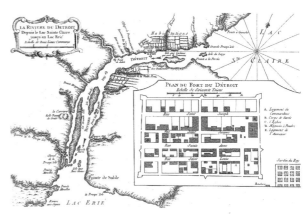

图 7-33　1764 年的底特律城堡地图
(Perry-Castañeda Library online maps, www.lib.utexas.edu)

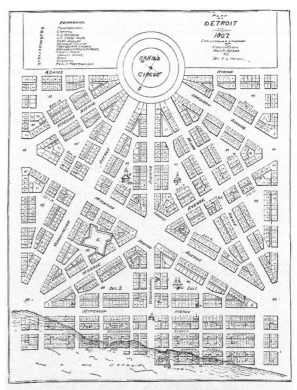

图 7-34　1805 年大火后的底特律规划图
(Perry-Castañeda Library online maps, www.lib.utexas.edu)

如旧金山、波特兰、洛杉矶、奥克兰、萨克拉门托等。19 世纪 60 年代，横贯大陆的电报线铺设到西部，为西部提供了全天候的通信手段；自 19 世纪 50 年代末，陆续铺设的横贯大陆的铁路作为沟通东部和西部的大动脉，对西部城市化的推动作用更加明显。

2. 城市的成长变化

1) 丹佛（Danver）

丹佛位于科罗拉多州中北部一片紧邻着落基山脉的平原上，切里河和南普拉特河汇合处。那里最初渺无人烟，直到1858年在切里河发现金矿后，才建立了最初的居民点。1867年科罗拉多州首府从戈尔登迁至此地，当时它还是一个偏僻的小镇。随着落基山脉地区矿业和平原农牧业的兴起，1870年横贯大陆的中太平洋铁路通车，以及全国大规模的向西移民开发，丹佛迅速发展成为工业城市，特别是食品工业占重要地位，成为美国芝加哥以西最大的屠宰和肉类加工基地。

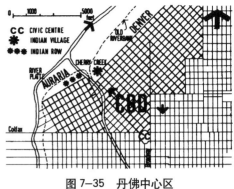

图7-35　丹佛中心区

(A. E. J. Morris. History of Urban Form：Before the Industrial Revolution. Second edition. New York：John Wiley & Sons, Inc., 1990)

丹佛1860年与奥勒里镇（Auraria）合并，由于两个城市为了适应河流的走向，采用了不同方向的方格路网系统，因此设置了百老汇（Broadway）和考麦克斯（Colfax）两条大道与美国土地测量系统保持一致，其交会点是市民中心（图7-35、图7-36）。

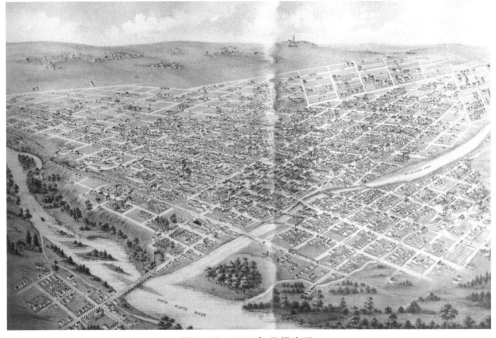

图7-36　1874年丹佛鸟瞰

(Paule E. Cohen, Henry G. Taliaferro. American Cities：Historic Maps and Views. Assouline, 2005)

2）旧金山（San Francisco）

旧金山（又译为圣弗朗西斯科）位于加利福尼亚州北部海边，旧金山半岛的北角，东临旧金山湾，西临太平洋。它本是西班牙的一个殖民据点，1822年建城，后由墨西哥接管，美墨战争之际为美军所占领。1847年，轰动世界的淘金热使旧金山奇迹般地崛起，到1850年，其人口已达3.5万人。1851年，旧金山在全美对外贸易额中仅次于纽约、波士顿和新奥尔良。到1854年，旧金山人口增至5.8万，占加利福尼亚州人口总数的14%。1861年，横贯大陆的电报线铺设完成，旧金山与外界的联系得到进一步加强，一跃成为圣路易斯以西首屈一指的城市。

自1853～1854年开始，加利福尼亚州各地淘金点陆续枯竭，采矿业进入萧条期。旧金山也陷入了危机，人口从1854年的5.8万剧减为1857年的2.3万。幸运的是，1859年在内华达毗邻加利福尼亚州的地区发现罕见的卡姆斯托克大矿脉，为西部采矿业带来了转机。同年，科罗拉多州北部派克峰地区也不断有新的金矿发现，旧金山重现繁荣，1860年人口恢复至5.6万人。此后，旧金山进入一个稳定发展的时期。为了适应深层采矿和西部全面开发的需要，旧金山的经济结构发生了变化，不再是单一的商品集散地，而是商业逐步发达、经济趋于多样化的城市。19世纪60年代初，工业发展开始加速，各种冶炼厂、机械厂、木材加工厂、肉类加工厂、煤气厂、酿酒厂等纷纷出现，成为西部最重要的工业城市（图7-37）。1906年旧金山大地震对城市造成了极大的破坏，但是很快就得到了重建（图7-38）。

图7-37　1868年的旧金山鸟瞰

(Paule E. Cohen, Henry G. Taliaferro. American Cities：Historic Maps and Views. Assouline, 2005)

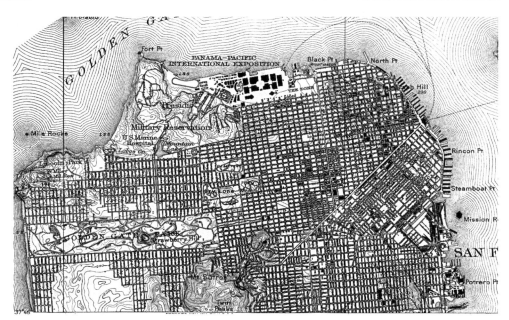

图 7-38 1915 年的旧金山地图
(Perry-Castañeda Library online maps, www.lib.utexas.edu)

3）洛杉矶（Los Angeles）

洛杉矶位于加利福尼亚州南部，是仅次于纽约的美国第二大城市。它最早成立于 1781 年，当时只有 44 个居民。早期的洛杉矶市是西班牙殖民地的一部分。1820 年墨西哥脱离西班牙赢得独立以后，洛杉矶市又成为墨西哥的一个城市。1848 年，墨西哥在美墨战争中失败，将加利福尼亚割让给美国，1850 年洛杉矶正式建市。

在 1878 年以前，洛杉矶因被群山、沙漠和太平洋包围，交通十分闭塞。早期的洛杉矶只是一个人口稀少，面积很小的城镇。1878 年，南太平洋铁路通到洛杉矶，使得它同全美各地有了联系。1885 年圣塔菲铁路、随后是联合太平洋铁路也通到了洛杉矶，这 3 条铁路线的开通使得洛杉矶的人口剧增。1892 年，随着石油的发现，许多工厂从全国各地开始搬到这里，工业化从此开始，洛杉矶一跃发展成美国西部最大的城市之一。19 世纪末，洛杉矶城市内部有了有轨电车。电车线路由市中心向郊区呈放射型延伸，不仅使得居民的出行距离增加，同时使得城市边界向外扩展。有轨电车线路向市中心的汇集，造成市中心交通的日益拥挤（图 7-39）。因此，中产阶级和富人开始向当时的郊区迁移。

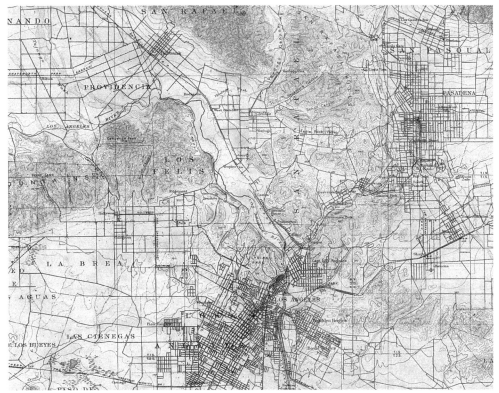

图 7-39 1900 年的洛杉矶地图
(Perry-Castañeda Library online maps, www.lib.utexas.edu)

第二节 20 世纪初的城市危机和改革

相对于欧洲各工业国家而言，美国的城市化持续过程相对较长，加上北美优越的国土资源条件、较少的城市人口等，除纽约等大城市外，城市化过程中所暴露出来的问题和矛盾远没有欧洲国家那样尖锐。同时，由于美国浓厚的自由商业气氛和文化积淀的薄弱，在城市扩张中大量采用经测量绘制的格网道路系统，虽然在经济上高效，但是城市布局显得单调。

以 1893 年在芝加哥举办的纪念哥伦布"发现"美洲大陆 400 周年的世界博览会为契机，开始了以丹尼尔·伯纳姆为代表人物的城市美化运动。1909 年是美国城市规划历史的重要一年：由丹尼尔·伯纳姆设计的芝加哥规划标志着美国现代城市规划时代的来临。芝加哥规划是美国历史上第一个综合性规划，影响深远。同年第一届全美城市规划会议在华盛顿召开，哈佛大学开设城市规划课程。

在解决城市化过程中所出现的城市问题上，美国采用的手段与欧洲国家基本相同，即改善已有城市内部环境并兴建环境良好的郊外居住区和新城。其中，奥姆斯特德父子主持设计和建设了纽约中央公园，后来被发展成为公园绿地系统的规划思想。霍华德的田园城市和绿带思想对美国 20 世纪早期的城市规划带来了相当大的影响,其次是佩里的邻里单位理论。奥姆斯特德父子两人分别于19世纪中和20世纪初为中产阶级设计郊外居住区,如河滨新城(Riverside)、森林山庄(Forest Hill Garden)等,这些规划设计也成为美国其他郊区城市规划设计的典范。

20世纪30年代是美国历史上的大萧条时代,但是几乎所有的州都成立了规划委员会。区域规划也在这一时期开始,最著名的当属1933年的田纳西河流域的综合规划,它为泄洪、发电和保护自然环境提供了一个综合的规划方法。

一、公园运动(Parks Movement)

通过大规模的公园绿地建设,对城市景观进行改造的运动最早出现于美国。19世纪的美国正处于工业时代的快速发展时期,人们对因工业发展所带来的污染和用地的混杂、缺乏绿化空间等极为不满。在美国,城市公园从19世纪中叶开始发展,以奥姆斯特德(Frederick Law Olmsted,1822~1903年)所设计的纽约中央公园为起点,美国各地城市均以公园和公共绿地建设为代表开始了城市绿地系统的规划,试图将乡村的自然风景引入到城市中,强调城市空间组织和布局要创造健康的环境和优美的美学特征。城市公园的发展预示着西方城市的两大变化:一是快速发展的城市中或者城市周围的大片土地可以被用作公共事业;二是在城市中出现了大量非生产性的自然风景区。

奥姆斯特德认为,城市公园不仅应是一个娱乐场所,而且应是一个自然的天堂。所以他主张在城市核心部分引入乡村式风景,使市民能很快进入不受城市喧嚣干扰的自然环境之中。他高度重视场地和环境的现状,不去轻易改变它们,而是尽可能发挥其优点和特征,消除不利因素,将人工因素合理地融入自然因素之中。奥姆斯特德的理论和实践推动了美国公园运动的发展,并由此激发了美国的国家公园运动。

1. 纽约中央公园(Central Park)

1853年,纽约州议会决定在纽约市购买一块土地用于建造中央公园,为市民提供休闲的场所。1857年,奥姆斯特德被任命为中央公园的建造总监。1858年,奥姆斯特德和考佛特·沃克斯赢得了公园设计竞赛并扩大了公园的用地范围;1862年,公园建成并开放,受到纽约市民的热烈欢迎。到1960年时,纽约市的公园面积已经从原来的5600hm^2增加到14000hm^2(图7-40)。

中央公园的设计按照英国自然风景园而构想和布局,首先建立了以优美的自然景色为特征的准则,着重大面积的自然意境,四周用乔木绿带隔离视线和噪声,使公园成为相对安静的环境。园中保留了不少原有的地貌和植被,林木繁盛,还有大片起伏的草坪,有着步移景异的感受,还包括一连串可以用于社会活动的区域——群众性的体育运动区、娱乐和教育区,为城市生活增加了新的活动空间和休闲活动的方式。奥姆斯特德还精心设计了一套由桥和隧道构成的、互相区别与独立的通道系统,使穿过公园的4条城市干道既不会干扰景观的连续性,又确保公园能完美地同城市相结合。

中央公园是第一个现代意义上的城市公园,它成为美国其他城市公园建设的典范，而奥姆斯特德则成为美国历史上最负盛名的公园设计和景观设计大师，由此开创了现代景观设计领域。纽约中央公园的建成，不仅使城市公园成为城市中的一个重要公共活动场所，确立了公园在城市中的地位，也成为政府公共事业的重要内容之一。

2. 波士顿"翡翠项链"（Emerald Necklace）

1881年，奥姆斯特德开始进行波士顿公园设计。首先，奥姆斯特德和他的搭档沃克斯合作设计了波士顿的几个重要的公园，如从后湾（Back Bay）的沼泽地改建的一个城市公园、富兰克林的景色公园（Prospect Park, 1866年）等。在这两个公园设计的基础上，奥姆斯特德开始构思一个宏伟的计划，即用一些连续的绿色廊道——公园道（parkway）将波士顿公地、富兰克林公园和其他几个公园，以及沐河（Mudd，该河最终汇入查尔斯河）连接起来，将分散的城市绿地连成一体，这就是后来被称为"翡翠项链"的规划（图7-41）。

公园道的规划思想并不是第一次出现在奥姆斯特德的作品中，但在"翡翠项链"中表现得最为充分。当时美国大多数城市的急剧膨胀带来许多问题，比如城市空间结构不合理、环境恶化、城市交通混乱等。从19世纪60年代开始，奥姆斯特德就开始尝试用公园道或其他线形方式来连接城市公园，或者将公园延伸到附近的社区中，从而增加附近居民进入公园的机会。比如在芝加哥的河滨新城规划中，奥姆斯特德将河流及其两侧的土地规划为公园，并用步行道将其和各个组团中心的绿地连接起来。在波士顿的"翡翠项链"中，奥姆斯特德采用基本类似的方法，并把这种思想总结成一个全新的概念——公园道（parkway），将19世纪末美国的城市公园运动引导向系统网络的发展方向。

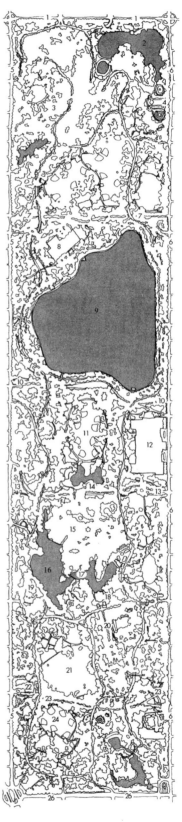

1.中央公园北部、第110大街；2.梅尔黑人区；3.北部森林；4.温室花园；5.第8大道；6.第5大道；7.穿城第97大街；8.网球场；9.杰奎琳·肯尼迪·欧纳西斯水库；10.穿城第85大街；11.大草坪；12.都市艺术博物馆；13.穿城第79大街；14.望景楼/远望石；15.漫步区；16.湖泊；17.拱桥；18.贝斯塞达台地；19.草莓园；20.林阴道；21.绵羊草地；22.草坪上的酒馆；23.穿城第65大街；24.赫克舍球场；25.中央野生动物园；26.中央公园南部/第59大街

图7-40 纽约中央公园总平面图

（艾伦·泰特著. 城市公园设计. 周立鹏等译. 北京：中国建筑工业出版社，2005）

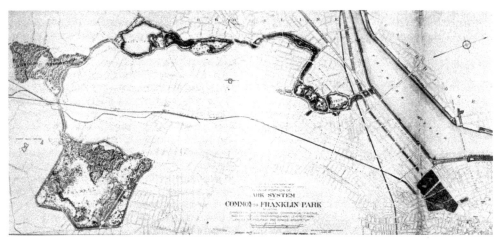

图 7-41　1886 年发表的波士顿"翡翠项链"规划

(弗雷多·塔夫里，弗朗切斯科·达尔科著. 现代建筑. 刘先觉等译. 北京：中国建筑工业出版社，1999)

奥姆斯特德所说的公园道，主要是指两侧树木郁郁葱葱的线性林荫道。这些林荫道连接着各个公园和周边的社区，宽度也不大，仅能够容纳马车道和步行道。他曾在《公园和城市扩张》中主张把公园、林荫道和社区联系起来，城市公园为城市发展提供中心，并通过交通道路把公园与城市建成区和规划区联系起来。奥姆斯特德在晚期的作品中大量使用这种表现方式，包括布法罗的公园道和芝加哥的开放空间系统等。

3．波士顿大都会开放空间系统（Metropolitan Park System）

在奥姆斯特德逐渐退出设计后，他的学生艾略特将他的思想进一步完善和发展，并运用到 1893 年开始编制的波士顿大都会开放空间系统设计中去。艾略特注重对自然景观的保护，1896 年他完成了名为《保护植被和森林景色》（Vegetation and Forest Scenery for Reservation）的研究。在该研究中，他发展了一整套著名的"先调查后规划"理论，将整个景观设计学从奥姆斯特德"直觉经验式"转向科学、系统的规划方法。艾略特的这些思想都集中体现在波士顿地区的开放空间系统规划中。围绕着波士顿地址、地理情况、自然体系、民众的游憩需求和历史遗迹，他构思了一个由海滩、岛屿、河道、三角洲及森林组成的区域景观系统，三条主要的河流和六个大的城市郊区的开放空间被连接到一起。该规划还呼吁将私人海滩的用地改为公共用途，保护波士顿湾的岛屿，在人口密集的地区建设大量的小广场、运动场和公园等。该规划为波士顿地区增加了 640km^2 的开放空间。

1897 年艾略特去世以后，艾略特的侄子艾略特二世接替艾略特的任务，并将开放空间的概念运用到整个波士顿大都会地区，并最终在 20 世纪早期形成波士顿大都会的开放空间系统（图 7-42）。这两次规划为后来的开放空间和保护区规划建立了一个完整的框架和样板。同时，该规划的实施也为波士顿留下了宝贵的遗产。

4．明尼阿波利斯公园体系（Minneapolis Park System）

明尼阿波利斯是一个水资源丰富的城市。早在 1883 年，明尼阿波利斯市议会就成立了第一届明尼阿波利斯公园和休闲委员会，并请当时著名的景观设计师克里夫兰来制订公园体系的总体规划。克里夫兰是美国公园运动的先驱之一，他利用密西西比河、明尼阿波利斯及圣保罗之间的大小湖泊，建立了区域绿地系统。在这个系统中，克里夫兰把"水"作为重要的自然特色和设计的核心，构思了一个线形的开放空间系统，沿密西西比河两岸修建宽阔的林荫道南行，与明尼哈哈河相接，并继续向西延伸，将沿岸的小溪和湖泊组成的天然水系串联起来，形成一个"大环"和连续的公园通道。通道包括人行/慢跑道、自行/轮滑道和机动车道，连接了大部分湖泊、密西西比河河滨、居民区和商业区。实际上，除了个别之外，大多数湖泊当时已经干涸和淤塞。经过清淤、深挖或重新改变形状，创造新的湿地，湖泊水位由管道、泵站和渠道组成的排水系统控制，并连接密西西比河。当其他城市正忙于填湖造地之时，明尼阿波利斯却完整保留了超过1000英亩的湖泊和公园。1906~1935年，继克里夫兰之后，公园监管者西奥多·沃思负责完成克里夫兰提出的公园系统，他疏浚湖泊，整理堤岸，控制洪泛，增加铺装，并购买了数千英亩的公园用地，将许多社区公园吸收到原有的公园系统中，又将"大环"向北一直延伸到市中心北面的密西西比河，为最终形成完整的环状公园体系奠定了基础(图7-43)。以后的几年中，堪萨斯、

图7-42　1928年波士顿大都会开放空间系统规划

(弗雷多·塔夫里, 弗朗切斯科·达尔科著. 现代建筑. 刘先觉等译. 北京：中国建筑工业出版社, 1999)

图7-43　1920年时的明尼阿波利斯公园体系

(Perry-Castañeda Library online maps, www.lib.utexas.edu)

辛辛那提、达拉斯等城市相继利用自然河流形成城市绿地系统。

二、城市美化运动（City Beautiful Movement）

城市美化运动作为一种城市规划和设计思潮，发源于美国，始于1893年美国芝加哥的世博会，一直延续到20世纪30年代，鼎盛时期是19世纪90年代。"城市美化"作为一个专用词出现于1903年，由专栏作家姆福德·罗宾逊发明，他借着1893年的芝加哥世博会对城市形象的冲击，呼吁城市的美化与形象的改进，并倡导以此来解决当时美国城市工业化带来的城市问题。后来，人们将在罗宾逊倡导下的所有城市改造活动称为"城市美化运动"。

从倡导者的愿望来说，城市美化运动具体包括四个方面的内容：一是"城市艺术"，即通过增加公共艺术品，包括建筑、灯光、壁画、街道的装饰来美化城市；二是"城市设计"，即将城市作为一个整体，为社会公共目标，而不是个体的利益进行统一的设计，城市设计强调纪念性和整体形象及商业和社会功能，包括户外公共空间的设计，并试图通过户外空间的设计来烘托建筑及整体城市的形象；三是"城市改革"，努力把社会改革与政治改革相结合，因为大量的社会底层拥挤在缺乏基本健康设施的区域，形成各种犯罪、疾病和劳工动乱的发源地，使城市变得不适宜居住；四是"城市修葺"，强调通过清洁、粉饰、修补来创造城市之美，包括步行道的修缮、铺地的改进、广场的修建等。

城市美化运动的规划设计主要着重三个方面：市中心、街道和公园，并通过集中服务功能及其他相关的土地利用的设计，旨在形成一个有序的土地利用格局和方便高效的商业和市政核心区；通过景观资源的利用，创造城镇风貌和个性，将城市的开放空间作为城市的关键组成；将区域交通组成一个清晰的等级系统，在街道景观中创造聚焦点来统一城市。

在20世纪初的前十年中，城市美化运动不同程度地影响了几乎所有北美的主要城市。城市美化运动综合了对城市空间和建筑设施进行美化的各方面思想和实践，最终目的是希望通过创造新的物质空间形象和秩序，恢复城市由于快速工业化的破坏发展而失去的和谐。然而针对其实际效果的争议却很大，在1909年的首届全美城市规划大会上，城市美化运动很快被科学的城市规划思潮所替代。

1. 芝加哥世界博览会（World's Columbian Exposition）

1893年，为了纪念哥伦布"发现"美洲大陆400周年，芝加哥举办了哥伦布世界博览会（图7-44、图7-45）。会场选址在密歇根湖畔，由博览会的负责人、建筑师丹尼尔·伯纳姆和奥姆斯特德规划，来自全国各地的建筑师按照古希腊以来的欧洲古典建筑风格设计了各个展馆，形成被称为"白色城市"（White City）的会场景观风貌。宽阔的林荫大道、广场、巨大的人工水池、华丽的古典主义建筑给人们以视觉上的巨大冲击，与当时美国呆板划一的城市形象形成强烈的对比。但是博览会的建筑大部分都是临时性建筑，后来都拆掉了，唯一留下的是当时的美术宫，即现在的芝加哥科学和技术博物馆。

博览会会场设计的成功导致城市美化运动席卷美国。它强调把城市的规整化和形象设计作为改善城市物质环境、提高社会秩序和道德水平的主要途径。它突出规则、几何、古典和唯美主义特征，最终目的是通过创造一种城市物质空间的形象和秩序，来更新和改进社会的秩序，恢复城市中由于工业化而失去的视觉美和生活的和谐。事实上，在城市美化运动之前的19世纪末，美国城市中已出现采用拱门（类似欧洲城市的凯旋门）、喷泉、雕塑来装点城市的"城市艺术运动"。城市美化运动进而将这种美化环境的愿望推广至整个城市，以市民中心、林荫大道、广场、公共建筑为核心的宏伟壮丽的城市整体设计。虽然对当时工业城市物质环境有一定的改善，但并没有涉及隐含在城市问题背后的社会问题。因此，城市美化运动持续了大约15年后趋于衰落。

2. 华盛顿特区规划（Improvement of the District of Columbia）

第一个按照城市美化运动原理进行规划的城市是首都华盛顿，即麦克米兰规划。1900年，美国建筑师协会为庆祝华盛顿建都100周年在华盛顿召开年会。会议成立了以密歇根州参议员詹姆斯·麦克米兰命名的麦克米兰规划委员会，即哥伦比亚特区改善委员会。该委员会要求重新修改1791年的朗方规划，并且根据欧洲的规划经验制订了新的华盛顿市规划。该规划由议员詹姆斯·麦克米兰领导，成员包括伯纳姆、奥姆斯特德等，于1901年修改完成。新规划在原朗方规

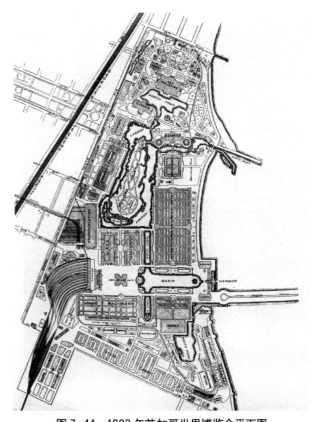

图7-44　1893年芝加哥世界博览会平面图
（弗雷多·塔夫里，弗朗切斯科·达尔科著. 现代建筑. 刘先觉等译. 北京：中国建筑工业出版社，1999）

图7-45　1893年芝加哥世界博览会鸟瞰
（弗雷多·塔夫里，弗朗切斯科·达尔科著. 现代建筑. 刘先觉等译. 北京：中国建筑工业出版社，1999）

划的基础上，代之以密度更大、更建筑化和几何化的城市形态，尤其强调了纪念性轴线的几何与形式化，并再增加了公园绿地的面积（图7-46、图7-47）。

3. 芝加哥规划（Plan of Chicago）

城市美化运动史上最为全面的规划是1909年的芝加哥规划。1893年哥伦布世界博览会后，城市美化运动的核心人物伯纳姆在完成了首都华盛顿（1901年）、旧金山（1905年）的规划工作之后，1906年接受芝加哥商业俱乐部的委托，于1909年制订了芝加哥规划。伯纳姆一生推崇高雅古典的欧洲古典城市空间和文化生活，他的建筑和规划作品充满了强烈的罗马古典主义和文艺复兴风格。在芝加哥规划中，伯纳姆虽然使用了城市美化运动中常见的林荫大道、放射状大道、广场、大型公园、市民中心等典型的形式主义设计手法，但是对商业与工业的布局、交通设施的安排、公园与湖滨地区的设计，甚至对城市人口的增加及芝加哥地区开发的方向等问题都给予了关注，因此这个规划成为日后"城市总体规划"的雏形。

1909年的芝加哥规划中，伯纳姆提出了如下建议：①发展区域高速干道、铁路和水上运输，加强城市间的联系；②系统安排城市内的道路系统，建造放射性街道以直接连接市中心，拓宽街道；③在密歇根湖建造新码头；④发展与市中心相连的滨湖文化中心；⑤在芝加哥河两岸建设市政中心；⑥沿密歇根湖和芝加哥河建设湖滨及沿河风景休闲区；⑦建立公园路，并与周围林地形成完整的系统（图7-48、图7-49）。

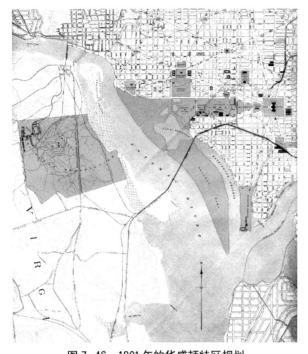

图7-46　1901年的华盛顿特区规划

(Perry-Castañeda Library online maps, www.lib.utexas.edu)

图7-47　华盛顿特区规划鸟瞰，从国会山（A）到华盛顿纪念碑（C）、白宫（B）形成联邦三角形

(A. E. J. Morris. History of Urban Form: Before the Industrial Revolution Secoud edition. New York: John Wiley & Sons, Inc., 1990)

第七章　美国城市发展过程

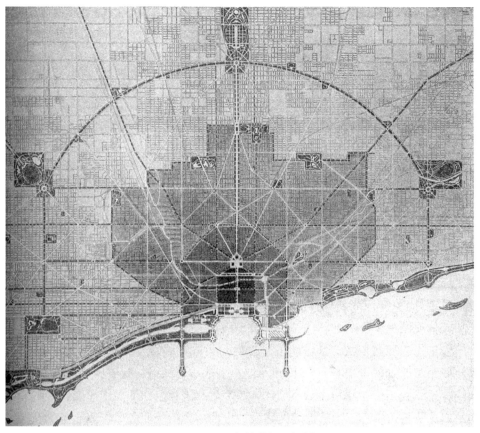

图 7-48　1909 年的芝加哥规划图
(Diniel H. Burnham, Edward H. Burnett, Edited by Charles Moore. Plan of Chicago. New York: Princeton Architectural Press, 1993)

图 7-49　规划建议设置市民中心和沿河的火车站
(Diniel H. Burnham, Edward H. Burnett, Edited by Charles Moore. Plan of Chicago. New York: Princeton Architecturac Press, 1993)

按照规划，芝加哥市在城区建设了多个大型的城市公园，沿密歇根湖边建成了长达39km、宽1km的湖滨公共绿地，这个绿化系统迄今为止一直受到良好的保护，是芝加哥的骄傲。虽然芝加哥规划只有一部分被付诸实施，但它的意义体现在树立了一种从全局和长远观点综合看待和规划城市的思想方法，确立了城市规划的地位。另一方面，芝加哥规划在宣传和获得公众认知方面也作出了不懈的努力，成为最早具有公众参与意识的规划。当然，过于形式主义、忽视社会、经济问题等批评也一直伴随着芝加哥规划的实施。

三、田园城市建设

1. 河滨新城（Village of Riverside）

美国最早的"花园城"是建成于1875年、位于伊利诺伊州芝加哥市西南部的河滨新城，是奥姆斯特德在1869年与沃克斯共同设计的一个具有浪漫气息的郊区居住区。他以这个高质量的居住区表达了一批较富裕的美国人的愿望：居住在大自然环抱的社区里，通过有效的交通系统与城市中心相连接。由于其杰出的景观规划质量，1970年河滨新城被美国内政部命名为"美国国家历史保护地标"及"美国国家景观保护区"。它也是美国仅有的两个"花园社区"之一。

当年建造河滨新城，是借助于芝加哥的经济发展带来的房地产开发机遇。河滨新城距离芝加哥市中心只有17.6km，本来是一片橡树林及农田，地势开阔又有河流穿过，宜于规划建设。19世纪60年代末，随着芝加哥周围通勤铁路的完成，在距离芝加哥市中心不远的近郊区建设一个为中产阶级服务的、高质量的花园城，成为十分合理的开发决策。当时，奥姆斯特德刚刚完成了纽约中央公园的设计，就被开发商邀请来负责规划工作。

河滨新城的主要规划特点是：通向芝加哥市中心的通勤铁路车站构成了整个社区的中心，最接近车站周围的是市政厅、图书馆、银行和商业设施。居住区则按照与车站的距离，密度渐渐减低，距车站较近的是多层公寓，较远的地带是别墅。这是一个完整的早期TOD模式，但已经体现了今天TOD的基本原则：以公交车站为中心、开发密度由中心向周围减少。为了最大限度减少穿越交通，防止非社区车辆进入，社区的主要道路设计均成大半径曲线，次要道路同样是曲线或环状（图7-50）。

河滨新城规划最为人称道的是其绿化系统。整个社区的建筑密度很低，人口密度为每平方公里1743人，建筑密度为每平方公里719户。除了社区旁边带有900英亩的森林保护区，社区中央还有五片大型公共绿地，总面积达134英亩，包括2个足球场、7个网球场、5个棒球场及大片的公园为这个9000人的社区服务。仅仅社区内部的绿地面积为人均61m^2，另外还有人均410m^2的森林绿地。结合自然地形，规划师把社区中心（市政府、图书馆及主要公园等）布置在河流的转弯处，用绿荫覆盖居住建筑，创造出一片令人赏心悦目的田园社区的景色。

2. 邻里单位（Neighborhood）

1929年美国建筑师C·A·佩里在编制纽约区域规划方案时，明确提出邻里

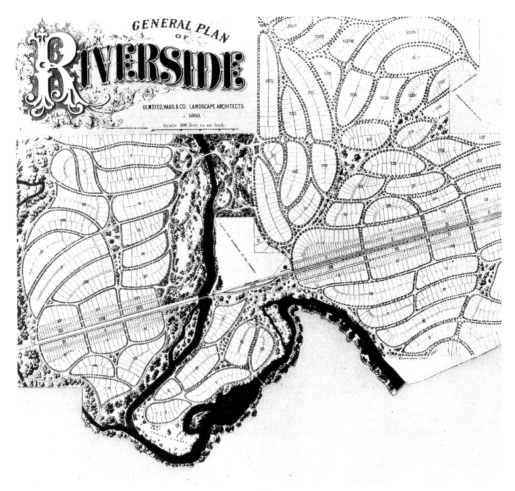

图 7-50　河滨新城总平面

(Spiro Kostof. The City Shaped: Urban Patterns and Meanings Through History. Boston: Bulfinch Press, 2003)

单位概念,并于同年出版《邻里单位》一书,目的是要在汽车交通开始发达的条件下,创造一个适合于居民生活的、舒适安全的和设施完善的居住社区环境。

佩里认为,邻里单位就是"一个组织家庭生活的社区计划",因此这个计划不仅要包括住房,包括它们的环境,而且还要有相应的公共设施,这些设施至少要包括一所小学、零售商店和娱乐设施等。他同时认为,在快速汽车交通的时代,环境中的最重要问题是街道的安全,因此,最好的解决办法就是改善道路系统来减少行人和汽车的冲突,并且将汽车交通完全地安排在居住区之外。

佩里所提出的邻里单位的核心思想是以一所小学的服务范围形成组织居住社区单元的基本单位,其中设有满足居民日常生活所需要的道路系统、绿化空间和公共服务设施,居民生活不受机动车交通的影响。根据佩里的论述,邻里单位根据以下六个原则组成:

(1) 规模:一个居住单位的开发应当提供满足一所小学的服务人口所需要的住

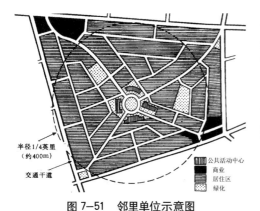

图 7-51 邻里单位示意图

（L·贝纳沃罗著．世界城市史．薛钟灵等译．北京：科学出版社，2000）

图 7-52 雷德朋总平面

（L·贝纳沃罗著．世界城市史．薛钟灵等译．北京：科学出版社，2000）

房，它的实际面积则由它的人口密度所决定（服务半径 1/4mi，约合 400m，如建立独立式住宅，可容纳约 5000 人）。

（2）边界：邻里单位应当以城市的主要交通干道为边界，这些道路应当足够宽，以满足交通的需要，避免汽车从居住单位内穿越。

（3）开放空间：区内设有占总面积 10% 的公园游憩用地，计划用来满足特定邻里的需要。

（4）公共服务设施：学校和其他机构的服务范围应当对应于邻里单位的界限，它们应该适当地围绕着一个中心或公共场所进行成组布置。

（5）商业设施：与服务人口相适应的一个或更多的商业区应当布置在邻里单位的周边，最好是处于交通的交叉处或与相邻的邻里的商业设施共同组成商业区。

（6）内部道路系统：邻里单位应当提供特别的街道系统，每一条道路都要与它可能承载的交通量相适应，整个街道网要设计得便于单位内的运行同时又能阻止过境交通的使用。

根据这些原则，佩里建立了一个整体的邻里单位概念，并且给出了图解（图 7-51）。邻里单位概念的产生与当时美国城市发展的动向密切相关。其中，小奥姆斯特德设计、位于纽约市郊的森林山庄（Forest Hill）直接成为邻里单位理论所依据的原型。邻里单位的理论在实践中发挥了重要作用并且得到进一步的深化和发展。由佩里的工作伙伴赖特和斯泰恩规划的位于美国新泽西州的雷德朋新城诠释了汽车交通时代的邻里单位思想，成为第一个将邻里单位与人车分行思想结合在一起，并付出实施的实例。

3．雷德朋（Radburn）

随着私家车拥有量的不断增加，居住小区内部的人车混行变得越来越危险，道路系统的规划设计越来越重视分散汽车交通量和局部的人车分流。在这种情况下，"人车分流"的道路系统在美国 20 世纪 20 年代被提出，1928～1929 年美国建筑师斯泰恩和规划师赖特在新泽西州纽约郊区的雷德朋居住区中予以实施。新城规划人口 25000 人，面积 5km^2，分为 3 个邻里（图 7-52）。其主要的规划特点有：人车分离，住宅组团布置，支路形成尽端式，绿地和开放空间相互贯通，从而构成完整的体系。但随后的经济危机迫使规划规模大大缩小，面积仅为 $0.3km^2$，包括 400 套住宅和 1500 居民。

雷德朋提出了一个"大街坊"的概念，就是以城市中的主要交通干道为边界来划定生活居住区的范围，形成一个安全的、有序的、宽敞的和拥有较多花园用地的居住环境。由若干栋住宅围成一个花园，住宅面对着这个花园和步行道，背对着尽端式的汽车路，这些汽车道连接着居住区外的交通性干道；在每一个大街坊中都有一个小学和游戏场地。每个大街坊中，有完整的步行系统，与汽车交通完全分离，步行道路将中心绿地、公共服务设施连接起来。这种人行交通与汽车交通完全分离的做法，通常被称作"雷德朋原则"。在雷德朋规划中一共包括了三个居住区，市民中心位于中央地带；每个居住区均由数个连续的住宅组团构成，机动车道的长度尽可能减少，使其不穿越住宅组团内部；道路交通系统分为干道线路（连接各个地区的主要车行道）、辅助干线道路（环绕住宅组团的车行道）、服务型道路（直接通往各个住宅的道路），并配置环行步行系统，采取人车完全分离的手法，在交叉路口设置立交桥以确保步行者的安全。这种道路组织方式能保证住宅院落居住生活环境的安静和安全，避免机动车对居民生活质量的影响。因此，以后"人车分流"的交通组织方式在许多国家和地区被广为采用。

雷德朋被称为"汽车时代的城镇"。它的设计原则影响了几代人的社区规划，其中包括罗斯福新政时期：联邦房屋管理局在 20 世纪 30 年代至 50 年代、60 年代分别开发的大规模社区和新城。雷德朋的理念代表了美国区域规划协会（RPAA）的目标，即以英国田园城市规划基础，促进社会改革和改善美国中产阶级的住房条件。由于其杰出的规划理念，2005 年雷德朋被美国内政部命名为"美国国家历史保护地标区"及"美国注册历史场所"，与河滨新城一道并列为美国仅有的两个"花园社区"。由于没有就业场所，雷德朋实际上只是一个具有田园氛围的城郊社区，但它前瞻性地认识到汽车交通对城市的影响，因而成为汽车时代新城规划的典范。

4．绿带城（Greenbelt Cities）

20 世纪 30 年代的罗斯福新政时期，美国政府试图通过大型项目建设来解决经济大萧条带来的严重社会问题。1935 年，在美国农业部内部设立重新安置署（Resettlement Administration），仿照英国田园城市规划思想规划了 4 个绿带城，即马里兰州的格林贝尔（Greenbelt）、俄亥俄州的格林希尔（Greenhill）、新泽西的格林布鲁克（Greenbrook，后由于法院的否决未建成）和威斯康星州的格林代尔（Greendale）。前三个绿带城均采用了雷德朋模式：大街坊、尽端路和无机动车的内部道路系统，它们也比较接近霍华德的田园城市模式：城镇为绿带包围，并且属于联邦政府。

1935 年美国联邦政府提供基金在马里兰州规划建设了绿带城。该城位于华盛顿特区东北，平面呈月牙形，沿边是平滑流畅线型道路，月牙的中心部位是行政、

图 7-53　格林代尔绿带城总平面
(弗雷多·塔夫里,弗朗切斯科·达尔科著. 现代建筑. 刘先觉等译. 北京:中国建筑工业出版社,1999)

商业、教育等公共设施和通向公园的门户。城内无论是公寓还是独立住宅都有各自的花园,步行路和车行路分设并有立体交叉。整个城市被起伏的绿色田野和林地环抱,以实现"健康的环境"目标。

格林代尔绿带城则不同,景观师阿尔博特·皮茨希望创建一个"沿条线而非围绕一个点进行建设的社区,并建造一条止于乡村礼堂的中央林荫道,林荫道旁线性地排列剧院、商店、邮局等"。另外,受到英国田园城市的影响,皮茨希望格林代尔的居民能同时享受到乡村和城市的优点,因此不遗余力地规划城镇能够便捷到达的公园、人行道和开放的乡村。在格林代尔实现的最重要的田园城市理念,是环绕1400英亩(约567hm^2)城镇的2000英亩绿化带(图7-53)。

四、区域规划兴起

20世纪初,随着城市郊区化进程加快,美国城市出现了大都市区发展的态势。然而在郊区化过程中,社区规划和建设形式的千篇一律、缺乏生机的现象,还有忽略人在社区中地位和感受、只围绕着汽车进行规划的盛行,日益引起市民大众的不满。针对这种情况,一些有着强烈社会责任感的规划师、学者聚集在一起,于1923年4月成立了美国区域规划协会(Regional Planning Association of America,

RPAA),主要成员有麦凯恩、芒福德、斯坦因和景观规划师亨利·赖特等,他们从霍华德的"田园城市"和盖迪斯的区域观念出发,提出了"区域主义"和"区域城市"的构想,希望通过实践这些想法来逐渐改善社区环境,最终改善整个城市化区域即大都市区的环境。

麦凯恩和芒福德倡导以生态学为基础的区域规划,麦凯恩把区域规划定义为"在一定区域范围内,为了优化人类活动、改善生活条件而重新配置物质基础的过程,包括对区域的生产、生活设施、资源、人口以及其他可能的各种人类活动的综合安排与排序"。麦凯恩为阿巴拉契亚小径(Appalachian Trail)所作的概念规划被视为区域规划的里程碑,他以这条全长2000多英里的步行道为骨架,转变了原先的公园和自然保护区体系,以更好地维持原始状态和乡村环境的大体系,为人们提供一个土地使用的新的控制方案。美国区域规划协会实施了两次规划活动,建设了阳光

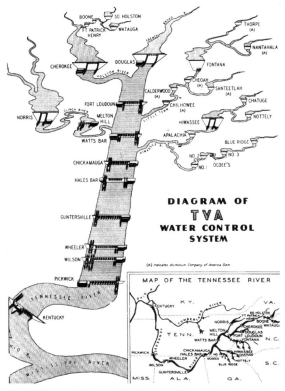

图7-54 田纳西流域管理局:田纳西河流域水利控制系统示意图,始建于1933年
(弗雷多·塔夫里,弗朗切斯科·达尔科著. 现代建筑. 刘先觉等译. 北京:中国建筑工业出版社,1999)

带花园城市和雷德朋两个社区,后来由于经济萧条被迫解散,但其思想和主张在今天依然具有一定的活力和影响。

20世纪30年代经济大萧条时期,由于国家介入到经济活动和国民建设的各方面,在罗斯福新政期间,除了绿带城建设、中西部土壤保护等规划外,区域规划也获得快速发展。其中,田纳西流域的综合规划与实施把二战前的区域规划推向高潮。田纳西流域有丰富的自然资源,但经历长期的掠夺式开发,留下的是一片废墟和大批贫困失业的人们,成为当时美国最为贫穷的地区之一。在罗斯福新政的立法下,制订了包括6.3万 km^2,涉及7个州的规划方案,该方案以保护水资源为基础,基本目标是防洪、航运和水电开发,后来扩大到植被恢复、水土保持、工人城镇建设、农业发展等多个目标(图7-54)。

第三节 二战后的美国城市发展

一、郊区城镇建设

美国的郊区化始于20世纪20年代,至今可划分为四个阶段(图7-55):

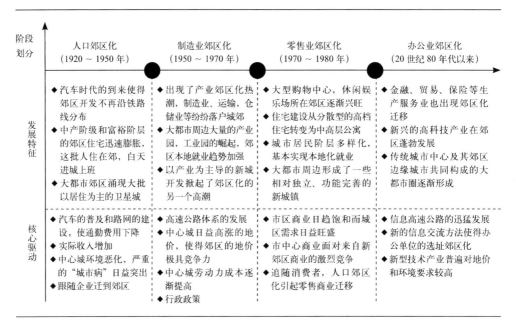

图 7-55 美国郊区化过程（新城模式——国际大都市发展实证案例，2006）

阶段划分	人口郊区化 (1920～1950年)	制造业郊区化 (1950～1970年)	零售业郊区化 (1970～1980年)	办公业郊区化 (20世纪80年代以来)
发展特征	◆ 汽车时代的到来使得郊区开发不再沿铁路线分布 ◆ 中产阶级和富裕阶层的郊区住宅迅速膨胀，这批人住在郊，白天进城上班 ◆ 大都市郊区涌现大批以居住为主的卫星城	◆ 出现了产业郊区化热潮，制造业、运输、仓储业等纷纷落户城郊 ◆ 大都市周边大量的产业园、工业园的崛起，郊区本地就业趋势加强 ◆ 以产业为主导的新城开发掀起了郊区化的另一个高潮	◆ 大型购物中心、休闲娱乐场所在郊区逐渐兴旺 ◆ 住宅建设从分散型的高档住宅转变为中高层公寓 ◆ 城市居民阶层多样化，基本实现本地化就业 ◆ 大都市周边形成了一些相对独立、功能完善的新城镇	◆ 金融、贸易、保险等生产服务业也出现郊区化迁移 ◆ 新兴的高科技产业在郊区蓬勃发展 ◆ 传统城市中心及其郊区边缘城市共同构成的大都市圈逐渐形成
核心驱动	◆ 汽车的普及和路网的建设，使通勤费用下降 ◆ 实际收入增加 ◆ 中心城环境恶化，严重的"城市病"日益突出 ◆ 跟随企业迁到郊区	◆ 高速公路体系的发展 ◆ 中心城日益高涨的地价，使得郊区的地价极具竞争力 ◆ 中心城劳动力成本逐渐提高 ◆ 行政政策	◆ 市区商业日趋饱和而市区需求日益旺盛 ◆ 市中心商业面对来自新郊区商业的激烈竞争 ◆ 追随消费者，人口郊区化引起零售商业迁移	◆ 信息高速公路的迅猛发展 ◆ 新的信息交流方法使得办公单位的选址郊区化 ◆ 新型技术产业普遍对地价和环境要求较高

图 7-56 美国联邦洲际高速公路系统
（保罗·诺克斯. 城市化. 北京：科学出版社，2009）

首先是城市居住功能郊区化。1920年之前，人们工作生活主要集中在城市中心，随着城市规模急剧膨胀，居住环境严重恶化，原住在城市的中产阶级越来越愿意在郊区购房。20世纪30年代的大萧条使得美国经济下滑，城市发展停滞。罗斯福上台后实行了新政，为刺激经济复苏，1934年成立了联邦住宅管理机构，联邦政府开始介入住宅建设。1949年的住宅法案（Housing Act）建立了住宅和家庭融资办公室（Housing and Home Finance Agency），鼓励居民购买郊区新房，规定购买者只需提供10%的首付款。这一措施极大地促进了美国城市的郊区化。二战后，汽车的普及和州际高速公路网的建设加快了美国郊区化的进程（图7-56）。随着战后的经济复苏，住房需求空前激增。19世纪50～60年代是郊区化的高潮阶段，大量居民由市区迁往郊区，美国出现了郊区人口增长快于中心城人口增长的现象。

接着是城市商业和产业功能的郊区化，即在郊区城镇建设大型购物中心等商业网点及将工厂企业搬到郊区。从20世纪60～70年代，郊区城镇建设了许多大型购物中心，人们不必再为购买生活用品而往返于城市市中心商业区，郊区商业区的零售额已超过整个社会零售额的半数。自 20 世纪 70 年代开始，郊区城镇与市中心之间存在的土地差价也使许多企业纷纷向郊区城镇迁移，新兴产业在郊区城镇兴起，大规模的工业园和商业服务网点落户郊区，具有完善城市功能的中心区域在郊区城镇逐步形成。这一变化给郊区创造了大量的就业机会，原来往返于市区与郊区之间的工作方式大为改变，郊区城镇成为许多中产阶级人士主要的生活工作空间。

居住、商业和就业的外移意味着许多基本的城市活动离开了中心城市，新兴的郊区日益成为人们工作和生活的真正舞台，许多郊区已经不再依附于任何主体城市，成为自治的城镇。作家乔尔·加鲁将这种原来一无所有，在大城市周边郊区新兴的商业和就业中心称为"边缘城市"（Edge City）。

1．莱维顿（Levittown）

莱维顿指的是莱维特父子公司在二战后建造的 3 个郊区城镇，分别位于纽约州、宾夕法尼亚州和特拉华州，共有 14 万套住房。由于在住房建造业中引入低成本、大批量生产的方法，莱维顿对美国战后住房业和社区发展产生了深远的影响，极大地改变了美国的住房建造和社区风格，推动了郊区化的进程，被誉为"世界最著名的郊区开发模式"。

二战结束后，约有 1600 万美国士兵转业复员，随之而来的是结婚人数剧增、人口出生率直线上升（即战后的"婴儿潮"），仅 1946 年一年内新生婴儿数量即达 340 万。人口的剧增意味着大量新的住房需求，据粗略估计，当时美国迫切需要大约 500 万套住房，但由于 20 世纪 30 年代大萧条和后来战时军事需要的挤压，住宅供应严重短缺，房地产业急剧下滑，房荒问题成为战后初期美国面临的首要问题之一。

在当时，建造住房不仅是现实的需要，而且是在履行爱国主义的使命。当时美国军团也四处游说，争取为退伍军人建造住房。杜鲁门总统上任后，敦促国会通过了向建筑业最大的财政拨款，数额达几十亿美元，同时放宽退伍军人购买住宅的贷款条件，这样一来，在郊区买房比在市区内租一套住房还便宜，大大刺激了人们的购房愿望。

莱维特父子抓住了这个机会。1947 年，莱维特公司购买了位于长岛的亨普斯特德的 4000 英亩土地，正式宣布建造 2000 套住房的计划。他们把土地分成小块，专门为退伍军人和他们的家庭量身打造，建造简单、便宜、可大规模生产的住房，还配备家具和主要设施，每月的租金仅 60 美元。当年莱维特父子公司就完成了预定的计划，开创了一年内建造住房的全国最高记录。到 1948 年 7 月，他们一天就可以生产 30 套住房，但即便这样的速度仍然满足不了退伍军人对住房的迫切需求，所以莱维特父子公司立即扩展计划，在 2000 套的完工基础上再建 4000 套。

1948 年美国住房法出台后，莱维特父子公司直接建房出售，以便更快周转资金来购买更多的土地。他们开始建造更大、更现代化的"牧场主式住房"（Rancher）。

随着退伍军人的安顿和家庭生活的正常化，莱维顿模式住房和周围社区开始调整、扩充，建造了购物中心、娱乐场地和社区中心为莱维顿居民服务。到1951年，莱维特父子公司共在纽约长岛莱维顿及附近地区建造了17447套住房，容纳8.2万人，成了一个巨型郊区，"莱维顿"由此名声远播。

1951年，莱维特父子公司在宾夕法尼亚州建成第二个"莱维顿"。社区内的街道大部分设计为弯道，每一个区域都有一个主题名称。虽然模式都类似，但每一个街区内住房的规格和风格略有不同。这个莱维顿有3个校区、5个游泳池、1个社区中心，每5个区有一个奥林匹克标准的游泳馆，为公共学校娱乐设施预留用地等。此外，还建立了图书馆、公园和"乡村俱乐部"购物中心。第二个莱维顿后来扩展到4个市辖区，居民人数达6.35万。

1955年莱维特父子公司在新泽西州的柏灵顿县（也在费城的通勤范围内）建设了第三个莱维顿。他们吸取了宾夕法尼亚州莱维顿在地域上与几个行政实体重叠、很难发展的教训，在正式开工前就购买了该县威灵伯勒乡的大部分土地，重新划定行政区划，以保证有效治理。这个莱维顿建成后，共有1.2万套住房，分10个邻里，每一个邻里有一所小学、一个游泳池、一个操场。

以莱维顿的出现为标志，美国郊区化不仅再次进入高潮，而且出现新的特点。在二战以前，美国郊区也有住宅分布，但规模小而分散。莱维顿等社区出现以后，大批人口开始从城市中心区域转移到这些郊区。郊区的生活方式成为中产阶级和成功人士的象征。到1970年，美国的郊区人口已经超过了市区人口，成为城市人口超过农村人口以后的又一次历史转折点。

2．哥伦比亚新城（Columbia）

哥伦比亚被公认为是美国最有名的新城。它位于马里兰州霍华德县，在巴尔的摩和华盛顿特区中间，距华盛顿市中心48km，距巴尔的摩市中心24km。哥伦比亚新城占地约56.7km^2，居住人口近10万人，建设住宅共30000套，提供6万个就业岗位，总投资约20亿美元。

哥伦比亚新城于1962年开始兴建至今，是由私营通用人寿保险公司、曼哈顿大通银行等合伙投资建造的，目标是建设成为"一个能够随着人们需求的变化而不断变化的多功能完备的社区，在这里人们可以工作、休闲并享受生活－帮助人们去体验生活"。

哥伦比亚新城从一开始就制订了新城的总体规划，详细计划了土地的使用、发展强度、开发节奏。为了确定新城的社会目标，以及如何通过城市设计来反映这些社会目标，开发商召集了各个领域——教育、卫生保健、娱乐、经济、社会、心理以及通信等方面全国知名的14名专家，组成专家小组在一起研讨该项目，并向霍华德县申请一种新的区划措施以便为土地的综合利用提供更多的弹性空间。哥伦比亚新城规划有以下几个特点：

（1）整体化的规划结构理念。哥伦比亚新城是按新型的邻里单位结构组成的，形成了邻里-村落-镇等三级居住单位。各邻里（Neighborhood）居住800～1200户，4～5个邻里构成一个村落（Village），人口约1万人，每个镇（Town）由10个分开的、规模大致相仿的村落组成。新城中心位于中部，住宅布置在村中心四周。规划强调新城中必须有多种设施，能给居民提供充分选择的机会，既能适合青年人的，又能满足老年人的需要。邻里中心布置有小学，此外还有小集会厅、一个游泳池，以及学龄前儿童活动场所。村中心大多设置中学、教堂、礼堂和文娱设施，另有一个超级市场及银行、药店、酒店等商业性、服务性设施。每个村中心的建筑都各不相同，且都有绿地和步行道连接居住区和有关设施（图7-57）。新城中心是作为地区中心来规划的，因此规模比较大，可为15万人服务。除了百货商店、餐厅、电影院以外，还有其他至关重要的公共设施，如医院、社区购物中心、社

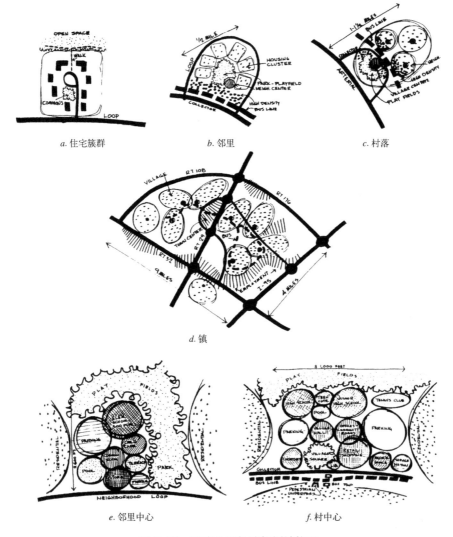

图7-57 哥伦比亚新城规划结构图

（Philip R. Berke, et al. Urban Land Use Planning. Urbanna and Chicago: University of Illinois Press, 2006）

(2) 建筑类型多样化。哥伦比亚新城销售的建筑类型多样，包括贸易、产业、零售、办公、娱乐建筑以及城市生活所需的各类设施和住宅。住宅类型十分丰富，满足了各种收入阶层的需要。新城住宅建筑大部分为 1～3 层，居住密度为 22 户/英亩（约 55 户/hm^2），与美国一半城市郊区密度差不多相同。而商业区面积超过了总用地的 20%，公共空间也超过了该区域总面积的 20%。新城中心适当调整了规划，增加了商用写字楼的面积，利用公共建筑获得更大利润的同时提升了新城整体的生活方便性和品质感。

(3) 保留大规模的开放空间。在哥伦比亚新城的 57km^2 用地中，大约有 21.5km^2 的土地是永久性的公园绿地，除此之外，还有许多草场和自然区里也有众多的休闲和服务设施，修建了许多曲折的小径，可供步行、自行车使用。考虑到每月都有几万游客来此地游览，开发商专门成立了一个非赢利性的公园协会管理公园设施。在哥伦比亚缴纳的全部财产税中，有一部分用作城市的经营管理。

(4) 制定建筑导则法，保证社区风貌的整体性。每个村落的开发规划都被整理成法律文件保留在霍华德的土地记录中。法定的建筑导则和房地产捆绑在一起交易，成为财产所有权转让的必需文件。建筑导则法系统通过村落联合会进行统一管理，每个村落都有一个建筑委员会，负责对建筑控制的立法和程序。开发商通过建立非赢利的哥伦比亚协会承担新城的管理，保证基本设施的运营，致力于房屋基础设施的维护。

哥伦比亚新城虽然推行多种族混合的居住形态，但是住户多为中产阶级。其中 80% 是白人，16% 是黑人，居民的收入较高，文化程度也较高，大多从事脑力劳动。新城有电气设备工业、医药设备加工业和其他轻工业及航天工业，各类企业大约提供了 6 万个就业岗位。这些工业项目都被安排在城市边缘的 4 个工业园区内。

在新城建设中，提倡依靠公共交通解决大区域的交通疏散问题。在新城总体规划中，将村中心、新城中心及组团服务设施结合公交整体设计，并落实了公交系统的运营问题。但是，公共交通系统规划未能有效减少私家车的利用，1990 年的人口统计数据显示区内约 80% 的人单独驾车上班，这个比例比加利福尼亚州和马里兰州的平均水平还要高 10%。

3. 里斯顿新城（Reston）

里斯顿位于弗吉尼亚州费尔菲克斯县，华盛顿以西 35km，杜勒斯机场公路旁，占地约 45km^2。里斯顿的开发始于 1962 年，是罗伯特·E·西蒙设计和开发的，他提出了"一生之城"的理念，即为居住者提供一生居住所需的场所，在环境配置、社区配套、产品形态上赋予其可"自我成长"的特质，以满足居住者不同生活阶段不断变化的需求。这个理念后来被世界各地广泛借鉴。经过 40 年的发展，里斯顿已成为美国最成功的新城之一，居住人口达到 6.5 万人，提供了 4 万个工作岗位,当地就业率超过50%,实现了工作和居住的平衡。它是一个多功能、基础设施、社区设施和娱乐设施完善的自给自足的社区。在全美社区排行榜中,里斯顿新城连续20年名列前茅;2008年,里斯顿新城再次被美国CNN等权威媒体评为"全美最佳居住地"。其特点是:

(1) 具有生活、工作和休闲的复合功能。里斯顿的设计以一个多功能规划方案作为基础,其中包括适合各年龄和收入阶层的多种户型的住宅,以及办公和购物中心。里斯顿市镇中心包括12个街区,这个多功能的地区由不同的建筑师设计,是区域性的就业、居住和娱乐中心。社区设施除有学校、图书馆、教堂、日托中心、医疗护理设施、消防队、警察局等之外,还是公司总部、商业办公、公共机构和政府机构所在地。开放空间总占地超过4.45km^2,社区中的小路和林荫道超过89km,将村中心和邻里以及开放空间连在一起。

(2) 住宅的多样化。里斯顿新城中多种住宅形式相结合的概念使一个家庭从青年、中年到老年的各个阶段都无须从社区中搬走。社区中有5个村,安妮湖村、猎人森林村、高橡树村、南湖村和北点村。与哥伦比亚新城相似,每个村都围绕一个多功能的村中心而建。

(3) 高科技产业发展和里斯顿建设所带来的高素质人口聚集互动,形成了产业与人口不断升级的良性循环。里斯顿所在的杜勒斯高速公路走廊是美国著名的高科技产业走廊。里斯顿共有高科技企业736家,主要是IT、通信、航空、国防、环境能源、电子商务等产业。美国地理勘察总部也在里斯顿商务中心选址建设。临近机场所带来的便捷交通、靠近华盛顿特区的有利位置和高素质的人口是高科技企业聚集的三大原因。

(4) 推行革新区划法(Zoning)。为了实现综合性的社区,该地区的区划法被重新制定,允许土地混合使用,给开发商带来了更大的弹性空间,缩短了住宅和办公室、商店、社区设施、娱乐设施之间的距离。根据人口密度,将土地划分成不同的密度区域:高密度(每平方公里约1.5万人)、中等密度(每平方公里约3500人),以及低密度(每平方公里约1000人),而且允许在商店之上建设公寓,高层住宅和联排住宅建在一起,到处遍布商业、娱乐和社区设施。土地的混合使用使得里斯顿通过局部提高开发强度,保留了大量的开放空间和待发展用地,为新城的可持续发展预留了空间。

二、城市更新运动(Urban Renewal)

美国的城市更新运动源于第二次世界大战后对城市中心区的改造和对"贫民窟"的清理,力图恢复经20世纪30年代大萧条沉重打击的城市,特别是解决住宅匮乏,以及由此带来的城区贫民无家可归等社会问题。1949年,美国政府在总结1937年的"住宅法"实践的基础上,重新修订并颁布了新的住宅法案,叫做城市再开发计划。根据这项法令,城市政府的有关部门有权力使用联邦政府的基金购买整个贫民街区,然后把土地出售给开发商来开发。1954年,美国政府将修订后的住宅法案确定为清除贫民窟和衰败地区的城市更新计划。联邦政府因此设立专项资金,通过加大政府对市区重建的资金支持,开始发展大规模的城市更新计划。其主要内容包括四个方面:一是拆除、清理破旧而又无法居住的贫民窟,改进城市中心;二是振兴城市经济,吸引更多的居民重返城市,以增强城市活力;三是建设优美市区,美化居住环境;四是努力消除种族隔离。

城市更新是有史以来最大规模的联邦计划,主要通过地方有关机构和大量联邦补贴来实现。1954年地方政府和开发商被允许,在实施住宅计划时将不超过10%的土地用于非住宅用途。随着计划的推进,非住宅用途的用地比例不断增加,1959年以后达到了35%,个别项目甚至超过了2/3。据1973年公布的统计资料表明,截至当时,在2560km^{2}的城市土地上实施了2000多个更新项目,拆除了60万套左右的住房,搬迁了200万居住人口。但是由于清除贫民窟和其他重建工程包括高速路、停车场、机场、公共设施等,而大批拆毁房屋,使得住房总数减少。重建的住房只有25万套新房屋,另新建了约1亿m^{2}公寓和1.87亿m^{2}商业面积,地方政府和房地产商试图利用联邦政府的计划和预算,用获利更高的商业取代居住用途。

由此可见,城市更新只是对旧城进行再开发性改造,主要是清除贫民窟,将部分衰败地区的低档次住宅、小商业、小企业、原有工业废弃地重建为高档住宅、大型金融和商业机构、教育文化设施等。但是,这种局部改造并没有从根本上解决由于郊区化而导致的内城整体性功能衰退的问题,仅仅只是阻止了中心城的进一步恶化,并防止中心城的各类问题向市区扩散。尽管早在20世纪50年代末,联邦政府已意识到更新计划对联邦预算的需求是没有止境的,但迫于地方政府和房地产商的压力,直到1973年,"城市更新"计划才被国会宣布废止,取而代之的是"住房与社区开发"计划(Housing and Community Development)。

1. 公共住宅计划

公共住宅计划是"罗斯福新政"后联邦政府在住宅方面的重要举措,即试图通过直接介入住宅市场来解决低收入阶层的住房问题。20世纪50年代圣路易斯市政府建造的普鲁伊—埃戈公共住宅区(Pruitt-Igoe Complex)是公共住宅计划的反面典型。这个住宅区是由著名的建筑师雅马萨奇于1951年设计的,由33幢11层的建筑群组成,占地57英亩,共有2870套公寓,5年后完工。住宅区规划上体现勒·柯布西耶"阳光、空地、绿化"的现代城市思想,雅马萨奇在所有住宅的三层上设计了一条空中走廊,使之成为方案的一大特色,并获得了当年的美国建筑师协会(AIA)年度大奖。但是不到20年,这个现代化的住宅群就无法居住了。

当时圣路易斯依然实行种族隔离政策。起初这座城市计划建造两个区域——普鲁伊(Pruitt)是给白人住的,而埃戈(Igoe)是给黑人的。但是在1954年,种族隔离制度从宪法中删除,因而这个建筑项目也被改为混合居住区。而在建成的两年之内,大多数的白人都想方设法搬到了其他地方,这里逐渐成为低收入的黑人集聚区，接着很快变成了高犯罪率危险街区。1972年3月，圣路易斯市政府在花费500万美元整治无效之后，下令炸毁已成为"不宜居住项目"的普鲁伊—埃戈住宅区。

纽瓦克、芝加哥和其他城市的很多公共住房工程也经历了同样的厄运。大多数城市的经验证明，城市更新和清理贫民窟的主要结果之一，就是产生了第二批黑人聚集区，他们的居住条件很难从根本上改变。这项单一的公共住宅建造计划不仅没有解决"贫民窟"这类社会问题，反而带来了巨额的资金浪费，结果在20世纪50年代中期招致国会的强烈反对，很快就走向终结。

2．对城市更新运动的批评和反思

对于"城市更新"计划，支持者认为城市更新有利于刺激经济发展，优化土地利用，改善城市面貌，提升居住条件。而反对者认为城市更新破坏了城市肌理，肢解了传统社区，将贫民百姓赶走，却使房地产资本获利。例如，简·雅各布斯在1961年发表的《美国大城市的死与生》一书中对"城市更新"和传统的规划观念提出了尖锐的批评。她认为大规模的城市更新存在以下的弊病：①缺少弹性和选择性，排斥中小商业，必然会对城市的多样性产生破坏；②耗费巨资却贡献不大，使资金更多更容易地流失到投机市场中，给城市经济带来不良影响；③国家投入大量的资金让政客和房地产商获利，让建筑师得意，而平民百姓是旧城改造的牺牲品；④城市更新并未真正减少贫民窟，而仅仅是将贫民窟移动到别处，在更大的范围里造成新的贫民窟。雅各布斯认为以往的城市规划抹杀了城市生活的多样性和复杂性，而具有安全、活力和多样性的街道才是城市性的根本所在。她呼吁政府主导的规划应当退后，而把对城市的决定权留给市民。

20世纪60年代初正是美国大规模开展城市更新计划的时期，雅各布斯的这部作品无疑是对当时规划界主流理论思想的强有力批驳。此后，对自上而下的大规模城市更新的反抗与批评声逐渐增多。可以说，《美国大城市的死与生》在整个欧美开创了一个对现代城市规划进行反思的时代。从此开始，美国城市规划实践研究更多考虑到城市社会问题，社会公正、公众利益和公众参与受到了普遍关注，规划与设计从单纯的物质环境改造规划逐渐转向社会经济发展规划。

到了20世纪70年代，城市规划职能的转变更加明显，社区的利益被更加强调。城市规划更多地强调把规划作为一个各方参与和利益平衡的过程，引入了社区和市民的意见，否定了过去规划师和政府包办规划的自上而下的传统。"倡导性规划"（Advocacy Planning）在这个时期开始出现。这种规划理念强调规划师是社会上不同利益集团的代言人和专业顾问，应当为自己所代表的集团辩护和在城市发展中争取权益。规划师开始走入社区，同市民一道反对自上而下的蓝图式的规划，提出不同的方案。规划师的职能转变为控制公共投资；通过奖励或惩罚措施鼓励或限制私人对城市发展的影响，控制土地规划和环境保护；制订市中心复兴和旧城保护相关的重新利用规划；制订公私合作计划等。政府将社区发展列为规划的重点内容，如 1974 年美国住房和城市发展部设立社区发展基金（Community Development Block Grant），凡达到条件的各个城市社区均可申请该基金。1973 年联邦政府又出台了《全面雇佣及培训法案》（Comprehensive Employment and Training Act），鼓励社区居民的就业培训。

三、城市复兴（Urban Regeneration）

在"城市更新"政策受到批评后，1966 年成立的美国住宅和城市发展部开始拆除一些较差的高层住宅，重建旧城，各城市同时制订了与旧城保护相关的再利用规划。在政治上，里根政府的新保守主义、新自由主义替代了战后的凯恩斯主义；在经济上，美国城市面临着后工业化和全球化进程的转型；同时，社会转型中出现了新生代中产阶级雅皮士（Yuppie），与喜欢郊区生活的传统中产阶级不同，他们偏好市中心区的热闹和历史文化氛围。在新的背景下，城市的复兴变成新的潮流。

城市复兴以经济发展为核心，政府从干预市场到促进市场，以房地产为主导，运用地域营销、形象塑造、旗舰工程等新的策略，创造更具吸引力的城市环境，增加人口和就业岗位。从 20 世纪 80 年代起，地方政府开始投资兴建大批购物中心、娱乐体育场所等城市公用设施，对吸引人口回流城市起了积极的作用。政府因而采用了公私合作方式，即政府向开发商提供一定的吸引条件和开发要求，邀请开发商投资开发城市。典型的例子是波士顿的昆西市场（Quincy Market）和纽约时代广场。进入 20 世纪 90 年代，许多城市进一步采取各种优惠政策鼓励房地产开发商对城区进行改造，如把滨水区废弃的厂房和旧办公楼改为现代化的住宅小区，建造更多的公共交通设施，加强环境保护和绿化，这些都增强了市区对居民的吸引力，吸引了许多喜欢市区生活的青年白领回市区居住。

1. 巴尔的摩内港再开发

巴尔的摩内港区（Baltimore Inner Harbor）作为巴尔的摩市的发源地，建港以来至 20 世纪初，一直是巴尔的摩的商业活动中心。二战之前，巴尔的摩市以钢铁和石油化工为主导产业，巴尔的摩港是美国主要的工业港口之一，而二战之后，巴尔的摩市经济结构转型，由工业时代进入后工业时代。因而从 20 世纪 20 年代开始，随着巴尔的摩港口航运及相关工业的区位迁移，内港区因设施功能老旧，无法跟上新工业发展而逐渐衰落。而二战后市中心区及邻区的衰落乃至废弃，更加速了内港区的衰败。1956 年，大巴尔的摩委员会创建了规划委员会，对巴尔的摩中心区复兴进行可行性研究和规划。1964 年巴尔的摩发展概念性规划完成，标志着内港区的正式开发。

巴尔的摩内港再开发的构思是：以商业、旅游业为磁心，吸引游客和本地顾客，在商业中心周围布置住宅、旅馆和办公楼。在项目布局上，最接近水边的是商业（大型购物中心）、休憩（绿地、广场）和旅游设施（水族馆、战舰展览、游艇中心、音乐厅）。离市中心较远的水边为高层公寓，主要对象是单身的专业人士。他们收入较高，对生活多样化的要求也高，而近水的高层公寓能提供私人游艇码头、水上运动俱乐部等别处无法提供的设施，因而吸引了这些人前来居住。借助于专业人士的良好社会声誉，在这个公寓区开发成功之后，又再在其旁边开发适于家庭型住户的住宅区，这里的住宅区也因此成为中产阶级认可的"高尚住宅区"。开发项目的主干工程是购物中心，设在市中心和滨水区相接的切点上。内港开发的成功，既得益于接近市中心，又得益于滨水地带的优美环境和大量游客。由于这个购物中心的吸引力，将市中心区和滨水开发区连接起来，互相促进。在交通组织上，把通向滨水区的普拉特街改为封闭的准高速道路，连接主要停车场，而以高架人行系统将市中心和购物中心相连。为了吸引游客，在两幢购物中心之间的广场上

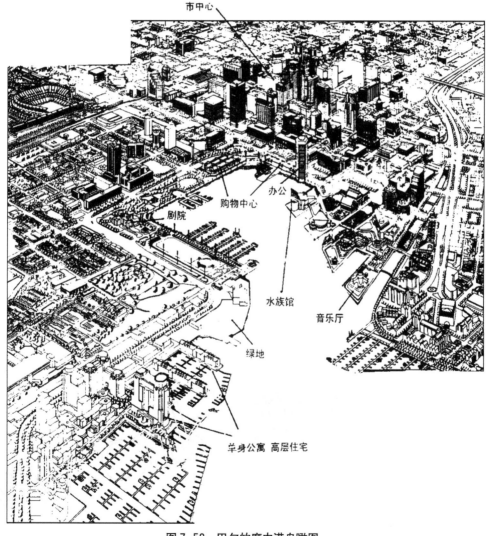

图 7-58 巴尔的摩内港鸟瞰图
(张庭伟. 滨水地区的规划和开发. 城市规划.1999 (2))

图 7-59 巴尔的摩内港鸟瞰（Jawed Karim 摄）

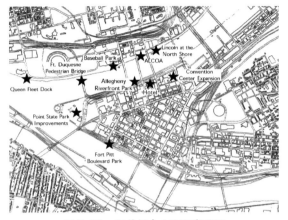

图 7-60 匹兹堡中心区开发项目
(The Riverfront Development Plan, 2001)

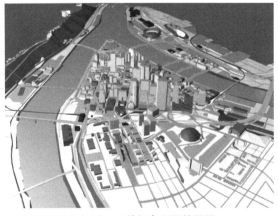

图 7-61 匹兹堡中心区效果图
(The Pittsburgh Downtown Plan, 1997)

组织了各种演出活动（图 7-58）。

1980 年，巴尔的摩国家水族馆建成。同年在巴尔的摩内港地区还建成一系列的商业观光区，巴尔的摩内港逐渐从工业区和居民区转变成为世界上著名的旅游观光胜地，每年吸引游客达 700 万人，市政府可以每年从该项目获得税收 2500 万～3500 万美元，在该开发项目中创造了 3 万个就业岗位。更重要的是它刺激、带动了周围地区，尤其是市中心的发展，实现了政府对开发方向的引导（图 7-59）。

2. 匹兹堡城市中心复兴

匹兹堡位于三河交汇处，曾是美国闻名遐迩的"钢铁之都"。匹兹堡的城市历史与其工业发展密切相关，20 世纪初以来，匹兹堡的城市工业在滨水区沿岸发展，促进了城市中心区的形成。20 世纪 60～70 年代之后，随着工业的衰落，人口逐渐向城市外围疏散，滨水工业区渐渐萧条，城市中心区成了一座"空城"。

重工业的发展在为匹兹堡创造经济价值的同时，也给环境造成了巨大的破坏。二战之后，匹兹堡投入很大力气治理城市工业污染和更新改造市中心区。从 20 世纪 60 年代起，匹兹堡大刀阔斧地开展了城市中心三角区的复兴，逐步将滨河的工业迁出城市中心，在滨水区改造和新建了大量公共建筑，拥有了一定数量的开放公园、广场、多样性的艺术表演场馆和文化商业设施，在三角区的废弃厂址上建起了公园和办公大楼（图 7-60、图 7-61）。其中比较著名的项目有：老斯坦利剧院改造成为贝那达姆表演艺术中心,海因兹音乐厅扩建和 CNG 艺术大楼等。市中心阿勒格尼河南岸的 14 个街坊被规划为匹兹堡的"文化区",作为城市复兴的重点区域。三角区从根本上改变了面貌,被人们誉为"金三角",成为匹兹堡的骄傲。为扭转城市空心化的趋势,20 世纪 90 年代又在市区环河地带进行了新一轮的开发,重建居民住宅区及相关商业、文化服务设施。

2001 年匹兹堡制订了滨水区规划,提出了一系列原则指导未来的城市开发。其中的主要原则有:①对滨水区的功能进行更新,在城市中心区增加了大量居住社区,使市民真正回到城市中心;②改造滨水沿岸作为城市公共空间,增加绿化及景观的要求,提升城市空间品质;③注重可持续设计,明确规定在滨水区的新建项目必须满足绿色环保建筑 LEED 认证。

通过城市更新和经济结构转型,匹兹堡已从一个工业城市逐渐转为一个商业城市,是许多著名公司总部的所在地,在生活环境的品质上已经获得了显著的改善,是美国城市复兴运动中少有的几个较成功的典型城市之一。

3. 芝加哥中心区再开发

中西部的传统工业城市芝加哥被认为是战后经济成功转型的城市之一。1960年,就业岗位的外迁使中心城第一次出现人口减少。1970 年的人口调查显示,超过半数的市民居住在中心城以外的郊区,郊区人口首次超过了市区人口。20 世纪70 年代初的能源危机影响了芝加哥的制造业,很多工业企业倒闭;20 世纪 80 年代初的经济萧条继续了对工业的打击,芝加哥市内的制造业全面萎缩,传统基础产业——钢铁业被迫外迁,市政府的发展重点完全转向服务业和旅游业。1989 年,市政府提出"以服务业为中心的多元化经济"的发展目标,在大力发展服务业的同时,建立工业走廊和工业规划区,努力保持、复兴传统优势工业。到了 20 世纪90 年代中后期,高科技产业的黄金时代为芝加哥经济的复兴提供了机会,包括摩托罗拉公司、朗讯公司等一批 IT 产业和现代通信产业都在郊区建立起高科技的工业园区。市政府的政策主要是促进现代服务业、旅游业和吸引高科技产业的发展,同时维护传统优势制造业,目标是把芝加哥建设成一个以服务业为主的多元化经济的国际城市。2000 年的美国人口统计表明,在经历了 40 年的中心城人口减少以后,芝加哥中心城的人口终于有了回升。芝加哥在 20 世纪 90 年代经济结构转型的基本完成是其经济上升的直接原因。当代芝加哥已经成为国际航空运输中心,国际(美洲)光缆通信的中心,和纽约一起,成为美国全国两个金融、贸易、工业中心之一。

经济转型通过城市空间和土地利用的变化而体现,芝加哥的经济转型深刻反映在战后中心区的再开发过程中,政府的决策和规划的制订对市场开发起着关键作用。面对制造业的衰退,市政府在 1958 年提出的发展规划和 1973 年制订的"21世纪的芝加哥"的发展规划,中心内容是以公共投资兴建大型项目和基础设施建设带动中心区的复兴,中心区成为现代服务业、特别是公司总部、金融、证券的

图 7-62　2020 年芝加哥中心区展望，蓝色建筑为规划建筑
(The Chicago Central Area Plan：Preparing the Central City for the 21st Century，2003)

集中地。1983 年完成的"芝加哥中心区规划"反映了政府对经济向现代服务业、旅游业转型的决心。在 20 世纪 90 年代，芝加哥市（不包括 6 个郊区郡）平均每年基础设施投资为 8.4 亿美元（约 70 亿元人民币），这些投资主要用于维护、改造城市基础设施。1990 年以来，沿芝加哥市的"黄金海岸"即面临密歇根湖湖滨的城市中心地段完成了不少改建项目，如将湖边的原海军码头变成旅游中心，重新规划建设了湖边的公共空间系列，在湖滨开辟了供市民健身的自行车道和跑步道。2004 年完成的"千禧年公园"项目，吸引了大批国内国际旅游者。这些项目的完成大大增加了城市的吸引力，吸引着青年一代中产阶级迁回城市中心区居住，并通过他们强势的购买力来推动城市经济的振兴。

2002 年芝加哥市政府公布的"芝加哥中心区规划——为 21 世纪的中心城市作准备"，为未来 20 年的城市发展提供指导和方向。规划进一步肯定了发展中心区、促进现代服务业增长的战略，现代服务业成为芝加哥中心城的经济基础，同时市区保留了部分传统产业，如印刷、食品加工等，重工业则完全外迁到郊区和周围州的盖里市等地区。规划对芝加哥市未来定位的展望是："芝加哥市是全球的芝加哥，既是全美国中部地区的芝加哥，也是芝加哥大都会地区的心脏"（图 7-62）。作为全球"十字路口上的城市"，芝加哥市是"国际约会的首选地点"。在新规划中对中心区发展提出了三条基本原则：

（1）中心区发展和经济活动的多元化。针对传统的"中心商务区"（CBD）的概念，这个规划首次提出"中央活动区"（Central Activity Zone—CAZ）的新概念作为代替。规划指出：传统的"中心商务区"理念意味着中心区集中了功能单一的、只有白天运行的商业活动,而现代城市中心区应该有24h的多功能活动。所以新一代的中心区应该是一个为多种活动服务的"中央活动区",而不是"中心商务区"。在芝加哥市中心区,规划发展的主要内容是办公、商业、零售等服务业,同时增加居住建筑和文化设施,甚至允许保留某些现有的无污染和商业办公关系密切的工业,如印刷业。

(2)改进交通和中心区的可达性。芝加哥市现有的公共交通网和高速公路网都是以市中心为圆心的放射形网络。规划要改进公共交通系统,包括现有地铁的延伸和改造,在外环建立以通勤铁路为主的快速公交环线,改善公交换乘的链接,以及现有公交车站的人性化改进等。在高速公路建设方面,由于现有路网已经成熟,改进的要点是网络的完善和局部增加。

(3)滨水地区和开敞空间的开发、提升。规划认为要进一步充分利用芝加哥市面临密歇根湖的地理特点和优势,建设一个沿湖发展的滨水城市,特别要在湖边加强公共绿地和公共空间的建设,重新规划建设沿湖的公园系统。在市区内将进行城市空间的完善改造,保证生态环境的提升。规划提出到2020年,芝加哥市要进一步扩大中心商务区,一条"绿色市民通廊"将贯穿其中。

四、"阳光带"城市的崛起

第二次世界大战后,美国产业结构出现新的变化,从制造业经济向服务业经济转移,服务业的比重日益增加,而传统制造业趋向分散化和向海外迁移,这一变化必然造成传统制造业集中的东北部以及中西部城市开始出现衰退,如汽车城底特律、钢都匹兹堡及重工业城市克利夫兰和芝加哥,它们被新闻媒体冠之以"冰雪带"(snowbelt)、"霜冻带"(frostbelt)或"锈蚀带"(rustbelt)等诸多称谓。

与之相对的是"阳光带"(sunbelt),泛指美国本土北纬37°以南的地带,以气候温和、光照充足而闻名。该地带可分为东南部和西南部两个大三角形地区,其中以加利福尼亚、得克萨斯、佛罗里达三大州为主。20世纪50年代以来,西部和南部"阳光带"迅速增长,如得克萨斯、佛罗里达、加利福尼亚、亚利桑那等州都得到较快的发展,洛杉矶、休斯敦、达拉斯、亚特兰大等城市的重要性日益增加,其经济发展、投资和城市人口增长一直保持全美领先,成为美国新崛起地带。"阳光带"的增长繁荣与"冰雪带"的衰退形成鲜明对照,成为美国自二战以来最突出的区域发展特点。

1980年,美国人口普查统计显示,有史以来西部和南部的人口首次超过北部和东部,到2000年西部和南部的人口已占全国总人口的64%。截至1980年,美国西部人口的83%居住在城市(全美的城市人口比重为73%)。南部城市化水平一直远远低于全国其他地区,20世纪60年代后城市人口也急剧增长,到1980年城市化水平达到67%。同时,城市人口增长形成了相当数量的大城市,根据1990年的人口规模划定的全美十大城市为:纽约、洛杉矶、芝加哥、休斯敦、费城、圣迭戈、底特律、达拉斯、菲尼克斯、圣安东尼奥,其中有六个位于"阳光带"。

同时，美国各级政府采取各种措施复兴"冰雪带"的老工业城市，如利用高新技术复活重要的制造业，通过开展基础设施建设振兴衰退的老城区，通过发展高新技术产业改变老工业城市的单一工业布局等。得益于这些措施，到20世纪90年代中后期，处于"冰雪带"的一些老工业城市开始重新复兴。

第四节　20世纪末美国城市发展与规划取向

一、大都市区发展

1．大都市区（Metropolitan Area）

大都市区一般包括一个大型的人口中心及其与该中心有较高经济、社会整合程度的社区。美国的大都市区概念是适应美国城市迅速发展的需要而产生的，在1910年的人口统计中首次使用。此后，为了准确反映大都市区的发展状况并保持概念的连续性，美国联邦预算局先后对大都市区的定义进行了多次修改，其定义经历了以下几个阶段：

（1）1910年人口统计中标准为：人口在20万及20万以上的城市，包括其周围10mi（16km）范围内的郊区人口，或者人口在10万~20万之间的城市及其10mi范围的郊区人口均可合计为大都市人口。

（2）1950年采用"标准大都市统计区"（Standard Metropolitan Statistical Area，缩写为SMSA），包括一个拥有5万或5万人口以上的中心城市及拥有75%以上非农业劳动力的郊县。

（3）1980年在1950年定义基础上有所补充："若该区域总人口达到或超过10万，并且有5万人口以上居住在人口统计署划定的城市化区域中，即使没有中心城市，也可划为大都市区"。1980年的定义还规定，人口在百万以上的大都市区内，其单独的组成部分若达到一定的标准，则可划分为"主要大都市统计区"（Primary Metropolitan Statistical Area，缩写为PMSA），而任何包含PMSA的大都市复合体都可称为联合大都市统计区（Consolidated Metropolitan Statistical Area，简称为CMSA），这两个标准，能有区别地反映规模较大的大都市区的发展情况。1983年SMSA改名为大都市统计区（Metropolitan Statistical Area，简称为MSA），其具体标准没有变化。在实际应用中，大都市区概念已取代以前所一直沿用的以2500人口为底线的城市标准。

（4）20世纪90年代后统一采用"大都市区"（Metropolitan Area，简称为MA），泛指所有的大都市统计区、主要大都市统计区和联合大都市统计区。

（5）2000年，美国管理与预算总署又提出一个全新的"核心基础统计区"（CBSAs，Core Based Statistical Areas）概念，并下设"大都市统计区"（Metropolitan Statistical Area）和"小都市统计区"（Micropolitan Statistical Area）两大类。其统计范围略有调整，规定每个"大都市统计区"（图7-63）应有一个人口在5万以

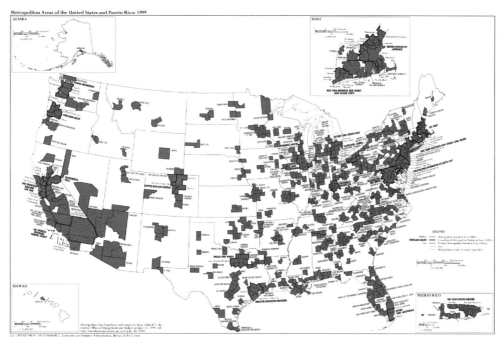

图 7-63　美国大都市统计区（1999 年）
(U. S. Bureau of the Census)

上的核心城市化地区，每个"小都市统计区"应由一个人口 1 万至 12 万人的核心城市化地区，围绕成化核心的都市区地域为中心县和外围县。

美国大都市区的发展可分为两个时期：① 1920～1940 年，大都市的规模和数量普遍增长。1920 年，美国有 58 个大都市区，其人口占美国总人口的 33.9%；1940 年，大都市区增加到 140 个，占全国总人口的比例为 47.6%，即接近全国人口总数的一半；② 1940～1990 年，大都市区优先增长，其数量上升到 268 个，人口达两亿，相当于全国总人口的 80%。其中，人口在百万以上的大型大都市区数量由 11 个增加到 40 个，城市人口由 3490 万增加到 13290 万，占当时大都市区总人口的比例达 68%，占美国总人口的比例由 25.5% 上升到 51.5%。这是继 1920 年美国城市人口超过农村人口，1970 年美国郊区人口超过市区人口以来又一个具有历史意义的转折，这表明美国城市化开始真正进入大都市区这一新的发展阶段。

现在的"大都市区"（MA）与近 100 年前的"大都市区"（MD）相比，中心城市的规模门槛降低了，由原来的 10 万人降为 5 万人，而外围地区由原来的 10mi 范围内扩大为整个中心县和外围县。现在的美国，传统的"城市"与"乡村"的界限和定义失去意义，代之为"大都市区"和"非大都市区"。2008 年美国的大都市区达到 374 个，人口 2.5 亿，其中百万人口以上的大都市区 53 个，使美国成为一个以大型都市区为主的国家（表 7-2）。

不同规模的大都市区人口占全国大都市区总人口百分比 表 7-2

大都市等级	1950年（%）	1960年（%）	1970年（%）	1980年（%）	1990年（%）
100万以上	52.6	54.6	57.8	54.8	60
25万～100万	31.9	31	29.9	31.1	29
25万以下	15.5	14.4	12.3	14.1	11

2．大城市带（Megalopolis）

1957年，法国地理学家戈特曼在细致考察了美国东北海岸三个世纪以来的城市发展后，发表了一篇具有划时代意义的著名论文《大城市带：东北海岸的城市化》（Megalopolis：or the Urbanization of the Northeastern Seaboard），首次提出了"Megalopolis"这一崭新的城市群体空间概念。他用这个词来描述美国大西洋沿岸北起波士顿、纽约，南到华盛顿，长达970km、宽50～160km的城市密集地带。

所谓大城市带（或称城市群），即是由数千英里高速公路连接的绵延不断的数个大都市复合体，它标志着大都市区的发展进入了一个更高的层次。其发展经历过四个阶段：第一阶段是1870年以前的各城市孤立分散阶段。这一阶段人口和经济活动不断向城市集中，城市规模不断扩大，但各城市均独立发展，城市之间联系相对薄弱，地域空间结构十分松散。第二阶段是1870～1920年的区域性城市体系形成阶段。这一阶段随着美国产业结构的变化，城市规模急剧扩大，数量显著增加，区域城市化水平提高。第三阶段是1920～1950年的大都市带雏形阶段。这一阶段美国社会经济发展进入工业化后期，城市建成区基本成形，中心城市规模继续扩大，在单个城市中的人口和经济活动向心集聚的同时，城市发展超越了建成区的地域界线，向周边郊区扩展，逐渐形成大都市区。第四阶段是1950年以后大都市带成熟阶段。这一阶段科技迅猛发展，交通和通信发生革命，城市的产业结构不断升级换代，城市郊区化的出现，导致都市区空间范围扩大，并沿着发展轴紧密相连，大都市带自身的形态演化和枢纽功能逐渐走向成熟。

目前已成形并为学术界首肯的大城市带共有3个：一是东北部大西洋沿岸大城市带，以纽约为中心，北起波士顿，中经纽黑文、纽瓦克、费城、巴尔的摩，南至华盛顿特区，沿大西洋沿岸跨越10个州，绵延约700km，宽约100km；二是中西部五大湖大城市带，以芝加哥为中心，东起匹兹堡、布法罗、克利夫兰、底特律，西达圣路易斯，中有密尔沃基、哥伦布，南绕五大湖呈半月形；三是西部太平洋沿岸大城市带，以旧金山和洛杉矶两大都市区为主体，从北部的圣克拉门托向南一直延伸到圣迭戈。这三个巨大城市带的人口几乎相当于全国总人口的一半。在美国南部的墨西哥湾地区，以特大城市休斯敦为主体的大城市带也在形成。很多美国学者认为，大城市带是未来美国乃至世界城市化的发展方向。

3. 巨型城市区 (Mega-regions)

2008 年，美国经济地理学家理查德·佛罗里达（Richard Florida）在其出版的畅销书《谁的城市：创意经济如何影响你一生中最重要的决策——住在那里？》，提出了"Mega-regions"这个概念。他认为巨型城市区由 2 个或更多的城市地区组成，是一个新的、自然经济单元，是城市地区长大、变得更加密集、向外扩张和进入另一个城市地区的结果。巨型城市区所起的作用有点像过去的大城市，集聚人才、创造力、创新和市场，但是巨型城市区是在更大的尺度。城市在过去是国家体系的一部分，而全球化使今天的城市面对全球的竞争。随着城市活动布局走向全球，城市体系也走向全球化，即城市化在全球领域中竞争。这意味着更大规模和更加有竞争力的经济单元——巨型城市区取代城市成为全球经济的真正引擎。他认为，美国经济的核心大概由 12 个巨型城市区组成，有的延伸到加拿大和墨西哥，它们占据了美国经济总量的大部分，越来越成为一流人才和就业岗位的磁石（表 7-3、图 7-64）。

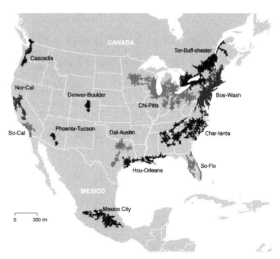

图 7-64 美国巨型都市区分布图

(Richard Florida. Who's Your City：How the Creative Economy Is Making Where to Live the Most Important Decision of Your Life？Basic Books, 2008)

美国 12 个巨型城市区数据　　　　表 7-3

	巨型都市区	经济总量（亿美元）	人口（百万）
1	波士华（Bos-Wash）	22000	54.3
2	芝匹兹（Chi-Pitts）	16000	46
3	夏兰大（Char-lanta）	7300	22.4
4	南加州（SoCal）	7100	21.4
5	多布切斯特（Tor-Buff-Chester）	5300	22.1
6	北加州（NorCal）	4700	12.8
7	南佛罗达（SoFlo）	4300	15.1
8	达奥斯汀（Dal-Austin）	3700	10.4
9	休奥尔良（Hou-Orleans）	3300	9.7
10	卡斯卡迪亚（Cascadia）	2600	8.9
11	丹佛－小石城（Denver-Boulder）	1400	3.7
12	菲尼克斯－塔克森（Phoenix-tucson）	1400	4.7

数据来源：Richard Florida. Who's Your City：How the Creative Economy Is Making Where to Live the Most Important Decision of Your Life？Basic Books, 2008.

(1) 波士华（Bos-Wash）。从经济总量上看，波士顿-纽约-华盛顿走廊是世界上第二大巨型城市区，仅次于东京。2007年，波士华人口为5430万，占全美的18%；经济总量22000亿美元，领先产业为金融业、传媒业、生物科技产业。尽管其经济基础广泛，但有很大的专长和优势。纽约作为全美的金融和商贸中心，有着最为发达的商业和生产服务业，为这一地区提供了多种重要的服务；波士顿集中高科技产业、金融、教育、医疗服务、建筑和运输服务业，沿波士顿附近128号公路形成了与"硅谷"齐名的高科技聚集地，成为世界著名的电子、生物、宇航和国防企业中心；费城地理位置优越，费城港集装箱容量在北美各大港口中位居第二，港口发展带动了费城整个交通运输业的扩展，使费城成为纽约都市圈的交通枢纽；华盛顿市作为全美政治中心和世界大国首都，在国际经济中有着重要影响，全球性金融机构，如世界银行、国际货币银行和美洲发展银行的总部均位于华盛顿；巴尔的摩市区与华盛顿特区的接近使得它分享了很多联邦开支和政府采购合同，同时国防工业在巴尔的摩有了很大发展。

(2) 芝匹兹（Chi-Pitts）。是美国第二大巨型城市区，分布于美国五大湖沿岸地区，包括匹兹堡、克利夫兰、托利多、底特律、芝加哥等大中城市以及众多小城市，城市总数达35个之多。2007年人口为4600万，经济总量为16000亿美元。领先产业为制造、运输、商业、房地产、零售。其核心是美国的第二大城市——芝加哥，其经济总量大于瑞典。这个城市群一直延伸到加拿大的多伦多和蒙特利尔，被称为"北美五大湖城市群"。

(3) 夏兰大（Char-lanta）巨型城市区，地处美国东南沿海，起于罗利—达勒姆，经夏洛特，直到亚特兰大。2007年人口2200万，经济总量7300亿美元。领先产业为金融、生物技术、电信制造。夏兰大城市群形成一个巨型三脚架：区域总部中心和人才磁力中心亚特兰大，区域金融中心夏洛特，还有区域技术中心北卡罗来纳。

(4) 南加州（SoCal）巨型城市区，地处美国西南沿海，起于洛杉矶，通过圣迭戈，直到墨西哥的蒂华纳。2007年人口2140万，经济总量7110亿美元。领先产业为娱乐、金融、生物技术、数字技术。洛杉矶拥有杰出的电影、娱乐和流行文化，也是一个重要的港口和金融中心；圣迭戈拥有世界一流的信息技术、生物技术；蒂华纳是世界上最大的电视、电子和高科技新产品制造中心。该地区结合尖端的创造力和创新的能力，生产的成本相对较低。

(5) 多布切斯特（Tor-Buff-Chester）巨型城市区，起于加拿大多伦多，通过美国的布法罗，至罗切斯特。2007年人口2200万，经济总量5300亿美元。领先产业为艺术、金融、电影、信息技术。它是北美第五大城市群，也是全球第十二大城市群。罗切斯特是世界领先的光电生产和研究中心，一些全球著名的大公司如施乐、柯达等就聚集在这里。

(6) 北加州（NorCal）巨型城市区，地处美国西部沿海，它围绕着旧金山海湾地区，从南部的硅谷到北部的纳帕谷。2007年人口1300万，经济总量4770亿美元。领先产业为生物技术、软件、数字内容、计算机和电信的设计、制造业。这里是高新技术产业集群聚集地，是风险投资家、酿酒师、软件工程师和网页设计师的乐园，也是美国最具活力的地区。

（7）南佛罗里达（SoFlo）巨型城市区，地处美国东南部佛罗里达半岛上，其地域占南部佛罗里达州的一半，其中包括迈阿密、奥兰多和坦帕。2007年人口1500万，经济总量4280亿美元。领先产业为旅游、保健、贸易、房地产开发。迈阿密是其重要城市，它是拉丁美洲的银行和投资进入美国的门户；奥兰多是娱乐和设计中心，具有相当能力的艺术和娱乐技术，有世界上占地最大的迪斯尼乐园；西棕榈滩则是新兴的生物技术产业基地，也是海洋生物学研究中心。

（8）达奥斯汀（Dal-Austin）巨型城市区，地处美国墨西哥湾西部，由达拉斯、圣安东尼奥和奥斯汀市形成一个巨大的经济三角。2007年人口1000万，经济总量3700亿美元。领先产业为计算机和芯片制造、银行、房地产开发。随着投资8亿美元的新丰田汽车厂在圣安东尼奥建成，这一城市群成为美国增长最快的汽车制造中心。奥斯汀市所在的得克萨斯州已超过加利福尼亚州风能产业，成为全国最大的石油绿色技术基地，这里也是世界上最大的个人电脑制造商戴尔公司所在地。同时，创意产业发达，提供的就业岗位占全市的40%，比全国平均水平高出4倍多。

（9）休奥尔良（Hou-Orleans）巨型城市区，地处美国墨西哥湾中部从休斯敦到新奥尔良的"阳光地带"。2007年人口1000万，经济总量3320亿美元。领先产业为能源、沿海基础设施建设、航空航天、其他制造业。休斯敦提供了超过三分之一的美国石油工业工作岗位。新奥尔良是重要的石油工业城市，也是一座著名的旅游城市，这里的居民大多说法语，吃法国菜，保留着法国和西班牙的风俗和习惯。

（10）卡斯卡迪亚（Cascadia）巨型城市区，地处美国西北部沿海，起于俄勒冈州的梅德福、波特兰市，经西雅图，至加拿大温哥华。2007年人口900万，经济总量2600亿美元。领先产业为航空航天、软件、电子商务、全球零售、旅游。这里是波音公司的生产基地，也是微软、亚马逊等全球软件和基于互联网的大公司所在地。它还拥有领先的生活方式和消费品牌，如星巴克、耐克等。

二、城市蔓延及其对策

自第二次世界大战以来，美国城市经历了显著的变化，城市活动从主要集中在城市中心及临近范围，扩散到了外围的城市郊区。城市形态由工业化时期市区边缘的高密度蔓延转变为城市郊区低密度扩展，呈现出低密度、区域功能单一和依赖汽车交通的完全不同于传统城市结构的格局。在这一变化过程中，城市建成区的增长幅度明显大于城市人口的增长幅度。这种失控的城市化地区蔓延的现象，被称为"城市蔓延"（Urban Sprawl），以区别于正常意义上的郊区化。

至今为止，还没有一个对城市蔓延的惟一的、清晰的和充分的定义。而且，在究竟是什么造成了城市蔓延这个问题上，人们的看法仍然不确定。美国经济学家与城市学家安东尼·亚斯理在其所著的《美国大城市地区最新增长模式》里，将城市蔓延表述为"郊区化的特别形式，它包括以极低的人口密度向现有城市化地区的边缘扩展，占用过去从未开发过的土地"。规划师把蔓延定义为"在城市边缘进行低密度和单一功能的开发，这个地区的交通几乎完全依赖于私人小汽车"。美国历史保护乡村历史遗产项目将之定义为"蔓延就是分散的和低密度的开发，它们通常地处城市边缘的建成区和相邻的农业区域。功能分离和依赖汽车的交通模式是蔓延的基本特征"。但是，所有定义都有一个共同点，那就是认为，蔓延本质上是一种郊区化现象，"超出城市的界限"、"城市边缘"，同时具有低密度、私家车导向、可能"没有规划"。罗伯特·伯切尔等人将对于"城市蔓延"的诸多解释总结为以下八个方面：①低密度的土地开发；②空间分离、单一功能的土地利用；③"蛙跳式"或零散的扩展形态；④带状商业开发；⑤依赖小汽车交通的土地开发；⑥牺牲城市中心的发展进行城市边缘地区的开发；⑦就业岗位的分散；⑧农业用地和开敞空间的消失。

美国近几十年来的郊区化蔓延存在一系列致命的弊端，主要包括：①过长的通勤距离耗费了人们大量的时间和精力，严重影响了人们预期要达到的生活质量；②对小汽车的严重依赖使许多不能开车的人（如老人和小孩）寸步难行，同时加重了家庭的经济负担；③郊区化的无序蔓延已造成郊区的空气污染、环境恶化以及富有地方特色的乡村景观的消失。1980年以来，美国专家们经过20年的研究逐渐确认城市无序蔓延是环境退化的主要因素，并将蔓延视为一种对环境质量、经济稳定和人类健康的主要威胁。公众也已经开始认识其对环境和社会分裂的负作用。蔓延之后的美国民众、规划专家及社会各界都在对城市蔓延深刻批评与反思的基础上提出了积极的城市与社会变革方案，其中主要包括目前具有广泛影响力的"增长管理"、"精明增长"和"新城市主义"。

1. 增长管理（Growth Management）

"增长管理"是借鉴企业管理中的一个概念，最早用于社区发展管理是在20世纪60年代后期，强调对增长的控制，以保护环境资源；20世纪80年代中期，"增长管理"一词正式、明确地出现在一些州的相关立法中，如佛罗里达州于1985年、佛蒙特州于1988年、华盛顿州于1990年分别制定了各自的"增长管理法"。美国城市土地协会1975年出版的《对增长的管理与控制》中，对增长管理的定义是："政府运用各种传统与演进的技术、工具、计划及活动，对地方的土地使用模式，包括发展的方式、区位、速度和性质等进行有目的的引导"。具体含义包括：①它是一种引导私人开发过程的公共的、政府的行为；②它是一种动态的过程，而不仅仅是编制规划和后续的行动计划；③它预测并适应发展而并不仅仅是限制发展；④它应能提供某种机会和程序来决定如何在相互冲突的发展目标之间取得适当的平衡;⑤它必须确保地方的发展目标,同时兼顾地方与区域之间的利益平衡。

无论是在地方、区域还是州的层面,增长管理的目标都是通过一系列的法律与政策措施来实现的,这些措施被称作增长管理的"工具"或"技术"。传统的综合规划、区划条例、土地细分和基础设施改造计划是增长管理工具的四块基石,但各地都结合自身的情况普遍进行增长管理的创新和实验,以至于新的管理工具层出不穷。经研究者总结定义的单项工具已达97项之多,包括各种特殊类型的管理法规、计划、税收政策、行政手段、审查程序等,不少专家分别从不同的角度对其进行了归类,主要增长管理工具有(表7-4):

部分常见的增长管理工具　　　　　　　　　　表7-4

抑制(引导)增长类	保护土地类
城市增长界线/绿带	
扩界限制	
开发影响费	
足量公共设施要求	公共征购土地
公交导向型开发	购买开发权
社区影响报告	开发权转移
环境影响报告	社区土地信托
调整分区控制指标	公共土地银行
设定增长标准	预留开敞空间
增长率限制	土地保护税收激励机制
设定城市最终规模	农田专区
暂停开发	
投机开发限制	
住房消费限制	
税收激励机制	

(1)扩界限制。在有城市增长界线的情况下,一般要对增长界限的现状容量作定期评估,并根据增长需要适当扩展。但为避免城市和公共设施的分散以及给财政和纳税人造成负担,扩界受到严格限制,有的地方要求获得城市议会绝大多数人的通过,有的则要求由市民投票表决。

(2)公共设施同步配套。新开发项目上马时,必须确保足够容量的道路、给水、排水和学校等设施到位;如社区无力承担建设这些设施,可要求开发商提供,作为取得开工许可证的条件。

(3)开发影响费。这是为增长所需的各类基础设施筹集资金的一种手段。根据这一收费制度,开发商和购买新房者必须为项目开发影响而负担更多的基础设施开支;若不收取影响费,则这笔开支的大部分将通过提高房产税摊到社区现有居民的头上。

(4)开发权转移。为防止在保护区内土地上的开发,将开发权与土地分离并允许转移到更适宜开发的地区,因而开发权可以买卖以补偿土地所有人。

(5) 公交导向型开发。强调整合公共交通与土地使用的关系，主张集约化、高效率的土地利用模式，以形成更为紧凑的区域空间形态。在社区内提供良好的步行系统，增加包括步行、自行车和公交等各种出行方式的选择机会，以减少对小汽车的依赖。

(6) 社区影响报告。某些大型开发项目会对整个社区造成影响，社区影响报告就是在开发项目提案批准之前对其影响进行评估，并将评估结果公之于众的一种手段。报告须包含如下因素：项目可能增加的各年龄组的人口数量；10年之内预期增加的学生数和现有教学设施的容量；现有市政设施和公共设施可利用程度和所面临的新要求；项目内外的道路系统情况；社区（市、县、学校系统）财务影响分析。

(7) 环境影响报告。类似社区影响报告，环境影响报告是在批准开发项目提案前获取其环境影响信息的一种手段。提案须证明符合下面三项要求方予批准：不致对环境造成明显破坏；有对区域资源保护的构想和设计；不会对可用于该项目以及将来任何项目的整个资源提出不相称或过度需求。

(8) 区划升/降级（Downzoning/Upzoning）。区划一般用于确定土地用途和开发类型，并规定开发密度的上限。降级是对开发密度的上限向下作调整，以减少某一地区的增长量。有的城市则规定了开发建设的密度下限，以确保界线内较高密度的发展，减少因人口增长对界线的压力（如波特兰），即区划升级。

最为著名、应用最普遍的一项增长管理工具要算俄勒冈州首创的城市增长界线（Urban Growth Boundaries，UGBs）。所谓城市增长界线就是围绕现有城市划出的法律界线，所有增长都被限定在界线以内；界线之外是农田、林地和开敞地，仅限于发展农业、林业和其他非城市用途。俄勒冈州规定，城市增长界线范围内应包含现已建设土地、闲置土地及足以容纳20年规划期限内城市增长需求的未开发土地，地方政府必须对土地供应情况进行监督，并定期考察有无必要对现有增长界线进行调整（图7-65）。

2. 精明增长（Smart Growth）

"精明增长"概念的提出者首先为环境学者和城市规划师。1996年，美国环保署组织多个机构成立了一个旨在促进城市精明增长的组织网络。20世纪90年代中期，美国规划协会设立了一项精明增长项目，并在1997年发布了《精明增长立法指南》。同年，美国自然资源保护委员会与地面交通策略研究项目发表《精明增长方法》，旨在促进城市集约增长、土地混合利用及以大容量公交系统为导向的城市开发模式。同样在1997年，马里兰州通过《精明增长与邻里保护法案》，鼓励再开发工业弃置地，州政府凭借为改造区内的基础设施提供资金、减税等方法鼓励在工作地附近建房。从此，精明增长项目得到大规模推广，城市精明增长组织网络越来越庞大，接受精明增长的人群也越来越宽泛，包括政府、规划师、设计师、开发商等。到2000年，美国已有20个州建立了精明增长管理计划或制定

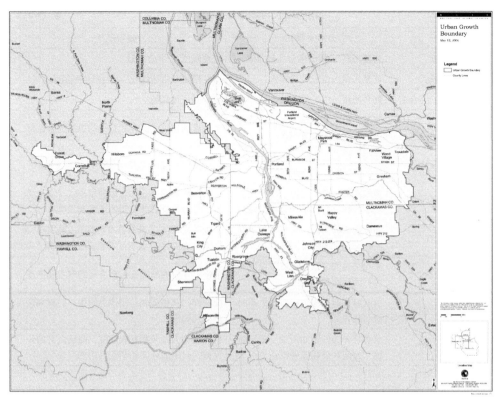

图7-65　俄勒冈州波特兰都市区城市增长边界 (www.oregonmetro.gov)

各自的"精明增长法"与"增长管理法"。

1）精明增长的含义和原则

美国规划协会对精明增长的定义是："精明增长是旨在促进地方归属感、自然文化资源保护、开发成本和利益公平分布的社区规划、社区设计、社区开发和社区复兴。通过提供多种交通方式、多种就业、多样住宅，精明增长能够促进近期和远期的生态完整性、提高生活质量"。精明增长理念与新城市主义有许多重叠，例如土地的混合利用，采用集约型建筑设计，住房多样化，创建适宜步行的社区，培育具有强烈地方特色的社区，保护公共用地、农用地、自然风景和环境敏感区，提倡多样化的交通工具，使开发决策更易于预测、更公平、更节省成本，鼓励社区和利益相关者合作等。与新城市主义相比，精明增长对环境问题考虑得更多（表7-5）。

精明增长的城市的主要原则是：①土地的混合利用，通过自行车或步行能够便捷地到达城市任何商业、居住、娱乐、教育场所等；②建筑设计遵循紧凑原理；③各社区应适合于步行；④提供多样化的交通选择，保证步行、自行车和公共交通间的连通性，把这些方式融合在一起，形成一种新的交通方式；⑤保护公共空间、农业用地、自然景观等；⑥引导和增强现有社区的发展与效用，提高已开发土地和基础设施的利用率，降低城市边缘地区的发展压力。应该说，精明增长是一项

精明增长与城市蔓延的对比　　　　　表 7-5

	精明增长	城市蔓延
密度	密度更高，活动中心比较集聚	密度较低，中心分散
增长模式	填充式或内聚式发展模式	增长模式城市边缘化，侵占绿色空间
土地使用的混合度	混合使用	单一的土地利用
尺度	建筑、街区和道路的尺度（适合人的尺度，注重细部）	大尺度的建筑、街区和宽阔的道路缺少细部
公共设施	商店、学校、公园等地方性的、分散布置的、适合步行	区域性的、综合性的，需要机动车交通联系
交通	多模式的交通和土地利用模式，鼓励步行、自行车和公共交通	小汽车导向的交通和土地利用模式，缺乏步行、自行车及公共交通的环境和设施
连通性	高度连通的街道、人行道和步行道路，能够提供短捷的路线	分级道路系统，具有许多环线和尽端路，步行道路连通性差，对于非机动交通有很多障碍
道路设计	采用交通安宁措施将道路设计为多种活动服务的场所	道路设计目的是提高机动交通的容量和速度
规划过程	由政府部门和相关利益团体共同协商和规划	政府部门和相关利益团体之间很少就规划进行协商和沟通
公共空间	重点是公共领域如街景、步行环境、公园和公共服务设施	重点是私人领域如私人庭院、商场内部的步行设施、封闭的社区和私人俱乐部

针对城市蔓延提出的合理引导城市空间增长的政策。

2）波特兰市的实践

目前，美国三分之二的州选择了"精明增长"。而俄勒冈州的波特兰市是其中的代表。1997 年，波特兰市发布《区域规划 2040》，为波特兰市中心的紧凑发展和辐射性的交通网络建设作出了完整的规划，意在通过实践"精明增长"理念摆脱美国传统的城市和社区发展模式（图 7-66）。波特兰政府的主要观点是：①在新增用地压力之下，必须强化对城市增长边界的控制；②加强公共交通的发展，在与小汽车的竞争中获得优势，将轨道交通的站点作为城市发展的重心。

其具体策略包括：①将城市用地需求集中在现有中心（商业中心和轨道交通换乘站）和公交线路周围。2/3 的工作岗位和 40% 的居住人口被安排在各个中心和常规公交线路和轨道交通周围；②增加现有中心的居住密度，减少每户住宅的占地面积；③投入 1.35 亿美元用于保护 137.6km² 的绿化带；④提高轨道交通系统和常规公交系统的服务能力。规划预测未来 20 年内机动车交通量可能增加 50%，但是波特兰市政府希望其中的 21% 由道路交通承担，其余出行需求由公共交通系统承担。

波特兰市不仅把公共交通作为主要交通工具，引导了城市的增长、促进了空气的清洁，也将此作为与大规模高速公路建设相抗衡的手段。步行和自行车交通设施条件的改善，使得波特兰在城市开发中减少了土地消耗和机动车交通，同时也减少了空气污染。至今，波特兰市人口增长一半，土地面积仅增长 2%，是美国最具吸引力的城市之一。

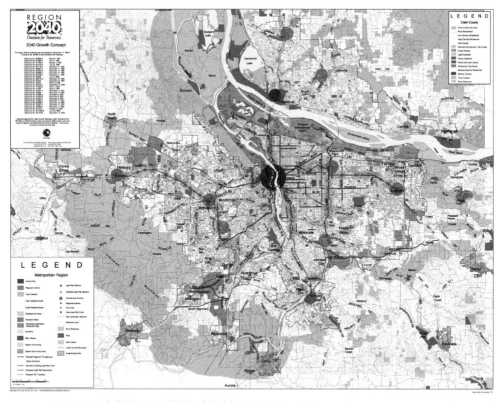

图 7-66　波特兰 2040 增长概念规划图 (2040 Growth Concept, www.oregonmetro.gov.)

3．新城市主义（New Urbanism）

针对市郊不断蔓延、社区日趋瓦解，始于 20 世纪 80 年代在城市设计领域兴起的"新城市主义"运动，主张借鉴二战前美国传统小城镇，从传统的城市规划和设计思想中发掘灵感，与现代生活特征相结合，以人们所钟爱的具有地方特色和文化气息的社区来取代郊区蔓延的发展模式。

新城市主义最初关于邻里与社区的组织方式，在实践中有两种具有代表性的开发模式：一种是彼得·卡尔索普所提倡的"以公共交通为导向的开发"，称作 TOD；另一种是由安德列斯·杜安尼和伊丽莎白·普莱特－瑞伯克夫妇（其公司被称为 DPZ）所提倡的"传统的邻里开发"，称为 TND。

1）公共交通导向的开发（TOD）

TOD 的重点是公共交通模式将区域发展引导到沿轨道交通和公共汽车网络布置的不连续的节点上，把更多活动的起始点和终点放在一个能够通过步行轻松到达公交站的范围之内，使更多的人能使用公交系统。TOD 的核心是一个公交站点，周围以一个步行距离为半径，到达核心公交站点的平均距离为 2000ft（约 600m）。将商业、住宅、办公楼、公园和公共建筑设置在步行可达公交站点的范围内，建造适宜步行的街道网络，将居民区各个建筑连接起来，围绕公交站点行成一个高

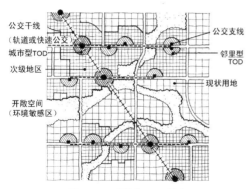

图 7-67 区域 TOD 分布

(Peter Calthorpe. The Next American Metropolis：Ecology, Community, and the American Dream. New York：Princeton Architectural Press, 1993)

密度和功能混合的核心。公共空间成为建筑导向和邻里生活的焦点，鼓励沿着现有邻里交通走廊沿线实施填充式开发或再开发。TOD 规划常常规划一个从核心出发的放射状街道系统，这使得出行到社区中心的距离更短，强化了公共空间的中心地位，表现出不同于过去郊区化模式的空间特征（图 7-67）。

TOD 模式又分三个层次的开发：城市型 TOD（图 7-68）、邻里型 TOD（图 7-69）以及次级地区 TOD（图 7-70）。城市型 TOD 的空间开发，沿区域性公交干线或是换乘方便的公交支线呈节点状分布，形成整体有序的网络状结构；同时结合自然要素的保护要求，设置城市或社区增长界线，防止无节制的蔓延。邻里型 TOD 注重营造符合功能的、适宜步行的社区环境，减少居民对小汽车的依赖程度；

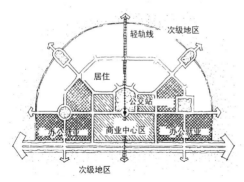

图 7-68 城市型 TOD

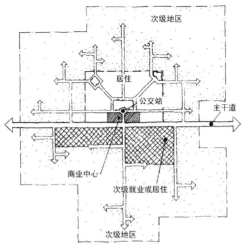

图 7-70 次级地区 TOD

(Peter Calthorpe. The Next American Metropolis：Ecology, Community, and the American Dream. New York：Princeton Architectural Press, 1993)

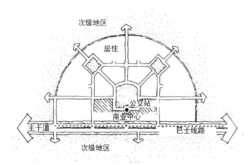

图 7-69 邻里型 TOD

同时达成良好的社区生活氛围。每个 TOD 都附有一个次级地区。次级地区的街道网络提供多种直接的街道到达交通站点和主要的商业区，相对前两种 TOD 模式密度更低。波特兰区域 TOD 发展模式如图 7-71 所示。

TOD 开发案例：西湖镇（West Lake）

加利福尼亚州的西湖镇就是以交通改变人们出行行为的典型设计。西湖镇位于加利福尼亚州的萨克拉曼多市的郊区，是彼得·卡尔索普于 1990 年设计的

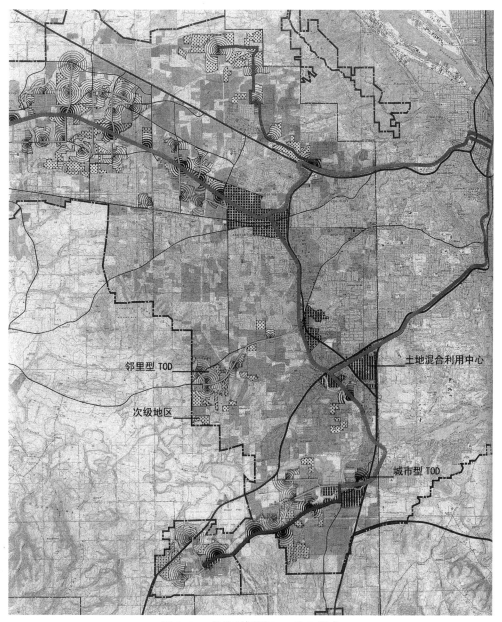

图 7-71　波特兰区域 TOD 发展模式

(Peter Calthorpe. The Next American Metropolis：Ecology, Community, and the American Dream. New York：Princeton Architectural Press, 1993)

第一个新城市主义项目。它占地 1045 英亩。卡尔索普设计出一个有 3400 单元混合密度的项目，包括 100 英亩的民用和零售住房的城镇中心，其设计采用了新城市主义的大多数原则。最终，该工程包含的独立住宅比卡尔索普原计划的还要多，它也要求建造大型人工湖、小型社区公园和小型住宅群落；还设计了一些窄街，并在一些停车道旁种植行道树。西湖镇建立公共中心，主干道旁建有一个就业中心，距许多住宅区只有 5min 的路程。这样，整个设计形成以步行距离为度量尺度的街区。

2) 传统的邻里开发（TND）

TND 主要用于社区和邻里层面的开发，主张社区是人性化、适宜步行的中等至高密度社区，它们比通常居住区要紧凑得多，强调步行，减少对汽车的依赖，在规划上注重功能混合、比较窄的道路、公共绿地和广场。社区的基本单元就是邻里，邻里之间以绿化带分隔。每个邻里规模约 40～200 英亩（约 16～51hm^2），半径不超过 1/4mi（约 400m），可保证大部分家庭到邻里公园距离都在 3min 步行范围之内，到中心广场或公共空间仅 5min 的行走路程，会堂、幼儿园、公交站和商店都布置在中心，每个邻里都将包括不同的住宅类型的住户和收入群体。与 TOD 模式所不同的是，TND 更多的是以网格状的道路系统组织邻里。DPZ 认为，紧密联系的街道网络，能为人们出行提供多种路径的选择性，可减轻交通拥挤。这些网络通过降低小汽车的交通速度，使出行距离比等级性的街道系统更短，又为人们提供了一个适宜步行的氛围。

TND 开发案例：滨海城（Seaside）

滨海城位于佛罗里达州西北部的海岸地带，占地面积约 32.4hm^2，包括 750 个单元住宅，一个镇政厅、一个露天市场和一个小型新古典主义的邮局等服务设施，是一个供居住及旅游度假的多功能社区（图 7-72）。

滨海城由杜安尼夫妇于 1981～1982 年为开发商罗伯特·戴维斯设计，他们首先把项目定位为美国南方地域特色的小城镇的设计，力图创造一个怡人的步行环境来打破该地区公寓-汽车旅馆商业带的环境，强调公共空间和滨水通道。然后杜安尼夫妇与开发商一起游遍佛罗里达和美国南方小镇，对这些小城镇进行测绘和资料收集、研究。并邀请建筑师、木匠、房主、艺术家等共同商讨，制定了一套基本原则和滨海城建设法规，指导以后不同建筑师的不同时期的设计保持有机协调和统一。

滨海城的大多数街道仅有 18ft（约 5.4m）宽，由红砖铺成，表现出邻里守望相助的关系。家庭住宅的建筑设计风格迥异，从本土南部风格到现代风格一应俱全。滨海新镇因其规模较小和以旅游经济为主导而成为新社区开发的典型，也成了新城市主义规划的一个标志。由于其设计理念及建成部分的独有特色，滨海城逐渐受到了高度评价，并被《时代》杂志赞赏为"近 10 年来最好的设计"。

图 7-72　滨海城总平面图
(Peter Neal, ed. Urban Villages. Spon Press, 2003)

3）新城市主义大会

1993 年 10 月在美国弗吉尼亚北部亚历山大市，第一届"新城市主义大会"（The Congress for the New Urbanism，CNU）召开。CNU 这样来描述了它的任务：新城市规划是建立在第二次世界大战前的发展模式基础上的，它寻求把现代生活的要素——住宅、工作场所、购物和娱乐，重新整合到一个紧凑的、适宜步行的、由公共交通连接起来和地处区域性大型开放空间网络之中的社区。1996 年在南卡罗莱那州查尔斯第四届新城市主义代表大会上，到会的 266 名委员共同签署了大会的纲领性文件——《新城市主义宪章》（The Charter of the New Urbanism）。宪章提倡重新组织公共政策和开发实践，主张恢复现有的中心城镇和位于连绵都市区域内的城镇，将蔓延的郊区重新整理并配置为多样化的、真正的邻里社区。《新城市主义宪章》将新城市主义的规划理念在三个层面上进行了阐述：

（1）区域层面：包括大都市区（metropolis）、市（city）、镇（town）。大都市是一个有明确地理界线的实体单元，由关系密切但界线明显的城市、镇和村多个中心组成。其发展的主要模式应该采用对城市内部边缘地区和废弃地区的插入式发展，防止边缘膨胀，最大限度地利用城市空间。与市区相连的边缘开发新区宜采用邻里、分区的结构形式，并与现有城市组成一个整体共同发展；与市区不相连的开发新区则应以城镇、乡村的结构形式来组织。

区域规划必须跨越传统的行政界线，建立一个合理的、易于分析的区域界定。区域范围内的城市还需要有一套综合的都市发展战略以求得区域的共同繁荣。此外，区域内的城市应当有明确的边界，相邻市镇之间的土地应该被保留为开放空间——空地或者农田。

（2）城镇层面：邻里（neighborhood）、分区（district）、廊道（corridor），它们是新城市主义社区的基本组织元素。分区通常强调一种特定的城市功能。邻里则是紧凑的、功能混合的、适合步行的居住单元，能够为不同阶层的居民创造日常交流的空间。交通走廊则包括林荫道、轨道、河流、公园道等，并把分区和邻里连接起来。

多样化的、适合步行的邻里是新城市主义区别于其他现代开发模式的显著特征。每一个邻里都有一个中心和外围边界。最佳的邻里容积是中心到边界直线距离 400m，也就是步行 5min 的路程。住宅、商店、办公楼、学校、教堂和娱乐场所，都应该设置在步行距离之内。

（3）城区层面：街区（block）、街道（street）、建筑物（building），它们是决定环境质量的重要内容。街区特色决定街道和建筑之间的对应关系，街道设计又会影响街区形态和建筑布局，建筑则是依托所占据的街区和周边街道才能凸显出来。三者相互依存，却不彼此包含。新城市主义设计的街道通过建筑物来体现一个连续的、易于识别的边界，为人们提供了安全、舒适的步行和聚会的好地方。

第七章　主要参考资料

[1] A．E．J．Morris．History of Urban Form：Before the Industrial Revolution．Second edition．New York：John Wiley& Sons, Inc., 1990.

[2] Edmund N．Bacon．Design of Cities．Revised Edition．London：Thames and Hudson, 1992.

[3] Diniel H．Burnham, Edward H．Burnett, Edited by Charles Moore．Plan of Chicago．New York：Princeton Architectural Press, 1993.

[4] Lewis Mumford．The City in History, Its origins, Its Transformations, and Its Prospects．A Harvet Book．New York：Harcourt Brace & Company, 1989.

[5] Jon Lang．Urban Design：A Typology of Procedures and Products．Elsevier Ltd., 2005.

[6] Marian Moffet, Michale Fazio, Lawrence Wodehouse．A World History of Architecture．London：Laurence King Publishing Ltd., 2003.

[7] Peter Neal, ed. Urban Villages．Spon Press, 2003.

[8] Peter Hall．Cities of Tomorrow．Oxford and Cambridge：Blackwell Pubishers, 1996.

[9] Peter Hall．Urban and Regional Planning．Routledge, 2002.

[10] Peter Calthorpe. The Next American Metropolis: Ecology, Community, and the American Dream. New York: Princeton Architectural Press, 1993.

[11] Peter Whitfield. Cities of the World: A History in Maps. Berkeley: University of California Press, 2005.

[12] Philip R. Berke, et al. Urban Land Use Planning. Urbanna and Chicago: University of Illinois Press, 2006.

[13] Paule E. Cohen, Henry G. Taliaferro. American Cities: Historic Maps and Views. Assouline, 2005.

[14] Spiro Kostof. The City Shaped: Urban Patterns and Meanings Through History. Boston: Bulfinch Press, 2003.

[15] Scott Campell, Susan S. Fainstein. Readings in Planning Theory. Oxford and Cambridge: Blackwell Publishing, 2003.

[16] 埃德蒙·N·培根著. 城市设计. 黄富厢等译. 北京：中国建筑工业出版社，1985.

[17] 乔尔·科特金著. 全球城市史. 王旭等译. 上海：同济大学出版社，1989.

[18] 沈玉麟编. 外国城市建设史. 北京：中国建筑工业出版社，1989.

[19] L·贝纳沃罗著. 世界城市史. 薛钟灵等译. 北京：科学出版社，2000.

[20] L·贝纳沃罗著. 西方现代建筑史. 邹德农等译. 天津：天津科学技术出版社，1996.

[21] 赫娟著. 西欧城市规划理论与实践. 天津：天津大学出版社，1997.

[22] 弗雷多·塔夫里，弗朗切斯科·达尔科著. 现代建筑. 刘先觉等译. 北京：中国建筑工业出版社，1999.

[23] 张捷，赵民编著. 新城规划的理论与实践——田园城市思想的世纪演绎. 北京：中国建筑工业出版社，2005.

[24] 艾瑞克·J·詹克斯著. 广场尺度——100个城市广场. 李哲等译. 天津：天津大学出版社，2009.

[25] 张庭伟等编著. 美国MPC社区——规划·设计·开发. 北京：中国建筑工业出版社，2009.

[26] 陈劲松主编. 新城模式——国际大都市发展实证案例. 北京：清华大学出版社，2005.

[27] 谭纵波著. 城市规划. 北京：机械工业出版社，2006.

[28] 王旭著. 美国城市发展模式——从城市化到大都市化. 北京：清华大学出版社，2006.

[29] 顾朝林等主编. 都市圈规划——理论·方法·实例. 北京：中国建筑工业出版社，2007.

[30] 西隐，王博. 世界城市建筑简史. 武汉：华中科技大学出版社，2007.

[31] 周春山编著. 城市空间结构与形态. 北京：科学出版社，2007.

[32] 奥利弗·吉勒姆著. 无边的城市——论城市蔓延. 叶齐茂，倪晓晖译. 北京：中国建筑工业出版社，2007.

[33] 艾伦·泰特著. 城市公园设计. 周立鹏等译. 北京：中国建筑工业出版社，2005.

[34] 方可，章岩.《美国大城市的死与生》缘何经久不衰？——从一个侧面看美国战后城市更新的发展与演变. 国外城市规划，1999（4）.

[35] 马强，徐循初. "精明增长"策略与我国的城市空间扩展. 城市规划汇刊，2004（3）.

[36] 邹兵. "新城市主义"与美国社区设计的新动向. 国外城市规划，2000（2）.

[37] 张晓莲. 美国城市郊区化与都市区发展. 城市问题，2001（4）.

[38] 陈雪明. 美国城市规划的历史沿革和未来发展趋势. 国外城市规划, 2003 (4).

[39] 陈雪明. 洛杉矶城市空间结构的历史沿革及其政策影响. 国外城市规划, 2004 (1).

[40] 陈明, 彭桂娥. 美国150年城市发展历程及其对我国城市发展的启示. 经济问题探索, 2004 (8).

[41] 赵亮. 美国19～20世纪城市发展演变及其启示. 北京规划建设, 2006 (2).

[42] 林广. 新城市主义与美国城市规划. 美国研究, 2007 (4).

[43] 王春艳. 美国城市化的历史、特征及启示. 城市问题, 2007 (6).

[44] 李广斌, 王勇. 西方区域规划发展变迁及对我国的启示. 规划师, 2007 (6).

[45] 秦尊文. 美国城市群考察及对中国的启示. 湖北社会科学, 2008 (12).

[46] 张剑葳. 费城故事——美国费城历史城区保护与复兴的经验. 艺术评论, 2009 (2).

[47] www.history.org

[48] www.library.yale.edu

[49] www.lib.utexas.edu

[50] www.BuffaloResearch.com

[51] www.census.gov

[52] www.oregonmetro.gov

[53] www.cnu.org